古今数学思想

（第三册）

［美］莫里斯·克莱因　著

邓东皋　张恭庆　等　译

上海科学技术出版社

图书在版编目(CIP)数据

古今数学思想.第 3 册 / (美)克莱因(Kline.M.)
著;邓东皋等译 .—上海:上海科学技术出版社,
2014.1(2024.6重印)
书名原文:Mathematical thought:from ancient to
modern times
ISBN 978 - 7 - 5478 - 1719 - 3

Ⅰ.①古… Ⅱ.①克… ②邓… Ⅲ.①数学史
Ⅳ.①O11

中国版本图书馆 CIP 数据核字(2013)第 062749 号

Mathematical Thought from Ancient to Modern Times
Copyright © 1972 by Morris Kline
First published in 1972 by Oxford University Press Inc.
All Rights Reserved.
This translation is published by arrangement with Oxford University
Press Inc.
本书经牛津大学出版社授权出版。

上海市版权局著作权合同登记号　图字：09 - 2017 - 279 号

古今数学思想(第三册)

〔美〕莫里斯·克莱因　著

邓东皋　张恭庆　等　译

上海世纪出版(集团)有限公司
上海科学技术出版社 出版、发行
(上海市闵行区号景路 159 弄 A 座 9F - 10F)
邮政编码 201101　　www.sstp.cn
常熟市华顺印刷有限公司印刷
开本 787×1092　1/16　印张 26　插页 2
字数 440 千字
2014 年 1 月第 1 版　2024 年 6 月第 18 次印刷
ISBN 978 - 7 - 5478 - 1719 - 3/O·23
定价：78.00 元

本书如有缺页、错装或坏损等严重质量问题,请向工厂联系调换

《古今数学思想》译者录

第一册(序,第 **1** 章至第 **17** 章):

  江泽涵(序);张理京(第 1 章至第 10 章,第 13 章,第 14 章);张锦炎(第 11 章,第 12 章);申又枨(第 15 章,第 16 章);朱学贤(第 17 章)

第二册(第 **18** 章至第 **33** 章):

  朱学贤(第 18 章,第 25 章);钱敏平(第 19 章);邓东皋(第 20 章);丁同仁(第 21 章);刘西垣(第 22 章);叶其孝(第 23 章,第 24 章);庄圻泰(第 26 章,第 27 章);万伟勋(第 28 章至第 30 章);石生明(第 31 章至第 33 章)

第三册(第 **34** 章至第 **51** 章):

  张顺燕(第 34 章);姜伯驹(第 35 章);孙树本(第 36 章,第 38 章,第 39 章);章学诚(第 37 章);叶其孝(第 40 章);程民德(第 41 章);朱学贤(第 42 章);张恭庆(第 43 章,第 44 章);邓东皋(第 45 章至第 47 章);章学诚(第 48 章);聂灵沼(第 49 章);江泽涵(第 50 章);吴光磊(第 51 章)

翻 译 说 明

很多数学工作者、数学教师和数学爱好者早就希望能有一本比较简明的、阐述一些重要数学思想的来源和发展的书。看到莫里斯·克莱因(Morris Kline)教授写的这本 *Mathematical Thought from Ancient to Modern Times* (1972),我们感到相当满意,就组织人力把它翻译出来。

这本书内容丰富,全面论述了近代数学大部分分支的历史发展;篇幅不大,简明扼要。正如书名所指出的,本书着重论述数学思想的古往今来,而不是单纯的史料传记,努力说明数学的意义是什么,各门数学之间以及数学和其他自然科学尤其是和力学、物理学的关系是怎样的。本书厚今薄古,主要篇幅是叙述近二三百年的数学发展,着重在 19 世纪,有些分支写到 20 世纪 30 年代或 40 年代,作者对一些重要数学分支的历史发展,对一些著名数学家的评论,都很有一些独到的见解,并且写得很引人入胜。莫里斯·克莱因教授本人深受格丁根大学数学传统的影响,注意研究数学史和数学教育,是一位著名的应用数学家和数学教育家,因此,他很能体会读者的心情,在书中能通过比较丰富的史料来阐述观点,把科目的历史叙述和内容介绍结合起来。另外,为了方便读者,对许多古代的数学成就或资料都翻译成近代数学的语言,通俗易懂。这些都是本书突出的优点。

当然,本书也有不足之处,例如忽视了我国的数学成就及其对数学发展的影响,这对于论述数学的发展来说,无疑是有片面性的。关于对现代数学高度抽象这一特征的看法,作者是持一定保留态度的,他的这种态度,给本书带来了某种倾向性,我们认为这是可以商榷的。另外,关于数学中的有些问题,在历史上一直是争论不休的,而数学就在这种争论中发展着;作者的一些看法也只是一家之言,还是值得研究的。但是总的看来,本书仍不失为一本难得的好书。*Bulletin of the American Mathematical Society*,1974,9,Vol. **80**,No. 5:805~807 的书评文章说:"就数学史而论,这是迄今为止最好的一本。"

参加本书翻译的有张理京、江泽涵、张锦炎、申又枨、朱学贤、钱敏平、邓东皋、丁同仁、刘西垣、叶其孝、庄圻泰、万伟勋、石生明、张顺燕、姜伯驹、孙树本、章学诚、程民德、张恭庆、聂灵沼和吴光磊。本书由张理京、申又枨、江泽涵、冷生明校阅。另外,叶其孝、朱学贤也参加校阅了全书的部分章节,并协同做了许多组织工作。

　　本书是在 1976 年初，由北京大学数学系的几位教授与部分教师，主要是申又枨、江泽涵、吴光磊、冷生明等，建议组织翻译的。当时主要目的是便于自己学习。

　　如今，莫里斯·克莱因教授和多位当年参加翻译的老一辈数学家相继去世，我们深深地怀念他们。原书虽再没有新的版本，但其在国际上的影响仍然很大。为了保证质量，冷生明曾对译稿进行了全面校勘，改正了许多误译和其他差错。在原译本中，数以千计的人名、地名译法都不规范，为纠正这些错误，出版社的几位编辑也花费了大量心血。另外，在本书的出版过程中，吴文俊教授给予很大的关怀与支持，我们表示衷心的感谢！

　　原书初版时为一卷，后改为三册；中译本也分为三册，且内容保持一致。我们希望本书的翻译出版，能增进读者对数学史和数学本身的了解，对数学的教学改革以及对数学和数学史的研究有所裨益。限于水平，译文一定还有许多不妥甚至错误之处，欢迎读者批评指正。

邓东皋

2000 年 3 月 9 日

序

如果我们想要预见数学的将来,适当的途径是研究这门科学的历史和现状。

庞加莱(Henri Poincaré)

本书论述从古代一直到 20 世纪头几十年中的重大数学创造和发展。目的是介绍中心思想,特别着重于那些在数学历史的主要时期中逐渐冒出来并成为最突出的,并且对于促进和形成尔后的数学活动有影响的主流工作。本书所极度关心的还有对数学本身的看法、不同时期中这种看法的改变,以及数学家对于他们自己的成就的理解。

必须把本书看作是历史的一个概述。当人们想到欧拉(Leonhard Euler)的全集满满的约 70 卷、柯西(Augustin－Louis Cauchy)的 26 卷、高斯(Carl Friedrich Gauss)的 12 卷,人们就容易理解只凭本书一卷的篇幅不能给出一个详尽的叙述。本书的一些篇章只提出所涉及的领域中已经创造出来的数学的一些样本,可是我坚信这些样本最具有代表性。再者,为了把注意力始终集中于主要的思想,我引用定理或结果时,常常略去严格准确性所需要的次要条件。本书当然有它的局限性,但我相信它已给出整个历史的一种概貌。

本书的组织着重在居领导地位的数学课题,而不是数学家。数学的每一分支打上了它的奠基者的烙印,并且杰出的人物在确定数学的进程方面起决定性作用。但是,特意叙述的是他们的思想,传记完全是次要的。在这一点上,我遵循帕斯卡(Blaise Pascal)的意见:"当我们援引作者时,我们是援引他们的证明,不是援引他们的姓名。"

为使叙述连贯,特别是在 1700 年以后的时期,对于每一发展要等到它已经成熟,在数学中占重要地位并且产生影响的时候,我才进行论述。例如,我把非欧几里得几何放在 19 世纪的时期介绍,虽然企图寻找欧几里得平行公理的替代物或证明早在欧几里得(Euclid)时代就开始了并且继续不断。当然,有许多问题会在不同的时期反复提及。

为了不使资料漫无边际,我忽略了几种文化,例如中国的①、日本的和玛雅的文化,因为他们的工作对于数学思想的主流没有重大的影响。还有一些数学中的发展,例如概率论和差分演算,它们今天变得重要,但在所考虑的时期中并未起重要作用,从而也只得到很少的注意。这最后的几十年的大发展使我不得不在本书中只收入那些20世纪的,并且在该时期变成有特殊意义的创造。我没有在20世纪时期继续讨论像常微分方程或变分法的扩展,因为这将会需要很专门的资料,而它们只对于这些领域的研究工作者有兴趣,并且将会大大增加本书的篇幅。此外还考虑到,对于许多较新的发展的重要性,目前还不能作客观的估价。数学的历史告诉我们,许多科目曾经激起过很大的热情,并且得到最好的数学家的注意,但终于湮没无闻。我们只需要回忆一下凯莱(Arthur Cayley)的名言"射影几何就是全部几何",以及西尔维斯特(James Joseph Sylvester)的断言"代数不变量的理论已经总结了数学中的全部精华"。确实,历史给出答案的有趣问题之一便是数学中哪些东西还生存着而未被淘汰? 历史做出它自己的而且更可靠的评价。

通过几十项重要发展的即使是基础的叙述,也不能指望读者知道所有这些发展的内容。因此,我在本书中论述某科目的历史时,除去一些极初等的领域外,也说明科目的内容,把科目的历史叙述和内容说明融合起来。对各种数学创造,这些说明也许不能把它们完全讲清楚,但应能使读者对它们的本质得到某些概念。从而在某种程度上,本书也可作为一本从历史角度来讲解的数学入门书。这无疑地是使读者能获得理解和鉴赏的最好的写法之一。

我希望本书对于专业的数学家和未来的数学家都有帮助。专业的数学家今天不得不把这么多的时间和精力倾注到他的专题上去,使得他没有机会去熟悉他的学科的历史。而实际上,这历史背景是重要的。现在的根深扎在过去,而对于寻求理解"现在之所以成为现在这样子"的人们来说,过去的每一事件都不是无关的。再者,虽然数学大树已经伸张出成百的分支,它毕竟是一个整体,并且有它自己的重大问题和目标。如果一些分支专题对于数学的心脏无所贡献,它们就不会开花结果。我们的被分裂的学科就面临着这种危险;跟这种危险做斗争的最稳妥的办法,也许就是要对于数学的过去成就、传统和目标得到一些知识,使得能把研究工作导入有成果的渠道。如同希尔伯特(David Hilbert)所说的:"数学是一个有机体,它的生命力的一个必要条件是所有各部分的不可分离的结合。"

对于学数学的学生来说,本书还会另有好处。通常一些课程所介绍的是一些

---

① 中国数学史的一个可喜的叙述,已见于李约瑟(Joseph Needham)的 *Science and Civilization in China*,剑桥大学出版社,1959,卷3,第1~168页。

似乎没有什么关系的数学片断。历史可以提供整个课程的概貌,不仅使课程的内容互相联系,而且使它们跟数学思想的主干也联系起来。

在一个基本方面,通常的一些数学课程也使人产生一种幻觉。它们给出一个系统的逻辑叙述,使人们有这种印象:数学家们几乎理所当然地从定理到定理,数学家能克服任何困难,并且这些课程完全经过锤炼,已成定局。学生被湮没在成串的定理中,特别是当他正开始学习这些课程的时候。

历史却形成对比。它教导我们,一个科目的发展是由汇集不同方面的成果点滴积累而成的。我们也知道,常常需要几十年甚至几百年的努力才能迈出有意义的几步。不但这些科目并未锤炼成无缝的天衣,就是那已经取得的成就,也常常只是一个开始,许多缺陷有待填补,或者真正重要的扩展还有待创造。

课本中的斟字酌句的叙述,未能表现出创造过程中的斗争、挫折,以及在建立一个可观的结构之前,数学家所经历的艰苦漫长的道路。学生一旦认识到这一点,他将不仅获得真知灼见,还将获得顽强地追究他所攻问题的勇气,并且不会因为他自己的工作并非完美无缺而感到颓丧。实在说,叙述数学家如何跌跤,如何在迷雾中摸索前进,并且如何零零碎碎地得到他们的成果,应能使搞研究工作的任一新手鼓起勇气。

为了使本书能包罗所涉及的这个大范围,我曾经试着选择最可靠的原始资料。对于微积分以前的时期,像希思(Thomas L. Heath)的《希腊数学史》(*A History of Greek Mathematics*)无可否认地是第二手的资料,可是我并未只依靠这样的一个来源。对于以后时期中的数学发展,通常都能直接查阅原论文;这些都幸而可以从期刊或杰出的数学家的全集中找到。对研究工作的大量报道和概述也帮助了我,其中一些实际上也就在全集里。对于所有的重要结果,我都试着给出出处。但并没有对于所有的断言都这么做;否则将会使引证泛滥,浪费篇幅,而这些篇幅还不如用来充实报道。

每章中的参考书目指出资料来源。如果读者有兴趣,他能从这些来源得到比本书中所说的更多的报道。这些书目中还包括许多不应而且没有作为来源的文献。把它们列在书目中,是因为它们供给额外的报道,或者表达的水平可以对一些读者更有帮助,或者它们比原始资料更易于找到。

在此,我想对我的同事 Martin Burrow, Bruce Chandler, Martin Davis, Donald Ludwig, Wilhelm Magnus, Carlos Moreno, Harold N. Shapiro 和 Marvin Tretkoff 表示谢意,感谢他们回答了大量的问题,阅读了本书的许多章节,提出了许多宝贵的批评意见。我特别感激我的妻子 Helen,她以批评的眼光编辑我的手稿,广泛地核对人名、日期和出处,而且极仔细地阅读尚未分成页的校样并给它们编上页码。Eleanore M. Gross 夫人做了大量的打字工作,对我是一个极大的帮助。我想对牛津大学出版社的编辑部表示感激,感谢他们细心地印刷了本书。

莫里斯·克莱因(Morris Kline)

纽约 1972 年 5 月

目 录

第 34 章

19 世纪的数论

> 傅里叶确实有过这样的看法,认为数学的主要目的是公众的需要和对自然现象的解释;但是像他这样一个哲学家应当知道,科学的唯一目的是人类精神的光荣,而且应当知道,在这种观点之下,数[论]的问题和关于世界体系的问题具有同等价值。
>
> 雅可比(Carl Gustav Jacob Jacobi)

1. 引 言

直到 19 世纪,数论还只是一系列孤立的结果,虽然这些结果常常是光辉的。一个新的纪元是从高斯(Carl Friedrich Gauss)的《算术探讨》(*Disquisitiones Arithmeticae*)①开始的,这部书是他 20 岁时写的。这部伟大的著作曾在 1800 年寄到法国科学院而被拒绝,但高斯自己已把它发表了。在这部书中,他把记号标准化了,把现存的定理系统化并推广了,把要研究的问题和攻题的已知方法进行了分类,还引进了新的方法。在高斯关于数论的著作中有三个主要思想:同余的理论、代数数的引进,以及作为丢番图分析的指导思想的型的理论。这部著作不仅是现代数论的开始,而且还确定了直到目前为止有关这一课题的工作方向。《探讨》难读,但狄利克雷(Peter Gustav Lejeune Dirichlet)作了解释。

在 19 世纪另一重要的发展是解析数论,它除了应用代数去处理涉及整数的问题外,还用了分析。这一革新的领导人是狄利克雷和黎曼(Georg Friedrich Bernhard Riemann)。

2. 同 余 理 论

虽然同余的概念不是从高斯开始的——它出现在欧拉(Leonhard Euler)、拉格

---

① 发表于 1801 年 = *Werke*,1。

朗日(Joseph－Louis Lagrange)和勒让德(Adrien－Marie Legendre)的著作中——但是高斯在《探讨》的第一节引进了同余的记号,并在此后系统地应用了它。基本思想是简单的。数 27 以 4 为模同余于 3,

$$27 \equiv 3 \ \text{modulo} \ 4,$$

因为 27－3 恰被 4 整除。(字 modulo 常常简写为 mod。)一般地说,当 a, b 和 m 是整数时,如果 $a-b$(恰)被 m 整除,或者如果 a 和 b 被 m 除时具有相同的余数,那么

$$a \equiv b \ \text{modulo} \ m.$$

这时就说 b 是 a 的模 m 剩余,或者 a 是 b 的模 m 剩余。正如高斯所指出的,对固定的 a 和 m,以 m 为模的 a 的一切剩余由 $a + km$ 给出,这里 $k = 0, \pm 1, \pm 2, \cdots$。

关于相同模的同余式,在某些范围内能像方程式那样处理。这种同余式可以相加、相减和相乘,也可以求包含未知量的同余式的解。例如,x 的什么值满足

$$2x \equiv 25 \ \text{modulo} \ 12?$$

这个方程没有解,因为 $2x$ 是偶数而 $2x-25$ 是奇数,所以 $2x-25$ 不可能是 12 的倍数。多项式同余式的基本定理已由拉格朗日[①]建立了,高斯在第二节对它重新作了证明。一个 n 次同余式

$$Ax^n + Bx^{n-1} + \cdots + Mx + N \equiv 0 \ \text{modulo} \ p$$

不可能有多于 n 个互不同余的根,其中模 p 是素数,它不能整除 A。

在第三节高斯开始处理幂的同余式。在这里他用同余式的术语给了费马小定理一个证明。费马小定理用同余式的术语叙述就是:若 p 是素数而 a 不是 p 的倍数,则

$$a^{p-1} \equiv 1 \ \text{modulo} \ p.$$

这个定理从他对高次同余式,即对

$$x^n \equiv a \ \text{modulo} \ m$$

的研究中推出,这里 a 和 m 是互素的。这个题目被高斯之后的许多人继续研究着。

《探讨》的第四节讨论平方剩余。如果 p 是一个素数,而 a 不是 p 的倍数,并且如果存在一个 x,使得 $x^2 \equiv a \ \text{mod} \ p$,则 a 是 p 的平方剩余;否则 a 是 p 的平方非剩余。在证明了一些关于二次同余式的次要的定理之后,高斯给出了二次反转定律的第一个严密证明(第 25 章第 4 节)。虽然 1783 年,欧拉在他的《分析短论》(*Opuscula Analytica*)的一篇论文中已经给出了像高斯一样完全的叙述,但是高斯在他的《探讨》的论文第 151 条中说,没有一个人以他那样简单的形式提出过这个定理。他参考了欧拉的其他著作,其中包括《短论》中的别的论文,还参考了勒让德

---

① *Hist. de l'Acad. de Berlin*, 24, 1768, 192 ff., pub. 1770 = *Œuvres*, 2, 655－726.

1785 年的著作。关于这些论文,高斯正确地指出,证明都是不完全的。

据推测,高斯在 1796 年当他 19 岁时已经发现了这个定律的证明。在《探讨》中他给出了另一个证明,以后他又发表了四个别的证明。在他未发表的论文中还找到另外两个证明。高斯说他找了许多证明,因为他希望找出一个能够建立双二次反转定律的证明(见下面)。二次反转定律是同余式中的一个基本结果,高斯把它誉为算术中的宝石。在高斯给出他的各个证明之后,后来的数学家给出了 50 个以上的其他证明。

高斯还讨论了多项式的同余式。如果 A 和 B 是 x 的两个多项式,不妨设是实系数的,那么人们知道,可以唯一地找到多项式 Q 和 R,使得

$$A = B \cdot Q + R,$$

式中 R 的次数比 B 的次数低。这时就能说,多项式 A_1 和 A_2 以第三个多项式 P 为模是同余的,只要它们被 P 除时具有相同的余式 R。

柯西(Augustin - Louis Cauchy)用这种思想[①]通过多项式的同余式去定义复数。如果 $f(x)$ 是一个实系数多项式,用 $x^2 + 1$ 去除它,因为余数要比除数的次数低,这时就有

$$f(x) \equiv a + bx \bmod x^2 + 1.$$

根据除法的步骤知道,这里的 a 和 b 一定是实数。如果 $g(x)$ 是另一个那样的多项式,则

$$g(x) \equiv c + dx \bmod x^2 + 1.$$

现在柯西指出,如果 A_1,A_2 和 B 是多项式,而且如果

$$A_1 = BQ_1 + R_1 \quad 和 \quad A_2 = BQ_2 + R_2,$$

则 $\qquad A_1 + A_2 \equiv R_1 + R_2 \bmod B \quad 和 \quad A_1 A_2 \equiv R_1 R_2 \bmod B.$

现在我们立刻可以看出

$$f(x) + g(x) \equiv (a + c) + (b + d)x \bmod x^2 + 1,$$

并且因为 $x^2 \equiv -1 \bmod x^2 + 1$,还有

$$f(x)g(x) \equiv (ac - bd) + (ad + bc)x \bmod x^2 + 1.$$

于是,数 $a + bx$ 和 $c + dx$ 像复数一样结合起来了;也就是说,它们具有复数的形式上的性质,x 取代了 i 的位置。柯西还证明了每一个模 $x^2 + 1$ 不同余于 0 的多项式 $g(x)$ 都有逆,即存在多项式 $h(x)$ 使得 $h(x)g(x)$ 模 $x^2 + 1$ 同余于 1。

柯西确实引进了 i 去代替 x,对他来说 i 是一个实的未定量。然后他证明了对任何

---

① *Exercices d'analyse et de physique mathématique*, 4, 1847, 84 ff. = *Œuvres*, (1), 10, 312 - 323 与 (2), 14, 93 - 120。

$$f(i) = a_0 + a_1 i + a_2 i^2 + \cdots$$

都有 $\qquad f(i) \equiv a_0 - a_2 + a_4 - \cdots + (a_1 - a_3 + a_5 - \cdots) i \bmod i^2 + 1.$

因此任何包含复数的表达式看起来就同 $c + di$ 这种形式一样,而人们是拥有对复数奏效的一切必需的工具的。于是对柯西而言,以他对 i 的理解,i 的多项式取代了复数,并且人们可以把对模 $i^2 + 1$ 有相同余式的所有多项式归入同一类。这些类就是复数。

有趣的是,在 1847 年柯西还对 $\sqrt{-1}$ 怀有疑惧。他说:"在代替了虚数论的代数等价论中,字母 i 不再表示符号 $\sqrt{-1}$,我们完全拒绝了这个符号,并且我们能够毫无遗憾地放弃它,因为人们既不知道这个想象的符号表示什么,也不知道它意味着什么。相反,我们用字母 i 表示一个实的但却是未定的量,并且在用符号 $\equiv$ 代替 $=$ 的同时,我们把所谓虚方程变换为对于变量 i 和对于除数 $i^2 + 1$ 的代数等价关系。因为这个除数在一切公式中都一样,所以可以不写它。"

在这个世纪的 20 年代高斯着手研究可应用于高次同余式的反转定律。这些定律又涉及同余式的剩余。例如对于同余式

$$x^4 \equiv q \bmod p,$$

如果存在 x 的一个整值满足这个方程,人们就可以定义 q 作为 p 的一个双二次剩余。他得到了双二次反转定律(见下面)和三次反转定律。这方面的许多工作出现在从 1808 年到 1817 年的论文中,而关于双二次剩余的正式定理是在 1828 年和 1832 年[①]的论文中给出的。

为了使他的三次和双二次剩余的理论优美而简单,高斯使用了复数,即形如 $a + bi$ 的数,其中 a 和 b 是整数或 0。在高斯关于双二次剩余的著作中,必须考虑模 p 是形如 $4n + 1$ 的素数的情形,形如 $4n + 1$ 的素数能分解成复的因数,高斯需要这些因数。为了获得这些因数,高斯认识到,必须超出通常的整数域而引进复整数。虽然欧拉和拉格朗日已经把这种整数引入了数论,但正是高斯建立了它们的重要性。

在通常的整数论中,可逆元素是 $+1$ 和 -1,而在高斯的复整数论中,可逆元素却是 ± 1 和 $\pm i$。一个复整数叫做合数,如果它是两个非可逆元素的复整数的乘积。如果那种分解是不可能的,则该整数叫做一个素数。例如 $5 = (1 + 2i)(1 - 2i)$,所以是合数,而 3 却是一个复素数。

高斯证明了复整数在本质上具有和普通整数相同的性质。欧几里得(Euclid)证明了(第 4 章第 7 节)每一个整数可唯一地分解为素数的乘积。这个唯一分解定理常被称为算术基本定理,高斯证明了只要不把四个可逆元素作为不同的因数,唯

[①] *Comm. Soc. Gott.*, 6, 1828, 和 7, 1832 = *Werke*, 2, 65−92 和 93−148;也见 pp. 165−178。

一分解定理对复整数也成立。这就是,如果 $a = bc = (ib)(-ic)$,则这两种分解是一样的。高斯还指出,求两个整数的最大公约数的欧几里得法可应用于复整数。

普通素数的许多定理可转化为复素数的定理。例如费马定理转化为如下形式:如果 p 是一个复素数 $a + bi$,而 k 是任何一个不能被 p 整除的复整数,则

$$k^{Np-1} \equiv 1 \bmod p,$$

式中 Np 是 p 的模 $a^2 + b^2$。对复整数也有二次反转定律,这点高斯在他 1828 年的论文中已陈述过。

通过复数,高斯能够把双二次反转定律叙述得相当简单。把不能被 $1 + i$ 整除的整数定义为非偶整数。准素非偶整数是那种非偶整数 $a + bi$,其中 b 是偶数,$a + b - 1$ 也是偶数。例如 -7 和 $-5 + 2i$ 是准素非偶整数。双二次剩余的反转定律可叙述为:如果 α 和 β 是两个准素非偶素数,A 和 B 是它们的模,则

$$\left(\frac{\alpha}{\beta}\right)_4 = (-1)^{(1/4)(A-1)(1/4)(B-1)} \left(\frac{\beta}{\alpha}\right)_4.$$

符号 $(\alpha/\beta)_4$ 具有下述意义:如果 p 是任何一个复素数,k 是任何一个不能被 p 整除的双二次剩余,则 $(k/p)_4$ 是 i 的幂 i^e,它满足同余式

$$k^{(Np-1)/4} \equiv 1 \bmod p,$$

式中 Np 表示 p 的模。这个定律等价于下列说法:两个准素非偶素数之间的两个双二次特征是相同的,也就是 $(\alpha/\beta)_4 = (\beta/\alpha)_4$,只要每个素数模 4 同余于 1;但是如果没有一个素数满足这个同余条件,则这两个双二次特征就互反,即 $(\alpha/\beta)_4 = -(\beta/\alpha)_4$。

高斯陈述了这一互反性定理,但是没有发表他的证明。定理的证明是雅可比于 1836 年到 1837 年在哥尼斯堡(Königsberg)的演讲中给出的。艾森斯坦(Ferdinand Gotthold Eisenstein,1823—1852)是高斯的学生,他发表了这一定理的五个证明,其中前两个出现于 1844 年[1]。

高斯发现,对于三次互反性他能得到一个运用"整数" $a + b\rho$ 的定律,这里 ρ 是 $x^2 + x + 1 = 0$ 的一个根,a 和 b 是通常的(有理)整数,但是高斯没有发表这个结果。那是他死后在他的论文中发现的。三次反转定律首先为雅可比[2]所陈述,并由他在哥尼斯堡的演讲中证明。第一个发表出来的证明是属于艾森斯坦的[3]。看到这个证明雅可比就声称[4],这正是他在他的演讲中给出的,但是艾森斯坦愤怒地否认了有任何剽窃[5]。还存在高于四次的同余式的反转定律。

[1] *Jour. für Math.*, 28, 1844, 53 - 67 和 223 - 245.
[2] *Jour. für Math.*, 2, 1827, 66 - 69 = *Werke*, 6, 233 - 237.
[3] *Jour. für Math.*, 27, 1844, 289 - 310.
[4] *Jour. für Math.*, 30, 1846, 166 - 182, p. 172 = *Werke*, 6, 254 - 274.
[5] *Jour. für Math.*, 35, 1847, 135 - 274(p. 273).

3. 代 数 数

复整数的理论是代数数论这一巨大课题发展方向上的一个阶段。无论欧拉或拉格朗日都没有预想到他们关于复整数的工作所打开的丰富可能性。高斯也没有想到。

这个理论产生于要证明费马(Pierre de Fermat)关于 $x^n + y^n = z^n$ 的断言的企图之中。$n = 3, 4$ 和 5 的情况已经讨论过了(第25章第4节)。高斯试图证明 $n = 7$ 时的断言,但失败了。或许因为他厌恶自己的失败,他在1816年给奥伯斯(Heinrich W. M. Olbers, 1758—1840)的一封信中说:"我的确承认,费马定理作为一个孤立的命题对我没有多少兴趣,因为可以容易地立出许多那样的命题,人们既不能证明它们也不能否定它们。"$n = 7$ 的特殊情况由拉梅(Gabriel Lamé)在1839年予以解决[①],而狄利克雷建立了 $n = 14$ 的论断[②]。但是,一般命题没有被证明。

这个问题由库默尔(Ernst Eduard Kummer, 1810—1893)接续下来,他从神学转向数学并做了高斯和狄利克雷的学生,后来在布雷斯劳(Breslau)和柏林做教授。虽然库默尔的主要工作是在数论方面,但他在几何学方面还做出了漂亮的发现,这起源于光学问题;他在大气对光的反射的研究中也做出了重要的贡献。

库默尔把 $x^p + y^p$(p 为素数)分解成

$$(x+y)(x+\alpha y)\cdots(x+\alpha^{p-1}y),$$

这里 α 是一个虚的 p 次单位根。也就是,α 是

$$(1) \qquad \alpha^{p-1} + \alpha^{p-2} + \cdots + \alpha + 1 = 0$$

的一个根。这就引导着他把高斯的复整数理论推广到由(1)那样的方程所引进的代数数,即形如

$$f(\alpha) = a_0 + a_1\alpha + \cdots + a_{p-2}\alpha^{p-2}$$

的数,其中每一个 a_i 是通常的(有理)整数。[因为 α 满足(1),所以 α^{p-1} 的项能用低次幂的项来替换。]库默尔把这样的数 $f(\alpha)$ 叫做复整数。

在1843年库默尔对整数、素整数、可除性以及类似东西给出了适当的定义(我们将马上给出标准定义),然后错误地假定了在他所引进的那类代数数中唯一因子分解成立。在1843年,当他把他的手稿寄给狄利克雷的时候,他指出,这个假定对证明费马定理是必需的。狄利克雷通知他,唯一因子分解仅对某些素数 p 成立。

① *Jour. de Math.*, 5, 1840, 195 – 211.
② *Jour. für Math.*, 9, 1832, 390 – 393 = *Werke*, 1, 189 – 194.

附带说一句,对代数数假定唯一因子分解,柯西和拉梅也犯了同样的错误。在 1844 年,库默尔[①]认识到狄利克雷批评的正确性。

为了重建唯一因子分解,库默尔在 1844 年[②]开始的一系列论文中创立了理想数的理论。为理解他的思想起见,我们来考虑 $a+b\sqrt{-5}$ 所生成的域,这里 a, b 是整数。在这个域中

$$6 = 2 \cdot 3 = (1 + \sqrt{-5})(1 - \sqrt{-5}),$$

而且容易证明这四个因子都是素整数。这时唯一因子分解不成立。对这个域,让我们引进理想数 $\alpha = \sqrt{2}$, $\beta_1 = (1 + \sqrt{-5})/\sqrt{2}$, $\beta_2 = (1 - \sqrt{-5})/\sqrt{2}$。我们看到,$6 = \alpha^2 \beta_1 \beta_2$。这样,6 现在唯一地被表示为四个因子的乘积,就域 $a+b\sqrt{-5}$ 而论,这四个因子全是理想数[③]。通过这些理想数和其他素数,在这个域中因子分解是唯一的(除去构成可逆元素的因子)。借助于理想数,人们可以证明,在预先缺乏唯一因子分解的所有域中,普通数论的一些结果成立。

库默尔的理想数虽是普通的数,但是不属于他所引进的代数数类。而且,理想数也不是以一般方式定义的。就费马定理来说,库默尔用他的理想数确实成功地证明了它对许多素数是正确的。在前 100 个整数中,只有 37, 59 和 67 不为库默尔的证明所包括。然后,库默尔在 1857 年的一篇论文中[④]将他的结果扩展到这些例外素数。这些结果又进一步地为米里马诺夫(Dimitry Mirimanoff, 1861—1945)所扩展,他是日内瓦大学的教授,完善了库默尔的方法[⑤]。米里马诺夫证明了对于直到 256 的每一个 n,费马定理是正确的,只要 x, y 和 z 与指数 n 互素。

库默尔是研究由单位根形成的代数数,而高斯的学生戴德金(Richard Dedekind, 1831—1916)却以全新而有启发性的方式探讨唯一因子分解的问题,他在德国的高等技术学校作为一名教师花费了一生中的 50 个年头。戴德金在他所编辑的狄利克雷的《数论》(*Zahlentheorie*, 1871)的第二版的附录 10 中,发表了他的结果。在同一书[⑥]的第三版和第四版的附录中他扩展了这些结果。就是在这里他创立了现代代数数的理论。

戴德金的代数数理论是高斯的复整数和库默尔的代数数的一般化,但是这个一般化与高斯的复整数多少有些差别。一个数 r,若它是方程

---

① *Jour. de Math.*, 12, 1847, 185 - 212.
② *Jour. für Math.*, 35, 1847, 319 - 326, 327 - 367.
③ 引进这些理想数后,2 和 3 不再是不可分解的了,因为 $2 = \alpha^2$ 而 $3 = \beta_1 \cdot \beta_2$。
④ *Abh. König. Akad. der Wiss. Berlin*, 1858, 41 - 74.
⑤ *Jour. für Math.*, 128, 1905, 45 - 68.
⑥ 4th ed., 1894 = *Werke*, 3, 2 - 222.

(2) $$a_0 x^n + a_1 x^{n-1} + \cdots + a_{n-1} x + a_n = 0$$

的根,而不是次数比 n 低的这种方程的根,则称它是一个 n 次代数数,式中 a_i 是普通整数(正的或负的)。如果在(2)中 x 的最高次幂的系数是 1,则所有的解叫做 n 次代数整数。代数整数的和、差、积仍是代数整数,并且,如果一个代数整数是有理数,则它是普通整数。

我们应当注意到在新定义之下,一个代数整数可以包括普通分数。例如 $(-13 + \sqrt{-115})/2$ 是一个二次代数整数,因为它是 $x^2 + 13x + 71 = 0$ 的根。反之,$(1 - \sqrt{-5})/2$ 是一个二次代数数而不是代数整数,因为它是 $2x^2 - 2x + 3 = 0$ 的根。

戴德金接着引进了数域的概念。这是一个实数或复数的集合 F,满足这样的条件:如果 α,β 属于 F,则 $\alpha + \beta$,$\alpha - \beta$,$\alpha\beta$ 属于 F,而且如果 $\beta \neq 0$,则 α/β 也属于 F。每一个数域都包含有理数,因为如果 α 属于这数域,则 α/α 即 1 也属于它,因此 $1+1$,$1+2$ 等也都属于它。不难证明,一切代数数的集合形成一个域。

如果人们从有理数域出发,而 θ 是一个 n 次代数数,则 θ 同自身及有理数在四种运算之下结合起来所形成的集合也是 n 次域。这个域也可以说成是包含有理数和 θ 的最小域。它也称为有理数的扩域。这样的域不包含所有的代数数,而是一个特殊的代数数域。现在通常记为 $R(\theta)$。虽然人们可以期望 $R(\theta)$ 中的数是商 $f(\theta)/g(\theta)$,其中 $f(x)$ 和 $g(x)$ 是任何具有有理系数的多项式,人们还是能够证明,如果 θ 是 n 次的,则 $R(\theta)$ 的任何一个数 α 能表示成形式

$$\alpha = a_0 \theta^{n-1} + a_1 \theta^{n-2} + \cdots + a_{n-1},$$

这里 a_i 是普通的有理数。此外,存在着这个域的 n 个代数整数 $\theta_1, \theta_2, \cdots, \theta_n$,使得这个域中的所有代数整数都有形式

$$A_1 \theta_1 + A_2 \theta_2 + \cdots + A_n \theta_n,$$

这里 A_i 是普通的正的或负的整数。

环,是戴德金引进的概念,本质上是这样一个集合,即如果 α 和 β 属于这个集合,则 $\alpha + \beta$,$\alpha - \beta$ 和 $\alpha\beta$ 也属于这个集合。所有代数整数的集合形成一个环,任何一个特殊代数数域中的一切代数整数也形成环。

说代数整数 α 能被代数整数 β 整除,如果存在一个代数整数 γ 使得 $\alpha = \beta\gamma$。如果 j 是一个代数整数,它能整除代数数域中的每一个其他整数,则称 j 是这个域的一个可逆元素。这些可逆元素,其中包括 $+1$ 和 -1,是普通数论中的可逆元素 $+1$ 和 -1 的一般化。如果代数整数 α 不是零或可逆元素,而且如果它分解为 $\beta\gamma$,其中 β 和 γ 属于这同一个代数数域,就蕴含着 β 或 γ 是这个域的可逆元素,则称 α 是一个素数。

现在让我们来看看算术基本定理成立的范围。在一切代数整数所形成的环中

没有素数。让我们考虑在特殊的代数数域 $R(\theta)$ 中的整数环，譬如域 $a+b\sqrt{-5}$，其中 a 和 b 是普通的有理数。在这个域中唯一因子分解不成立。例如

$$21 = 3 \cdot 7 = (4+\sqrt{-5})(4-\sqrt{-5}) = (1+2\sqrt{-5})(1-2\sqrt{-5}).$$

最后这四个因子中的每一个在如下意义下是素数，即它不能表示为形如 $(c+d\sqrt{-5})(e+f\sqrt{-5})$ 的乘积，其中 c，d，e 和 f 是整数。

另一方面让我们考虑域 $a+b\sqrt{6}$，其中 a 和 b 是普通的有理数。如果对这些数实行四种代数运算，则仍得到这种数。如果限定 a 和 b 是整数，则得到这个域的（2 次）代数整数。在这个域中我们可将可逆元素的等价定义取为：若 $1/M$ 也是代数整数，则代数整数 M 就是可逆元素。于是 1，-1，$5-2\sqrt{6}$ 和 $5+2\sqrt{6}$ 都是可逆元素。每个整数都可被任一可逆元素整除。进而，这个域中的一个代数整数如果仅能被它自己和可逆元素整除，则它是素的。现在

$$6 = 2 \cdot 3 = \sqrt{6} \cdot \sqrt{6}.$$

看来仿佛不存在素因数的唯一分解。但是上面所展示的因数不是素数。事实上，

$$6 = 2 \cdot 3 = \sqrt{6} \cdot \sqrt{6}$$
$$= (2+\sqrt{6})(-2+\sqrt{6})(3+\sqrt{6})(3-\sqrt{6}).$$

最后四个因数中的每一个都是这个域中的素数，而唯一分解在这个域中确实是成立的。

在特殊代数数域里的整数环中，代数整数分解为素因数总是可能的，但是唯一分解一般不成立。事实上，对形如 $a+b\sqrt{-D}$ 的域，其中 D 可取不为平方数整除的任何正整数值，至少对直到 10^9 的 D，仅当 $D = 1$，2，3，7，11，19，43，67 和 163 时唯一因子分解定理才是合理的[①]。因此代数数本身不具有唯一因子分解的性质。

4. 戴德金的理想

将代数数的概念一般化之后，戴德金立刻用一个和库默尔十分不同的方案去着手重建代数数域中的唯一因子分解。他引进了代数数类去代替理想数，为了纪念库默尔的理想数，他把它们称为理想（ideal）。

在定义戴德金的理想之前让我们注意根本思想。考虑普通的整数。代替整数 2，戴德金考虑整数 $2m$ 的类，这里 m 是任何整数。这个类由一切可被 2 整除的整数构成。类似地，3 由一切可被 3 整除的整数 $3n$ 的类代替。积 6 就变成了一切数

---

① 斯塔克（H. M. Stark）已经证明 D 的上述值是唯一的一种可能，见他的《论复二次域中的唯一因子分解问题》，*Proceedings of Symposia in Pure Mathematics*，ⅩⅡ，41 - 56，Amer. Math. Soc.，1969。

$6p$ 的集合,其中 p 是任何整数。这时积 $2 \cdot 3 = 6$ 用下述断语代替:类 $2m$ "乘"类 $3n$ 等于类 $6p$。进而言之,类 $2m$ 是类 $6p$ 的因子,而不管在实际上是前者包含后者。这些类是普通整数环中的戴德金称之为理想的例子。为了领会戴德金的工作,人们必须使自己习惯于用数类的术语去思考。

更一般地,戴德金把他的理想定义如下:设 K 是一个特殊的代数数域,说 K 的整数 A 的集合形成一个理想,如果当 α 和 β 是这个集合中的任何两个整数时,则整数 $\mu\alpha + \nu\beta$ 也属于这个集合,这里 μ 和 ν 是 K 中的任何其他代数整数。或者这样说,理想 A 是由 K 中的代数整数 $\alpha_1, \alpha_2, \cdots, \alpha_n$ 产生的,如果 A 是由一切和

$$\lambda_1\alpha_1 + \lambda_2\alpha_2 + \cdots + \lambda_n\alpha_n$$

所构成,这里 λ_i 是域 K 中的任何整数。这个理想用 $(\alpha_1, \alpha_2, \cdots, \alpha_n)$ 来表示。零理想只含有数 0,相应地用 (0) 来表示。单位理想是由数 1 产生的,记为 (1)。如果理想 A 只是由一个整数 α 产生的,就称它为主理想,所以 (α) 是由一切被 α 整除的代数整数构成的。在普通的整数环中每一个理想都是主理想。

由整数 2 和 $1 + \sqrt{-5}$ 所产生的理想是代数数域 $a + b\sqrt{-5}$ 中的理想的一个例子,这里 a 和 b 是普通的有理数。这个理想由所有形如 $2\mu + (1 + \sqrt{-5})\nu$ 的整数构成,这里 μ 和 ν 是这个域中的任意整数。考虑到 $(1 + \sqrt{-5})2$ 必定属于 2 所产生的理想这一事实,这个理想是仅由一个数 2 所产生的,所以它恰巧也是主理想。

如果理想 $(\alpha_1, \alpha_2, \cdots, \alpha_p)$ 中的每一个成员也是理想 $(\beta_1, \beta_2, \cdots, \beta_q)$ 的成员,反之也对,则两理想相等。为了处理因子分解的问题,我们必须首先考虑两个理想的乘积。K 中的理想 $A = (\alpha_1, \cdots, \alpha_s)$ 和理想 $B = (\beta_1, \cdots, \beta_t)$ 的乘积定义为理想

$$AB = (\alpha_1\beta_1, \alpha_1\beta_2, \alpha_2\beta_1, \cdots, \alpha_i\beta_j, \cdots, \alpha_s\beta_t).$$

很明显,这个乘积是可交换的和可结合的。凭借这个定义,如果存在一个理想 C 使得 $B = AC$,我们就可以说 A 整除 B,记为 $A|B$,并称 A 是 B 的因子。正像上面普通整数的例子已经启示的,B 的元素被包含在 A 的元素之中,并且普通的可除性由类的包含所代替。

类似于通常素数的理想称为素理想。这样的理想 P 定义为除去自身和理想 (1) 外不含有其他因子的理想,所以 P 不被包含在 K 的任何其他理想之中。由于这个理由,素理想也被称作是最大的。所有这些定义和定理都导致关于代数数域 K 的理想的基本定理。任何一个理想仅能被有限个理想所整除,并且如果一个素理想整除(同一个数类的)两个理想的乘积 AB,则它整除 A 或 B。最后,理想论中的基本定理是,每一个理想能唯一地分解为素理想。

在关于形如 $a + b\sqrt{D}$ (D 为整数)的代数数域的最早的例子中,我们发现,有些代数数域允许有这些域的代数整数的唯一因子分解,另一些则不允许。允许或不

允许这一问题的答案是由下述定理给出的:代数数域 K 的整数能唯一地分解为素因子的充要条件是,K 中所有的理想都是主理想。

从戴德金著作中的这些例子可以看出,他的理想的理论实际上是普通整数的一般化。特别是他的著作提供了代数数域的概念和性质,使别人能够去建立唯一因子分解定理。

克罗内克(Leopold Kronecker,1823—1891)是库默尔的得意门生,他接替库默尔在柏林大学任教授。他继续研究代数数的问题,并沿着类似于戴德金的路线发展了它。克罗内克的博士论文《论复可逆元素》是他在这个论题上的第一项工作。这篇论文写于 1845 年,但直到很晚才发表[1]。论文中讨论在高斯所创立的代数数域中可能存在的所有可逆元素。

克罗内克创立了另一种域论(有理性域)[2]。由于他考虑了任意个变量(未定量)的有理函数域,他的域的概念比戴德金的更一般。特别地,克罗内克引进了(1881)添加于域的未定量的概念,未定量恰是一个新的抽象量。用增加未定量去推广域的这种思想,成为他的代数数的理论的基石。在这里他用了由刘维尔(Joseph Liouville)、康托尔(Georg Cantor)和其他数学家所建立的关于代数数与超越数的差别的知识。特别是他注意到,如果 x 是域 K 上的一个超越数(x 是一个未定量),则由添加未知量 x 于 K 而得到的域 $K(x)$,也就是包含 K 与 x 的最小域,同构于系数在 K 中的一个变量的有理函数所生成的域 $K[x]$[3]。他确实强调过,这个未定量仅是一个代数元素,而不是一个分析意义下的变量[4]。然后他在 1887 年[5]证明了对每一个普通素数 p,在具有有理系数的多项式环 $Q(x)$ 中存在一个相应的素多项式 $p(x)$,它在有理域 Q 中是不可约的。两个多项式若以给定的素多项式 $p(x)$ 为模同余就认为相等,据此,在 $Q(x)$ 中一切多项式的环就变成了同余类的域,这个域与由添加 $p(x) = 0$ 的一个根 δ 于域 K 而产生的代数数域 $K(\delta)$ 具有相同的代数性质。在这里他用了柯西曾经用过的思想,即用多项式关于模 $x^2 + 1$ 同余而引进虚数。在这同一部著作中他说明了代数数的理论独立于代数基本定理和完备的实数系的理论。

在他的域论中(在"Grundzüge"中),其元素是从域 K 出发然后添加未定量 x_1,x_2,$\cdots$,x_n 而形成的,克罗内克引进了模系的概念,这相当于戴德金理论中的理

①　*Jour. für Math.*,93,1882,1-52 = *Werke*,1,5-71.

②　"Grundzüge einer arithmetischen Theorie der algebraischen Grössen," *Jour. für Math.*,92,1882,1-122 = *Werke*,2,237-387;也被 G. Reimer 出版,1882。

③　*Werke*,2,253.

④　*Werke*,2,339.

⑤　*Jour. für Math.*,100,1887,490-510 = *Werke*,3,211-240.

想。对克罗内克而言,一个模系是 n 个变量 x_1,x_2,$\cdots$,x_n 的多项式的一个集合 M,具有下述性质:如果 P_1 和 P_2 属于这个集合,则 P_1+P_2 也属于这个集合。如果 P 属于这个集合,而 Q 是 x_1,x_2,$\cdots$,x_n 的任一多项式,则 QP 也属于这个集合。

模系 M 的一组基(basis)是指 M 的多项式 B_1,B_2,$\cdots$的任何一个集合,使得 M 的每一个多项式都可表示为形式

$$R_1B_1 + R_2B_2 + \cdots,$$

这里 R_1,R_2,$\cdots$是常数或多项式(不必属于 M)。在克罗内克的一般域中,可除性理论是依据模系定义的,很像戴德金用理想来定义。

代数数论的工作在 19 世纪以希尔伯特(David Hilbert)的"论代数数"的著名报告[①]为顶峰。这个报告主要是记述那个世纪内所做的工作的。但是,希尔伯特重新整理了所有这些早期的理论,并且给出了获得这些结果的新颖、漂亮而强有力的方法。从大约 1892 年起,他在代数数论中已开始创立的新概念以及关于伽罗瓦数域的一个新创造也一并组织进这个报告中了。其后,希尔伯特和许多其他人大大地扩展了代数数论。但是,这些后来的发展,相对于伽罗瓦域,相对于阿贝尔数域和类域,都刺激着 20 世纪的大量工作,这些都主要是专家们所关心的。

代数数论,本来是研究古老数论中的问题的解的一种方案,自身却变成了一个目的。它终于在数论和抽象代数之间占据了一席之地。而现在,数论和近世高等代数也被吸收到代数数论之中了。当然,代数数论在普通数论中也产生了新的定理。

5. 型 的 理 论

数论中的另一类问题是整数的型表示。表达式

(3)
$$ax^2 + 2bxy + cy^2,$$

其中 a,b 和 c 是整数,是一个二元型,因为它包含着两个变量;它又是一个二次型,因为它是二次的。一个数 M 称为用型表示出,如果对于 a,b,c,x 和 y 的特殊整数值,上一表达式等于 M。一个问题是要找一组数,它们能被已给的型或一类型所表示出。逆问题是,已给 M 与已给 a,b 和 c 或某些类的 a,b 和 c,要找能表示出 M 的 x 和 y 的值,这也是同等重要的。后一问题属于丢番图分析,而前一问题也一样可以看成是这一课题的一部分。

在这些问题方面欧拉得到了一些特殊的结果。拉格朗日却做出了关键性的发

---

① "Die Theorie der algebraischen Zahlkörper"(代数数域的理论),*Jahres. der Deut. Math.-Ver.*,4,1897,175-546 = *Ges. Abh.*,1,63-363。

现:如果一个数能被一个型所表示出,它就能被许多另外的型所表示出;他称这些型是等价的。后者可从原始型用变数变换

(4)
$$x = \alpha x' + \beta y', \quad y = \gamma x' + \delta y'$$

来得到,这里 α, β, γ 和 δ 都是整数,并且 $\alpha\delta - \beta\gamma = 1$。[①]特别是,拉格朗日阐明了对于一个已给的判别式(discriminant,高斯使用了 determinant) $b^2 - ac$,存在着有限个型,使得具有这一判别式的每一个型等价于这有限个型中的一个。从而所有具有已给判别式的型可被划分归类,每一类由等价于那个类中的一个成员的一切型所构成。这一结果以及由勒让德归纳得出的一些结果引起了高斯的注意。高斯迈出了大胆的一步,从拉格朗日的著作中抽象出了型的等价的概念,并致力于此。他的《探讨》的第五节,一个出乎寻常的最大的一节,就是专注于这一课题的。

高斯系统化了并扩展了型的理论。他首先定义了型的等价。设用(4)把
$$F = ax^2 + 2bxy + cy^2$$

变换为型
$$F' = a'x'^2 + 2b'x'y' + c'y'^2.$$

那么
$$b'^2 - a'c' = (b^2 - ac)(\alpha\delta - \beta\gamma)^2.$$

如果现在 $(\alpha\delta - \beta\gamma)^2 = 1$,这两个型的判别式就相等了。于是变换(4)的逆变换将同样包含整系数[根据克莱姆法则],并将 F' 变换为 F。F 和 F' 称为是等价的。如果 $\alpha\delta - \beta\gamma = 1$,则 F 和 F' 称为固有等价;如果 $\alpha\delta - \beta\gamma = -1$,则 F 和 F' 称为非固有等价。

高斯证明了一系列关于型的等价的定理。例如,如果 F 等价于 F',而 F' 等价于 F'',则 F 等价于 F''。如果 F 等价于 F',则一个数 M 能被 F 表示出就能被 F' 表示出,并且表示出的方法的个数也一样多。然后他说明,在 F 和 F' 等价的条件下,如何去找从 F 变换为 F' 的所有变换。在 x 和 y 的值是互素的情况,他也找到了已知数 M 被型 F 表示出的一切表示。

由定义,两个等价的型的判别式 $D = b^2 - ac$ 有相同的值,然而两个有相等判别式的型却未必等价。高斯说明了所有具有一个已给 D 的型可以被划分归类;任一类的成员都是彼此固有等价的。虽然具有一个已给 D 的型的个数是无限的,但是对于一个已给 D 的类的个数却是有限的。在每一类中一个型可被取为代表,高斯给出了选择最简单代表的准则。所有以 D 为判别式的型中最简单的型是 $a = 1$, $b = 0$, $c = -D$。他称这样的型为主要型,它所属的类为主要类。

接着,高斯着手研究型的复合(乘积)。如果型
$$F = AX^2 + 2BXY + CY^2,$$

在替换
$$X = p_1 xx' + p_2 xy' + p_3 x'y + p_4 yy',$$

①　*Nouv Mém. de l'Acad. de Berlin*, 1773,263 - 312;与 1775,323 ff. = *Œuvres*,3,693 - 795。

$$Y = q_1 xx' + q_2 xy' + q_3 x'y + q_4 yy'$$

之下被变换为两个型

$$f = ax^2 + 2bxy + cy^2 \quad \text{和} \quad f' = a'x'^2 + 2b'x'y' + c'y'^2$$

的乘积,那么就称 F 可被变换为 ff'。更进一步,如果六个数

$$p_1 q_2 - q_1 p_2, \quad p_1 q_3 - q_1 p_3, \quad p_1 q_4 - q_1 p_4,$$

$$p_2 q_3 - q_2 p_3, \quad p_2 q_4 - q_2 p_4, \quad p_3 q_4 - q_3 p_4$$

没有公因数,则称 F 是型 f 和 f' 的复合。

于是高斯就能证明一个重要定理:如果 f 和 g 属于同一类,而 f' 和 g' 属于同一类,则由 f 和 f' 所复合的型与由 g 和 g' 所复合的型属于同一类。于是人们就可以谈到由两个(或更多)给定的型的类所复合的型的类。在这种类的复合中,主要类起了单位类的作用,就是说,如果类 K 与主要类相复合,则得出的类仍将是 K。

高斯又转向处理三元二次型

$$Ax^2 + 2Bxy + Cy^2 + 2Dxz + 2Eyz + Fz^2,$$

这里系数都是整数,并且作了极类似于他对于二元型所作过的研究。在二元型的情况,目标是整数的表示。高斯对三元型的理论未做深入研究。

关于型的理论的全部工作之目的,已如所述,就是要建立数论中的一些定理。高斯在他研究型的过程中表明,这一理论能怎样被用于证明任何多个关于整数的定理,其中包括许多早已被欧拉和拉格朗日等人证明过的定理。例如,高斯证明了任何形如 $4n+1$ 的素数能用一种而且仅是一种方法表示为平方和。任何形如 $8n+1$ 或 $8n+3$ 的素数能用一种而且仅是一种方法表示为型 $x^2 + 2y^2$ (对正整数 x 和 y 而言)。他阐明了如何去找一个已知数 M 在已给型 $ax^2 + 2bxy + cy^2$ 下的所有表示。这里假定判别式 D 是一个正的非平方数。更进一步,如果 K 是一个基本型 (a,b 和 c 的值是互素的),带有判别式 D,并且 p 是一个能除尽 D 的素数,那么不能被 p 整除而能被 F 表示出的诸数或者都是 p 的二次剩余,或者都是 p 的二次非剩余。

在高斯关于三元二次型的工作所引出的结果中有下述定理的首次证明:每一个数能表示成三个三角数的和。我们记得,这些数是

$$1, \ 3, \ 6, \ 10, \ 15, \ \cdots, \ \frac{n^2 + n}{2}, \ \cdots$$

他也重新证明了已被拉格朗日证明过的定理:任何一个正整数能表示为四个数的平方和。谈到这个结果时值得顺便提一下,1815 年柯西在巴黎科学院宣读了一篇论文,论文中建立了一个首先为费马所断言的一般性的结果:每一个整数是 k 或低

于 k 的 k 角数之和[1][一般 k 角数是 $n + (n^2 - n)(k-2)/2$]。

高斯提出的二元的和三元的二次型的代数理论有一个有趣的几何模拟,这是高斯自己首先发端的。出现在 1830 年的《格丁根学报》[2]上关于泽贝尔(Ludwig August Seeber)写的三元二次型的一本书的书评中,高斯概述了他的型和型类的几何表示[3]。这个工作是所谓数的几何理论的发展的一个开端。闵可夫斯基(Hermann Minkowski,1864—1909)曾历任几个大学的数学教授,当他发表了他的《数的几何》(Geometrie der Zahlen,1896)之后,这一理论才得到显著的地位。

在 19 世纪的数论中,型的理论成为一个主要的课题。关于二元的和三元的二次型以及多元的和高次的型,许多人作了进一步的研究[4]。

6. 解 析 数 论

数论中的一个重要发展是解析方法和解析成果的导入,以表达和证明有关整数的事实。实际上,欧拉已经在数论中用了分析(见下面),雅可比用椭圆函数得到了同余论和型的理论中的一些结果[5]。然而欧拉在数论中对分析的使用是很少的,雅可比的数论成果几乎是他的分析著作的偶然的副产品。

分析的第一个深刻的经过精心考虑的用途是由狄利克雷(1805—1859)为了处理一个看来是明白的代数问题而做出的。他是高斯和雅可比的学生,在布雷斯劳和柏林当教授,后来在格丁根接替高斯。狄利克雷的伟大著作《数论讲义》(Vorlesungen über Zahlentheorie)[6]详细解释了高斯的《探讨》,并给出了他自己的贡献。

引起狄利克雷去应用分析的问题是证明每一个算术序列

$$a, a+b, a+2b, a+3b, \cdots, a+nb, \cdots$$

中包含无穷多个素数,这里 a 和 b 是互素的。欧拉[7]和勒让德[8]做出了这一猜想,在 1808 年勒让德[9]给出了一个证明,但含有错误,在 1837 年狄利克雷[10]给出了一个正确的证明。这个结果推广了欧几里得关于在序列 1,2,3,…中包含有无穷多

[1] *Mém. de l'Acad. des Sci.*, *Paris*, (1),14,1813 - 1815, 177 - 220 = *Œuvres*, (2),6,320 - 353.
[2] *Werke*, 2,188 - 196.
[3] 克莱因(Felix Klein)在他的 *Entwicklung*(见本章末尾的参考书目),pp. 35 - 39,阐明了高斯的概述。
[4] 进一步的细节见参考文献中史密斯(Henry J. S. Smith)和迪克森(Leonard Eugene Dickson)的工作。
[5] *Jour. für Math.*, 37,1848,61 - 94 和 221 - 254 = *Werke*, 2,219 - 288.
[6] 发表于 1863 年,1871 年、1879 年和 1894 年的二、三、四版由戴德金作了广泛的增补。
[7] *Opuscula Analytica*, 2,1783.
[8] *Mém. de l'Acad. des Sci.*, *Paris*, 1785,465 - 559, pub. 1788.
[9] *Théorie des nombres*, 2nd ed., p. 404.
[10] *Abh. König. Akad. der Wiss.*, *Berlin*, 1837,45 - 81 和 108 - 110 = *Werke*, 1,307 - 342.

个素数的定理,狄利克雷的分析证明长而又繁。特别是他用了 $\sum\limits_{n=1}^{\infty} a_n n^{-z}$,现在被称为狄利克雷级数,其中 a_n 和 z 都是复数。狄利克雷还证明了在序列 $\{a+nb\}$ 中的素数的倒数之和是发散的。这就推广了欧拉关于通常素数的结果(见下面)。在 1841 年[①],狄利克雷证明了一个关于在复数 $a+bi$ 的级数中的素数的定理。

围绕着引进分析的主要问题涉及函数 $\pi(x)$,$\pi(x)$ 表示不超过 x 的素数的个数。例如,$\pi(8)$ 是 4,因为 2,3,5 和 7 是素数,而 $\pi(11)$ 是 5。当 x 增加时,增添的素数变得稀疏起来,问题是 $\pi(x)$ 的固有的分析表达式是什么? 勒让德证明了不存在有理表达式,他曾在一个时期内放弃了可能找到任何表达式的希望。那时欧拉、勒让德、高斯和其他人都推测

(5)
$$\lim_{x \to \infty} \frac{\pi(x)}{x / \log x} = 1.$$

高斯利用素数表(他事实上研究了直到 3 000 000 的一切素数)对 $\pi(x)$ 作了猜想,并推断[②] $\pi(x)$ 与 $\int_2^x \mathrm{d}t / \log t$ 的差是很小的。他还知道

$$\lim_{x \to \infty} \frac{\int_2^x \mathrm{d}t / \log t}{x / \log x} = 1.$$

1848 年,彼得格勒大学的教授切比雪夫(Pafnuti L. Tchebycheff,1821—1894)继续研究小于或等于 x 的素数个数的问题,并在这一古老问题上迈出了一大步。在一篇关键性的论文《论素数》[③]中,切比雪夫证明了

$$A_1 < \frac{\pi(x)}{x / \log x} < A_2,$$

这里 $0.922 < A_1 < 1$ 和 $1 < A_2 < 1.105$,但是没有证明这个函数趋向于一极限。这个不等式为许多数学家所改进,这些人中包括詹姆斯·西尔维斯特(James Joseph Sylvester),他在 1881 年同其他一些人曾怀疑这个函数有极限。切比雪夫在他的著作中使用了

$$\zeta(z) = \sum_{n=1}^{\infty} \frac{1}{n^z},$$

我们现在把它叫做黎曼 ζ 函数,可是,他是仅对 z 的实值应用这个函数的。(这个级数是狄利克雷级数的一种特殊情况。)在同一篇论文中,他还顺便证明了对 $n > 3$,

---

① *Abh. König. Akad. der Wiss.*,*Berlin*,1841,141-161 = *Werke*,2,509-532.

② *Werke*,2,444-447.

③ *Mém. Acad. Sci. St. Peters.*,7,1854,15-33;也见 *Jour. de Math.*,(1),17,1852,366-390 = *Œuvres*,1,51-70。

在 n 和 $2n-2$ 之间至少总有一个素数存在。

实 z 的 ζ 函数出现在欧拉[①]的一本著作中,他在其中引进了

$$\zeta(s) = \sum_{n=1}^{\infty} \frac{1}{n^s} = \prod_{n=1}^{\infty} \left(1 - \frac{1}{p_n^s}\right)^{-1},$$

这里 p_n 都是素数。欧拉用这个函数去证明素数的倒数之和是发散的。对 s 的偶的正整数值,欧拉知道 $\zeta(s)$ 的值(见第 20 章第 4 节)。然后在一篇宣读于 1749 年的论文[②]中,欧拉断言对实的 s,

$$\zeta(1-s) = 2(2\pi)^{-s} \cos\frac{\pi s}{2} \Gamma(s) \zeta(s).$$

他说他验证这一方程一直到了对它无可怀疑的程度。这个关系式是由黎曼在 1859 年的一篇下面将要提到的论文中建立的。黎曼用了复数 z 的 ζ 函数去试图证明素数定理,即上面提到的(5)[③]。他指出,要再深入一步研究,就应当知道 $\zeta(z)$ 的复零点。实际上,当 $z = x + iy$ 时,$\zeta(z)$ 对 $x \leqslant 1$ 不收敛,而 ζ 在半平面 $x \leqslant 1$ 内的值是由解析开拓定义的。他叙述了一个假设:ζ 在带形区域 $0 \leqslant x \leqslant 1$ 中的一切零点都位于 $x = 1/2$ 这条线上。这个假设一直还未被证明[④]。

在 1896 年,阿达马(Jacques Hadamard)[⑤]应用(一个复变量的)整函数的理论,以及证明当 $x = 1$ 时 $\zeta(z) \neq 0$ 这一决定性的事实,终于证明了素数定理;他研究整函数的目的就在于证明这个素数定理。瓦莱·普桑(Charles-Jean de la Vallée Poussin,1866—1962)关于 ζ 函数得到同样的结果,并同时证明了素数定理[⑥]。这个定理是解析数论的中心问题之一。

参 考 书 目

Bachmann, P.: "Über Gauss' zahlentheoretische Arbeiten," *Nachrichten König. Ges. der Wiss. zu Gött.*, 1911, 455 – 508; also in Gauss: *Werke*, 10_2, 1 – 69.

Bell, Eric T.: *The Development of Mathematics*, 2nd ed., McGraw-Hill, 1945, Chaps. 9 – 10.

Carmichael, Robert D.: "Some Recent Researches in the Theory of Numbers," *Amer. Math. Monthly*, 39, 1932, 139 – 160.

---

① *Comm. Acad. Sci. Petrop.*, 9, 1737, 160 – 188, pub. 1744 = *Opera*, (1), 14, 216 – 244.

② *Hist. de l' Acad. de Berlin*, 17, 1761, 83 – 106, pub. 1768 = *Opera*, (1), 15, 70 – 90.

③ *Monatsber. Berliner Akad.*, 1859, 671 – 680 = *Werke*, 145 – 155.

④ 1914 年哈代(Godfrey H. Hardy)证明了 $\zeta(z)$ 有无穷多零点位于直线 $x = \frac{1}{2}$ 上(*Comp. Rend.*, 158, 1914, 1012 – 1014 = *Coll. Papers*, 2, 6 – 9)。后来又由其他一些数学家取得了不少进展。

⑤ *Bull. Soc. Math. de France*, 14, 1896, 199 – 220 = *Œuvres*, 1, 189 – 210.

⑥ *Ann. Soc. Sci. Bruxelles*, (1), 20 Part II, 1896, 183 – 256, 281 – 397.

Dedekind, Richard: *Über die Theorie der ganzen algebraischen Zahlen* (reprint of the eleventh supplement to Dirichlet's *Zahlentheorie*), F. Vieweg und Sohn, 1964.

Dedekind, Richard: *Gesammelte mathematische Werke*, 3 vols., F. Vieweg und Sohn, 1930 – 1932, Chelsea (reprint), 1968.

Dedekind, Richard: "Sur la théorie des nombres entiers algébriques," *Bull. des Sci. Math.*, (1),11,1876,278 – 288;(2),1,1877,17 – 41,69 – 92,144 – 164,207 – 248 = *Ges. math. Werke*, 3,263 – 296.

Dickson, Leonard E. : *History of the Theory of Numbers*, 3 vols., Chelsea (reprint), 1951.

Dickson, Leonard E. : *Studies in the Theory of Numbers* (1930), Chelsea (reprint), 1962.

Dickson, Leonard E. : "Fermat's Last Theorem and the Origin and Nature of the Theory of Algebraic Numbers," *Annals. of Math.*, (2),18,1917,161 – 187.

Dickson, Leonard E. et al. : *Algebraic Numbers*, *Report of Committee on Algebraic Numbers*, National Research Council, 1923 and 1928; Chelsea (reprint), 1967.

Dirichlet, P. G. L. : *Werke* (1889 – 1897); Chelsea (reprint), 1969,2 vols.

Dirichlet, P. G. L. , and R. Dedekind: *Vorlesungen über Zahlentheorie*, 4th ed., 1894 (contains Dedekind's Supplement); Chelsea (reprint), 1968.

Gauss, C. F. : *Disquisitiones Arithmeticae*, trans. A. A. Clarke, Yale University Press, 1965.

Hasse, H. : "Bericht über neuere Untersuchungen und Probleme aus der Theorie der algebraischen Zahlkörper," *Jahres. der Deut. Math. -Verein.*, 35,1926,1 – 55 and 36,1927,233 – 311.

Hilbert, David: "Die Theorie der algebraischen Zahlkörper," *Jahres. der Deut. Math. -Verein.*, 4,1897,175 – 546 = *Gesammelte Abhandlungen*, 1,63 – 363.

Klein, Felix: *Vorlesungen über die Entwicklung der Mathematik im 19. Jahrhundert*, Chelsea (reprint), 1950, Vol. 1.

Kronecker, Leopold: *Werke*, 5 vols. (1895 – 1931), Chelsea (reprint), 1968. See especially, Vol. 2, pp. 1 – 10 on the law of quadratic reciprocity.

Kronecker, Leopold: *Grundzüge einer arithmetischen Theorie der algebraischen Grössen*, G. Reimer, 1882 = *Jour. für Math.*, 92,1881/1882,1 – 122 = *Werke*, 2,237 – 388.

Landau, Edmund: *Handbuch der Lehre von der Verteilung der Primzahlen*, B. G. Teubner, 1909, Vol. 1, pp. 1 – 55.

Mordell, L. J. : "An Introductory Account of the Arithmetical Theory of Algebraic Numbers and its Recent Development," *Amer. Math. Soc. Bull.*, 29,1923,445 – 463.

Reichardt, Hans, ed. : *C. F. Gauss, Leben und Werk*, Haude und Spenersche Verlagsbuchhandlung, 1960, pp. 38 – 91;also B. G. Teubner,1957.

Scott, J. F. : *A History of Mathematics*, Taylor and Francis, 1958, Chap. 15.

Smith, David E. : *A Source Book in Mathematics*, Dover (reprint), 1959, Vol. 1,107 – 148.

Smith, H. J. S. : Collected Mathematical Papers, 2 vols. (1890 – 1894), Chelsea (reprint), 1965. Vol. 1 contains Smith's *Report on the Theory of Numbers*, which is also published separately by Chelsea, 1965.

Vandiver, H. S. : "Fermat's Last Theorem," *Amer. Math. Monthly*, 53,1946,555 – 578.

第 35 章

射影几何学的复兴

> 纯粹几何学的学说往往会给出,而在许多问题中会给出一个简单而自然的办法来洞察诸真理的来源,去揭露那连接它们的神秘链索,去使它们独特地、明白地、完全地被认识。
>
> 沙勒(Michel Chasles)

1. 对几何学的兴趣的恢复

在笛卡儿(René Descartes)和费马引进解析几何学以后的百余年里,代数的和分析的方法统治了几何学,几乎排斥了综合的方法。在这段时期,某些人,例如坚持尝试要使微积分严格地奠基于几何学的那些英国数学家,综合地得到过新结果。几何的方法,优美而且直观上清晰,总是吸引住一些人。特别是麦克劳林(Colin Maclaurin),他喜爱综合的几何学胜过分析学。因此,纯粹几何学即使不处在 17,18 世纪最生气勃勃的发展的中心,也还保持着一些活力。19 世纪初,几位大数学家判定综合几何学过去是被不公平、不明智地忽视了,因而做出积极的努力来复兴和扩展它。

综合方法的新提倡者之一,彭赛列(Jean-Victor Poncelet),是承认旧的纯粹几何学的局限性的。他说:"解析几何学以其特有的方法提供通用而且一致的手段去解决出现的问题……它得出的结果其普遍性是无止境的,然而另一个[综合几何学]却碰巧才能前进;其办法完全依靠使用者的聪明,其结果几乎总是局限于所考虑的特定图形。"但是,彭赛列不相信综合方法必然这样局限,他提出要创造与解析几何学的威力相匹敌的新的综合方法。

沙勒(Michel Chasles, 1793—1880)是几何方法的另一位大支持者。在他的《几何方法的起源和发展的历史概述》(*Aperçu historique sur l'origine et le développement des méthodes en géométrie*, 1837,这是一篇历史研究,其中沙勒声明他因不懂德文而未谈到德国作者)中,他说,当时的以及更早的数学家们曾宣称几何学是一种死的语言,将来不会再有用处和影响。沙勒不但否定这种说法,而且引完全是分析学家的拉格朗日为证。当遇到天体力学中一个很难的问题时,60 岁的拉格朗日说[①]:"虽然分析学也许比旧的几何学的(通常被不适当地称为综合的)方法要优越,但是在有一些问题中,后者却显得更优越,部分是由于其内在的清晰,部分是由于其解法的优美平易。甚至还有一些问题,代数的分析有点不够用,似乎只有综合的方法才能制服。"拉格朗日举出的例证是旋转椭球体对其表面或内部一点(单位质量)的引力这个很难的问题。这个问题曾被麦克劳林用纯粹综合的方法解决过。

沙勒还摘引了比利时天文学家兼统计学家凯特尔(Lambert Adolphe J. Quetelet,1796—1874)给他的信。凯特尔说:"我们的大多数年轻数学家这么轻视纯粹几何学,是不恰当的。"他接着说,年轻人嫌其方法缺乏普遍性,他问道,这究竟是几何学的过错还是研究几何学的人的过错呢?为了克服缺乏普遍性,沙勒向未来的几何学家提出两条守则。他们应当把特殊的定理推广成最普遍的(同时还应是最简单而自然的)结果。其次,他们不应当满足于一个结果的证明,如果他不是一个一般方法或所从属的学说的一部分。什么叫找到一个定理的真正基础呢?他说,总是有一个主要的真理的,人们会认出它来,因为别的定理都将通过简单的变换或作为容易的推论而从它得出。作为知识基础的伟大真理总具有简单和直观的特色。

别的数学家用比较粗鲁的语言攻击分析方法。卡诺(Lazare N. M. Carnot)希望"把几何学从分析学的画符样难懂的文字中解放出来"。这个世纪后期,施图迪(Eduard Study,1862—1922)称坐标几何学的机器似的过程为"坐标磨坊的嘎嘎声"。

对几何学中解析方法的反对不只是出于个人的偏好或口味。首先,一个真正的问题是,到底解析几何学是不是几何学?因为方法和结果的实质都是代数,它们的几何意义都是隐蔽的。此外,正像沙勒所指出的,分析学以其形式过程全部略去了几何学所不断采取的小步骤。分析学的快速而且也许是渗透的步伐不显露已经完成了的事情的意义。起点与最终结果之间的联系是不清楚的。沙勒问道:"在一门科学的哲理性的、基础的研究中,光知道某件事是对的却不知道它为什么对、不知道它在所属的真理系列中处于什么地位,这难道够吗?"另一方面,几何的方法可以得到简单的、直观上明显的证明和结论。

首先由笛卡儿提出的另一个论点,在 19 世纪还引起共鸣。几何学被认为是关于空间和现实世界的真理。代数学和分析学本身,连关于数和函数的重要真理都算不上。它们不过是达到真理的方法,而且还是矫揉造作的。对于代数学和分析

---

① *Nouv. Mém. de l'Acad. de Berlin*, 1773,121-148, pub. 1775 = *Œuvres*, 3,617-658.

学的这种看法逐渐在消失。然而在 19 世纪初这种批评还是强有力的,因为分析的方法还不完善,甚至逻辑上还不健全。几何学家理直气壮地怀疑解析证明的正确性,贬之为仅供参考的一些结果。分析学家却只能回嘴说几何的证明是笨拙而不优美的。

论战的结局是纯粹几何学家重申他们在数学中的作用。恰像是因解析几何学的创立使纯粹几何学被抛弃而向笛卡儿报仇似的,19 世纪初的几何学家们以在几何学的竞赛中胜过笛卡儿作为他们的目标。分析学家与几何学家之间的对抗如此激烈,以至施泰纳(Jacob Steiner,一位纯粹几何学家)曾威胁要停止为克雷尔(August Leopold Crelle)的《数学杂志》(*Journal für Mathematik*)写稿,如果克雷尔继续发表普吕克(Julius Plücker)的分析学的文章的话。

复兴综合几何学的刺激主要来自一个人——蒙日(Gaspard Monge)。我们已经谈到过他对解析几何学和微分几何学的宝贵贡献以及他 1795 年至 1809 年间在多科工艺学校的鼓舞人心的讲演。蒙日本人并不企图做更多的事,只不过是想把几何学带回到数学圈子里来,作为分析学结果的有启发性的途径和解释。他只企图使两种思想方法并重。然而,他自己的几何学研究和他对几何学的热情在他的学生们迪潘(Charles Dupin)、塞尔瓦(François-Joseph Servois)、布利安香(Charles-Julien Brianchon)、比奥(Jean-Baptiste Biot,1774—1862)、卡诺和彭赛列之中激发起复兴纯粹几何学的强烈愿望。

蒙日对纯粹几何学的贡献是他的《画法几何学》(*Traité de géométrie descriptive*,1799)。这门学科是讲怎样把三维物体正交投影到两个(一个水平的、一个垂直的)平面上,使得从这个表示法可以推断该物体的数学性质。这种图解法适用于建筑学、堡垒设计、透视学、木匠业和石匠业,而且是第一次讨论三维图形到两个二维图形的投影。画法几何学的思想和方法并没有成为通向几何学后来发展的道路,或者通向数学的任何别的部分的道路。

2. 综合的欧几里得几何学

虽然蒙日所鼓动起来的几何学家们去研究射影几何学了,但我们先停下来看看综合的欧几里得几何学中的一些新成果。这些成果,或许重要性不大,然而显示出这门古老学科的新的主题和几乎无穷无尽的丰富多彩。实际上产生了数以百计的新定理,我们只能从中举几个例子。

每个三角形 ABC 有九个特别的点:各边的中点、三条高的垂足,以及各顶点与垂心连线的中点。这九个点全在一个圆周上,叫做九点圆。这定理是热尔岗

(Joseph-Diez Gergonne)与彭赛列首先发表的①。它常被归功于费尔巴哈(Karl Wilhelm Feuerbach,1800—1834),一位高中教师,他的证明发表在《直边三角形的一些特殊点的性质》(*Eigenschaften einiger merkwürdigen Punkte des geradlinigen Dreiecks*,1822)里。在这本书里,费尔巴哈添加了关于九点圆的另一个事实。旁切圆是与一条边和另外二条边的延长线相切的圆。(旁切圆的圆心位于两个外角和较远的那个内角的分角线上。)费尔巴哈的定理说,九点圆与内切圆以及三个旁边圆都相切。

在 1816 年出版的一本小书《平面直边三角形的一些性质》(*Über einige Eigenschaften des ebenen geradlinigen Dreiecks*)中,克雷尔指出怎样在一个三角形内部求一点 P,使得 P 与三角形的顶点的连线和三角形的边作成相等的角。就是说,在图 35.1

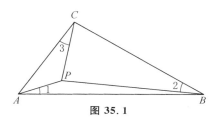

图 35.1

中 $\angle 1 = \angle 2 = \angle 3$。还有另一点 P',使得 $\angle P'AC = \angle P'CB = \angle P'BA$。

我们知道,圆锥曲线曾被阿波罗尼斯(Apollonius)看作是圆锥的截口而明确地讨论过,后来在 17 世纪又被作为平面上的轨迹引进过。1822 年丹德林(Germinal Dandelin,1794—1847)证明了关于圆锥曲线与圆锥的关系的一个十分有趣的定理②。他的定理说,如果两个球面内切于一个圆锥并且都与一个已知平面相切,该平面与圆锥交于一条圆锥曲线,那么球面与平面的接触点是圆锥曲线的焦点,球面与圆锥相切的圆所在的平面同已知平面的交线是圆锥曲线的准线。

19 世纪时人们探讨的另一个有趣的主题是用纯几何的方法,也就是不依靠变分法,求解极大极小问题。在施泰纳用综合方法证明的几个定理中,最著名的结果是等周定理:在具有一定周长的所有平面图形中,圆周包围着最大的面积。施泰纳给出了各种各样的证明③。可惜施泰纳假定了存在着一条曲线它确实包围着最大的面积。狄利克雷好几次试图说服他,说因此他的证明是不完全的;但是施泰纳坚持说这是不证自明的。然而有一次他的确写过(在 1842 年文章的第一篇中)④:"而如果假定有一个最大的图形,证明就是轻而易举的。"

极大化曲线的存在性证明难住了数学家们好些年,直到魏尔斯特拉斯(Karl

① *Ann. de Math.*,11,1820/1821,205－220.

② *Nouv. Mém. de l'Acad. Roy. des Sci.*,Bruxelles,2,1822,169－202.

③ *Jour. für Math.*,18,1838,281－296;以及 24,1842,83－162,189－250;1842 年的文章收在他的 *Ges. Werke*,2,177－308。

④ *Ges. Werke*,2,197.

Weierstrass)在他 1870 年代的讲演中求助于变分法①解决了这个问题为止。其后卡拉泰奥多里(Constantin Caratheodory,1873—1950)和施图迪②在一篇合写的文章中不用变分法而严格化了施泰纳的证明。他们的证明(有两个)是直接的,不像施泰纳的方法是间接的。在偏微分方程和分析学中做过伟大的工作并曾在包括格丁根和柏林在内的几所大学当过教授的施瓦茨(Hermann Amandus Schwarz),对三维的等周问题给了一个严格的证明③。

施泰纳也证明了(在 1842 年文章的第一篇中)在具有一定周长的所有三角形中,等边三角形具有最大的面积。他的另一个结果④说,如果 A, B, C 是给定的三点(图 35.2)并且三角形 ABC 的每个角都小于 120°,那么使 $PA+PB+PC$ 最小的点 P 正好使 P 处的每个角都是 120°。但是如果三角形的一个角,比方说角 A,等于或大于 120°,那么 P 与 A 重合。这个结果很早以前卡瓦列里(Bonaventura Cavalieri)[《六道几何练习题》(*Exercitationes Geometricae Sex*),1647]就证明过,但施泰纳一定不知道。施泰纳也把这结果推广到 n 个点。

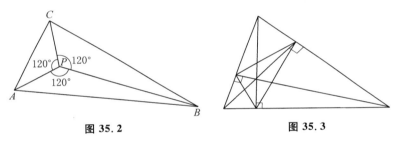

图 35.2   图 35.3

施瓦茨解决了下面的问题:已知一个锐角三角形,考虑所有这样的三角形,其每个顶点都在原来那个三角形的三条边上;问题是要找出周长最短的三角形。施瓦茨综合地证明了⑤这个周长最短的三角形的三顶点就是已知三角形的三个高的垂足(图35.3)⑥。

欧几里得几何学的一条新奇的定理,在 1899 年被约翰斯·霍普金斯大学数学

① *Werke* , 7,257 - 264,301 - 302.
② *Math. Ann.* , 68,1909,133 - 140 = 卡拉泰奥多里 , *Ges. math. Schriften*, 2,3 - 11。
③ *Nachrichten König. Ges. der Wiss. zu Gött.* , 1884, 1 - 13 = *Ges . math. Abh.* , 2,327 - 340.
④ *Monatsber. Berliner Akad.* , 1837, 144 = *Ges . Werke*, 2,93 和 729 - 731.
⑤ 文章未发表,*Ges. Math. Abh.* , 2,344 - 345。
⑥ 施瓦茨的证明可以在库朗(Richard Courant)与罗宾斯(Herbert Robbins)的 *What Is Mathematics?*, Oxford University Press, 1941, pp. 346 - 349 中找到。法尼亚诺(J. F. de Toschi di Fagnano,1715—1797)给出一个不用微积分的证明,见于 *Acta Eruditorum* , 1775, p. 297。在施瓦茨之前有过不那么优美的几何的证明。

教授莫利(Frank Morley)所发现,后来许多人发表了它的证明①。这定理说,如果画出一个三角形的每个顶角的三等分线,则相邻的三等分线就相交于一个等边三角形的顶点(图 35.4)。新奇处在于涉及角三等分线。直到 19 世纪中叶,没有一个数学家会去考虑这些线,因为只有可以作图的那些元素和图形才被认为在欧几里得几何学中是合法的。可作图性保证了存在性。然而,关于确立存在性的观念改变了,这一点当我们考察关于欧几里得几何学的逻辑基础的研究工作时将看得更清楚。

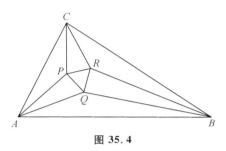

图 35.4

沿着莫尔(George Mohr)和马斯凯罗尼(Lorenzo Mascheroni)(第 12 章第 2 节)所开创的路线,为减少直尺和圆规的使用作了若干努力。彭赛列在他 1822 年的《论著》(*Traité*)中证明了能用直尺和圆规作的所有的作图(除了作圆弧以外)都能只用直尺做到,只需事先给我们一个固定的圆及其圆心。施泰纳在一本小书《用直尺和一个定圆进行的几何作图》(*Die geometrischen Constructionen ausgeführt mittelst der geraden Linie und eines festen Kreises*)②中更优美地重新证明了这个结果。虽然施泰纳这本书是为教育的目的写的,但他在序言里宣称他将证明一位法国数学家表达过的一个猜想。

关于用综合方法证明的欧几里得几何学定理的上述简短选讲,不应给读者留下解析几何的方法没有人用的印象。事实上,热尔岗给出了许多几何定理的解析证明,发表在他创办的杂志《数学纪事》(*Annales de Mathématiques*)上。

3. 综合的射影几何学的复兴

蒙日和他的学生从事的主要领域是射影几何学。这门学科在 17 世纪曾经有过相当活跃然而短暂的突进(第 14 章),但是被解析几何、微积分和分析学的兴起

①　一个证明,以及已发表的证明的参考资料,见考塞特(H. S. M. Coxeter),*Introduction to Geometry*,John Wiley and Sons, 1961, pp. 23 - 25。

②　1833 出版 = *Werke*, 1, 461 - 522。

所淹没了。我们已经提到过,德萨格(Girard Desargues)1639年的主要工作被忽略至1845年,而帕斯卡(Blaise Pascal)关于圆锥曲线的主要论文(1639)一直没有找到。只有拉伊尔(Philippe de La Hire)的书可供使用,其中采用了德萨格的某些结果。19世纪的人常错把从拉伊尔的书中学到的东西归功于拉伊尔。但是,整个说来,这些几何学家不知道德萨格和帕斯卡的工作而不得不重做。

射影几何学的复兴始于卡诺(1753—1823),他是蒙日的学生,杰出的物理学家卡诺(Sadi Carnot)的父亲。他的主要著作是《位置的几何学》(*Géométrie de position*, 1803),也写过《关于斜截理论》(*Essai sur la théorie des transversales*, 1806)。蒙日赞成联合运用解析几何与纯粹几何,但是卡诺拒绝使用解析方法,并开始了纯粹几何学的奋斗。我们即将充分讨论的想法有许多在卡诺的书中至少是提过的。如蒙日称之为偶然关系的原理(又通称为相关原理或者更常被称为连续性原理)那里面就有。为了避免对不同大小的角和不同方向的直线用不同的图,卡诺不使用他认为有矛盾的负数,却引进了一套复杂的图表,称为"正负号的对应"。

19世纪初期的射影几何研究者中,我们只提塞尔瓦和布利安香(1785—1864),他们两人都把他们的工作应用于军事问题。虽然他们出了力重建、整理和扩充旧的结果,可是重要的新定理只有布利安香的著名结果[1],即还是他在多科工艺学校当学生时证明的。这定理说,如果一个圆锥曲线的六条切线(图35.5)形成一个外切六边形,那么连接相对顶点的三条线通过同一点。布利安香用配极关系导出了这个定理。

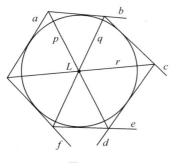

图35.5

射影几何学的复兴从彭赛列(1788—1867)得到主要的动力。彭赛列是蒙日的学生,他也从卡诺那里学了许多。当他在拿破仑(Napoleon)的远征军中做军官时,他被俘并在俄国萨拉托夫(Saratoff)监狱里度过了1813年至1814年。在那里,彭赛列不借助任何书本,重做了他从蒙日和卡诺那里学到的东西,然后着手创造新的结果。后来他扩充并修订了这个工作,发表为《论图形的射影性质》(*Traité des propriétés projectives des figures*, 1822)。这个工作是他对于射影几何学和对于创立新学科的主要贡献。在他后来的生涯中,不得已而把大量的时间用于政府事务,虽然在不长的时期内他还保持着教授的职位。

彭赛列成了综合几何学的最热心的支持者,他甚至攻击分析学家。他曾与分析学家热尔岗(1771—1859)友好,并曾在热尔岗的《数学纪事》上发表过文章,但是

---

① *Jour. de l'Ecole Poly.*, 6, 1806, 297 - 311.

他的攻击不久也指向热尔岗了。彭赛列深信纯粹几何学的独立性和重要性。虽然他承认分析学的威力,但他相信能够赋予综合几何学以同样的威力。在 1818 年的一篇文章(发表在热尔岗的《纪事》上①)里,他说,解析方法的威力不在于运用代数而在于它的普遍性,这个优越性产生于这样的事实:从一个典型的图形发现的度量性质,对于由这典型的或基本的图形派生出来的所有图形都仍然适用,顶多改变一下正负号。这种普遍性在综合几何学里能由连续性原理(我们即将讲它)得到保证。

　　彭赛列是充分认识到射影几何学具有独特方法和目标的新数学分支的第一位数学家。17 世纪的射影几何学家讨论特殊问题,而彭赛列却考虑一般问题,探索几何图形任一投影的所有截影所共有的那些性质,亦即在投射与截影下保持不变的性质。这就是他和他的后继者们研究的主题。由于距离和角度在投影与截影下是会改变的,所以彭赛列选择并发展了对合与调和点列的理论,而不是交比的概念。蒙日在他的工作中用了平行投影;像德萨格、帕斯卡、牛顿(Isaac Newton)和兰伯特(Johann Heinrich Lambert)一样,彭赛列用中心投影,即从一个点投影。彭赛列把这个概念提高成为研究几何问题的一种方法。彭赛列也考虑了从一个空间图形到另一个空间图形的射影变换,当然是用纯几何的方式。这时他好像对射影性质失去了兴趣,而更关心这方法在浮雕和舞台设计中的运用。

　　他的工作以三个观念为中心。第一个是透射的图形。两个图形是透射的,如果一个能够从另一个经过一次投射与截影(这叫做透视对应)或一连串投影与截影(这叫做射影对应)得出。他运用透射图形的方法是,对于一个给定的图形,找一个比较简单的透射的图形,研究后者以找出它在投射与截影下不变的性质,这样来获得原来那比较复杂的图形的性质。这个方法的实质曾被德萨格和帕斯卡使用过,彭赛列在他的《论图形的射影性质》里赞扬过德萨格在这方面及其他方面的创见。

　　彭赛列的第二个主导的观念是连续性原理。在他的《论图形》里他是这样说的:"如果一个图形从另一个图形经过连续的变化得出,并且后者与前者一样得一般,那么可以马上断定,第一个图形的任何性质第二个图形也有。"怎样判定这两个图形都是一般的呢? 他没有解释。彭赛列的原理也断定,若一个图形退化了,譬如六边形的一边趋于零而退化成五边形,则原来图形的任何性质都会转化成关于那退化图形的一个适当措辞的命题。

　　这原理对彭赛列来说其实不是新的,在概括的哲学意义下,要追溯到莱布尼茨(Gottfried Wilhelm Leibniz),他在 1687 年说,当两件事的已知条件的差别能变得

---

　　①　*Ann. de Math.*,8,1817/1818,141-155. 这篇文章重印在彭赛列的 *Applications d'analyse et de géométrie*(1862-1864)中,2,466-476。

任意小时,其结果的差别也能变得小于任意给定的量。从莱布尼茨以来这原理一直得到承认和运用。蒙日开始用连续性原理来论证定理。他想要证明一个普遍的定理,却采用图形的一个特殊位置来证明它,然后声称这定理是普遍成立的,甚至当该图形里的某些元素变成**虚**的时候也成立。例如,要证明关于线与曲面的一个定理,他就在线与曲面相交时证明它,然后声称即使线与曲面不相交,交点变成虚的时候,结论也成立。无论蒙日还是卡诺(他也用过这原理)都没有为它提出过任何根据。

制造了"连续性原理"这个术语的彭赛列,把这原理抬高成绝对的真理,并在他的《论图形》中大胆地应用。为了"论证"它是可靠的,他举出圆的相交弦的两段之积相等这条定理,说,当交点移到圆外时,得出关于割线与其圆外段之积相等的定理。还有,当一条割线变成切线时,切线与其圆外段变得相等,它们的积仍等于另一条割线与其圆外段的积。这一切都是挺有道理的,但是彭赛列应用这原理来证明许多定理,并且像蒙日一样,引申这原理去谈论虚的图形。(以后我们将提到一些例子。)

巴黎科学院的别的院士们批评这连续性原理,认为它只具有启发的意义。特别是柯西,他批评这原理,但遗憾的是他的批评指向彭赛列的应用,而在那里这原理确实是有效的。批评者也指出,彭赛列等人对这原理的信心其实是来源于它有代数上的依据。事实上,彭赛列在狱中的笔记表明他确曾用分析学来检验这原理的可靠性。顺便说一下,这些笔记由彭赛列写好并由他分成两卷出版,题为《分析学与几何学的应用》(*Applications d'analyse et de géométrie*, 1862—1864),其实这是他 1822 年的《论图形》的修订版,而且在后面这一著作中他的确使用了解析方法。彭赛列承认能够从代数上证明这原理,但他坚持认为这原理并不依赖于这样一个证明。然而可以相当肯定的是,彭赛列依靠了代数的方法去弄清事情的究竟,然后又以这原理为依据来肯定几何的结果。

沙勒在他的《概述》里为彭赛列辩护。沙勒的论点是,代数是这原理的事后诸葛亮的(由结果追溯原因的)证明。然而,他留下伏笔,指出必须小心,不要把本质上依赖于元素的虚实的性质从一个图形转移到另一图形上去。例如圆锥的一个截口可能是双曲线,因而它有渐近线。当截口是一个椭圆时,渐近线就成了虚的。因此不应去证明一个只同渐近线有关的结果,因为渐近线依赖于截口的特殊种类。也不应把抛物线的结果转移到双曲线上去,因为在抛物线的情形,截割平面并不在一般位置。接着,他讨论了有公共弦的两个相交圆的问题。当两圆不再相交时,公共弦成虚的。他说,其实公共弦通过两个实点这件事是一种附带的或偶然的性质。必须以某种办法来定义这条弦,要不依赖于当两圆相交时它通过实交点这件事,而要是任意位置的两个圆都恒有的性质。例如可以定义它为(实的)根轴,意思是这条线上的任何点到那两个圆的切线长都相等;也可以利用这么个性质来定义它,即以这条线上任何点为圆心能画一个圆与那两个圆都垂直相交。

沙勒也坚决主张连续性原理适用于处理几何里的虚元素。他先解释几何里的虚是什么意思。虚元素属于一个图形的某一种情形或状态,在其中某些成分不再存在,而在这图形的另一状态中这些成分是实的。他接着说,因为若不同时想想这些量是实量时的那些有关的状态,就不会有虚量的观念。后面说的这些状态,他叫做"偶然的"状态,提供了理解几何里的虚元素的钥匙。要证明关于虚元素的结果,只需取图形的一般位置,其中该元素是实的,然后,依据偶然关系原理或者说连续性原理,可以推断当该元素是虚的时候结果也成立。"这样就看出,虚元素的运用和考虑是完全正当的。"19 世纪时,连续性原理被承认为直观上明显的,因而具有公理的地位。几何学家们随意使用它,从来不认为它需要证明。

虽然彭赛列用连续性原理去断定关于虚点和虚线的结果,但他从未给出过这些元素的一般定义。为了引进某些虚点,他给了复杂的、不十分清晰的几何意义。当我们从代数的观点来讨论它们时,我们会更容易理解这些虚元素。尽管彭赛列的方法缺乏清晰性,但引进圆上无穷远点的概念还得归功于他,那是任何两个圆都共有的、位于无穷远直线上的两个虚点①。他还引进了任两球面都共有的球上无穷远圆。他接着证明,两条不相交的实圆锥曲线有**两条**虚的公共弦,两条圆锥曲线交于四个点,或实或虚。

彭赛列的工作中第三个主导观念是关于圆锥曲线的极点与极线的概念。这概念起源于阿波罗尼斯,并在 17 世纪的射影几何学工作中被德萨格(第 14 章第 3节)及其他人用过。欧拉、勒让德、蒙日、塞尔瓦和布利安香也已用过它。但是彭赛列给出了从极点到极线和从极线到极点的变换的一般表述,并且在他 1822 年的《论图形》和他在 1824 年提交巴黎科学院的《论配极的一般理论》(Mémoire sur la théorie générale des polaires réciproques)②中用作建立许多定理的方法。

彭赛列研究关于圆锥曲线的配极的目的之一是要建立对偶原理。射影几何的研究者们曾经注意到,涉及平面图形的定理如果把"点"换成"线"、"线"换成"点"重述一遍,不但话谈得通,而且竟是正确的。这样重述所得出的定理为什么还成立?其原因当时是不清楚的,并且布利安香事实上还怀疑过这个原理。彭赛列想,配极关系是其原因。

然而,这个配极关系需要一个圆锥曲线作中介。热尔岗③坚决主张这对偶原

---

① 　*Traité*, 1, 48.
② 　*Jour. für Math.*, 4, 1829, 1 - 71.
③ 　*Ann. de Math.*, 16, 1825 - 1826, 209 - 231.

理是一个普遍原理,适用于除了涉及度量性质者外的一切陈述和定理。极点和极线是不必要的中间支撑物。他引进了"对偶性"这个术语来表示原来定理与新定理之间的关系。他也注意到在三维的情形中点与面是对偶的元素,而线与它自己对偶。

　　为了说明热尔岗对于对偶原理的理解,我们来考察他是怎样对偶化德萨格的三角形定理的。首先我们应注意三角形的对偶是什么。三角形由不在同一条直线上的三个点,以及连接它们的三条线组成。对偶的图形则由不在同一个点上的三条线,以及连接它们的三个点(交点)组成。这对偶的图形又是一个三角形,所以三角形称为是自对偶的。热尔岗发明了把对偶的定理写成两栏的格式,把对偶的命题并排写在原来命题的旁边。

　　现在让我们考虑德萨格定理,这时两个三角形和点 O 在一个平面里,我们来看看把点与线对换会得出什么结果。热尔岗在刚才提到过的 1825 年至 1826 年的文章中把这个定理及其对偶写成:

<table>
<tr><td align="center">德萨格定理</td><td align="center">德萨格定理的对偶</td></tr>
<tr><td>如果有两个三角形,连接对应顶点的线过同一个点 O,那么对应边相交的三个点在同一条线上。</td><td>如果有两个三角形,连接对应边的点在同一条线 O 上,那么对应顶点相连的三条线过同一个点。</td></tr>
</table>

这里,对偶定理是原来定理的逆定理。

　　热尔岗对一般对偶原理的表述是有点含糊的、有缺陷的。虽然他深信它是一个普遍的原理,但他不能证明它,而彭赛列正确地反对了这些缺陷。他还与热尔岗争发现这原理的优先权(这实在是属于彭赛列的),甚至谴责热尔岗剽窃。然而,彭赛列确实要依靠配极,却不肯承认热尔岗在认识这原理的更广的应用方面前进了一步。后来,彭赛列、热尔岗、默比乌斯(Augustus Ferdinand Möbius)、沙勒和普吕克之间开展的讨论完全弄清了这原理。默比乌斯在他的《重心计算》(*Der barycentrische Calcul*)中,后来还有普吕克,都很好地说明了对偶原理与配极的关系:对偶的概念和圆锥曲线、二次型无关,但当后者能用时,就与配极一致。这时期还没有得到一般对偶原理的逻辑证明。

　　施泰纳(1796—1863)推进了射影几何的综合发展。他是接受法国的尤其是彭赛列的观念,偏爱综合方法以至嫌恶分析学的一个德国几何学派的第一个人。他是一个瑞士农民的儿子,19 岁以前一直在农场干活。虽然他大多是自学的,但他终于成了柏林的教授。他年轻时是裴斯泰洛齐(Pestalozzi)学校的教师,深感培养几何直观之重要。裴斯泰洛齐原则是在教师引导下,并采用苏格拉底(Socrates)方法(即问答法——译者注),让学生创造数学。施泰纳走到极端,他教几何不用图,在黑屋子里培养研究生。在其后期的工作中,施泰纳把英国的及其他杂志上发表的定理和证明拿过来,在他自己的著作中从不声明他的成果已有人建树。他早年做过好的创造性的工作,并企图维持他的多产的名声。

　　他的主要著作是《几何形的相互依赖性的系统发展》(*Systematische Entwicklung der Abhängigkeit geometrischen Gestalten von einander*, 1832),他的主要原理是运用射影的概念从简单的结构(如点、线、线束、面、面束)建造出更复杂的结构。他的结果不是特别新的,但他的方法是新的。

　　为解释他的原理,我们来考察他的定义圆锥曲线的射影方法,这现已成为标准的方法。从两个线束(共点的线族)P_1, P_3出发(图35.6),设它们是通过线l上的点束透视相关的;设线束P_3与P_2是通过另一条线m上的点束透视相关的。这时线束P_1与P_2就说是射影相关的。以P_1为中心的线束和以P_2为中心的线束中标着a的线,是在两个线束P_1与P_2间的射影对应下互相对应的线的例子。圆锥曲线现在就定义为两个射影相关的线束的所有各对对应线的交点的集合。例如P是曲线上的一个点,而且这曲线通过P_1和P_2(图35.7)。就这样,施泰纳用较简单的形、线束,造出了圆锥曲线或二次曲线。但是,他并未证明他的曲线与圆锥的截口是一回事。

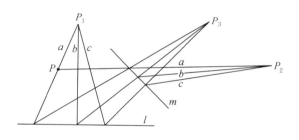

图 35.6

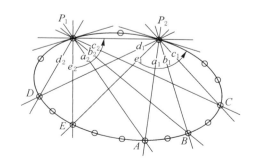

图 35.7

他也以类似的方式造出了直纹的二次曲面、单叶双曲面和双曲抛物面,用射影对应作为他定义的基础。实际上对整个射影几何来说他的方法还不够普遍。

在证明中他采用交比作为基本工具。然而他不采用虚元素,称之为"幽灵"或者"几何的鬼影"。他也不采用带负号的量,虽然默比乌斯(他的工作我们很快要讲)已经引进了它们。

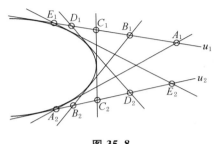

图 35.8

施泰纳在他的工作中从一开头就使用对偶原理。例如他把圆锥曲线的定义对偶化,得到一种新结构,称为线曲线。如果从两个射影相关的(但非透视相关的)点束出发,那么连接这两个点束中对应点的线族(图35.8)称为一个线圆锥曲线。这样的线束也刻画出一条曲线,为了区别起见,作为点的轨迹的通常的曲线称为点曲线。点曲线的诸切线是一个线曲线,在圆锥曲线的情形就构成对偶曲线。反过来,每个线圆锥曲线包络着一个点圆锥曲线,或者说它是一个点圆锥曲线的切线集体。

用施泰纳的点圆锥曲线的对偶的概念,可以把许多定理对偶化。让我们举帕斯卡定理来形成它的对偶命题。我们把定理写在左边,新的命题写在右边。

<table>
<tr><td align="center">帕斯卡定理</td><td align="center">帕斯卡定理的对偶</td></tr>
<tr><td>在点圆锥曲线上取六个点 A,B,C,D,E,F,则 A,B 的连线与 D,E 的连线相交得一点 P;</td><td>在线圆锥曲线上取六条线 a,b,c,d,e,f,则 a,b 的交点与 d,e 的交点相连得一线 p;</td></tr>
<tr><td>B,C 的连线与 E,F 的连线相交得一点 Q;</td><td>b,c 的交点与 e,f 的交点相连得一线 q;</td></tr>
<tr><td>C,D 的连线与 F,A 的连线相交得一点 R。</td><td>c,d 的交点与 f,a 的交点相连得一线 r。</td></tr>
<tr><td>P,Q,R 三点在一条线 l 上。</td><td>p,q,r 三线通过同一点 L。</td></tr>
</table>

第14章的图14.12解说了帕斯卡定理。其对偶就是布利安香利用配极关系发现的定理(图35.5)。施泰纳像热尔冈一样,没有建立对偶原理的逻辑基础。然而,他在前进过程中,通过把图形分类和注重对偶命题而系统地发展了射影几何学。他还充分研究了二次曲线和二次曲面。

毕生献身于几何学的沙勒继续彭赛列和施泰纳的工作,虽然他个人并不知道施泰纳的工作,因为我们曾经说过,沙勒不能读德文。沙勒在他的《论高等几何》(*Traité de géométrie supérieure*,1852)和《论圆锥曲线》(*Traité des sections coniques*，1865)中提出了他自己的想法。由于沙勒的许多工作或者无意地重复了施泰纳的，或者被更普遍的概念所更替，所以我们只讲应归功于他的少数主要结果。

沙勒从他弄懂欧几里得的失传的著作《衍论》(*Porisms*)的努力中得到交比的观念(虽然施泰纳和默比乌斯已经重新引进了它)。德萨格也用过这概念，但是沙勒只知道拉伊尔写过的有关的东西。沙勒不知什么时候还得知帕普斯(Pappus)有这观念，因为在他的《概述》的札记 IX(p. 302)里他提到帕普斯用了这观念。这个领域中沙勒的结果之一[①]是，圆锥曲线上四个固定点与这圆锥曲线上的任意的第五点确定的四条线有相同的交比。

1828 年沙勒[②]给出了定理：已知两个共线点集成一一对应，使得一条线上任四点的交比等于另一条线上的对应点的交比，那么连接对应点的那些线是一个圆锥曲线的切线，那圆锥曲线与这两条已知线也相切。这结果等价于施泰纳的线圆锥曲线的定义，因为这里的交比条件保证了两个共线点集是射影相关的，连接对应点的那些线就是施泰纳的线圆锥曲线的那些线。

沙勒指出，从对偶原理来看，在平面射影几何学的发展中，线可以同点一样基本，并相信彭赛列和热尔岗对这一点是清楚的。沙勒也引进了新的术语。他把交比叫做非调和比。他引进"单应"这个术语来描述平面到自身或到别的平面的、把点变成点、线变成线的变换。这个术语包含了透射的或者射影相关的图形。他加了一个条件，要求变换保持交比不变，但这件事是能够证明的。把点变成线、线变成点的变换他叫做对射。

虽然沙勒为纯粹的几何学辩护，但他却是解析地思考然后几何地陈述他的证明和结果的。这种方法称为"混合法"，后来别人也使用。

1850 年前后，射影几何学与欧几里得几何学相区别的一般概念和目的是清楚的；可是这两种几何学的逻辑关系并没有弄清楚。从德萨格到沙勒，射影几何里用了长度的概念。事实上，交比的概念就是用长度定义的。但长度不是射影概念，因为它在射影变换下不是不变的。冯·施陶特(Karl Georg Christian von Staudt，1798—1867)是埃尔兰根(Erlangen)的教授，他对逻辑基础有兴趣，决心使射影几何摆脱对长度和叠合的依靠。他的方案在他的《位置的几何学》(*Geometrie der Lage*，1847)中提出，实质上是在射影的基础上引进一种类似长度的东西。他的方案叫做"投的代数"(the algebra of throws)。在直线上任选三个点，给它们指定符号 0，1，∞。然后用一种(来自默比乌斯的)几何作图法——"投"，给任意一点 P

① *Correspondance mathématique et physique*，5，1829，6 - 22.
② *Correspondance mathématique et physique*，4，1828，363 - 371.

配上一个符号。

为了看看这作图法在欧几里得几何里相当于什么,我们从直线上标着 0 和 1 的点(图 35.9)出发。过一条平行线上的一点 M 作 0M,然后作 1N 平行于 0M。再画出 1M,作 N2 平行于 1M。显然 01 = 12 ,因为平行四边形对边相等。这样就用几何作图把 01 的长度转到 12 了。

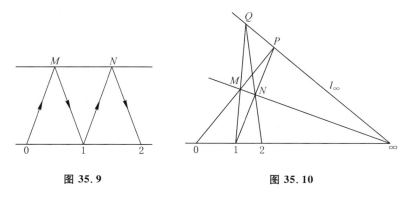

图 35.9   图 35.10

现在来看射影的情况。从三个点 0,1,∞(图 35.10)出发。点 ∞ 在无穷远直线 l_∞ 上,但在射影几何中这不过是一条普通的线。取一点 M,过 M 作一条"平行"于 01 的线。这意思是过 M 的那条线应该与 01 在 ∞ 相交,所以我们画出 M∞。作 0M 并延长它直到与 l_∞ 相交。然后过 1 作 0M 的"平行线"。这意思是过 1 的那条"平行线"应该与 0M 相交在 l_∞ 上。这样我们得到 1P 线,从而确定出 N 来。再画出 1M 并延长它直到与 l_∞ 相交于 Q。过 N 而"平行"于 1M 的线是 QN,我们就得到它与 01 的交点,标上 2。

用这种作图法能给 01∞ 线上的点配上"有理数坐标"。要把无理数配给线上的点,必须引进连续性公理(第 41 章)。这概念当时尚未被很好地了解,因而冯·施陶特的工作不够严密。

冯·施陶特给线上的点指定坐标并未用长度。他的坐标虽是通常的数的记号,却只是充当点的有系统性的识别符号。所以要加或减这种"数"时,冯·施陶特不能使用算术的法则。他用几何作图来定义这些符号的运算,举例说,使得数 2 和 3 相加得数 5。这些运算服从通常的数的一切规律。这样,他的符号或坐标就能当作普通的数来处理,虽则它们是几何地造出来的。

给他的点配上这些标号以后,冯·施陶特就能定义四个点的交比。如果这四点的坐标是 x_1,x_2,x_3,x_4,那么交比定义为

$$\frac{x_1 - x_3}{x_1 - x_4} \bigg/ \frac{x_2 - x_3}{x_2 - x_4}.$$

这样,冯·施陶特不依靠长度和叠合的概念就得到了建立射影几何的基本工具。

交比是 -1 的四点叫做调和集。在调和集的基础上冯·施陶特给出基本定义:两个点束是射影相关的。如果在一一对应之下调和集对应于调和集。四条共点的线构成一个调和集,如果它们与任一斜截线的交点是一个调和点集。于是两个线束的射影对应也能定义了。利用这些概念,冯·施陶特定义了平面到自身的直射变换为点到点、线到线的一一变换,并证明它把调和集变成调和集。

在他的《位置的几何学》里,冯·施陶特的主要贡献是指出射影几何学其实比欧几里得几何学还基本。它的概念从逻辑上看是前提。这本书和他的《位置的几何学论丛》(*Beiträge zur Geometrie der Lage*,1856,1857,1860)显示了射影几何学是与距离无关的学科。然而,他还是用了欧几里得几何学的平行公理,从逻辑的观点看来这是个缺点,因为平行性不是射影不变的。这个缺点是克莱因(Felix Klein)[1]消除的。

4.　代数的射影几何学

在综合几何学家们发展射影几何学的同时,代数几何学家们沿用自己的方法也研究这同一个学科。新的代数概念中最早的是现在所称的齐次坐标。方案之一是默比乌斯(1790—1868)创立的,他像高斯和哈密顿(William R. Hamilton)一样,是一个天文学家,但是他把大量的时间用于数学。虽然默比乌斯没有参加综合方法与代数方法之争,但他的贡献却是在代数方面。

他用坐标表示平面上的点的方案,发表在他的主要著作《重心计算》[2]中。他从一个固定的三角形出发,对这平面的任一点 P,考虑在三角形的三个顶点上各放多少质量能使这三个质量的重心在 P,就取这三个量作为 P 的坐标。当 P 在这三角形外面时,坐标之一或之二可以是负的。当这三个质量乘以同一个常数时 P 仍是重心。所以在默比乌斯的方案中,点的坐标不是唯一的;三个坐标之比才是确定的。这个方案用于空间的点时需要四个坐标。在这个坐标系里写出的曲线和曲面的方程是齐次的,即所有各项的次数都相同。稍后我们就会看到运用齐次坐标的例子。

默比乌斯把从平面到平面或从空间到空间的变换分成类型。如果对应的图形相等,变换就是叠合变换;如果对应的图形相似,变换就是相似变换。再普遍一些的是保持平行性但不保持长度和形状的变换,这类型称为仿射变换(欧拉引进的一个概念)。最普遍的是把直线变成直线的变换,他把它叫做直射变换。默比乌斯在

①　*Math. Ann.*,6,1873,112 - 145 = *Ges. Abh.*,1,311 - 343. 又见第 38 章第 3 节。
②　1827 发表 = *Werke*,1,1 - 388。

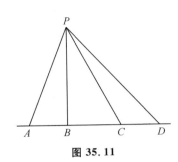

图 35.11

《重心计算》中证明每个直射变换是一个射影变换；就是说，它能从一连串透视变换得出。他的证明假定变换是一对一而且连续的，但是连续性条件能够减弱。他还给出这种变换的一种解析表达式。默比乌斯指出，可以在上述的每一类型变换下考虑图形的不变性质。

默比乌斯在几何里不仅对线段而且对面积和体积，引进了带正负号的元素。因此对于在同一线上四点的带正负号的交比这一概念他能给出完善的处理。他还指出，线束中四条线的交比可以用顶点 P 处各角(图 35.11)的正弦表示为

$$\frac{\sin APB}{\sin APC} \Big/ \frac{\sin BPD}{\sin CPD},$$

并且这个比值与任何斜截线所截得的四点 A，B，C，D 的交比是相同的。所以交比在投射与截影下不改变。默比乌斯还缓慢地发展出许多别的观念，然而没有推进得很远。

赋予射影几何的代数方法以效率和活力的人是普吕克(1801—1868)。在好几所学校当数学教授之后，1836 年起，他一直是波恩的数学与物理学教授。普吕克主要是一个物理学家，其实是一个实验物理学家，在那个领域里有许多有名的发现。1863 年以后，他重新献身于数学。

普吕克也引进了齐次坐标，但与默比乌斯的方式不同。他的第一个概念是三线坐标[1]，也见于他的《解析几何的发展》(*Analytisch-geometrische Entwickelungen*，1828，1831)的第二卷。他从一个固定的三角形出发，任一点 P 的坐标取为从 P 到该三角形各边的带正负号的垂直距离；各距离可以乘以同一个常数。后来在第二卷里他引进一个特殊情况，相当于把三角形的一条边看成无穷远直线。这等价于把通常笛卡儿坐标 x 和 y 换成 $x = x_1/x_3$ 和 $y = x_2/x_3$，因而曲线的方程变得对 x_1，x_2，x_3 为齐次的。后面这个概念是后来较广泛地采用的。

利用齐次坐标，并且利用关于齐次函数的欧拉定理，即若 $f(tx_1, tx_2, tx_3) = t^n f(x_1, x_2, x_3)$，则

$$x_1 \frac{\partial f}{\partial x_1} + x_2 \frac{\partial f}{\partial x_2} + x_3 \frac{\partial f}{\partial x_3} = nf(x_1, x_2, x_3),$$

普吕克能够给几何观念以优美的代数表示。例如若 $f(x_1, x_2, x_3) = 0$ 是一个圆锥曲线的方程，其中 (x_1, x_2, x_3) 是这圆锥曲线上的点的坐标，那么方程

① *Jour. für Math.*，5，1830，1 - 36 = *Wiss. Abh.*，1，124 - 158.

$$\frac{\partial f}{\partial x_1} x_1' + \frac{\partial f}{\partial x_2} x_2' + \frac{\partial f}{\partial x_3} x_3' = 0,$$

当把 x_1'，x_2'，x_3' 看成流动坐标时，可以解释为点 (x_1, x_2, x_3) 处的切线方程，而当把 x_1，x_2，x_3 看成流动坐标时，则是任意点 (x_1', x_2', x_3') 相对于该圆锥曲线的极线的方程。

利用齐次坐标，普吕克给出了无穷远线、圆上无穷远点及其他概念的代数表述。在齐次坐标系 (x_1, x_2, x_3) 中，无穷远线的方程是 $x_3 = 0$。这条线在射影几何里并不是异常的，但是在我们关于几何元素的直观模型中，欧几里得平面的每个寻常点落在一个有穷位置上，由 $x = x_1/x_3$ 与 $y = x_2/x_3$ 确定，因而我们不得不把 $x_3 = 0$ 上的点看成无穷远的。

在通过 $x = x_1/x_3$，$y = x_2/x_3$ 引进齐次笛卡儿坐标 x_1，x_2，x_3 之后，圆的方程

$$(x - a)^2 + (y - b)^2 = r^2$$

变成　　　　　　　$$(x_1 - a x_3)^2 + (x_2 - b x_3)^2 = r^2 x_3^2.$$

由于无穷远线的方程是 $x_3 = 0$，所以这条线与圆的交点由

$$x_1^2 + x_2^2 = 0, \ x_3 = 0$$

确定，而这乃是圆上无穷远点的方程。这些点的坐标是 $(1, i, 0)$ 和 $(1, -i, 0)$，或者是正比于它们的三个数。类似地，球面上的无穷远圆的方程是

$$x_1^2 + x_2^2 + x_3^2 = 0, \ x_4 = 0.$$

如果我们把直线方程写成齐次形式（我们用 x，y，z 代替 x_1，x_2，x_3）

$$Ax + By + Cz = 0,$$

并且要求该线通过点 (x_1, y_1, z_1) 和 $(1, i, 0)$，那么所得的该线的非齐次方程是

$$x - x_0 + i(y - y_0) = 0,$$

其中 $x_0 = x_1/z_1$，$y_0 = y_1/z_1$。同样，通过 (x_1, y_1, z_1) 和 $(1, -i, 0)$ 的线的方程是

$$x - x_0 - i(y - y_0) = 0.$$

这两条线都与自身相垂直，因为斜率等于其负倒数。李（Sophus Lie）称它们为飘渺线；现在称为迷向线。

普吕克从代数上处理对偶性的努力使他得到一个漂亮的观念——线坐标[①]。如果一条直线在齐次坐标中的方程是

①　*Jour. für Math.*，6，1830，107 - 146 = *Wiss. Abh.*，1，178 - 219.

$$ux + vy + wz = 0,$$

u，v，w 或与它们成比例的三个数就是这条线的坐标①。于是正像方程 $f(x_1, x_2, x_3) = 0$ 表示一些点的集体那样，$f(u, v, w) = 0$ 表示一些线的集体，或者一个线曲线。

用这种线坐标的概念，普吕克就能给对偶原理一个代数的表述和证明。给定任一方程 $f(r, s, t) = 0$，如果把 r，s，t 解释为点的齐次坐标 x_1，x_2，x_3，我们就得到一个点曲线的方程；如果把它们解释为 u，v，w，我们就得出对偶的线曲线。用代数的过程证明的关于点曲线的任何一个性质都引出关于线曲线的对偶的性质，因为在变量的两种解释下，代数是相同的。

普吕克在这 1830 年的第二篇文章和他的《发展》第二卷中还指出，看作点的集合的一条曲线同时也能看成这曲线的切线的集合，因为这些切线也像那些点一样确定了曲线的形状。切线族是一条线曲线，在线坐标里有一个方程。这个方程的次数叫做曲线的类数，而曲线在点坐标里的方程的次数叫做曲线的阶数。

5. 高次平面曲线和高次曲面

18 世纪的人对高于二次的曲线曾经做过一些工作(第 23 章第 3 节)，但是从 1750 年到 1825 年这门学科处于休眠状态。普吕克研究了三次和四次曲线，并且在这工作中放手使用了射影的概念。

在他的《解析几何的体系》(*System der analytischen Geometrie*，1834)中，他采用了一个虽然方便却不很有根据的原理来建立曲线的标准型。譬如说，为了证明一般的四阶(次)曲线能化成一种特定的标准型，他推理说，如果两种形式中常数的个数相同，就能把一种形式化成另一种。这样，他推理说四阶的三元(三个变量的)形式总能化成

$$C_4 = pqrs + \mu \Omega^2$$

的形状，其中 p，q，r，s 是线性形式，Ω 是二次型，这是因为等式两边都包含 14 个常数。在他的方程里 μ 和各系数都是实数。

普吕克还研究了曲线的交点的个数，这是 18 世纪也做过的题目。他用拉梅 1818 年在一本书里引进的办法，把通过两条 n 次曲线 C_n' 和 C_n'' 的交点的所有曲线组成的曲线族表示出来。通过这些交点的任何曲线 C_n 都能表示成

---

① 译注：这一句原书为"如果一条直线在齐次坐标中的方程是 $ux + vy + wz = 0$，又如果 x，y，z 是固定量，那么 u，v，w 或与它们成比例的三个数就是这平面上的一条线的坐标。"当 x，y，z 是固定量时，普吕克的原著说(*Wiss. Abh.*，1，179)："方程 $au + bv + cw = 0$ 表示一个点。"

$$C_n = C'_n + \lambda C''_n = 0,$$

这里 λ 是参数。

用这个办法,普吕克给克莱姆悖论(第23章第3节)一个清楚的解释。一条一般的曲线 C_n 被 $n(n+3)/2$ 个点所确定,因为这是它的方程中本质的系数的个数。另一方面,由于两条 C_n 相交于 n^2 个点,过其中 $n(n+3)/2$ 个交点的会有无穷多条别的 C_n。普吕克解释了这表面上的矛盾[①]。任何两条 n 次曲线的确相交于 n^2 个点。然而只有 $(n/2)(n+3)-1$ 个点是互相独立的。换句话说,如果我们取两条 n 次曲线通过这 $(n/2)(n+3)-1$ 个点,那么过这些点的其他任何一条 n 次曲线,将通过它俩的 n^2 个交点中的其余 $(n-1)(n-2)/2$ 个。例如当 $n=4$ 时,有13个点互相独立。通过这13个点的任何两条曲线定出16个点,但是过这13个点的其他任何一条曲线一定通过其余那三个点。

然后普吕克研究了[②] m 次曲线与 n 次曲线的相交理论。他把后者看成是固定的,交它的那条曲线是变动的。采用缩写记号 C_n 表示 n 次曲线的表达式,别的曲线也用类似的记号,对于 $m > n$ 的情形,他写成

$$C_m = C'_m + A_{m-n}C_n = 0,$$

使得 A_{m-n} 是 $m-n$ 次多项式。从这方程,普吕克得到确定 C_n 与一切 m 次曲线的交点的正确方法。由于根据这方程有 $m-n+1$ (A_{m-n} 中系数的个数)条线性无关的曲线通过 C'_m 与 C_n 的交点,普吕克的结论是,在 C_n 上给定任意 $mn-(n-1)(n-2)/2$ 个点,C_n 与 C_m 的 mn 个交点中其余 $(n-1)(n-2)/2$ 个就确定了。差不多同时雅可比[③]也得到这同一结果。

普吕克在他 1834 年的《体系》中,后来在他的《代数曲线论》(*Theorie der algebraischen Curven*, 1839)中更明确地给出了现在所谓的普吕克公式,把曲线的阶数 n 和类数 k 与简单奇点联系起来。设 d 是二重点(一种奇点,在那里两条切线不相同)的个数,r 是尖点的个数。在线曲线中,二重点对应于二重切线(一条二重切线其实是两个不同的点处的切线),其个数设为 t。尖点对应于密接切线(在拐点穿过曲线的切线),其个数设为 w。普吕克证明了下列对偶的公式:

$$k = n(n-1) - 2d - 3r, \quad n = k(k-1) - 2t - 3w,$$
$$w = 3n(n-2) - 6d - 8r, \quad r = 3k(k-2) - 6t - 8w.$$

每种元素的个数都包括实的和虚的在内。

于是,在 $n=3$, $d=0$, $r=0$ 的情形,拐点的个数 w 该是 9。到普吕克时,瓜

---

①　*Annales de Math.*, 19, 1828, 97 - 106 = *Wiss. Abh.*, 1, 76 - 82.

②　*Jour. für Math.*, 16, 1837, 47 - 54.

③　*Jour. für Math.*, 15, 1836, 285 - 308 = *Werke*, 3, 329 - 354.

德马尔韦斯(Abbé Jean - Paul Gua de Malves)和麦克劳林已证明了通过一般三次曲线的两个拐点的直线一定通过第三个拐点,而且从克莱罗(Alexis - Claude Clairaut)的时候起就已假定了一般的 C_3 有三个实的拐点这件事。在 1834 年的《体系》里,普吕克证明了每个 C_3 或者有一个或者有三个实的拐点;在后一种情况下,它们在一直线上。他还得到把复的元素算在内的更一般的结果。一般 C_3 有九个拐点,其中六个是虚的。为了推导这个结果,他利用他的数常数个数的原理证明了

$$C_3 = fgh - l^3,$$

这里 f, g, h, l 都是线性形式,并且导出了瓜德马尔韦斯和麦克劳林的结果。然后他证明了(推理不完全)C_3 的九个拐点三个三个在一条线上,一共就有 12 条这样的线。在几所大学当过教授的黑塞(Ludwig Otto Hesse,1811—1874)补全了普吕克的证明[1],并且指出那 12 条线可以分成四个三角形。

作为发现曲线一般性质的另一个例子,我们再考虑 n 次曲线 $f(x, y) = 0$ 的拐点问题。普吕克把普通微积分中对于 $y = f(x)$ 的拐点条件 $d^2 y / dx^2 = 0$ 表示成适用于 $f(x, y) = 0$ 的形式,并得到一个 $3n - 4$ 次的方程。由于原曲线与新曲线必有 $n(3n - 4)$ 个交点,故原曲线似乎该有 $n(3n - 4)$ 个拐点。因为这数太大了,普吕克设想那 $3n - 4$ 次方程的曲线与原曲线 $f = 0$ 的 n 个无穷支中的每一支都有一个切接触,从而公共点中有 $2n$ 个不是拐点,这就得出正确的个数 $3n(n - 2)$。黑塞利用齐次坐标阐明了这件事[2];他把 x 换成 x_1 / x_3,y 换成 x_2 / x_3,利用关于齐次函数的欧拉定理,他证明了拐点的普吕克方程能写成

$$H = \begin{vmatrix} f_{11} & f_{12} & f_{13} \\ f_{21} & f_{22} & f_{23} \\ f_{31} & f_{32} & f_{33} \end{vmatrix} = 0,$$

这里的下标表示偏导数。这个方程是 $3(n - 2)$ 次的,所以与 n 次方程 $f(x_1, x_2, x_3) = 0$ 交于正确个数的拐点。这行列式本身称为 f 的黑塞式,是黑塞引进的一个概念[3]。

普吕克,以及其他人,研究了四次曲线。他第一个发现(《代数曲线论》,1839)这种曲线有 28 条二重切线,其中至多八条是实的。后来雅可比[4]证明 n 阶曲线一般有 $n(n - 2)(n^2 - 9) / 2$ 条二重切线。

---

[1] *Jour. für Math.*, 28,1844, 97 - 107 = *Ges. Abh.*, 123 - 135.

[2] *Jour. für Math.*, 41,1851, 272 - 284 = *Ges. Abh.*, 263 - 278.

[3] *Jour. für Math.*, 28,1844, 68 - 96 = *Ges. Abh.*, 89 - 122.

[4] *Jour. für Math.*, 40,1850, 237 - 260 = *Werke*, 3,517 - 542.

代数几何学的工作也包括空间中的图形。虽然空间中直线的表达式已由欧拉和柯西引进,普吕克在他的《空间几何学的体系》(*System der Geometrie des Raumes*, 1846)里引进一种修改了的形式

$$x = rz + \rho, \ y = sz + \sigma,$$

这里的四个参数 r, ρ, s, σ 确定了该直线。可以用线来造出整个空间,因为举例说,平面无非是线的集合,而点是线的交点。然后普吕克说,如果把线看作空间的基本元素,空间就是四维的,因为要用线来盖住全空间需要四个参数。他放弃了四维点空间的概念,认为它太形而上学了。维数依赖于空间元素,这是新的思想。

空间图形的研究包括了三次和四次曲面。直纹曲面是由一条直线按照某种规律运动而生成的。双曲抛物面(马鞍面)和单叶双曲面就是例子,螺旋面也是。如果一个二次曲面包含一条直线,它就包含无穷多条线,并且是直纹曲面。(这时它必定是锥面、柱面、双曲抛物面或单叶双曲面。)然而这对三次曲面不正确。

作为三次曲面的惊人性质的例子,有 1849 年凯莱(Arthur Cayley)的发现[1],每个三次曲线上恰存在 27 条直线。它们不一定全都是实的,但是对某些曲面它们全是实的。克莱布什[(Rudolf Friedrich) Alfred Clebsch]1871 年给过一个例子[2]。这些线有特别的性质。例如,每条与别的 10 条相交。有许多进一步的工作研究了三次曲面上的这些线。

在关于四次曲面的发现中,库默尔的一个结果值得一提。他研究过表示光线的直线族,在考虑连带的焦曲面[3]时他引进了一个四次曲面(而且类数是四),有 16 个二重点和 16 个二重平面,它是一个二阶的光线族的焦曲面。这个曲面称为库默尔曲面,包含那表示各向异性介质中光传播的波前的菲涅耳波曲面为特例。

19 世纪上半叶在综合的和代数的射影几何学上所做的工作,开辟了各种几何学研究的一个光辉灿烂的时期。综合的几何学家们统治着这个时期。他们力求从每一新的结果中发现某种普遍原理,这些原理常常不能从几何上得到证明,然而他们从这些原理得到的彼此联系着并同一般原理联系着的结论多如泉涌。幸而,代数的方法也被引进了,而且,如我们将看到的,终于统治了这个领域。可是我们要把射影几何的历史断开,去考虑一些革命性的新创造,它们影响了几何学中以后的所有工作,实际上还根本改变了数学的面貌。

①　*Cambridge and Dublin Math. Jour.*, 4,1849, 118 - 132 = *Math. Papers*, 1,445 - 456.

②　*Math. Ann.*, 4,1871,284 - 345.

③　*Monatsber. Berliner Akad.*, 1864,246 - 260,495 - 499.

参 考 书 目

Berzolari, Luigi: "Allgemeine Theorie der höheren ebenen algebraischen Kurven," *Encyk. der Math. Wiss.*, B. G. Teubner, 1903 – 1915, III C4,313 – 455.

Boyer, Carl B.: *History of Analytic Geometry*, Scripta Mathematica, 1956, Chaps. 8 – 9.

Brill, A., and M. Noether: "Die Entwicklung der Theorie der algebraischen Functionen in älterer und neuerer Zeit," *Jahres. der Deut. Math. -Verein.*, 3,1892/1893,109 – 566, 287 – 312 in particular.

Cajori, Florian: *A History of Mathematics*, 2nd ed., Macmillan, 1919, pp. 286 – 302, 309 – 314.

Coolidge, Julian L.: *A Treatise on the Circle and the Sphere*, Oxford University Press, 1916.

Coolidge, Julian L.: *A History of Geometrical Methods*, Dover (reprint), 1963, Book I, Chap. 5 and Book II, Chap. 2.

Coolidge, Julian L.: *A History of the Conic Sections and Quadric Surfaces*, Dover (reprint), 1968.

Coolidge, Julian L.: "The Rise and Fall of Projective Geometry," *American Mathematical Monthly*, 41,1934,217 – 228.

Fano, G.: "Gegensatz von synthetischer und analytischer Geometrie in seiner historischen Entwicklung im XIX. Jahrhundert," *Encyk. der Math. Wiss.*, B. G. Teubner, 1907 – 1910, III AB4,221 – 288.

Klein, Felix: *Elementary Mathematics from an Advanced Standpoint*, Macmillan, 1939;Dover (reprint), 1945, Geometry, Part 2.

Kötter, Ernst: "Die Entwickelung der synthetischen Geometrie von Monge bis auf Staudt," 1847, *Jahres. der Deut. Math. -Verein.*, Vol. 5, Part II, 1896(pub. 1901),1 – 486.

Möbius, August F.: *Der barycentrische Calcul* (1827), Georg Olms (reprint), 1968. Also in Vol. 1 of *Gesammelte Werke*, pp. 1 – 388.

Möbius, August F.: *Gesammelte Werke*, 4 vols., S. Hirzel, 1885 – 1887; Springer-Verlag (reprint), 1967.

Plücker, Julius: *Gesammelte wissenschaftliche Abhandlungen*, 2 vols., B. G. Teubner, 1895 – 1896.

Schoenflies, A.: "Projektive Geometrie," *Encyk. der Math. Wiss.*, B. G. Teubner, 1907 – 1910, III AB5,389 – 480.

Smith, David Eugene: *A Source Book in Mathematics*, Dover (reprint), 1959, Vol. 2, pp. 315 – 323,331 – 345,670 – 676.

Steiner, Jacob: *Geometrical Constructions With a Ruler* (a translation of his 1833 book), Scripta Mathematica, 1950.

Steiner, Jacob: *Gesammelte Werke*, 2 vols. , G. Reimer, 1881 – 1882;Chelsea (reprint), 1971.

Zacharias, M. : "Elementargeometrie and elementare nicht-euklidische Geometrie in synthetischer Behandlung," *Encyk*. *der Math*. *Wiss*. , B. G. Teubner, 1907 – 1910, III, AB9, 859 – 1172.

第 36 章

非欧几里得几何

> ……因为那似乎是对的，很多事物仿佛都有那么一个时期，届时它们就在很多地方同时被人们发现了，正如在春季看到紫罗兰处处开放一样。
>
> 波尔约(Wolfgang Farkas Bolyai)

> 人们所推崇于数学真理的必然性，甚至归属于它的特殊的确定性，只是一种错觉。
>
> 米尔(John Stuart Mill)

1. 引　言

在 19 世纪所有复杂的技术创造中间，最深刻的一个，非欧几里得几何学，在技术上是最简单的。这个创造引起数学的一些重要新分支，但它的最重要影响是迫使数学家们从根本上改变对数学的性质的理解，以及对它和物质世界的关系的理解，并引出关于数学基础的许多问题，这些问题在 20 世纪仍然进行着争论。以下将看到，非欧几里得几何是在欧几里得几何领域中一系列长期努力所达到的顶点。这个工作到 19 世纪早期就成熟了，正是射影几何也在恢复和发展的同一年代，然而这两个领域在当时彼此并无关联。

2. 1800 年左右欧几里得几何的情况

虽然希腊人已经承认抽象的或数学的空间是不同于感性认识的空间，而牛顿也强调指出了这一点①，但直到 1800 年左右，所有的数学家都认为欧几里得几何是物质空间和此空间内图形性质的正确理想化。实际上正如前已指出过的，很多

---

① *Principia*，卷 I，定义 8，Scholium。

人想把逻辑基础模糊的算术、代数和分析，建立在欧几里得几何之上，从而保证这些分支的真理性。

很多人确实说出了绝对信任欧几里得几何为真理的话。例如巴罗（Isaac Barrow）把他的数学包括微积分在内都建立在几何基础之上，对几何的肯定性列举了八项理由：概念清晰，定义明确，公理直观可靠而且普遍成立，公设清楚可信且易于想象，公理数目少，引出量的方式易于接受，证明顺序自然，避免未知事物。

巴罗确曾提出问题：何以确知几何原理可应用于自然界？其回答是，这些原理来自内在理性（innate reason）。感觉到的事物只是起了唤醒它们的作用物。再者几何原理早为长期经验所不断证实，并将继续如此，因为上帝创造的世界是万古不易的。于是几何是完备的与肯定无疑的科学。

17 世纪末和 18 世纪的哲学家也理所当然地提出：何以确知牛顿科学所产生的大量知识是正确的？几乎所有的哲学家，著名的如霍布斯（Thomas Hobbes）、洛克（John Locke）和莱布尼茨等人，都回答说，数学定律和欧几里得几何一样，是宇宙设计中所固有的。诚然，莱布尼茨在区分可能世界与真实世界时确实还留有怀疑的余地。但只有休谟（David Hume）是个重要的例外，他在《人性论》（*Treatise of Human Nature*，1739）中否认宇宙中的事物有一定法则或必然的先后顺序，他争辩说，这些先后顺序只是观察的结果，而人类却由此断定它们将永远以同样方式出现。科学是纯粹经验性的。特别是欧几里得几何的定律未必是物理的真理。

休谟的影响为康德（Immanuel Kant）所否定并实际上为康德所取代，康德对于为什么确知欧几里得几何能应用于物质世界这一问题的回答，写在他的《纯粹理性批判》（*Critique of Pure Reason*，1781）一书中，是一个特殊的答案。他主张我们的意识提供空间和时间的某些组织模式，他称之为直观，并认为经验按照此模式或直观被意识所吸收与组织。我们的意识是生来如此，迫使我们只按一种方式来观察外部世界。因此关于空间的某些原理是先于经验而存在的。这些原理及其逻辑推论康德称之为先验综合真理，它们也就是欧几里得的原理与推论。我们认识外部世界性质的唯一方式就是我们的意识迫使我们解释它的方式。据上述理由康德断言，而其同时代人也承认，物质世界必然是欧几里得式的。总之无论诉之于经验，或依赖于固有真理或者接受康德的观点，都一致认为欧几里得几何是唯一的与必然的。

3.　平行公理的研究

从公元前 300 年直到 1800 年间，人们虽始终坚信，欧几里得几何是物理空间的正确理想化，但是在那样长的几乎整个时期之内，数学家却始终对一件事耿耿于怀。欧几里得用的公理对于物理空间和对该空间的图形,都应看作是不证自明的真理,而按照欧几里得那样方式陈述的平行公理(第4章第3节)却被人认为有些过于复杂。虽说没有人怀疑它的真理性,却缺乏像其他公理那样的说服力,即使欧几里得自己,显然也不喜欢他对平行公理的那种说法,因为他只是在证完了无需用平行公理的所有定理之后才使用它。

关于在物质空间里是否可假定存在无限直线这个与此有关的问题,起初没有那么多人关心,但终于突出成为同样重要的问题。欧几里得只是小心地假设,可以按需要延长一条(有限)直线,因而甚至那延长后的直线也还是有限的。还有欧几里得叙述平行公理的特别措辞,说两条直线将在截线的同旁内角之和小于两直角的一侧相交,这是为了避免直接说出两条直线无论怎样延长都不相交的一种方式。然而欧几里得确实含有无限直线存在的思想,因为假若直线都是有限的,则在任何情况下它们也不能按需要任意延长,而且他证明了平行线的存在性。

非欧几里得几何的历史,开始于努力消除对欧几里得平行公理的怀疑。从希腊时代到1800年间有两种研究途径。一种是用更为自明的命题来代替平行公理,另一种是试图从欧几里得的其他九个公理推导出平行公理来。如果办到这一点,平行公理将成为定理,它也就无可怀疑了。我们将不给出这方面工作的细节,因为有关历史是容易查到的[①]。

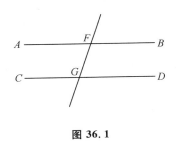

图36.1

第一个较大的尝试是托勒玫(Claudius Ptolemy,又译"托勒密")在平行公设论文中给出的。他试图从欧几里得的其他九个公理以及与平行公理无关的欧几里得定理1到28,来证明平行公理。但托勒玫不自觉地假设了两直线不能包围整个空间,并且假定若AB和CD平行(图36.1),则对FG一侧内角成立的东西也必在另一侧同样成立。

5世纪的评论家普罗克洛斯(Proclus)非常明显地反对平行公理。他说:"这个公理完全应从全部公理中剔除出去;因为它是一个包含许多困难的定理,托勒玫在一本书中致力于解决它,证明需要一些定义和一些定理。它的逆定理确实由欧几里得自己作为一个定理证明了。"普罗克洛斯指出,我们诚然必须相信当截线一侧的内角之和小于二直角时,两直线必在这侧逐渐相接近,但这两直线确实在有限点处相交还不是很清楚的。这个结论只是容或可能。他继续说,因为有一些曲线彼此逐渐接近但并不确实相交。例如双曲线逐渐接近它的渐近线但不相交,那么欧几里得公理的两直线难道不会出现这种情况吗? 他于是说截线一侧两内角到达一

① 例如,参看本章末文献中有关博诺拉(R. Bonola)的书。

定的和数,两直线可能一定相交,然而对于稍大一点儿而仍小于两直角的数值,两直线可能是渐近线。

普罗克洛斯他自己的平行公设证明,是基于亚里士多德(Aristotle)用于证明宇宙有限的公理。公理说:"如果从两直线成角的点出发无限延伸,则两直线间的相继距离[彼此向另一直线所作垂线]将最后超过任何有限的量。"普罗克洛斯的证明基本上是正确的,只是他把一个有问题的公理用另外一个来代替罢了。

纳西尔丁(Nasîr-Eddîn,1201—1274),欧几里得几何的波斯文编者,也同样给了一个欧几里得平行公设的"证明",假定两条不平行直线在一个方向相互接近,在另一个方向相互远离。具体说,若 AB 与 CD(图 36.2)是两直线被 GH,JK,LM,…所截,如果它们与 AB 垂直,且若角 1,3,5,…是钝角而 2,4,6,… 是锐角,则 $GH > JK > LM > \cdots$ 。纳西尔丁说,这个事实是显而易见的。

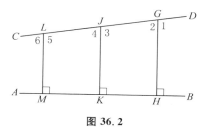

图 36.2

沃利斯(John Wallis)在 1663 年也做了一些关于平行公理的工作,于 1693 年发表[①]。首先他重新发表了纳西尔丁关于平行公理的工作,这是牛津的一个阿拉伯语教授为他翻译的。顺便说一句,这是纳西尔丁的平行公理工作为什么为欧洲所知道的原因所在。沃利斯于是评论了纳西尔丁的证明,并提出他自己对欧几里得命题的证明。他的证明根据一个明显假设,假设对于任意一个三角形,存在一个三角形与原三角形相似,两三角形的边长之比等于任何已给值。沃利斯相信这个公理比起任意小的划分和任意大的扩充都要明显得多。他说,实际上以已给圆心和半径可作一圆的欧几里得公理,就是先假定有如我们意愿的任意大半径。于是恰好同样对直线形(如对一个三角形)可做类似的假设。

最简单的代替公理是在 1769 年由芬恩(Joseph Fenn)提出的,即两相交直线不能同时平行于第三条直线。这个公理也出现在普罗克洛斯对欧几里得《原本》第一卷命题 31 的注释中。芬恩的命题完全对等于在 1795 年普莱费尔(John Playfair,1748—1819)给出的公理:通过不在直线 l 上的一给定点 P,在 P 与 l 的平面上,只有一条直线不与 l 相交。这是近代书中引用的公理(为了简便常说有"一条且只有一条直线……")。

勒让德在大约 20 年的时间内研究过平行公设问题。他的结果出现于一些书和一些文章中,包括《几何原理》(*Eléments de géométrie*)[②]的各次版本。在研究这

---

①   *Opera*,2,669 – 678.

②   第一版,1794 年。

问题的一项工作中,在存在不同大小的相似三角形这一假设下,他证明了平行公设;实际上他的证明是解析的,但他假设长度的单位无关系。于是他给出了一个证明,以如下假设为依据,即假设任意给定三个不共线的点,存在一个圆通过这三个点。他又在另一方法中,除去平行公设外用了其他所有公设,证明了三角形的内角之和不能大于两个直角。他于是指出在同样假设下,面积与亏值成正比,亏值是两直角减去三内角之和。所以他试作一三角形两倍于已给三角形的大小,使得大三角形的亏值将两倍于已给三角形的亏值。用这种方法进行,他希望得到亏值愈来愈大的一些三角形,那么内角之和要趋于零。他想这个结果必然荒谬,于是内角之和必然是 180°。这个事实从而就蕴涵着欧几里得的平行公理。但是勒让德发现这套办法中最后需要证明:通过小于 60° 的角内任意一点,恒可画一直线与角的两边相交。而这件事不用平行公理是不能证明的。勒让德翻译的欧几里得《原本》第 12 次版本中(第 12 版,1813),每次都有附录,认为已给出了平行公设的证明,但每次都有缺点,因为总是隐含地假设一些不应该假设的东西,或者假设了一个和欧几里得公理同样有问题的公理。

勒让德在他的研究过程中[1],应用除去平行公理以外的欧几里得公理,证明了以下的重要定理:若一个三角形的内角之和是两直角,则每个三角形都是如此。同样,若一个三角形的内角之和小于两直角,则每个三角形都是如此。于是他给出证明,若任何一个三角形的内角之和是两直角,则欧几里得平行公设成立。关于三角形内角之和的这个工作也是无结果的,因为勒让德未能证明(不用平行公理或相当的公理),一个三角形的内角之和不能小于两直角。

上述这些工作,主要是试图寻求更加不证自明的代替公理,以代替欧几里得的平行公理。许多提出的公理在直观上似乎确实更加不证自明一些。所以它们的创造者认为他们已经达到目标。然而进一步检查看出这些代替公理不是真正更能令人满意的。有些人作的论断,是关于发生在空间无限远之外的事。例如,要求作一圆通过不在一直线上的三点,当这三个点趋于共线时圆越来越大。另一方面,那些并不直接包含"无限远"的代替公理,例如,存在两个相似而不相等的三角形这样的公理,看来是更复杂的假设,并不比欧几里得的平行公理更好些。

解决平行公理的第二类尝试,探索从其他九条公理推导出欧几里得的论断。推导可用直接法或间接法。托勒玫曾试过直接证明。间接法是假设某些矛盾论断,以代替欧几里得的命题,并试着从一组新的相继定理里导出矛盾来。例如,因为欧几里得平行公理相当于这样的公理,即过不在直线 l 上的一点 P 有一条且仅有一条直线平行于 l,所以对此公理有两样选择。一种是过 P 没有与 l 平行的直

---

① *Mém. de l'Acad. des Sci.*, *Paris*, 12, 1833, 367–410.

线,另一种是过 P 有多于一条直线与 l 平行。若取这两种选择的每一种以代替"一条平行线"公理,而可以证明新的一组将导致矛盾,那么这些选择就都必须排除,而"一条平行线"的论断即被证明。

　　这方面最重要的努力是萨凯里(Gerolamo Saccheri,1667—1733)进行的,他是一个耶稣会教士和帕维亚(Pavia)大学教授,他仔细研究了纳西尔丁与沃利斯的工作,然后采用他自己的进行方法。萨凯里从一个四边形 $ABCD$ 开始(图 36.3),其中 A 和 B 是直角,且 $AC = BD$。容易证明 $\angle C = \angle D$。现在欧几里得平行公理便相当于角 C 与 D 是直角这个论断,于是萨凯里考虑两种可能选择:

　　(1)钝角假设:$\angle C$ 和 $\angle D$ 是钝角。

　　(2)锐角假设:$\angle C$ 和 $\angle D$ 是锐角。

在第一个假设的基础上(并用其他九条欧几里得公理),萨凯里证明角 C 和 D 必须是直角。这样,在此假设下他导出了矛盾。

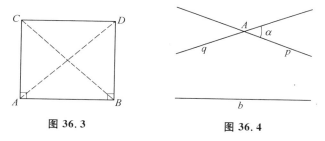

图 36.3　　　　　　　　　　图 36.4

　　萨凯里其次考虑了第二个假设并证明了许多有趣的定理。他继续进行直到得出以下的定理:已给任一点 A 与一直线 b(图 36.4),在锐角假设下,在过 A 的直线束(族)中,有两直线 p 与 q,把直线束分成两部分。第一部分包含与 b 相交的那些直线,第二部分包含的那些直线(在 α 角里面)将在直线 b 上某处和 b 有共同垂线。直线 p 与 q 本身都渐近于 b。从这个结果出发,经过冗长的一系列论证,萨凯里推导出 p 与 b 在无穷远的公共点处必将有一公垂线。虽则他没有得到任何矛盾,萨凯里却发现这个结论与其他结论是太不合情理了,于是他判定锐角假设必然是不真实的。

　　这就只剩下图 36.3 中的角 C 与 D 是直角的假设了。萨凯里以前曾证明过,当 C 与 D 是直角时,任一三角形的内角之和都等于 $180°$,并证明这个事实蕴涵着欧几里得平行公理。所以他感到有理由断言欧几里得的结论成立,因而他出版了他的书《欧几里得无懈可击》(*Euclides ab Omni Naevo Vindicatus*,1733)。然而因为萨凯里没有从锐角假设中得出矛盾,平行公理问题仍然没有结束。

　　寻求另一个可接受的公理以替代欧几里得公理,或者证明欧几里得断言必然是一个定理,做这种工作的人是如此之多,又是如此徒劳无功,使得 1759 年达朗贝尔(Jean Le Rond d'Alembert)把平行公理问题称之为"几何原理中的家丑"。

4. 非欧几里得几何的先兆

黑尔姆施塔特(Helmstädt)大学数学教授克吕格尔(Georg S. Klügel,1739—1812),他知道萨凯里的书,在他 1763 年的论文中,提出了引人注意的意见:人们接受欧几里得平行公理的正确性是基于经验。这个意见首次引进的思想是:公理的实质在于符合经验而并非其不证自明。克吕格尔对欧几里得平行公理能够证明表示怀疑。他认识到萨凯里没有得出矛盾,但只是得到似乎异于经验的结果。

克吕格尔的论文给兰伯特提示了平行公理的研究。兰伯特的《平行线论》(*Theorie der Parallellinien*)一书写于 1766 年,出版于 1786 年[①],他有点儿像萨凯里,考虑一个四边形,它的三个角是直角,并研究第四个角是直角、钝角和锐角的可能性。兰伯特放弃了钝角的假设,因为它导致矛盾。然而,不像萨凯里,兰伯特没有做出锐角假设得到矛盾的结论。

兰伯特从钝角和锐角假设分别推出的结论,即便前者确实导出矛盾,仍是有价值的。他的最显著的结果是在任何一个假设之下,n 边形的面积正比于其内角之和与 $2n-4$ 个直角的差。(萨凯里对三角形已有此结果。)他也注意到钝角假设给出的定理,恰好和球面上图形成立的定理一样。并且他猜想锐角假设得出的定理可以应用于虚半径球面上的图形。这就引导他写成了一篇虚角三角函数的论文[②],虚角即 iA,A 是实数且 $i = \sqrt{-1}$。这实际上引出了双曲函数(第 19 章第 2 节)。以后我们将更加清楚地看到兰伯特的意见意味着什么。

兰伯特的几何观点是十分先进的。他认识到任何一组假设如果不导致矛盾的话,一定提供一种可能的几何。这种几何是一种真的逻辑结构,虽然它或许对真实的图形作用很少,后者或可提示一种特别的几何,但不能限制逻辑上可能发展的千差万别的几何。兰伯特还没有达到高斯稍后一些时候引出的更本质的结论。

施魏卡特(Ferdinand Karl Schweikart,1780—1859),一个法学教授,业余研究数学,更迈进了一步。他研究非欧几里得几何,正当高斯努力思考这个课题,但施魏卡特独立得出他的结论。然而他是受萨凯里和兰伯特工作的影响的。1816 年他写了一份备忘录,于 1818 年送交高斯征求意见,其中施魏卡特确实区分了两类几何:欧几里得几何与假设三角形三内角之和不是两直角的几何。这后一种几何他称为星空几何,因为它可能在星空内成立。它的定理都是萨凯里和兰伯特根据

---

① *Magazin für reine und angewandte Mathematik*,1786,137 – 164,325 – 358.

② *Hist. de l'Acad. de Berlin*,24,1768,327 – 354,1770 年出版 = *Opera Mathematica*,2,245 – 269.

锐角假设建立的定理。

陶里努斯(Franz Adolf Taurinus,1794—1874),施魏卡特的外甥,继续其舅父的建议研究星空几何。虽然在他的《伟大而基本的几何》(*Geometriae Prima Elementa*,1826)一书中证实了一些新结果,特别是一些解析几何方面的结果,但他得出结论说,只有欧几里得几何对物质空间是正确的,而星空几何只是逻辑上相容。陶里努斯也证明了虚半径球面上成立的公式,恰好就是星空几何中所成立的。

兰伯特、施魏卡特与陶里努斯的工作在数学上所得的进展是理应扼要介绍的。此三人及其他如克吕格尔、克斯特纳(Abraham G. Kästner,1719—1800)(格丁根教授),都承认欧几里得平行公理不能证明,亦即和其他公理不相依赖。再者兰伯特、施魏卡特和陶里努斯相信,可能选取与欧几里得平行公理相矛盾的另外公理以建立逻辑上相容的几何。兰伯特未能做出这种几何应用的可能性的论断;陶里努斯认为它不能应用于物质空间;但是施魏卡特相信它可能应用于星际空间。此三人也都注意到实球面上的几何具有以钝角假设为基础的几何性质(若不顾后一几何所导致的矛盾性),而虚半径球面上的几何则具有以锐角假设为基础的几何性质。这样,所有三人都认识到了非欧几里得几何的存在性,但他们都失去一个基本点,即欧几里得几何不是唯一的几何,在经验能够证实的范围内来描述物质空间的性质的。

5. 非欧几里得几何的诞生

任何较大的数学分支甚或较大的特殊成果,都不会只是个人的工作。充其量,某些决定性步骤或证明可以归功于个人。这种数学积累的发展特别适用于非欧几里得几何。如果非欧几里得几何的诞生是指人们认识到除了欧几里得几何之外还可以有他种几何的话,那么它的诞生应归功于克吕格尔与兰伯特。如果非欧几里得几何意味着一系列包括异于欧几里得平行公理的公理系统推论的技术性推导,那么最大的功绩必须归于萨凯里,即便是他也利用了很多人寻求更易于接受的代换欧几里得公理上的工作。然而有关非欧几里得几何最大的事实是它可以描述物质空间,像欧几里得几何一样的正确。后者不是物质空间所必然有的几何;它的物质真理不能以先验理由来保证。这种认识,不需要任何技术性的数学推导(因已有人做过),首先是由高斯获得的。

高斯(1777—1855)是德国不伦瑞克(Brunswick)城的一个瓦工之子,似乎注定要从事体力劳动。但是他受初等教育的学校校长为高斯的才能所感动,让他得到威廉(Karl Wilhelm)公爵的照顾。公爵送高斯进一个中学,后在 1795 年到格丁根大学。这时高斯按照他的理想开始勤奋学习。18 岁时他发明最小二乘法,在 19 岁时证明正 17 边形可以作图,这些成就使他相信应该从语言学转向数学。1798

年他转到黑尔姆施塔特大学,在那里被普法夫(Johann Friedrich Pfaff)所注意,普法夫成为他的老师和朋友。完成博士学位后,高斯回到不伦瑞克,在那里他写了他最有名的一些论文。这个工作使他于 1807 年得到格丁根天文学教授和天文台台长职位。除去一次到柏林参加科学会议外,其余一生都是住在格丁根。据说他不喜欢教书,然而他爱好社交生活,结过两次婚,养活一家人。

高斯第一个较大的工作是他的博士论文,证明了代数基本定理,1801 年他出版了经典的《算术研究》(*Disquisitiones Arithmeticae*)。他在微分几何方面的数学工作《曲面的一般研究》(Disquisitiones Generales circa Superficies Curvas,1827)是他对勘测、大地测量、绘制地图等感兴趣时的附带结果,是一个数学里程碑(第 37 章第 2 节)。他对代数、复变函数以及位势理论做出了许多贡献。在未发表的论文中他所纪录的创作研究分两大类:椭圆函数与非欧几里得几何。

他对物理学的兴趣也是同样广泛,他为之花费大部分精力。当皮亚齐(Giuseppe Piazzi,1746—1826)在 1801 年发现小行星谷神星(Ceres)时,高斯便进行确定它的轨道。这是他对天文学研究的开始,这种活动十分吸引他,他致力于此约 20 年。在这领域内的伟大著作之一是《天体运动理论》(*Theoria Motus Corporum Coelestium*,1809)。高斯还对理论磁学与实验磁学的研究获得很大的荣誉。麦克斯韦(James Clerk Maxwell)在他的《电学与磁学》(*Electricity and Magnetism*)一书中说,高斯的磁学研究改造了整个科学,改造了使用的仪器、观察方法以及结果的计算。高斯关于地磁的论文是物理研究的模范,并提供了地球磁场测量的最好方法。他对天文学和磁学的研究,开辟了数学与物理相结合的新的光辉时代。

虽然高斯和威廉·韦伯(Wilhelm Weber,1804—1891)并没有发明电报的想法,但他们在 1833 年用一个实际装置改进了早期技术,这个装置按照电流通过电线的方向,使得一根针向左或向右转动。高斯还研究光学,这在欧拉时代以后已被忽视了,他在 1838 年至 1841 年的研究为处理光学问题提供了一个完全新的基础。

由于高斯同时代人已开始局限于专门问题的研究,所以高斯研究活动的广泛性更加显得非凡了。尽管公认高斯至少是牛顿以后的最大数学家,但与其说他是一个革新者,倒不如说,他是从 18 世纪到 19 世纪的过渡人物。虽然他得出一些新观点,的确吸引其他数学家们,而他面向过去更甚于面向未来。克莱因用以下语言描绘了高斯的地位:我们会得出一个数学发展的场面,如果我们把 18 世纪的数学家想象为一系列的高山峻岭,那么最后一个使人肃然起敬的峰巅便是高斯——那样一个广大的丰富的区域充满了生命的新元素。高斯同代人欣赏他的天才,在他 1855 年去世的时候,受到广泛的尊重,称他为"数学家之王"。

高斯的工作发表得相对较少,因为他不管做什么工作都要琢磨修饰,既要求达到完美,又要求他的证明达到最大限度的简明而不失严密性,至少是当时的严密性。至于非欧几里得几何,他没有发表过权威性的著作。他在 1829 年 1 月 27 日给贝塞尔(Friedrich Wilhelm Bessel)的信上说,他永远不愿发表这方面的研究成果,因为怕受人耻笑,或者如他写的,他怕皮奥夏(Boeotian)人的嚷嚷,这是借喻希腊的愚笨部落来影射反对他的人。高斯也许过分小心,但人们应记得,虽然一些数学家逐渐到达非欧几里得研究的顶峰,但大部分知识界还被康德的教条所统治。我们所知道的高斯在非欧几里得几何上的工作,是从他给朋友们的信中透露出来的,1816 年与 1822 年《格丁根学报》(*Göttingische Gelehrte Anzeigen*)上的两篇短评和 1831 年的一些注记都是在他去世后遗稿中发现的①。

　　高斯完全知道要证明欧几里得平行公理的努力是自费的,因为在格丁根这已是常识,而且这些工作的全部历史,高斯的老师克斯特纳是完全知道的。高斯曾告诉他的朋友舒马赫(Heinrich Christian Schumacher)说,早在 1792 年(高斯当时 15 岁)他就已经掌握能够存在一种逻辑几何的思想,在其中欧几里得几何平行公理不成立。1794 年高斯已发现,在他的非欧几里得几何的概念中四边形的面积正比于 360°与四内角和的差。虽然如此,稍后时间甚至到 1799 年高斯仍然试图从其他更可信的假设之中推导欧几里得平行公理,他仍认为欧几里得几何是物质空间的几何。然而在 1799 年 12 月 17 日高斯写信给他的朋友匈牙利数学家波尔约(W. F. Bolyai,1775—1856)说:

　　　　至于说到我,我在我的工作中已取得一些进展。然而,我选择的道路决不能导致我们寻求的目标[平行公理的推导],而你让我确信你已达到。这似乎反而迫使我怀疑几何本身的真理性。诚然,我所得到的许多东西,在大多数人看来都可以认为是一种证明;而在我眼中它却什么也没有证明。例如,如果我们能够证明可以存在一个直线三角形,它的面积大于任何给定面积的话,那么我就立即能绝对严密地证明全部[欧几里得]几何。

　　　　大多数人肯定会把这个当作公理;但是我,不! 实际上,三角形的三个顶点无论取多么远,它的面积可能永远小于一定的极限。

这段话证明 1799 年高斯有些相信平行公理不能从其余的欧几里得公理推出来,他开始更认真地从事于开发一个新的又能应用的几何。

　　从 1813 年起高斯发展他的新几何,最初称之为反欧几里得几何(anti-Euclidean geometry),后称星空几何,最后称非欧几里得几何。他深信它在逻辑上是相容的,且有些确信它是能够应用的。在 1816 年与 1822 年的评论中和 1829 年给贝塞尔的信中,高斯再确认平行公理是不能在欧几里得其他公理基础上证明的。1817 年

---

①　*Werke*,8,157-268,包含以上所说的与下面讨论的书信。

他给奥伯斯的信①是一个里程碑。他在信中："我越来越深信我们不能证明我们的[欧几里得]几何具有[物理的]必然性,至少不能用人类理智,也不能给予人类理智以这种证明。或许在另一个世界中我们可能得以洞察空间的性质,而现在这是不能达到的。直到那时我们决不能把几何与算术相提并论,因为算术是纯粹先验的,但可把几何与力学相提并论。"

为检验欧几里得几何和他的非欧几里得几何的应用可能性,高斯实际测量了由布罗肯山(Brocken),霍赫海根山(Hohehagen)和因瑟尔山(Inselsberg)三个山峰构成的三角形的内角之和,三角形三边为 69,85 与 197 千米。他发现②内角和比 180°超出 14″.85。这个实验无所证明,因为实验误差远大于超出值,所以正确的和可能是 180°或甚至更小些。如高斯所认识到的这个三角形还小,又因在非欧几里得几何中,亏值与面积成正比,只有在大的三角形中才有可能显示出 180°与三角和有任何差距。

我们不讨论属于高斯的非欧几里得几何的个别定理,他没有写出过完整的推导,而他所证明的定理很像在罗巴切夫斯基(Nikolai Ivanovich Lobatchevsky)和波尔约[John(János)Bolyai]工作中所出现的那样。这两个人一般认为是非欧几里得几何的创建者。究竟什么是他们的功绩将在后面讨论,但他们确实在演绎的综合基础上发表了有组织的文章,并充分理解这个新几何在逻辑上也如同欧几里得几何一样合法。

罗巴切夫斯基(1793—1856),俄国人,在喀山(Kazan)大学学习并从 1827 年到 1846 年任该校教授和校长。1826 年于大学的数学物理系在一篇论文中提出了几何基础的观点。然而论文从未出版并已遗失。他在一系列论文中给出了他对非欧几里得几何的研究,文章中的头两篇发表于喀山的杂志,第三篇发表于《数学杂志》③。第一篇题为《论几何基础》(On the Foundations of Geometry),发表于 1829 年至 1830 年。第二篇题为《具有平行的完全理论的几何新基础》(New Foundations of Geometry with a Complete Theory of Parallels,1835—1837),是罗巴切夫斯基思想的较好表达作品,他叫他的新几何为虚几何,理由或许已经显然,而以后将更清楚。1840 年他用德文出版了《平行理论的几何研究》(Geometrische Untersuchungen zur Theorie der Parallellinien)④。在该书中他慨叹人们对他的著作兴趣微弱。虽然他已失明,他却以口授写出一部他的几何的完全新的说明,并于 1855 年以书名《泛几何》(Pangéométrie)出版。

---

① *Werke*,8,177.
② *Werke*,4,258.
③ *Jour. für Math.*,17,1837,295－320.
④ 英文翻译见于博诺拉。参看本章末文献目录。

约翰·波尔约(1802—1860),沃尔夫冈·波尔约之子,系匈牙利军官。关于非欧几里得几何,他称之为绝对几何,写了一篇 26 页的论文《绝对空间的科学》(The Science of Absolute Space)①。本文出版时作为附录附于其父的书《为好学青年的数学原理论著》(*Tentamen Juventutem Studiosam in Elementa Matheseos*)。虽然这部包含两卷的书出版于 1832 年至 1833 年因而在罗巴切夫斯基的书出版以后,但约翰·波尔约似乎在 1825 年已建立起非欧几里得几何的思想,并且在那时已相信新几何不是自相矛盾的。在 1823 年 11 月 23 日给他父亲的信中,约翰·波尔约写道:"我已得到如此奇异的发现,使我自己也为之惊讶不止。"约翰·波尔约的研究工作和罗巴切夫斯基的十分相像,当约翰·波尔约第一次看到后者 1835 年的工作时,他认为那是抄袭他自己 1832 年至 1833 年出版的书。另外,高斯读了约翰·波尔约的文章后,写信给沃尔夫冈·波尔约②说,他不能称赞那篇文章,因为如此做将是称赞他自己的工作。

6. 非欧几里得几何的技术性内容

高斯、罗巴切夫斯基和约翰·波尔约都认识到欧几里得平行公理不能在其他九条公理基础上证明,也认识到附加平行公理是建立欧几里得几何所必需的。因为平行公理是独立的事实,于是至少从逻辑上讲有可能采取一个与此相矛盾的命题并从新的一组公理来推导出结论。

要研究这三人创建的专门内容,最好取罗巴切夫斯基的工作,因为三人所做的都一样。众所周知,罗巴切夫斯基发表了几次文章,只是在细节上有所不同,这里将用他 1835 年至 1837 年的文章作为叙述的基础。

因和欧几里得的《原本》一样,很多定理的证明可以不依赖于平行公理,这些定理在新几何中也是正确的。罗巴切夫斯基在文章前六章中专致力于基本定理的证明,开始他假定空间是无限的。于是他能证明两直线相交不能多于一个点,同一直线的两垂线不相交。

第七章中罗巴切夫斯基果敢地放弃欧几里得平行公理,做出下面的假设:给出一条直线 AB 与一点 C(图 36.5),通过点 C 的所有直线关于直线 AB 而言可分成两类,一类直线与 AB 相交,另一类不相

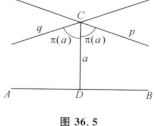

图 36.5

①　英文翻译见于博诺拉。参看本章末文献目录。
②　*Werke*,8,220 - 221.

交。p 与 q 属于后一类,构成两类间的边界。这两条边界线称为平行直线。更确切地说,若 C 是与直线 AB 的垂直距离为 a 的一点,于是存在一个角[①] $\pi(a)$,使得所有过 C 的直线与 CD 所成的角小于 $\pi(a)$ 的将与 AB 相交;其他过 C 的直线不与 AB 相交[②]。与 AB 成角 $\pi(a)$ 的两直线是平行线,$\pi(a)$ 称为平行角。除平行线外,过 C 而不与 AB 相交的直线称为不相交直线,虽然在欧几里得意义下,它们是与 AB 平行的,所以从这个意义上讲,在罗巴切夫斯基几何里,过 C 有无穷多条平行线。

当 $\pi(a) = \pi/2$,则得出欧几里得平行公理。若 $\pi(a) \neq \pi/2$,则当 a 减小到 0 时,$\pi(a)$ 增加且趋于 $\pi/2$,而当 a 变成无限大时,$\pi(a)$ 将减小而趋于零。三角形的内角之和恒小于 π,且随着三角形面积的增大而减小,当面积趋于零时,它就趋于 π。若两三角形相似,则它们全等。

罗巴切夫斯基现在转向他几何的三角学部分,第一步是确定 $\pi(a)$。若全中心角为 2π,结果是[③]

(1)
$$\tan \frac{\pi(x)}{2} = \mathrm{e}^{-x},$$

由此得出 $\pi(0) = \pi/2$ 及 $\pi(+\infty) = 0$。关系式(1)的重要之点在于,对每个长度 x 关联着一个定角 $\pi(x)$。当 $x = 1$ 时,
$$\tan[\pi(1)/2] = \mathrm{e}^{-1},$$
所以 $\pi(1) = 40°24'$。这样,单位长度是平行角为 $40°24'$ 的长度。这个单位长度没有直接的物理意义,物理上可以是一英寸或是一英里。人可以选择物理解释,使得几何能有物理的应用[④]。

罗巴切夫斯基于是导出他几何中平面三角形边与角的公式。在 1834 年一篇论文中,他定义了实数 x 的 $\cos x$ 与 $\sin x$ 作为 $\mathrm{e}^{\mathrm{i}x}$ 的实部与虚部。罗巴切夫斯基的观点是要纯分析地给出三角学,以使它完全独立于欧几里得几何。他的几何中主要三角公式是(图36.6)

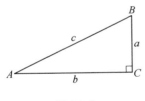

图 36.6

$$\cot \pi(a) = \cot \pi(c) \sin A,$$

---

① 记号 $\pi(a)$ 是标准的,所以用于此,实际上 $\pi(a)$ 中的 π 与数 π 无关。

② 与长度关联的特定角概念来自兰伯特。

③ 这是特殊公式;罗巴切夫斯基在 1840 年工作中给出的就是近代教科书中通常给出的形式,高斯也有这形式,即

(a)
$$\tan \frac{1}{2}\pi(x) = \mathrm{e}^{-x/k},$$

其中 k 是一常数,叫做空间常数。对于理论目的,k 的值是无关重要的。约翰·波尔约也给出过(a)式。

④ 就关系 $\tan[\pi(x)/2] = \mathrm{e}^{-x/k}$ 来说,选择 x 值,比如说对应于 $40°24'$ 的 x 值,就能确定 k。

$$\sin A = \cos B \sin \pi(b),$$
$$\sin \pi(c) = \sin \pi(a) \sin \pi(b).$$

假若边长是虚数,这些公式在普通球面三角中成立。就是说,若在球面三角的普通公式中,用 ia,ib 与 ic 以代替 a,b,c 即得到罗巴切夫斯基的公式。因为虚角的三角公式能以双曲函数代替,人们会料到在罗巴切夫斯基公式中能看到双曲函数。应用关系式 $\tan[\pi(x)/2] = \mathrm{e}^{-x/k}$ 即可引进它们。上面第一个公式将变成

$$\sinh \frac{a}{k} = \sinh \frac{c}{k} \sin A.$$

在普通球面三角中,三个角为 A,B,C 的三角形面积是 $r^2(A+B+C-\pi)$,而在非欧几里得几何中这面积是 $r^2[\pi-(A+B+C)]$,它相当于在普通公式中用 ir 代替 r。

根据对无穷小三角形的研究,罗巴切夫斯基在第一篇文章(1829—1830)中导出了公式

$$\mathrm{d}s = \sqrt{(\mathrm{d}y)^2 + \frac{(\mathrm{d}x)^2}{\sin^2 \pi(x)}},$$

作为曲线 $y = f(x)$ 上在点 (x, y) 处的弧微分。于是可算出半径为 r 的圆周长为

$$C = \pi(\mathrm{e}^r - \mathrm{e}^{-r}).$$

并证明圆面积表达式为

$$A = \pi(\mathrm{e}^{r/2} - \mathrm{e}^{-r/2})^2.$$

他也给出了有关平面曲线区域的面积与立体体积的一些定理。

当度量很小时可以从非欧几里得公式得出欧几里得几何公式。例如,若用

$$\mathrm{e}^r = 1 + r + \frac{r^2}{2!} + \cdots,$$

并对小的 r 略去前两项后的其余各项,例如

$$C = \pi(\mathrm{e}^r - \mathrm{e}^{-r}) = \pi\{1 + r - (1 - r)\} = 2\pi r.$$

在第一篇论文(1829—1830)中罗巴切夫斯基也考虑到他的几何对物质空间应用的可能性。他论据的要点是基于恒星的视差。设 E_1 及 E_2(图 36.7)是地球相差 6 个月的位置,S 是一颗星,S 的视差 p 是从垂线(比如说)E_1S' 测得 E_1S 与 E_2S 方向上的差值。如果 E_1R 是 E_2S 的欧几里得平行线,那么因为 E_1SE_2 是等腰三角

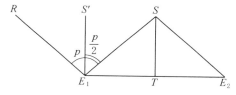

图 36.7

形,$\pi/2 - \angle SE_1E_2$ 是星的方向改变的一半,即 $p/2$。对于天狼星(Sirius),这个角是 $1''.24$(罗巴切夫斯基的值)。只要这个角不是零,从 E_1 到星的直线就不能平行于 TS,因为这直线交于 TS。然而,如果对于所有星的不同视差有一个下界的话,则任何过 E_1 的直线,若它与 E_1S' 所成的角小于这个下界,都可以作为过 E_1 点平行于 TS 的直线,并且这个几何就恒星的测量而言就会是同样有用的。但罗巴切夫斯基随即证明在他的几何中单位长度在物理意义下应该比地球半径百万倍的一半还要大。换言之,罗巴切夫斯基的几何只有在十分大的三角形中才可以应用。

7. 罗巴切夫斯基与约翰·波尔约发明先后的争议

非欧几里得几何的诞生,常用来作为一种思想如何在不同人中间几乎同时独立地发生的例子。有时人们认为这纯粹是一种偶合,而有时则认为是时代精神在相隔遥远的角落里产生影响的证据。高斯、罗巴切夫斯基和约翰·波尔约创建非欧几里得几何,既不是同时创造的例子,也不能认为把伟大功绩归于罗巴切夫斯基与约翰·波尔约是公允的。已经指出,他们二人首先发表公然自称为非欧几里得几何的文章是事实,在这举动上他们比高斯表现了更大的勇气。但是非欧几里得几何的建立很难说是他们的贡献。我们已经指出,即便在高斯之前就已有兰伯特、施魏卡特与陶里努斯是独立的创造者,并且兰伯特与陶里努斯发表了他们的工作。再者新几何能够应用的认识则来自于高斯。

罗巴切夫斯基与约翰·波尔约都从高斯那里得到许多启发。罗巴切夫斯基在喀山的教师巴特尔斯(Johann Martin Bartels,1769—1836)是高斯的好友。实际上,从 1805 年到 1807 年间高斯和巴特尔斯是在不伦瑞克共同度过的,嗣后还彼此保持通信。巴特尔斯不把高斯有关非欧几里得几何的进展告诉罗巴切夫斯基(他留在喀山大学,和巴特尔斯是同事),那是绝对不可能的,特别是巴特尔斯一定知道高斯对欧几里得几何真理性的怀疑。

就约翰·波尔约说,他的父亲沃尔夫冈·波尔约也是高斯的一位挚友,并且是 1796 年至 1798 年在格丁根的同学。沃尔夫冈·波尔约与高斯不仅彼此继续通信,并且讨论了平行公理的特别课题,如前面引文中指出的。沃尔夫冈·波尔约继续努力研究平行公理问题,并在 1804 年送给高斯一个所谓证明。高斯向他指出证明是错误的。在 1817 年高斯肯定认为,不仅公理不能证明,而且逻辑上相容而物理上又能应用的非欧几里得几何是能够构造的。他除了在 1799 年的信上讲了这一点之外,还把他最近的思想坦率地告诉了沃尔夫冈·波尔约。沃尔夫冈·波尔约继续研究这个问题直到他 1832 年至 1833 年的《原理论著》出版。因为他要他的儿子继续研究他所从事的平行公理的工作,所以几乎可以肯定他会把自己所知道的一切传给他的儿子的。

有相反的观点。数学家恩格尔(Friedrich Engel,1861—1941)认为虽说罗巴切夫斯基的教师巴特尔斯是高斯的朋友,但罗巴切夫斯基从这方面所获得的知识,不会超过高斯对平行公理在物理上的正确性的怀疑。但这事实本身是个关键。然而,恩格尔甚至怀疑罗巴切夫斯基会从高斯那里获得这一点知识。因罗巴切夫斯基从 1816 年起就试图证明欧几里得平行公理;后来,他在 1826 年创造新几何时,终于认识到这种努力是无希望的。约翰·波尔约直到 1820 年间也试图证明欧几里得平行公理,然后转向构造新几何。但是继续努力去证明平行公理并不意味着不知道高斯的思想①。因为无人(高斯也没有)曾经证明欧几里得的平行公理不能从其他九条公理推导出来,罗巴切夫斯基和约翰·波尔约可能决定尝试解决这个问题。失败之后,他们就更加能够赞赏高斯对此所持观点的先见之明了。

至于说到罗巴切夫斯基和约翰·波尔约贡献的技术性内容,虽然他们可能是相互独立地并独立于他们的前辈而创立的,但是萨凯里和兰伯特的工作,更不用说施魏卡特和陶里努斯的工作,在格丁根是众所周知的,巴特尔斯和沃尔夫冈·波尔约肯定是知道的。而当罗巴切夫斯基在他的 1835 年至 1837 年文章中看到 2 000 年来在解决平行公理问题上的徒劳无功时,通过推断,他接受了早期工作的知识。

8. 非欧几里得几何的重要意义

我们已经说过非欧几里得几何的诞生,是自希腊时代以来数学中一个重大的革新步骤。我们现在不讨论这个课题的全部重要意义。我们将沿着事物的历史发展过程叙述。这个创造的影响和它的意义的全面认识,都被推迟了,因为高斯没有发表他的研究工作,而罗巴切夫斯基和约翰·波尔约的工作约有 30 年之久为人所忽视。虽然这三人是知道他们工作的重要性的,但是数学家们一般表现不愿意接受激进的思想,加之 19 世纪 30 年代与 40 年代几何的关键主题是射影几何,因而非欧几里得几何的研究工作也就不吸引英、法、德等国的数学家们。当高斯关于非欧几里得几何的通信与注记在 1855 年他去世之后出版时,人们的注意力才引向这个课题。他的名字引起人们对非欧几里得几何思想的重视,不久罗巴切夫斯基和约翰·波尔约的工作被巴尔策(Richard Baltzer,1818—1887)写进了 1866 年至 1867 年的一本书中。嗣后的发展最终使得数学家们认识到非欧几里得几何的全部意义。

高斯确实看到非欧几里得几何的最富于变革性的含义。非欧几里得几何诞生

---

① 然而可参看霍尔斯特德(George Bruce Halsted),*Amer. Math. Monthly*,6,1899,166 - 172 与 7,1900,247 - 252。

的第一步就在于认识到,平行公理不能在其他九条公理的基础上证明。它是独立的命题,所以可以采取一个与之矛盾的公理并发展成为全新的几何,这是高斯和其他人做的。但是高斯已经认识到欧几里得几何并非必然是物质空间的几何,亦即并无必然的真理性,把几何和力学相提并论,并断言真理性的品质必须限于算术(及其在分析中的发展)。信任算术本身是奇怪的。算术此时根本尚无逻辑基础。确信算术代数与分析对物质世界提供真理性,那完全是根源于对经验的信赖。

非欧几里得几何的历史以惊人的形式说明数学家受其时代精神(而不是他们所作的推理)影响的程度是多么厉害。萨凯里曾经拒绝过非欧几里得几何的奇异定理,并且断定欧几里得几何是唯一正确的。但是在 100 年后,高斯、罗巴切夫斯基和约翰·波尔约满怀信心地接受了新几何,他们相信他们的几何在逻辑上是相容的,并且相信这个几何和欧几里得几何一样正确。但他们没有证明新几何的逻辑相容性。虽然他们证明过许多定理,而且并未得出显明的矛盾,但是或许能导出矛盾的可能性还是存在的。如果这一情况发生,他们的平行公理的假设便会不正确,于是正如同萨凯里所相信的一样,欧几里得的平行公理将是其他公理的推论。

约翰·波尔约和罗巴切夫斯基确实考虑到了相容性问题并且部分相信它,因为他们的三角学和虚半径球面上的三角学相同,而球面是欧几里得几何的一部分。但约翰·波尔约并不满足于这个论据,因为三角学本身并不是完整的数学系统。于是尽管缺少相容性的任何证明,或者是缺少新几何的可能应用性(这至少可作为使新几何能令人信服的论据),高斯、约翰·波尔约和罗巴切夫斯基接受了前人认为荒谬的东西。这种接受是一个信仰行动。非欧几里得几何相容性的问题在其后40 年仍然悬而未决。

有关非欧几里得几何的创建还有一点值得注意与强调。有一种普遍信念认为高斯、约翰·波尔约和罗巴切夫斯基是钻了牛角尖,只是为了满足理智上的好奇心而玩弄改变平行公理的游戏,所以创建了新几何。但是因为这个创造已证明对科学异常重要——我们将要讨论的非欧几里得几何的一种形式已经用于相对论——许多数学家争论说,只凭纯粹理智上的好奇心,就可以作为探索任何数学思想的充分理由,并且那种探索也几乎同样肯定地会像非欧几里得几何那样对科学产生价值。但是非欧几里得几何的历史并不支持这种论点。我们已经看到非欧几里得几何的发生是在研究平行公理的几个世纪以后。对于这个公理的考虑是基于这样的事实,即它作为一个公理,应该是不证自明的真理,因为几何公理是我们关于物质空间的基本事实而且数学的和物理学的广大分支都使用欧几里得几何的性质,数学家都想确知它们依赖于真理。换言之,平行公理的问题不仅是真正的物理问题,而且是所能有的基本的物理问题。

参 考 书 目

Bonola, Roberto: *Non-Euclidean Geometry*, Dover (reprint), 1955.

Dunnington, G. W.: *Carl Friedrich Gauss*, Stechert-Hafner, 1960.

Engel, F., and P. Staeckel: *Die Theorie der Parallellinien von Euklid bis auf Gauss*, 2 vols., B. G. Teubner, 1895.

Engel, F., and P. Staeckel: *Urkunden zur Geschichte der nichteuklidischen Geometrie*, B. G. Teubner, 1899 – 1913, 2 vols. The first volume contains the translation from Russian into German of Lobatchevsky's 1829 – 1830 and 1835 – 1837 papers. The second is on the work of the two Bolyais.

Enriques, F.: "Prinzipien der Geometrie," *Encyk. der Math. Wiss.*, B. G. Teubner, 1907 – 1910, III AB1, 1 – 129.

Gauss, Carl F.: *Werke*, B. G. Teubner, 1900 and 1903, Vol. 8, 157 – 268; Vol. 9, 297 – 458.

Heath, Thomas L.: *Euclid's Elements*, Dover (reprint), 1956, Vol. 1, pp. 202 – 220.

Kagan, V.: *Lobatchevsky and his Contribution to Science*, Foreign Language Pub. House, Moscow, 1957.

Lambert, J. H.: *Opera Mathematica*, 2 vols. Orell Fussli, 1946 – 1948.

Pasch, Moritz, and Max Dehn: *Vorlesungen über neuere Geometrie*, 2nd ed., Julius Springer, 1926, pp. 185 – 238.

Saccheri, Gerolamo: *Euclides ab Omni Naevo Vindicatus*, English trans. by G. B. Halsted in *Amer. Math. Monthly*, Vols. 1 – 5, 1894 – 1898; also *Open Court Pub. Co.*, 1920, and Chelsea (reprint), 1970.

Schmidt, Franz, and Paul Staeckel: *Briefwechsel zwischen Carl Friedrich Gauss und Wolfgang Bolyai*, B. G. Teubner, 1899; Georg Olms (reprint), 1970.

Smith, David E.: *A Source Book in Mathematics*, Dover (reprint), 1959, Vol. 2, pp. 351 – 388.

Sommerville, D. M. Y.: *The Elements of Non-Euclidean Geometry*, Dover (reprint), 1958.

Staeckel, P.: "Gauss als Geometer," *Nachrichten König. Ges. der Wiss. zu Gött.*, 1917, Beiheft, pp. 25 – 142. Also in Gauss: *Werke*, X_2.

von Walterhausen, W. Sartorius: *Carl Friedrich Gauss*, S. Hirzel, 1856; Springer-Verlag (reprint), 1965.

Zacharias, M.: "Elementargeometrie und elementare nicht-euklidische Geometrie in synthetischer Behandlung," *Encyk. der Math. Wiss.*, B. G. Teubner, 1914 – 1931, III AB9, 859 – 1172.

第 37 章

高斯和黎曼的微分几何

> 您,自然,是我的女神,我对您的规律的贡献是
> 有限的……
>
> 高斯

1. 引　言

现在我们将着手讨论微分几何,特别是由欧拉奠基并由蒙日扩展的曲面论的发展线索。这门学科的下一个重大步骤是由高斯做出的。

高斯从 1816 年起就在大地测量和地图绘制方面做了非常大量的工作。他亲身参加实际的物理测量,在这方面他发表了许多文章,激起了他对微分几何学的兴趣,并导致 1827 年他的决定性文章《关于曲面的一般研究》(Disquisitiones Generales circa Superficies Curvas)[①]。然而,比他这篇关于三维空间中曲面的微分几何的决定性论述所作出的贡献更为重要的是,高斯提出了一个完全新的概念,即一张曲面本身就是一个空间。这个概念嗣后为黎曼所推广,从而在非欧几里得几何学中开辟了新的远景。

2. 高斯的微分几何

欧拉早就提出了曲面上任一点的坐标 (x, y, z) 可以用两个参数 u 和 v 表示的思想(第 23 章第 7 节);就是说,曲面的方程可以这样给出:

$$(1) \qquad x = x(u, v), \ y = y(u, v), \ z = z(u, v).$$

高斯的出发点是运用这个参数表示来做曲面的系统研究。从这些参数方程中我们有

$$(2) \qquad \mathrm{d}x = a\mathrm{d}u + a'\mathrm{d}v, \ \mathrm{d}y = b\mathrm{d}u + b'\mathrm{d}v, \ \mathrm{d}z = c\mathrm{d}u + c'\mathrm{d}v.$$

其中 $a = x_u$, $a' = x_v$ 等。为了方便,高斯引进行列式

---

① *Comm. Soc. Gott.*, 6, 1828, 99 – 146 = *Werke*, 4, 217 – 258.

$$A = \begin{vmatrix} b & c \\ b' & c' \end{vmatrix}, \quad B = \begin{vmatrix} c & a \\ c' & a' \end{vmatrix}, \quad C = \begin{vmatrix} a & b \\ a' & b' \end{vmatrix}$$

和量

$$\Delta = \sqrt{A^2 + B^2 + C^2},$$

他假设这个量不恒等于零。

在任何曲面上基本量是弧长元素,这在 (x, y, z) 坐标中便是

(3) $$ds^2 = dx^2 + dy^2 + dz^2.$$

高斯用方程(2)把(3)写成

(4) $$ds^2 = E(u, v)du^2 + 2F(u, v)dudv + G(u, v)dv^2,$$

其中

$$E = a^2 + b^2 + c^2, \quad F = aa' + bb' + cc', \quad G = a'^2 + b'^2 + c'^2.$$

曲面上两条曲线之间的夹角是另一个基本量。曲面上的一条曲线由 u 和 v 之间的一个关系式确定,因为这样 x, y 和 z 就变成参数 u 或 v 的一个函数,而方程(1)则变成曲线的参数表示。用微分的语言来说,在一点 (u, v),从这点出发的曲线或曲线的方向由比 $du : dv$ 给定。于是,如果我们有从 (u, v) 出发的两条曲线或两个方向,一个由 $du : dv$ 给定,另一个由 $du' : dv'$ 给定,并设 θ 是这两个方向之间的夹角,则高斯证明

(5) $$\cos\theta = \frac{Edudu' + F(dudv' + du'dv) + Gdvdv'}{\sqrt{Edu^2 + 2Fdudv + Gdv^2}\sqrt{Edu'^2 + 2Fdu'dv' + Gdv'^2}}.$$

接着高斯着手研究曲面的曲率。他的曲率的定义,是欧拉用于空间曲线和罗德里格斯(Olinde Rodrigues)[1]用于曲面的标形对曲面的推广。在曲面上的每一点 (x, y, z) 有一个带方向的法线。高斯考虑一个单位球面,并选定一条半径,它具有曲面上的有向法线的方向。选取的半径确定了球面上的一个点 (X, Y, Z)。然后,如果我们考虑曲面上围绕 (x, y, z) 的任一小区域,则在球面上有一个围绕 (X, Y, Z) 的对应区域。当这两块区域分别收缩到它们的对应点时,把球面上区域的面积与曲面上对应区域的面积之比的极限定义为曲面在点 (x, y, z) 的曲率。首先,注意到球面在点 (X, Y, Z) 处的切平面平行于曲面在点 (x, y, z) 处的切平面,高斯计算了这个比值。由于这种平行性,两个面积之比等于它们分别在各自切平面上的射影之比。为了求得这后一个比值,高斯进行了惊人数量的微分,并获得了一个更加基本的结果,这就是曲面的(总)曲率 K 为

(6) $$K = \frac{LN - M^2}{EG - F^2},$$

---

[1]　*Corresp. sur l'Ecole Poly.*, 3, 1814–1816, 162–182.

其中

$$(7) \qquad L = \begin{vmatrix} x_{uu} & y_{uu} & z_{uu} \\ x_u & y_u & z_u \\ x_v & y_v & z_v \end{vmatrix}, \quad M = \begin{vmatrix} x_{uv} & y_{uv} & z_{uv} \\ x_u & y_u & z_u \\ x_v & y_v & z_v \end{vmatrix},$$

$$N = \begin{vmatrix} x_{vv} & y_{vv} & z_{vv} \\ x_u & y_u & z_u \\ x_v & y_v & z_v \end{vmatrix}.$$

接着,高斯证明他的 K 就是欧拉早就提出过的在(x, y, z)处的两个主曲率之乘积。作为两个主曲率的平均曲率的概念,是由热尔曼(Sophie Germain)在 1831 年[1]提出的。

这时高斯作了一个极其重要的考察。当曲面由参数方程(1)给定时,曲面的性质似乎依赖于函数 x, y, z。通过固定 u,譬如说 $u = 3$,并且让 v 变动,就在曲面上得到一条曲线。对于 u 的其他可能取定的值,得到一族曲线。同样地,固定 v 也得到一族曲线。这两族曲线是曲面上的参数曲线,使得曲面上的每一个点可以用一对数,譬如说是(c, d)给定,这里 $u = c$ 和 $v = d$ 是经过这点的参数曲线。这些坐标不一定比纬度和经度更表示距离。让我们想象一张曲面,在它上面已经以某种方式确定了参数曲线。于是高斯断定,曲面的几何性质仅仅由 $\mathrm{d}s^2$ 的表达式(4)中的 E, F 和 G 确定。u 和 v 的这些函数正是事情的全部。

从(4)和(5)显然可以看出,曲面上的距离和角度完全由 E, F 和 G 确定。但是,上面关于曲率的高斯的基本表达式(6),又依赖于另一些量 L, M 和 N。这时高斯证明了

$$(8) \qquad K = \frac{1}{2H} \left\{ \frac{\partial}{\partial u} \left[\frac{F}{EH} \frac{\partial E}{\partial v} - \frac{1}{H} \frac{\partial G}{\partial u} \right] + \frac{\partial}{\partial v} \left[\frac{2}{H} \frac{\partial F}{\partial u} - \frac{1}{H} \frac{\partial E}{\partial v} - \frac{F}{EH} \frac{\partial E}{\partial u} \right] \right\},$$

其中 $H = \sqrt{EG - F^2}$,并且等于高斯在上面定义的 Δ。方程(8)叫做高斯特征方程,它表明曲率 K,以及从(6)来看特别是量 $LN - M^2$,仅仅依赖于 E, F 和 G。因为 E, F 和 G 仅仅是曲面上参数坐标的函数,所以曲率也仅仅是参数的一个函数,而完全与曲面是否在三维空间中或曲面在三维空间中的形态无关。

高斯已经注意到曲面的性质只依赖于 E, F 和 G。但是除曲率以外的许多性质包含着量 L, M 和 N,并且不是取方程(6)中的组合 $LN - M^2$ 的形式。高斯的论点的解析证明由马伊纳尔迪(Gaspare Mainardi,1800—1879)[2] 和科达齐(Delfino

---

① *Jour. für Math.*, 7,1831,1 - 29.

② *Giornale dell' Istituto Lombardo*, 9,1856,385 - 398.

Codazzi,1824—1875)①独立地给出,他们两人都以微分方程的形式给出了两个附加关系,这些关系连同高斯的特征方程一起,可以用 E, F 和 G 来限定 L, M 和 N,而 K 则取(6)中的值。

其后,博内(Ossian Bonnet,1819—1892)在 1867 年②证明了一个定理:如果六个函数满足高斯特征方程和两个马伊纳尔迪-科达尔方程,则它们除了在空间的位置和定向以外唯一地确定一张曲面。具体地,如果给定了 u 和 v 的函数 E, F, G 和 L, M, N,它们满足高斯特征方程和马伊纳尔迪-科达齐方程,并设 $EG - F^2 \neq 0$,则存在一张由 u, v 的三个函数 x, y, z 给定的曲面,其第一基本形式为

$$Edu^2 + 2Fdudv + Gdv^2,$$

并且 L, M, N 和 E, F, G 有关系式(7)。这个曲面除它在空间的位置外是唯一确定的。[对于具有实坐标 (u, v) 的实曲面,必定有 $EG - F^2 > 0$, $E > 0$ 和 $G \geqslant 0$。]博内的定理是和曲线的对应定理(第 23 章第 6 节)相类似的。

曲面的性质仅仅依赖于 E, F 和 G 这一事实有许多含意,其中有一些已经由高斯在他的 1827 年的文章中揭示出来。例如,如果一张曲面无伸缩地弯曲,则坐标曲线 $u =$ 常数和 $v =$ 常数将保持不变,所以 ds 也将保持不变。因此曲面的所有性质,特别是曲率,也将保持不变。进一步说,如果两张曲面能够彼此建立一一对应,也就是说,如果 $u' = \phi(u, v)$, $v' = \psi(u, v)$,其中 u' 和 v' 是第二张曲面上的点的坐标,并且如果两张曲面在对应点的距离元素相同,即如果

$$Edu^2 + 2Fdudv + Gdv^2 = E'du'^2 + 2F'du'dv' + G'dv'^2,$$

其中 E, F, G 是 u 和 v 的函数,E', F', G' 是 u' 和 v' 的函数,则这两张曲面称为**等距**的,它们必然有相同的几何。特别正如高斯所指出的,它们在对应点一定有相同的总曲率。这个结果高斯叫做"极妙的定理"(theorema egregium),它是一个极其优美的定理。

作为一个推论,由此推出,要能把曲面的一部分移到另一部分上(那意味着保持距离),一个必要条件是曲面有常曲率。例如,球面的一部分可以无畸变地移到另一部分上,而在椭球面上就不能这样做。(但是,在等距映射下把一张曲面或曲面的一部分同另一张曲面或另一部分拟合,是可以发生弯曲的。)如果两张曲面不是常曲率的,虽然在对应点它们的曲率相等,但它们并不一定有等距关系。1839年③明金(Ferdinand Minding,1806—1885)证明:如果两张曲面确有相等的常曲率,则可以把一张曲面等距映射到另一张上面。

---

① *Annali di Mat.*, (3),2,1868 - 1869,101 - 119.
② *Jour. de l'Ecole Poly.*, 25,1867,31 - 151.
③ *Jour. für Math.*, 19,1839,370 - 387.

高斯在他 1827 年的文章中研究的另外一个极其重要的题目,是寻找曲面上的测地线。(测地线这一名词是刘维尔在 1850 年引进的,取自大地测量学。)这个问题需要高斯使用的变分法。他通过 x, y, z 表示来研究这个问题,并证明约翰·伯努利(John Bernoulli)提出的一个定理:测地线的主法线垂直于曲面。(例如球面上的纬度圆,在其一点处的主法线位于这个圆所在的平面上,并不与球面垂直,而经度圆在任一点处的主法线都与球面垂直。)u 和 v 之间的任何一个关系都确定曲面上的一条曲线,给定测地线的这种关系由一个微分方程确定。这个方程可以写成多种形式,高斯仅仅指出这是 u 和 v 的一个二阶方程,但是没有明确给出。有一种形式是

$$(9) \qquad \frac{\mathrm{d}^2 v}{\mathrm{d}u^2} = n\left(\frac{\mathrm{d}v}{\mathrm{d}u}\right)^3 + (2m - \nu)\left(\frac{\mathrm{d}v}{\mathrm{d}u}\right)^2 + (l - 2\mu)\frac{\mathrm{d}v}{\mathrm{d}u} - \lambda,$$

这里 n, m, μ, ν, l, λ 是 E, F, G 的函数。

在作曲面上两点之间有唯一测地线存在这一假定时,必须非常小心。球面上两个邻近的点有唯一的测地线连接它们,但是两个对径点却有无穷多条测地线连接它们。类似地,在圆柱面的同一条直母线上的两点,被一条沿直母线的测地线所连接,但是还有无穷多条作为测地线的螺旋线连接这两个点。如果在一区域内的两点之间只有一条测地线弧,则在这区域内这条弧给出两点之间的最短路线。在特殊曲面上实际确定测地线的问题,有许多人作过研究。

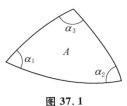

图 37.1

高斯在 1827 年的文章中,对于一个由测地线构成的三角形(图 37.1),证明了一条关于曲率的著名定理。设 K 是一个曲面的可变曲率。于是 $\iint_A K\,\mathrm{d}A$ 是这个曲率在面积 A 上的积分。高斯的定理用于这三角形时说的是

$$\iint_A K\,\mathrm{d}A = \alpha_1 + \alpha_2 + \alpha_3 - \pi;$$

这就是说,在一个测地三角形上曲率的积分等于三个角之和超过 180° 之盈量,或在三角之和小于 180° 时,等于三个角之和不足 180° 之亏量。高斯说这个定理应该算是一个最精美的定理。这个结果推广了兰伯特(第 36 章第 4 节)的定理,后者断言球面三角形的面积等于它的球面盈量与半径平方之积,因为在一个球面三角形上 K 是常数且等于 $1/R^2$。

在高斯的微分几何中还有一部分更为重要的工作必须提一提。拉格朗日(第 23 章第 8 节)曾经论述了旋转面到平面的保角映射。1822 年,高斯以他关于求任一曲面保角变换到任何另一曲面上的解析条件问题的文章[1],获得了丹麦皇家科

① *Werke*, 4, 189 - 216.

学会的奖金。在两个曲面上对应点的邻域中成立的他的条件,相当于下列事实:设 T 和 U 是表示一个曲面的参数,t 和 u 是表示另一个曲面的参数,则 T 和 U 的一个函数 $P+\mathrm{i}Q$ 是 $p+\mathrm{i}q$ 的一个函数 f,这里 $p+\mathrm{i}q$ 是参数 t 和 u 的对应的函数,并且 $P-\mathrm{i}Q$ 是 $f'(p-\mathrm{i}q)$,其中 f' 或者就是 f,或者是由 f 把其中的 i 换成 $-\mathrm{i}$ 所得到的函数。关于函数 $P+\mathrm{i}Q$,我们将不作进一步的说明。这个函数 f 依赖于两个曲面之间的对应关系,这个对应关系是用 $T=T(t,u)$ 和 $U(t,u)$ 规定的。关于曲面的一个有限部分是否可能以及用什么方式保角映射到另一个曲面上的问题,高斯并没有回答。这个问题,黎曼在他关于复值函数的工作中继续做了研究(第 27 章第 10 节)。

高斯在微分几何方面的工作本身就是一个里程碑。但是,它的含义比他自己的评价要深刻得多。在这个工作之前,曲面一直是被作为三维欧几里得空间中的图形进行研究的。但是高斯证明了曲面的几何可以集中在曲面本身上进行研究。如果通过曲面在三维空间中的参数表示

$$x=x(u,v),\; y=y(u,v),\; z=z(u,v)$$

而引进 u 和 v 坐标,并用以确定 E,F 和 G,就得到这个曲面的欧几里得性质。然而,在曲面上给定这些 u 和 v 坐标,以及以 u 和 v 的函数 E,F 和 G 表示的 $\mathrm{d}s^2$ 的表达式之后,曲面的所有性质就都能从这个表达式推导出来。这就提出两个极其重要的思想。第一个是,曲面本身可以看成是一个空间,因为它的全部性质被 $\mathrm{d}s^2$ 确定。人们可以忘掉曲面是位于一个三维空间中的这个事实。假如把曲面本身看成是一个空间,那么它具有哪一种几何呢? 如果把测地线当成曲面上的"直线",则几何是非欧几里得的。

这样,如果把球面本身当作一个空间来研究,那么它就有它自己的几何,并且即使取熟知的纬度和经度作为点的坐标,曲面的几何也不是欧几里得的,因为"直线"或测地线是曲面上的大圆弧。然而,如果把球面看成三维空间中的一张曲面,球面的几何就是欧几里得的。曲面上两点之间最短距离便是三维欧几里得几何的线段(虽然它并不在曲面上)。高斯的工作意味着,至少在曲面上有非欧几里得几何,如果把曲面本身看成一个空间的话。高斯是否看到他的曲面几何的这种非欧几里得的解释,那就不清楚了。

人们还可看得更远些。可以认为一张曲面所固有的 E,F 和 G 是由参数方程 (1) 确定的。但是,可以从曲面出发引进两族参数曲线,然后几乎任意地选取 u 和 v 的函数 E,F 和 G。于是曲面有这些 E,F 和 G 所确定的几何。这个几何对于曲面是内蕴的,而与周围的空间没有关系。结果是,随着 E,F 和 G 的不同的选取,同一张曲面可以有**不同**的几何。

含义是更为深刻的。如果在同一张曲面上能够选取不同的 E,F 和 G 的组,

从而确定不同的几何,那么为什么在我们的三维空间中不能选取不同的距离函数呢? 当然,在直角坐标系中通常的距离函数是 $ds^2 = dx^2 + dy^2 + dz^2$,如果从欧几里得几何出发,这是必然的,因为它恰好是勾股定理的解析表示。然而,对于空间的点给定相同的直角坐标,可以选取 ds^2 的不同的表达式,从而得到该空间的完全不同的几何——一种非欧几里得几何。把高斯在研究曲面中首先获得的这种思想推广到任何空间,是由黎曼继承并发展的。

3. 黎曼研究几何的途径

由高斯、罗巴切夫斯基和约翰·波尔约的工作引起的,关于物理空间的几何我们可以相信些什么,这个疑问推动了 19 世纪的重大创造之一——黎曼几何的产生,创立者是最深刻的几何哲学家黎曼。虽然黎曼并不知道罗巴切夫斯基和约翰·波尔约工作的细节,但高斯是知道他们的,而黎曼肯定知道高斯对欧几里得几何的真实性和必然适用性的怀疑。这样,在几何领域中黎曼追随高斯,虽然在函数论中他追随柯西和阿贝尔。他对几何的研究也受心理学家赫巴特(Johann Friedrich Herbart,1776—1841)教导的影响。

高斯给黎曼指定把几何基础作为他应该发表的就职演说的题目,这是大学讲师为取得大学教授资格所应做的演说。这个讲演于 1854 年对格丁根的全体教员发表,有高斯在场,并在 1868 年以《关于作为几何学基础的假设》(Über die Hypothesen, welche der Geometrie zu Grunde liegen)为题出版[1]。

为竞争巴黎科学院的奖金,黎曼在 1861 年写了一篇关于热传导的文章,这篇文章常常叫做他的《巴黎之作》(Pariserarbeit),在文中黎曼发现必须进一步考虑他关于几何的思想,在这里他对他的 1854 年的文章作了某些技术性的加工。1861 年的这篇没有获奖的文章,在他死后发表在 1876 年他的《文集》(Collected Works)[2]中。在《文集》的第二版里,海因里希·韦伯(Heinrich Weber)在一篇注解中解释了黎曼的高度压缩了的题材。

黎曼提出的空间的几何并不只是高斯的微分几何的推广。他重新考虑了研究空间的整个途径。黎曼研究了上述关于物理空间我们究竟可以确信什么的问题。在通过经验确定物理空间中成立的特殊公理之前,在真实的经验空间中什么条件或什么事实必须预先假定呢? 黎曼的目的之一是要证明,欧几里得的独特的公理,

---

[1]　*Abh. der Ges. der Wiss. zu Gött.*, 13,1868,1-20 = *Werke*,第二版,272-287。英译本可在克利福德(William Kingdon Clifford)的 *Collected Mathematical Papers* 中找到。在 *Nature*, 8,1873,14-36 和史密斯(D. E. Smith)的 *A Source Book in Mathematics*, 411-425 中也有。

[2]　*Werke*,第二版,1892,391-404。

与其说如人们历来相信的那样是自明的真理,还不如说是经验性的。他采用了解析的途径,因为在几何证明中,由于我们的感觉,我们可能错误地假定一些不是显然可以承认的事实。这样,黎曼的思想是:依靠分析我们可以从关于空间无疑是先验的东西出发,导出必然的结论。于是就会知道空间的任何其他的性质都是经验的。高斯自己研究了完全相同的问题,但是仅仅发表了这个研究的论曲面的部分。黎曼对于什么是先验的探讨导致他研究空间的局部性质;换句话说,就是采用微分几何的途径,这同在欧几里得几何中或者在高斯、约翰·波尔约和罗巴切夫斯基的非欧几里得几何中,把空间作为一个整体进行考虑是相对立的。在作详细的考察之前,我们应该预先说明,表述在 1854 年的讲演以及在原稿中的黎曼的思想是模糊的。一个原因是黎曼为了适应他的听众——格丁根的全体教员。部分的模糊也和他文章开头的哲学考虑有关。

　　高斯关于欧几里得空间中曲面的内蕴几何学,开辟了一个很大的领域,黎曼对任一空间发展了一种内蕴几何。虽然三维的情形显然是一种重要的情形,黎曼还是宁可处理 n 维几何,并且他把 n 维空间叫做一个流形。n 维流形中的一个点,可以用 n 个可变参数 x_1,x_2,$\cdots$,x_n 的一组指定的特定值来表示,而所有这种可能的点的总体就构成 n 维流形本身,正如在一个曲面上的点的全体构成曲面本身一样。这 n 个可变参数就叫做流形的坐标。当这些 x_i 连续变化时,对应的点就遍历这个流形。

　　因为黎曼认为我们只能局部地了解空间,所以他从定义两个一般点之间的距离出发,这两个点所对应的坐标只相差无穷小。他假定距离的平方是

$$(10) \qquad ds^2 = \sum_{i=1}^{n} \sum_{j=1}^{n} g_{ij}\, dx_i\, dx_j,$$

其中 g_{ij} 是坐标 x_1,x_2,$\cdots$,x_n 的函数,$g_{ij} = g_{ji}$,并且(10)的右边对 dx_i 的所有可能值总是正的。ds^2 的这个表达式是欧几里得距离公式

$$ds^2 = dx_1^2 + dx_2^2 + \cdots + dx_n^2$$

的推广。他提到有可能假定 ds 是微分 dx_1,dx_2,$\cdots$,dx_n 的一个四次齐次函数的四个根中的一个。但是他没有深入研究这种可能性。由于允许 g_{ij} 是坐标的函数,所以黎曼提供了空间的性质可以逐点而异的可能性。

　　虽然黎曼在他 1854 年的文章中没有明确地阐述下面的定义,但在他的心目中无疑是有的,因为它们与高斯对曲面所做的是相同的。黎曼流形上的一条曲线由 n 个函数

$$(11) \qquad x_1 = x_1(t),\ x_2 = x_2(t),\ \cdots,\ x_n = x_n(t)$$

给定。于是,在 $t = \alpha$ 和 $t = \beta$ 之间的曲线的长度定义为

$$(12) \qquad l = \int_{\alpha}^{\beta} ds = \int_{\alpha}^{\beta} \frac{ds}{dt} dt = \int_{\alpha}^{\beta} \sqrt{\sum_{i,\,j=1}^{n} g_{ij} \frac{dx_i}{dt} \frac{dx_j}{dt}}\, dt.$$

在两个给定点 $t = \alpha$ 和 $t = \beta$ 之间的最短曲线——测地线,随之可用变分法确定。用变分学的记号,这就是适合条件 $\delta \int_{\alpha}^{\beta} ds = 0$ 的曲线。于是,必须确定形如(11)的特定的函数,它给出两点之间的这条最短道路。取弧长 s 作为参数,测地线的方程可以证明是

$$\frac{d^2 x_i}{ds^2} + \sum_{\lambda, \mu} \left\{ \begin{matrix} \lambda & \mu \\ & i \end{matrix} \right\} \frac{dx_\lambda}{ds} \frac{dx_\mu}{ds} = 0, \ i, \lambda, \mu = 1, 2, \cdots, n.$$

这是 n 个二阶常微分方程的方程组[①]。

两条曲线在点$(x_1, x_2, \cdots, x_n)$处相交,一条曲线由方向dx_i / ds ($i = 1, 2, \cdots, n$) 确定,另一条由 dx_i' / ds' ($i = 1, 2, \cdots, n$) 确定,其中撇表示属于第二个方向的值,这两条曲线在交点处的交角 θ 由公式

(13)
$$\cos \theta = \sum_{i, i'=1}^{n} g_{ii'} \frac{dx_i}{ds} \frac{dx_i'}{ds'}$$

确定。仿照高斯对曲面所用的那套方法,以上面的定义作基础,可以推出一种度量的 n 维几何。所有的度量性质由 ds^2 的表达式中的系数 g_{ij} 确定。

在黎曼 1854 年的文章中的第二个重要的概念,是流形的曲率的概念。黎曼企图通过它去刻画欧几里得空间和更一般的空间,在这种空间中图形可以挪动而不改变其形状或大小。黎曼关于任意 n 维流形的曲率的概念,是高斯关于曲面的总曲率概念的推广。如同高斯的概念一样,流形的曲率可用一些量定义,而这些量可以在流形自身上确定,从而无需把流形想象成位于某一更高维的流形中。

在 n 维流形中给定一点 P,黎曼考虑在这点的一个二维流形,这个二维流形在 n 维流形中。这个二维流形由经过 P 点的无穷多条单参数测地线构成,这些测地线同流形的平面截口在 P 点相切。现在一条测地线可以用点 P 和在该点的一个方向来描述。设 $dx_1', dx_2', \cdots, dx_n'$ 是一条测地线的方向,而 $dx_1'', dx_2'', \cdots, dx_n''$ 是另一测地线的方向。则在 P 点的单参数无穷多条测地线中,任一条的方向的第 i 个分量由下式给出:

$$dx_i = \lambda' dx_i' + \lambda'' dx_i''$$

[λ' 和 λ'' 要受条件 $\lambda'^2 + \lambda''^2 + 2\lambda'\lambda'' \cos \theta = 1$ 的限制,这个条件是由条件 $\sum g_{ij} (dx_i / ds)(dx_j / ds) = 1$ 导出的]。这一组测地线构成一个二维流形,它有一个高斯曲率。因为经过 P 点的这种二维流形有无穷多,所以在 n 维流形的一个点处就有无穷多个曲率。但是,在这些曲率的测度中,可以从 $\frac{1}{2} n(n-1)$ 个推得其余

———————————

① 关于大括号记号的意义见下面的(19)式。黎曼没有明确地给出这些方程。

的。曲率的测度的一个显式现在可以推出来。这是黎曼在他 1861 年的文章中就已做了的,在下面即将给出。对于流形就是一个曲面的情形,黎曼的曲率恰恰就是高斯的总曲率。严格地说,正如高斯的曲率一样,黎曼的曲率是一种加在流形上而非流形自身的度量性质。

黎曼在完成了他的 n 维几何的一般研究,并说明如何引进曲率以后,进而考虑特定的流形,在这种流形上,有限的空间形式应当能够移动,而不改变其大小或形状,并且应当能够按任意方向旋转。这就把他引到常曲率空间。

当在一点所有曲率的测度都相同,并且等于其他任何点的所有曲率的测度时,我们得到黎曼称之为常曲率的流形。在这种流形上,可以讨论全等的图形。在 1854 年的文章中黎曼给出下述结果但没有详说:如果 α 是曲率的测度,常曲率流形上无穷小距离元素公式变成(在一适当的坐标系中)

$$(14) \qquad ds^2 = \frac{\sum\limits_{i=1}^{n} dx_i^2}{[1 + (\alpha/4) \sum x_i^2]^2}.$$

黎曼认为曲率 α 必须是正的或是零,所以当 $\alpha > 0$ 时我们得到一个球面空间,而当 $\alpha = 0$ 时得到一个欧几里得空间,反之亦然。他还认为,如果一个空间是无限伸展的,其曲率必须为零。然而,他确实提示过,可能有现实的常数负曲率曲面[①]。

对 $\alpha = a^2 > 0$,且 $n = 3$ 的情形,由于高斯的工作,我们得到一种三维的球面几何,虽然不能把它形象化。这个空间在广度上有限但是无界;在其中所有的测地线都是定长,等于 $2\pi/a$,并且回到它们自身;空间的体积是 $2\pi^2/a^3$。对于 $a^2 > 0$ 和 $n = 2$ 的情形,我们得到通常的球面的空间;测地线当然就是大圆并且是有限的;而且,任意两条测地线交于两点。至于黎曼是否认为常数正曲率曲面上的测地线都交于一点或两点,实际上是不清楚的。他可能倾向于后者。克莱因后来指出(见下一章),这里涉及两种不同的几何。

黎曼还指出空间的无界性(球的表面就是这种情形)和无限性之间的一种区别,这种区别后面还要讲到。他说,无界性与任何其他由经验得来的事情,例如同无限广度相比,有更大的经验可信性。

黎曼在他的文章结尾还指出,因为物理空间是一种特殊的流形,所以那种空间的几何不能只是从流形的一般概念推出来。把物理空间同其他三维流形区别开来的那些性质,只能从经验得到。他附带地说:"关于流形的这些假设,在何种程度上以及在哪一点上可以由经验肯定,这个认识问题尚待解决。"特别地,欧几里得几何

---

① 明金已经知道这种曲面(*Jour. für Math.*,19,1839,370 - 387,特别是 pp. 378 - 380),包括那一个后来叫做伪球面的曲面(见第 38 章第 2 节)。还可看高斯,*Werke*,8,265。

的公理可能只是物理空间的近似写照。同罗巴切夫斯基一样,黎曼相信天文学将判定哪种几何符合于空间。他以下面的预言性评论结束他的文章:"所以,或者作为空间基础的客体必须形成一个离散的流形,或者在作用于它上面的约束力之下,我们应当从它的外部寻找其度量关系的根据……这就把我们引到另一门科学——物理学的领域,我们的工作的宗旨不容许我们今天进入那个领域。"

这个观点被克利福德(William Kingdon Clifford)[1]所发展:

> 事实上我认为:(1)空间的小部分有一种性质,类似于曲面上的小山,这曲面平均看起来是扁平的。(2)呈弯曲的或畸变的这种性质以波浪方式连续地从空间的一部分传到另一部分。(3)空间曲率的这种变化,确实如我们称之为物质运动的那种现象中所发生的情况一样,不管这种物质是有重量的还是像空气那样稀薄的。(4)在这个物理世界中,除了可能遵循连续性规律的这种变化之外,没有其他事情发生。

在曲率不仅逐点变化,而且由于物质的运动也随时间而变化的空间中,通常的欧几里得几何法则是不成立的。他接着又说,要想对物理规律作较为严格的研究,就不能忽视空间中的这些"小山"。这样,与其他的大多数几何学家不同,黎曼和克利福德感到,为了确定什么是物理空间的真理,需要把物质和空间结合起来。这个思路自然就引导到相对论。

黎曼在他的《巴黎之作》(1861)中回到下述问题:一个度量为

$$(15) \qquad \mathrm{d}s^2 = \sum_{i,\,j=1}^{n} g_{ij}\,\mathrm{d}x_i\,\mathrm{d}x_j$$

的给定的黎曼空间,在什么时候可以是一个常曲率空间,或者甚至是一个欧几里得空间。但是,他提出了更为一般的问题:在什么条件下,可以通过方程组

$$(16) \qquad x_i = x_i(y_1,\ y_2,\ \cdots,\ y_n),\ i = 1,\ 2,\ \cdots,\ n$$

把如同(15)那样的度量变成一个给定的度量

$$(17) \qquad \mathrm{d}s'^2 = \sum_{i,\,j=1}^{n} h_{ij}\,\mathrm{d}y_i\,\mathrm{d}y_j\ ,$$

当然,这里应理解为 $\mathrm{d}s$ 等于 $\mathrm{d}s'$,如此,两个空间的几何除了坐标的选取外将是相同的。变换(16)并不总是可能的,因为正如黎曼指出的,在(15)中有 $n(n+1)/2$ 个独立函数,而可用以把 g_{ij} 变成 h_{ij} 的变换只能引进 n 个函数。

为了处理一般的问题,黎曼引进了一些特殊的量 p_{ijk},我们将代之以更加熟悉的克里斯托弗尔记号,这里理解为

$$p_{ijk} = \begin{bmatrix} & j & k \\ i & \end{bmatrix}.$$

表示成各种形式的克里斯托费尔记号是

(18) $$\Gamma_{\alpha\beta,\lambda} = \begin{bmatrix} \alpha & \beta \\ & \lambda & \end{bmatrix} = [\alpha\beta,\lambda]$$

$$= \frac{1}{2}\left(\frac{\partial g_{\alpha\lambda}}{\partial x_\beta} + \frac{\partial g_{\beta\lambda}}{\partial x_\alpha} - \frac{\partial g_{\alpha\beta}}{\partial x_\lambda}\right),$$

(19) $$\Gamma_{\alpha\beta}^{\ \lambda} = \begin{Bmatrix} \alpha & \beta \\ & \lambda & \end{Bmatrix} = \{\alpha\beta,\lambda\} = \sum_i g^{i\lambda} \begin{bmatrix} \alpha & \beta \\ & i & \end{bmatrix},$$

其中 $g^{i\lambda}$ 是行列式 g 中 $g_{i\lambda}$ 的余子式除以 g。黎曼还引进现在通称的黎曼四指标记号

(20) $$(\mu\lambda, jk) = R_{\lambda\mu,jk} = \frac{\partial \Gamma_{\lambda j,\mu}}{\partial x_k} - \frac{\partial \Gamma_{\lambda k,\mu}}{\partial x_j}$$

$$+ \sum_{i,\alpha} g^{i\alpha}(\Gamma_{\lambda k,\alpha}\Gamma_{\mu j,i} - \Gamma_{\lambda j,\alpha}\Gamma_{\mu k,i}).$$

然后,黎曼证明了 ds^2 可以变成 ds'^2 的一个必要条件是

(21) $$(\alpha\delta,\beta\gamma)' = \sum_{r,k,i,h}(rk,ih)\frac{\partial x_r}{\partial y_\alpha}\frac{\partial x_i}{\partial y_\beta}\frac{\partial x_h}{\partial y_\gamma}\frac{\partial x_k}{\partial y_\delta},$$

其中左边的记号指的是对度量 ds' 所构造的量,并且对于每一个遍历 1 到 n 的 α, β, γ, δ 的所有值,(21) 都成立。

黎曼现在回到特殊的问题:在什么条件下给定的 ds^2 可以变成带常系数的。他先导出关于流形曲率的一个显式。在 1854 年的文章中已经给出的一般定义用到从空间的一点 O 出发的测地线。设 d 和 δ 确定两个向量或从 O 点出发的两条测地线的方向(每一个方向由测地线的切线的分量规定)。然后,考虑从点 O 出发并由 $\kappa d + \lambda\delta$ 给定的测地线向量束,其中 κ 和 λ 是参数。如果设想 d 和 δ 作用在表示任一曲线的 $x_i = f_i(t)$ 上,则二阶微分 $(\kappa d + \lambda\delta)^2 = \kappa^2 d^2 + 2\kappa\lambda d\delta + \lambda^2 \delta^2$ 有意义。于是黎曼构造

(22) $$\Omega = \delta\delta \sum g_{ij} dx_i dx_j - 2d\delta \sum g_{ij} dx_i dx_j + dd \sum g_{ij} dx_i dx_j.$$

这里,理解为 d 和 δ 形式地作用在它们后面的表达式上(而且 d 和 δ 可交换),所以

(23) $$\delta\delta \sum g_{ij} dx_i dx_j = \delta\Big[\sum(\delta g_{ij}) dx_i dx_j$$

$$+ \sum g_{ij}((\delta dx_i) dx_j + dx_i \delta dx_j)\Big],$$

并且 $\delta g_{ij} = \sum_r (\delta g_{ij}/\partial x_r)\delta x_r$。如果计算 Ω,就能发现包含一个函数的所有三阶微分的项都为零,只剩下包含 δx_i,dx_i,$\delta^2 x_i$,δdx_i 和 $d^2 x_i$ 的项。通过计算这些项并用记号

$$p_{ik} = \mathrm{d}x_i \delta x_k - \mathrm{d}x_k \delta x_i,$$

黎曼得到

$$(24) \qquad [\Omega] = \sum_{i,k,r,s} (ik, rs) p_{ik} p_{rs}.$$

现在令 $\quad 4\Delta^2 = \sum g_{ij} \mathrm{d}x_i \mathrm{d}x_j \cdot \sum g_{ij} \delta x_i \delta x_j - \left(\sum g_{ij} \mathrm{d}x_i \delta x_j \right)^2.$

则黎曼流形的曲率 K 是

$$(25) \qquad K = -\frac{[\Omega]}{8\Delta^2}.$$

全部结论是：若要给定的 $\mathrm{d}s^2$ 能够回到形式（对 $n = 3$）

$$(26) \qquad \mathrm{d}s'^2 = c_1 \mathrm{d}x_1^2 + c_2 \mathrm{d}x_2^2 + c_3 \mathrm{d}x_3^2,$$

其中 c_i 都是常数，其必要充分条件是，所有的记号 $(\alpha\beta, \gamma\delta)$ 都为零。在 c_i 全是正的情况下，$\mathrm{d}s'^2$ 可以化成 $\mathrm{d}y_1^2 + \mathrm{d}y_2^2 + \mathrm{d}y_3^2$，即空间是欧几里得空间。正如我们能从 $[\Omega]$ 的值看到的，当 K 是零时，空间实质上是欧几里得的。

值得注意的是，一个 n 维流形的黎曼曲率，在曲面的情形就化为高斯总曲率。事实上，当

$$\mathrm{d}s^2 = g_{11} \mathrm{d}x_1^2 + 2g_{12} \mathrm{d}x_1 \mathrm{d}x_2 + g_{22} \mathrm{d}x_2^2$$

时，16 个记号 $(\alpha\beta, \gamma\delta)$ 中的 12 个是零，对其余的 4 个我们有

$$(12, 12) = -(12, 21) = -(21, 12) = (21, 21).$$

于是黎曼的 K 化成

$$k = \frac{(12, 12)}{g}.$$

通过 (20)，可以证明这个表达式等于曲面总曲率的高斯的表达式。

4. 黎曼的继承者

当黎曼 1854 年的文章在他逝世后两年（即 1868 年）刊行时，激起了强烈的兴趣，许多数学家忙着去充实他所概述的思想并加以推广。黎曼的直接继承者是贝尔特拉米（Eugenio Beltrami）、克里斯托费尔（Elwin Bruno Christoffel）和利普希茨（Rudolph Lipschitz）。

贝尔特拉米（1835—1900），是波洛尼亚和意大利其他大学的数学教授，他知道黎曼 1854 年的文章，但是不知道他 1861 年的文章，他还在研究把 $\mathrm{d}s^2$ 的一般表达式化成形式 (14) 的证明问题[①]，而形式 (14) 是黎曼已对常曲率空间给出了的。除这个结果以及证明了黎曼的其他几个论断以外，贝尔特拉米还研究了将在下节考

---

① *Annali di Mat.*, (2), 2, 1868 - 1869, 232 - 255 = *Opere Mat.*, 1, 406 - 429.

虑的微分不变量的课题。

克里斯托费尔(1829—1900)先是苏黎世后是斯特拉斯堡的数学教授,他推进了黎曼那篇文章中的思想。克里斯托费尔在他的两篇关键性文章[1]中主要关心的是重新考虑和详细论述黎曼在他 1861 年文章中已经稍为粗略地讨论过的题目,那就是一个形式

$$F = \sum_{i,j} g_{ij} \, \mathrm{d}x_i \mathrm{d}x_j$$

在什么时候能够变成另一个形式

$$F' = \sum_{i,j} g_{ij}' \, \mathrm{d}y_i \mathrm{d}y_j.$$

克里斯托费尔寻找它的必要充分条件。在这篇文章中,他附带地引进了克里斯托费尔记号。

让我们首先考虑二维的情形,在这里

$$F = a(\mathrm{d}x)^2 + 2b\mathrm{d}x\mathrm{d}y + c(\mathrm{d}y)^2,$$
$$F' = A(\mathrm{d}X)^2 + 2B\mathrm{d}X\mathrm{d}Y + C(\mathrm{d}Y)^2,$$

并假定 x 和 y 可以表示成 X 和 Y 的函数,使得在这变换下 F 变成 F'。当然,$\mathrm{d}x = (\partial x/\partial X)\mathrm{d}X + (\partial x/\partial Y)\mathrm{d}Y$。现在,当 F 中的 x, y, $\mathrm{d}x$ 和 $\mathrm{d}y$ 代以相应的 X 和 Y 的表达式,并让 F 的这个新形式中的系数和 F' 的对应系数相等时,就得到

$$a\left(\frac{\partial x}{\partial X}\right)^2 + 2b\frac{\partial x}{\partial X}\frac{\partial y}{\partial X} + c\left(\frac{\partial y}{\partial X}\right)^2 = A,$$

$$a\frac{\partial x}{\partial X}\frac{\partial x}{\partial Y} + b\left(\frac{\partial x}{\partial X}\frac{\partial y}{\partial Y} + \frac{\partial x}{\partial Y}\frac{\partial y}{\partial X}\right) + c\frac{\partial y}{\partial X}\frac{\partial y}{\partial Y} = B,$$

$$a\left(\frac{\partial x}{\partial Y}\right)^2 + 2b\left(\frac{\partial x}{\partial Y}\frac{\partial y}{\partial Y}\right) + c\left(\frac{\partial y}{\partial Y}\right)^2 = C.$$

对于 x 和 y 作为 X 和 Y 的函数,有三个微分方程。如果它们能够解出来,那我们就知道如何把 F 变成 F' 了。然而,其中只含有两个函数。于是,以 a, b 和 c 为一方,以 A, B 和 C 为另一方,它们之间必定有某些关系。通过微分上面三个方程和一些代数步骤,就发现这关系是 $K = K'$。

对于 n 元的情形,克里斯托费尔用的是同一个方法。他从

$$F = \sum g_{rs} \, \mathrm{d}x_r \mathrm{d}x_s,$$

$$F' = \sum g_{rs}' \, \mathrm{d}y_r \mathrm{d}y_s$$

---

[1] *Jour. für Math.*, 70,1869,46−70 和 241−245 = *Ges. Math. Abh.*, 1,352 ff., 378 ff.

出发。变换是

$$x_i = x_i(y_1, y_2, \cdots, y_n), \quad i = 1, 2, \cdots, n.$$

他让 $g = |g_{rs}|$。如果 Δ_{rs} 是 g_{rs} 在行列式里的余子式,就让 $g^{pq} = \Delta_{pq}/g$。像黎曼一样,他独立地引进了四指标记号(没有逗点)

$$(gkhi) = \frac{\partial}{\partial x_i}[gh, k] - \frac{\partial}{\partial x_h}[gi, k]$$
$$+ \sum_p (\{gi, p\}[hk, h] - \{gh, p\}[ik, p]).$$

然后他推出关于 x_i 作为 y_i 的函数的 $n(n+1)/2$ 个偏微分方程。有代表性的一个是

$$\sum_{r,s} g_{rs} \frac{\partial x_r}{\partial y_\alpha} \frac{\partial x_s}{\partial y_\beta} = g'_{\alpha\beta}.$$

这些方程是使 $F = F'$ 的变换存在的必要充分条件。

部分是为了讨论这组方程的可积性,部分是由于克里斯托费尔愿意考虑 dx_i 的高于两次的形式,所以他作了许多微分和代数推导,证明了

$$(27) \qquad (\alpha\delta\beta\gamma)' = \sum_{g,h,i,k} (gkhi) \frac{\partial x_g}{\partial y_\alpha} \frac{\partial x_h}{\partial y_\beta} \frac{\partial x_i}{\partial y_\gamma} \frac{\partial x_k}{\partial y_\delta},$$

其中 α, β, γ 和 δ 取 1 到 n 的所有值。总共有 $n^2(n^2-1)/12$ 个这种形式的方程。这些方程是两个四阶微分形式等价的必要充分条件。确实,设 $d^{(1)}x$, $d^{(2)}x$, $d^{(3)}x$, $d^{(4)}x$ 是 x 的四组微分,对 y 也照样有四组微分。如果有四线性形式

$$G_4 = \sum_{g,k,h,i} (gkhi) d^{(1)}x_g d^{(2)}x_k d^{(3)}x_h d^{(4)}x_i,$$

则关系式(27)是 $G_4 = G_4'$ 的必要充分条件,其中 G_4' 是诸 y 变元的类似于 G_4 的形式。

这个理论可以推广到 μ 重微分形式。事实上,克里斯托费尔引进了

$$(28) \qquad G_\mu = \sum_{i_1, \cdots, i_\mu} (i_1 i_2 \cdots i_\mu) \underset{1}{\partial} x_{i_1} \underset{2}{\partial} x_{i_2} \cdots \underset{\mu}{\partial} x_{i_\mu},$$

其中括号里的项几乎与四指标记号一样是用 g_{rs} 来定义的,记号 $\underset{i}{\partial}$ 是用来把 x_i 的微分组同以 $\underset{j}{\partial}$ 作用所得的微分组区别开来。然后他证明

$$(29) \qquad (\alpha_1\alpha_2\cdots\alpha_\mu)' = \sum (i_1\cdots i_\mu) = \frac{\partial x_{i_1}}{\partial y_{\alpha_1}} \cdots \frac{\partial x_{i_\mu}}{\partial y_{\alpha_\mu}},$$

并得到 G_μ 可以变成 G_μ' 的必要充分条件。

接着,他给出从一个 μ 重形式 G_μ 导出一个 $(\mu+1)$ 重形式的一般方法。关键的一步是引进

$$(30) \qquad (i_1 i_2 \cdots i_\mu i) = \frac{\partial}{\partial x_i}(i_1 i_2 \cdots i_\mu) - \sum_\lambda [\{ii_1, \lambda\}(\lambda i_2 \cdots i_\mu)$$
$$+ \{ii_2, \lambda\}(i_1 \lambda i_3 \cdots i_\mu) + \cdots].$$

这些 $(\mu+1)$ 指标记号是 $G_{\mu+1}$ 形式的系数。克里斯托费尔在这里用的方法,就是后来里奇-库尔巴斯特洛(Gregorio Ricci-Curbastro)和列维-齐维塔(Tullio Levi-Civita)所谓的协变微分(第 48 章)。

克里斯托费尔关于黎曼几何只写了一篇关键性的文章,而波恩大学的数学教授利普希茨,从 1869 年起在《数学杂志》上却写了大量文章。虽然他对贝尔特拉米和克里斯托费尔的工作作了某些推广,但主要的题目和结果跟他们两人是相同的。关于黎曼和欧几里得 n 维空间的子空间他却给出了某些新的结果。

由黎曼创始并由他的三位直接继承者所发展的思想,在欧几里得微分几何和黎曼微分几何两方面都提出了大批新问题。特别地,在三维欧几里得情形已经得到的结果,被推广到 n 维中的曲线、曲面和较高维的形式。在这许多结果中我们将只引述一个。

1886 年,弗里德里希·舒尔(Friedrich Schur,1856—1932)证明了一个后来以他名字命名的定理①。根据黎曼提出曲率概念的思路,弗里德里希·舒尔讲到空间的一个定向的曲率。这种定向由一束测地线 $\mu\alpha+\lambda\beta$ 确定,其中 α 和 β 是从一点出发的两条测地线的方向。这个束构成一个曲面并且有一个高斯曲率,弗里德里希·舒尔称之为这个定向的黎曼曲率。他于是断言,如果空间的黎曼曲率在每一点都同定向无关,则黎曼曲率在全空间是常数。因此,这种流形是一个常曲率空间。

5. 微分形式的不变量

由于研究了 $\mathrm{d}s^2$ 的一个给定表达式,什么时候可以通过形如

$$(31) \qquad x_i = x_i(x_1', x_2', \cdots, x_n'), \ i = 1, 2, \cdots, n$$

的变换,变成另一个这种表达式而保持 $\mathrm{d}s^2$ 的值不变这一问题,人们便清楚地知道流形可以有不同的坐标表示。然而,流形的几何性质,必须同用以表示和研究它的坐标系的选取无关。从分析上来说,这些几何性质将由不变量表示,所谓不变量就是一个表达式,其形式在坐标变换下不变,因此,在不同的坐标系中它在一个给定点有相同的值。在黎曼几何中有兴趣的不变量,不仅包括含有微分 $\mathrm{d}x_i$ 和 $\mathrm{d}x_j$ 的基本二次形式,而且还可以包含系数的导数和其他函数的导数。所以它们被称为微分不变量。

以二维情形为例,设

$$(32) \qquad \mathrm{d}s^2 = E\mathrm{d}u^2 + 2F\mathrm{d}u\mathrm{d}v + G\mathrm{d}v^2$$

① *Math. Ann.*, 27,1886,167 – 172 和 537 – 567。

是一个曲面的距离元素(的平方),则高斯曲率 K 由上面的公式(8)给出。现在,如果坐标变成

(33) $$u' = f(u, v), \ v' = g(u, v),$$

而 $Edu^2 + 2Fdudv + Gdv^2$ 变成 $E'du'^2 + 2F'du'dv' + G'dv'^2$,则有定理说 $K = K'$,其中 K' 与(8)的表达式相同,不过是用带撇的变量。因此曲面的高斯曲率是一个纯量不变量。不变量 K 也说成是属于形式(32)的不变量,它只包含 E,F,G 和它们的导数。

微分不变量的研究实际上是由拉梅在一个较局限的范围内开始的。他感兴趣的是三维空间中,从一个正交曲线坐标系到另一个这种坐标系的变换之下的不变量。对直角笛卡儿坐标他证明了[①]

(34) $$\triangle_1 \phi = \left(\frac{\partial \phi}{\partial x}\right)^2 + \left(\frac{\partial \phi}{\partial y}\right)^2 + \left(\frac{\partial \phi}{\partial z}\right)^2,$$

(35) $$\triangle_2 \phi = \frac{\partial^2 \phi}{\partial x^2} + \frac{\partial^2 \phi}{\partial y^2} + \frac{\partial^2 \phi}{\partial z^2}$$

是微分不变量(他称之为微分参数)。譬如,如果 ϕ 在一正交变换(转轴)下变成了 $\phi'(x', y', z')$,同一点在原坐标系和新坐标系中的坐标分别是 (x, y, z) 和 (x', y', z'),则在这点处有

$$\left(\frac{\partial \phi}{\partial x}\right)^2 + \left(\frac{\partial \phi}{\partial y}\right)^2 + \left(\frac{\partial \phi}{\partial z}\right)^2 = \left(\frac{\partial \phi'}{\partial x'}\right)^2 + \left(\frac{\partial \phi'}{\partial y'}\right)^2 + \left(\frac{\partial \phi'}{\partial z'}\right)^2,$$

对于 $\triangle_2 \phi$ 类似的方程成立。

对于欧几里得空间中的直交曲线坐标系,ds^2 具有形式

(36) $$ds^2 = g_{11} du_1^2 + g_{22} du_2^2 + g_{33} du_3^2,$$

拉梅证明了[见《曲线坐标讲义》(Leçons sur les coordonnées curvilignes), 1859,参阅前面第 28 章第 5 节]在直角坐标系中,由上面 $\triangle_2 \phi$ 给定的 ϕ 的梯度的发散量具有不变形式

$$\triangle_2 \phi = \frac{1}{\sqrt{g_{11} g_{22} g_{33}}} \left[\frac{\partial}{\partial u_1} \left(\sqrt{\frac{g_{22} g_{33}}{g_{11}}} \frac{\partial \phi}{\partial u_1} \right) \right.$$
$$\left. + \frac{\partial}{\partial u_2} \left(\sqrt{\frac{g_{33} g_{11}}{g_{22}}} \frac{\partial \phi}{\partial u_2} \right) + \frac{\partial}{\partial u_3} \left(\sqrt{\frac{g_{11} g_{22}}{g_{33}}} \frac{\partial \phi}{\partial u_3} \right) \right].$$

在同一著作中,拉梅顺便给出了关于由(36)给定的 ds^2 何时确定欧几里得空间中一个曲线坐标系的条件,以及如果这样做了,又如何把它变成直角坐标。

贝尔特拉米第一个对曲面论的不变量做了研究[②]。他给出了下列这两个微分

---

①　Jour. de l'Ecole Poly., 14,1834,191-288.

②　Gior. di Mat., 2,1864,267-282,后来的文章在 Vols. 2 和 3 = Opere Mat., 1,107-198。

不变量

$$\triangle_1\phi = \frac{1}{EG-F^2}\left\{E\left(\frac{\partial\phi}{\partial u}\right)^2 - 2F\frac{\partial\phi}{\partial u}\frac{\partial\phi}{\partial v} + G\left(\frac{\partial\phi}{\partial v}\right)^2\right\},$$

$$\triangle_2\phi = \frac{1}{\sqrt{EG-F^2}}\left\{\frac{\partial}{\partial u}\left(\frac{G\phi_u - F\phi_v}{\sqrt{EG-F^2}}\right) + \frac{\partial}{\partial v}\left(\frac{-F\phi_u + E\phi_v}{\sqrt{EG-F^2}}\right)\right\}.$$

这些量都有几何意义。例如对 $\triangle_1\phi$, 如果 $\triangle_1\phi = 1$, 则曲线 $\phi(u, v) =$ 常数是曲面上测地线族的正交轨线。

寻找微分不变量的工作随后转到对 n 个变量的二次微分形式。其理由仍旧是这些不变量与坐标的选取无关, 它们代表流形本身的内蕴性质。譬如黎曼曲率就是一个纯量不变量。

贝尔特拉米用雅可比给出的方法[1], 成功地把拉梅不变量转到了 n 维黎曼流形[2]。设 g 照例是 g_{ij} 的行列式, g^{ij} 是 g 中 g_{ij} 的余子式除以 g, 则贝尔特拉米证明了拉梅的第一个不变量变成

$$\triangle_1(\phi) = \sum_{i,j} g^{ij}\frac{\partial\phi}{\partial x_i}\frac{\partial\phi}{\partial x_j}.$$

这就是 ϕ 的梯度的平方的一般形式。对于拉梅的第二个不变量, 贝尔特拉米得到

$$\triangle_2(\phi) = \frac{1}{\sqrt{g}}\sum_i \frac{\partial}{\partial x_i}\left(\sqrt{g}\sum_j g^{ij}\frac{\partial\phi}{\partial x_j}\right).$$

他还引进了混合微分不变量

$$\triangle_1(\phi\psi) = \sum_{i,j} g^{ij}\frac{\partial\phi}{\partial x_i}\frac{\partial\psi}{\partial x_j}.$$

这就是 ϕ 和 ψ 的梯度的数量积的一般形式。

当然, 形式 $\mathrm{d}s^2$ 本身在坐标变换下是一个不变量。由此, 正如我们在前节看到的, 克里斯托费尔推出的他的高阶微分形式 G_4 和 G_μ 也是不变量。而且他说明了如何从 G_μ 导出 $G_{\mu+1}$, 而 $G_{\mu+1}$ 也是不变量。对这种不变量的构造, 利普希茨也做了研究, 不变量的数量和种类是繁多的。正如我们将要看到的, 这个微分不变量理论对于张量分析是一种启示。

[1]　*Jour, für Math.*, 36, 1848, 113 – 134 = *Werke*, 2, 193 – 216.

[2]　*Memorie dell' Accademia delle Scienze dell' Istituto di Bologna*, (2), 8, 1868, 551 – 590 = *Opere Mat.*, 2, 74 – 118.

参 考 书 目

Beltrami, Eugenio: *Opere matematiche*, 4 vols., Ulrico Hoepli, 1902 – 1920.

Clifford, William K.: *Mathematical Papers*, Macmillan, 1882; Chelsea (reprint), 1968.

Coolidge, Julian L.: *A History of Geometrical Methods*, Dover (reprint), 1963, pp. 355 – 387.

Encyklopädie der Mathematischen Wissenschaften, III, Teil 3, various articles, B. G. Teubner, 1902 – 1907.

Gauss, Carl F.: *Werke*, 4, 192 – 216, 217 – 258, Königliche Gesellschaft der Wissenschaften zu Göttingen, 1880. A translation, "General Investigations of Curved Surfaces," has been reprinted by Raven Press, 1965.

Helmholtz, Hermann von: "Über die tatsächlihen Grundlagen der Geometrie," *Wissenschaftliche Abhandlungen*, 2, 610 – 617.

Helmholtz, Hermann von: "Über die Tatsachen, die der Geometrie zum Grunde liegen," *Nachrichten König. Ges. der Wiss. zu Gött.*, 15, 1868, 193 – 221; *Wiss, Abh.*, 2, 618 – 639.

Helmholtz, Hermann von: "Über den Ursprung Sinn und Bedeutung der geometrischen Sätze;" English translation, "On the Origin and Significance of Geometrical Axioms," in Helmholtz: *Popular Scientific Lectures*, Dover (reprint), 1962, 223 – 249. Also in James R. Newman: *The World of Mathematics*, Simon and Schuster, 1956, Vol. 1, 647 – 668.

Jammer, Max: *Concepts of Space*, Harvard University Press, 1954.

Killing, W.: *Die nicht-euklidischen Raumformen in analytischer Behandlung*, B. G. Teubner, 1885.

Klein, F.: *Vorlesungen über die Entwicklung der Mathematik im 19. Jahrhundert*, Chelsea (reprint), 1950, Vol. 1, 6 – 62; Vol. 2, 147 – 206.

Pierpont, James: "Some Modern Views of Space," *Amer. Math. Soc. Bull.*, 32, 1926, 225 – 258.

Riemann, Bernhard: *Gesammelte mathematische Werke*, 2nd ed., Dover (reprint), 1953, pp. 272 – 287 and 391 – 404.

Russell, Bertrand: *An Essay on the Foundations of Geometry* (1897), Dover (reprint), 1956.

Smith, David E.: *A Source Book in Mathematics*, Dover (reprint), 1959, Vol. 2, 411 – 425, 463 – 475. This contains translations of Riemann's 1854 paper and Gauss's 1822 paper.

Staeckel, P.: "Gauss als Geometer," *Nachrichten König. Ges. der Wiss. zu Gött.*, 1917, Beiheft, 25 – 140; also in *Werke*, 10_2.

Weatherburn, C. E.: "The Development of Multidimensional Differential Geometry," *Australian and New Zealand Ass'n for the Advancement of Science*, 21, 1933, 12 – 28.

第 38 章

射影几何与度量几何

> 但总应要求一个数学主题变成直观上显然,才
> 可认为研究到头了······
>
> 克莱因

1. 引　言

　　当研究非欧几里得几何之时和之前,射影几何的研究是主要的几何活动。再者,从冯·施陶特的著作中(第 35 章第 3 节),显然的是,射影几何在逻辑上是先于欧几里得几何的,因为它所处理的是构成几何图形的最根本的定性方面的和描述方面的性质,而并没有用到线段与角的度量。这个事实提示出欧几里得几何可能是射影几何的特例。现就非欧几里得几何而言,至少就常曲率空间的非欧几里得几何而言,也可能是射影几何的特例。于是射影几何与非欧几里得几何间的关系成为研究的主题,而后者是度量几何,因为它以距离作为基本概念。弄清射影几何与欧几里得以及与非欧几里得几何之间的关系,是我们将进行考察的一个很大的研究成果。同等重要的是证明基本非欧几里得几何的相容性。

2. 作为非欧几里得几何模型的曲面

　　继黎曼工作之后,最重要的几何要算是常曲率空间的几何了。黎曼自己在他1854 年论文中指出,只要把球面上的测地线取作"直线",就能够在球面上实现一个二维的正的常曲率空间。这种非欧几里得几何,现在称为二重椭圆几何,理由以后将会明白。在黎曼的工作以前,高斯、罗巴切夫斯基和约翰·波尔约的非欧几里得几何,后来克莱因称为双曲几何,是在平面上的几何,引进普通直线(自然是无穷直线)作为测地线。这种几何和黎曼几何的关系是不清楚的。黎曼和明金[1]曾考

---

① *Jour. für Math.*, 19,1839,370 - 387.

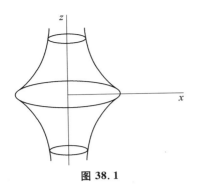

图 38.1

虑到负的常曲率的曲面,但他们两人都未指出与双曲几何的关系。

贝尔特拉米不依赖于黎曼而独自认识到[1]常曲率的曲面是非欧几里得几何空间。他在曲面上给出双曲几何的有限表示法[2],这证明了双曲平面有限部分的几何在负的常曲率的曲面上成立,只要把曲面上的测地线看作直线。曲面上的长度和角度就是普通欧几里得几何曲面上的长度和角度。一个这样的曲面名为伪球面(图38.1),它是由一条名为曳物线(tractrix)的曲线绕渐近线旋转而成的,曳物线方程是

$$z = k \log \frac{k + \sqrt{k^2 - x^2}}{x} - \sqrt{k^2 - x^2},$$

曲面方程为

$$z = k \log \frac{\sqrt{k^2 - x^2 - y^2}}{\sqrt{x^2 + y^2}} - \sqrt{k^2 - x^2 - y^2}.$$

曲面的曲率为 $-1/k^2$。于是伪球面是高斯、罗巴切夫斯基和约翰·波尔约的平面有限部分的模型。在伪球面上的一个图形可以移动并适当弯曲使之与曲面吻合,正如同一个平面图形可以弯曲使之与圆柱面吻合一样。

贝尔特拉米证明**一块**罗巴切夫斯基平面可以在负常曲率曲面上实现。然而没有负常曲率的正则解析曲面使得**全部**罗巴切夫斯基几何在其上成立。所有这种曲面有一条奇异曲线——切平面经过它时不连续——所以经过此曲线的曲面的延拓不能使代表罗巴切夫斯基几何的图形连续。这是希尔伯特得出的结果[3]。

这方面还值得指出的是,利布曼(Heinrich Liebmann,1874—1939)[4]证明了球面是唯一正的常曲率封闭解析曲面(无奇异点),从而是唯一能用来作为二重椭圆几何的欧几里得模型。

这些模型的发展帮助数学家了解并看出基本非欧几里得几何的意义。必须记住,这些二维的非欧几里得几何基本上就是平面几何,其中的直线与角是欧几里得

① *Annali di Mat.*, 7, 1866, 185 - 204 = *Opere Mat.*, 1,262 - 280.

② *Gior. di Mat.*, 6, 1868, 248 - 312 = *Opere Mat.*, 1,374 - 405.

③ *Amer. Math. Soc.*, *Trans.*, 2,1901, 86 - 99 = *Ges. Abh.*, 2,437 - 448. 证明与进一步历史细节见于希尔伯特的 *Grundlagen der Geometrie*, 7th ed., 托伊布纳(B. G. Teubner),1930 的附录 V. 定理假设双曲几何的直线是曲面上的测地线,长度与角度是曲面上欧几里得的长度与角度。

④ *Nachrichten König. Ges. der Wiss. zu Gött.*, 1899,44 - 55; *Math. Ann.*, 53,1900,81 - 112;和 54,1901,505 - 517。

几何中通常的直线与角。双曲几何虽是以这种方式来论述的,但数学家似仍感其结论奇异,只是勉强承认它们属于数学。黎曼以微分几何观点提出的二重椭圆几何,甚至还没有像平面几何的公理推导。于是数学家只能从球面上的几何所提供的线索来看出它的一点意义。只是通过为寻求欧几里得几何与射影几何的关系,人们才从另一方面的研究,对这些非欧几里得几何的性质获得好得多的理解。

3.　射影几何与度量几何

　　彭赛列虽引进图形的射影和度量性质间的区别,并在他的 1822 年的书《论图形的射影性质》中说道,射影性质在逻辑上是更基本的,但开始在与长度和角的大小无关的基础之上建立射影几何的人却是冯·施陶特(第 35 章第 3 节)。在 1853 年法兰西学院教授拉盖尔(Edmond Laguerre,1834—1886)虽然起初关心的是研究射影变换下角度如何变化的情况,却以给予角的度量提供射影基础,实际上提出了根据射影概念来建立欧几里得几何度量性质的这一目标[1]。

　　求两已给相交直线之间夹角的度量,可考虑通过原点分别与此两已知直线平行的两直线。设过原点的直线方程(非齐次坐标)为 $y = x \tan \theta$, $y = x \tan \theta'$。设 $y = \mathrm{i}x$ 及 $y = -\mathrm{i}x$ 为过原点到无穷远圆点,即到 $(1, \mathrm{i}, 0)$ 与 $(1, -\mathrm{i}, 0)$ 两点的两直线(虚的)。令此四直线分别为 u, u', w 及 w'。设 ϕ 为 u 与 u' 间的夹角,则拉盖尔的结果为

$$(1) \qquad\qquad \phi = \theta' - \theta = \frac{\mathrm{i}}{2} \log(uu', ww'),$$

其中 (uu', ww') 是四直线的交比[2]。(1)式的意义是它可以作为用交比这一射影概念来定义角的大小。对数函数自然是纯数量性的,故可在任何几何中引进。

　　与拉盖尔无关,凯莱独立地迈进了第二步。他从代数观点研究几何。实际上他的兴趣在于代数形式(齐次多项式型)的几何解释。这是我们将在第 39 章内讨论的主题。为了要证明度量概念能够用射影语言来表达,他专心致力于欧几里得几何与射影几何的关系,我们要描述的工作是他的《关于代数形式的第 6 篇论文》(Sixth Memoir upon Quantics)[3]。

　　凯莱的工作实际是拉盖尔的思想的推广。后者用无穷远圆点定义平面角,虚

---

　　[1]　*Nouvelles Annales de Mathématiques*, 12,1853, 57 – 66 = *Œuvres*, 2,6 – 15.

　　[2]　交比本身是一个复数,系数 i/2 保证直角的大小为 π/2。此交比的计算可在射影几何教科书中见到。例如参看:格劳施泰因(William C. Graustein):*Introduction to Higher Geometry*, Macmillan, 1933, Chap. 8。

　　[3]　*Phil. Trans.*, 149,1859, 61 – 91 = *Coll. Math. Papers*, 2,561 – 606.

圆点实际是退化的二次曲线。在二维时凯莱用任一二次曲线代替虚圆点,而在三维时他引进任何二次曲面。这些图形他称之为绝对形。凯莱断言图形所有的度量性质,无非就是加上了绝对形或者关于绝对形的射影性质。他于是证明这个原则怎样使我们能导出角的新表达式与两点间距离的表达式。

他从平面上点可用齐次坐标表示的事实出发,这些坐标不看作距离或者距离的比,而作为既定的基本概念,无需也不能给予任何解释。为定义距离与角度大小,他引入二次型

$$F(x, \ x) = \sum_{i, \ j=1}^{3} a_{ij} x_i x_j, \ a_{ij} = a_{ji}$$

与双线性型
$$F(x, \ y) = \sum_{i, \ j=1}^{3} a_{ij} x_i y_j.$$

方程 $F(x, \ x) = 0$ 定义一条二次曲线,即凯莱的绝对形。绝对形的线坐标方程为

$$G(u, \ u) = \sum_{i, \ j=1}^{3} A^{ij} u_i u_j = 0,$$

其中 A^{ij} 是 F 的系数行列式 $|a|$ 中 a_{ij} 的余因子。

凯莱用下列公式定义 x 与 y 两点间的距离 δ,其中 $x = (x_1, \ x_2, \ x_3)$ 及 $y = (y_1, \ y_2, \ y_3)$:

$$(2) \qquad \delta = \arccos \frac{F(x, \ y)}{[F(x, \ x) F(y, \ y)]^{1/2}}.$$

线坐标为 $u = (u_1, \ u_2, \ u_3)$ 及 $v = (v_1, \ v_2, \ v_3)$ 的两直线的夹角 ϕ 定义为

$$(3) \qquad \cos \phi = \frac{G(u, \ v)}{[G(u, \ u) G(v, \ v)]^{1/2}}.$$

若取特殊二次曲线 $x_1^2 + x_2^2 + x_3^2 = 0$ 为绝对形,则上述两个一般公式就变得简单。这时,若 $(a_1, \ a_2, \ a_3)$ 与 $(b_1, \ b_2, \ b_3)$ 是两点的齐次坐标,则它们之间的距离由下式给出:

$$(4) \qquad \arccos \frac{a_1 b_1 + a_2 b_2 + a_3 b_3}{\sqrt{a_1^2 + a_2^2 + a_3^2} \sqrt{b_1^2 + b_2^2 + b_3^2}}.$$

若两直线的齐次线坐标为 $(u_1, \ u_2, \ u_3)$ 与 $(v_1, \ v_2, \ v_3)$,则它们之间的夹角 ϕ 由下式给出:

$$(5) \qquad \cos \phi = \frac{u_1 v_1 + u_2 v_2 + u_3 v_3}{\sqrt{u_1^2 + u_2^2 + u_3^2} \sqrt{v_1^2 + v_2^2 + v_3^2}}.$$

关于距离的表达式,若用简短写法 $xy = x_1 y_1 + x_2 y_2 + x_3 y_3$,并设 $a = (a_1, \ a_2, \ a_3)$,b 与 c 是直线上三点,则

$$\arccos \frac{ab}{\sqrt{aa} \ \sqrt{bb}} + \arccos \frac{bc}{\sqrt{bb} \ \sqrt{cc}} = \arccos \frac{ac}{\sqrt{aa} \ \sqrt{cc}}.$$

即距离的相加法则照样成立。取绝对形二次曲线为无穷远圆点(1，i，0)及(1，−i，0)，凯莱证明距离与角度的公式将化成普通的欧几里得公式。

　　读者注意，长度和角度的表达式里包含绝对形的代数表达式。一般地，任一欧几里得度量性质的解析表达式包含着该性质与绝对形的关系式。度量性质不是图形本身的性质，而是图形相关于绝对形的性质。这是凯莱以一般射影关系来决定度量的思想。射影几何中度量概念的地位和前者更大的普遍性，用凯莱的话来说："度量几何是射影几何的一部分。"

　　凯莱的思想为克莱因 (1849—1925)所采纳，并将它推广到包括非欧几里得几何。克莱因是格丁根的教授，是 19 世纪后期到 20 世纪初期第一流德国数学家之一。在 1869 年至 1870 年间他学习了罗巴切夫斯基、约翰·波尔约、冯·施陶特和凯莱的研究工作；然而即使在 1871 年他还不知道拉盖尔的结果。他觉得利用凯莱的思想有可能把非欧几里得几何、双曲几何与二重椭圆几何都包括在射影几何里面。他在 1871 年[①]的一篇论文中概略叙述了他的思想，并发展成为两篇文章[②]。克莱因是第一个认识到无需用曲面来获得非欧几里得几何的模型的人。

　　克莱因首先指出凯莱没有说清楚他心目中的坐标究竟有什么意义。它们或者是没有几何解释的变量，或者是欧几里得几何的距离。但要从射影几何中推导出度量几何，必须在射影基础上建立坐标。冯·施陶特曾证明(第 35 章第 3 节)用他的投射代数(algebra of throws)可能给点规定以数。但他用了欧几里得平行公理。看来克莱因清楚地认识到这个公理能够去掉，并在 1873 年的论文中证明了这是能做到的。于是四个点的、四条直线的或者四个平面的坐标和交比，都可以在纯粹射影的基础上定义。

　　克莱因的主要思想是把凯莱绝对形二次曲面(若考虑三维几何)的性质具体化，就能证明依赖于绝对形性质的凯莱度量将产生双曲几何与二重椭圆几何。当二次曲面是实椭球面或实椭球抛物面，或实双叶双曲面时，便得到罗巴切夫斯基的度量几何；而当二次曲面是虚的时，便得到黎曼非欧几里得几何(正的常曲率)。如果绝对形是球面虚圆，其齐次坐标方程为 $x^2 + y^2 + z^2 = 0$，$t = 0$，则得出普通的欧几里得度量几何。于是度量几何成为射影几何的特例。

　　我们用二维几何来领悟克莱因的思想。在射影平面内选取一个二次曲线；此二次曲线将为绝对形。其点坐标方程为

(6)
$$F = \sum_{i,\,j=1}^{3} a_{ij} x_i x_j = 0 ,$$

---

　　① *Nachrichten König. Ges. der Wiss. zu Gött.*，1871，419-433 = *Ges. Math. Abh.*，1，244-253.
　　② *Math. Ann.*，4，1871，573-625；又 6，1873，112-145 = *Ges. Math. Abh.*，1，254-305，311-343.

其线坐标方程为

(7)
$$G = \sum_{i,\,j=1}^{3} A^{ij} u_i u_j = 0.$$

要推导罗巴切夫斯基几何,二次曲线必须是实的,即其平面齐次坐标方程为 $x_1^2 + x_2^2 - x_3^2 = 0$;对正的常曲率曲面上的黎曼几何来说,二次曲线是虚的,例如 $x_1^2 + x_2^2 + x_3^2 = 0$;对欧几里得几何,二次曲线退化成两根重合直线,齐次坐标用 $x_3 = 0$ 表示,并在此轨迹上选取两个虚点,其方程为 $x_1^2 + x_2^2 = 0$,即无穷远圆点,它的齐次坐标为 $(1, i, 0)$ 及 $(1, -i, 0)$。在各种情况下二次曲线都是实方程。

为了说得具体起见,设二次曲线如图 38.2 所示。若 P_1 与 P_2 为一直线的两点,此直线与绝对形相遇于两点(实的或虚的)。则距离取作

(8)
$$d = c \log(P_1 P_2,\ Q_1 Q_2),$$

括号中的量表示四个点的交比,c 是一常量。此交比可用点的坐标表示。再者,若有三点 P_1,P_2,P_3 在此直线上,立即可以证明

$$(P_1 P_2,\ Q_1 Q_2) \cdot (P_2 P_3,\ Q_1 Q_2) = (P_1 P_3,\ Q_1 Q_2),$$

故得 $P_1 P_2 + P_2 P_3 = P_1 P_3$。

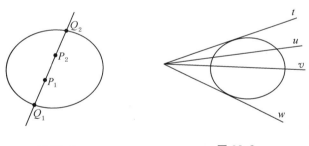

图 38.2　　　　　　　　　图 38.3

同样,若 u 及 v 是两直线(图 38.3),考虑过此两直线交点到绝对形的切线 t 与 w(切线可以是虚线),则 u 及 v 的夹角定义为

$$\phi = c' \log(uv,\ tw),$$

其中 c' 是常量,括号中的量表示四直线的交比。

为解析地给出 d 和 ϕ 值的表达式,并证明它们与绝对形的选取有关,设绝对形的方程为如上所给的 F 与 G。由定义

$$F_{xy} = \sum_{i,\,j=1}^{3} a_{ij} x_i y_j.$$

现能证明:若 $x = (x_1,\ x_2,\ x_3)$ 与 $y = (y_1,\ y_2,\ y_3)$ 为 P_1 与 P_2 的坐标,则

$$d = c \log \frac{F_{xy} + \sqrt{F_{xy}^2 - F_{xx}F_{yy}}}{F_{xy} - \sqrt{F_{xy}^2 - F_{xx}F_{yy}}}.$$

同样,若(u_1, u_2, u_3)与(v_1, v_2, v_3)为两直线的坐标,则用G能证明

$$\phi = c' \log \frac{G_{uv} + \sqrt{G_{uv}^2 - G_{uu}G_{vv}}}{G_{uv} - \sqrt{G_{uv}^2 - G_{uu}G_{vv}}}.$$

常量c'一般取为 i$/2$,使得ϕ是实的,且全中心角是2π。

　　克莱因应用角与距离的上述对数表达式,并证明如何能从射影几何导出度量几何来。于是若从射影几何开始,则选取绝对形并应用以上距离与角的表达式,便能得到欧几里得的、双曲的和椭圆的几何作为其特例。度量几何的性质则由绝对形的选择而固定。附带地说一下,克莱因的距离和角度表达式能够证明等于凯莱的表达式。

　　若作射影平面到它本身的射影变换(即线性变换),它把绝对形变到本身(虽然绝对形的点变到其他点),则因为在线性变换下交比是不变的,距离和角度将不改变。使绝对形不变的那些线性变换就是由绝对形所确定的特殊度量几何的刚体运动或者全等变换。一般的射影变换不能使绝对形不变。于是射影几何本身在它所允许的变换中是更为一般的。

　　克莱因对非欧几里得几何的另一项贡献是这样的研究结果,即他观察到有两种椭圆几何,据他说这结果于 1871 年[①]第一次得到,但发表于 1874 年[②]。在二重椭圆几何中,两个点并不总是确定唯一的直线。在球面模型中当两个点在直径相对两端时这是很明显的。第二种椭圆几何称为单重椭圆几何,在这种几何中两个点永远确定唯一的一条直线。从微分几何观点来看,正的常曲率曲面上微分型 ds^2(用齐坐标)是

$$ds^2 = \frac{dx_1^2 + dx_2^2 + dx_3^2}{\{1 + (a^2/4)(x_1^2 + x_2^2 + x_3^2)\}^2}.$$

在两种情况下都是$a^2 > 0$。然而,在第一类中测地线是有限长度$2\pi/a$的曲线,若半径为R,则此有限长度为$2\pi R$,并且是封闭的(回到它们自己)。在第二种类型中,测地线长为π/a或πR,并且仍然是封闭的。

　　有单重椭圆几何性质的一个曲面模型是克莱因提出的[③],这是个半球面,包括其边界。然而,边界上直径相对两端的任两点必须看作是一个点。在半球面上的大圆弧是"直线"或是这个几何的测地线,曲面上的普通角是这种几何的角。于是

　　①　*Math. Ann.*, 4,1871,604. 也可参看 *Math. Ann.*, 6,1873,125;及 *Math. Ann.*, 37,1890,554 - 557。

　　②　*Math. Ann.*, 7,1874,549 - 557;9,1876, 476 - 482 = *Ges. Math. Abh.*, 2,63 - 77.

　　③　参看脚注①的参考文献。

单重椭圆几何(有时称为椭圆几何,那时二重椭圆几何称为球面的几何)也可在正的常曲率空间实现。在这个模型中,至少在三维空间内我们不能把视为等同的这样两点实际连成一点。这种曲面将自交,并且曲面上重合于自交交点处的点将看作是不同的点。

现在我们能看出为什么克莱因把罗巴切夫斯基几何称作是双曲的,把正的常曲率曲面上的黎曼几何称作是椭圆的,把欧几里得几何称作是抛物的。这种名称来自下述事实:即普通双曲线与无穷远直线相交于两点,而相对应地在双曲几何中每一条直线交绝对形于两个实点。普通椭圆与无穷远直线没有实的公共点,同样在椭圆几何中每条直线与绝对形没有实的公共点。普通抛物线与无穷远直线只有一个实公共点,而在欧几里得几何中(作为射影几何中的一种几何),每条直线与绝对形只有一个实的公共点。

从克莱因的研究工作中逐渐出现的意义就是,射影几何在逻辑上实在是独立于欧几里得几何的。再者,非欧几里得和欧几里得几何也可看作射影几何的特例或子几何。确实,射影几何公理化基础的纯逻辑的或严密的研究工作以及其与子几何的关系还有待后人去做(第42章)。但弄清楚了射影几何的基本地位之后,克莱因便铺平了公理化发展的道路,这就能从射影几何出发并由它推出几种度量几何。

4. 模型与相容性问题

早在19世纪70年代几种基本的非欧几里得几何,如双曲几何与两种椭圆几何,已经为人引进并大力进行研究。但为使这些几何成为数学的合法分支,还得回答一个基本问题,即它们是否相容。如果有人证明在这些几何中矛盾是固有的,则仍可证明高斯、罗巴切夫斯基、约翰·波尔约、黎曼和克莱因等人的工作将是毫无意义的。

说实在的,二维二重椭圆几何相容性的证明是现成有的,可能黎曼已经认识到这个事实,虽然他没有明确说出。贝尔特拉米曾经指出[①]黎曼正的常曲率二维几何可在球面上实现。这个模型使得二维二重椭圆几何相容性的证明成为可能。这种几何的公理(此时尚未明确提出)与定理完全可以应用到球面上的几何,只要把二重椭圆几何的直线解释为球面上的大圆。若在二重椭圆几何内有矛盾的定理,则在球面的几何内也必然有矛盾的定理。现因球是欧几里得几何的一部分,故若欧几里得几何是相容的,则二重椭圆几何也必然如此。对19世纪70年代的数学

---

① *Annali di Mat.*, (2),2,1868-1869,232-255 = *Opere Matematiche*, 1,406-429.

家来说,欧几里得几何的相容性几乎是没有问题的,因为除去如高斯、约翰·波尔约、罗巴切夫斯基以及黎曼等几个人的观点外,欧几里得几何是物质世界必然的几何,而在物质世界上会有矛盾的性质那是不可能想象的。然而,特别是根据后来的发展,重要的一点是认识到二重椭圆几何相容性的证明依赖于欧几里得几何的相容性。

　　证明二重椭圆几何相容性的方法不能用于单重椭圆几何或用于双曲几何。单重几何的半球面模型不能在三维欧几里得几何中实现,虽然它能在四维欧几里得几何中实现。如果愿意相信后者的相容性,则可以接受单重椭圆几何的相容性。然而,尽管 n 维几何已经由格拉斯曼(Hermann Günther Grassmann)、黎曼以及其他一些人考虑过,19 世纪 70 年代的任何数学家是否愿意肯定四维欧几里得几何的相容性却是很值得怀疑的。

　　双曲几何的相容性是不能根据任何这种理由来建立的。贝尔特拉米曾给出过伪球面解释,伪球面是欧几里得几何空间的一个曲面,但这只作为双曲几何有限区域的模型,所以不能用来建立全部几何的相容性。罗巴切夫斯基与约翰·波尔约曾考虑过这个问题(第 36 章第 8 节),但未能解决它。事实上,约翰·波尔约虽自豪地发表了他的非欧几里得几何,但有证据他怀疑它的相容性,因为在他死后发现他的文章中还继续试图证明欧几里得平行公理。

　　双曲几何与单重椭圆几何的相容性是用新的模型建立的。双曲几何模型是贝尔特拉米[1]给出的。然而,用于这个模型的距离函数则归功于克莱因,并且经常有人认为这个模型也是他给出的。我们来考虑二维情况。

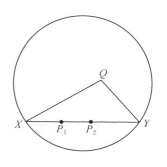

图 38.4

　　在欧几里得平面内(它是射影平面的一部分)选取一个实二次曲线,可取为圆(图 38.4)。根据双曲几何的这种表示法,几何的点是圆的内点,几何的直线是圆的弦,比如说弦 XY(但不包含 X 与 Y)。若取任一点 Q 不在 XY 上,则能找到任何条数的直线通过 Q 而不与 XY 相交。这些直线的两条,如 QX 和 QY,把过 Q 的直线分成两类,一些直线与 XY 相交,一些直线则不与 XY 相交。换言之,双曲几何的平行公理为圆内的直线(弦)与点所满足。再者两直线 a 与 b 的夹角大小是

$$\angle(a,\ b) = \frac{1}{2i}\log(ab,\ mn),$$

　　[1]　*Annali di Mat.*,7,1866,185－204 = *Opere Mat.*,1,262－280;*Gior. di Mat.*,6,1868,284－312 = *Opere Mat.*,1,374－405.

其中 m 与 n 是从角顶点到圆所作的共轭虚切线,(ab,mn) 是 a, b, m 与 n 四直线的交比。常数 $1/2i$ 保证直角的度量为 $\pi/2$。两点间的距离由公式(8)定义,即 $d = c\log(PP', XY)$,c 一般取作 $k/2$。根据这一公式,当 P 或 P' 趋于 X 或 Y 时,距离 PP' 变成无穷大,于是由于这种距离,弦是双曲几何的无限直线。

这样,以距离与角的大小的射影定义,圆内部的点、弦、角与其他图形就满足双曲几何的公理。于是双曲几何的定理也可应用于圆内部的图形。在这个模型中,双曲几何的公理和定理实际就是欧几里得几何中对于一些特殊图形与概念(例如,由双曲几何方式定义的距离)的论断。因为所说这些公理与定理能应用于当作属于欧几里得几何的图形与概念,则所有双曲几何的论断都是欧几里得几何的定理。于是,如果在双曲几何中有矛盾的话,这个矛盾将是欧几里得几何之内的矛盾;因而如果欧几里得几何是相容的,则双曲几何也必须是相容的。这样,双曲几何的相容性归结为欧几里得几何的相容性。

双曲几何相容的事实蕴涵着欧几里得平行公理与其他欧几里得公理无关。假若不然,即如果欧几里得平行公理可以从其他公理导出,它也将是双曲几何的一个定理,因为除去平行公理以外,欧几里得几何的其他公理和双曲几何的公理是相同的。但是这个定理将与双曲几何的平行公理相矛盾,从而双曲几何将不会相容。二维单重椭圆几何的相容性也像双曲几何一样可用同样方式证明,因为这种椭圆几何也可以在射影平面中实现,且有距离的射影定义。

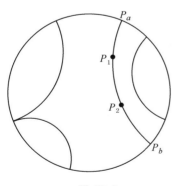

图 38.5

庞加莱(Henri Poincaré)[①]联系自守函数的研究,独立地给出另外一个模型,也建立了双曲几何的相容性。双曲平面几何的这个庞加莱模型能够表达的一种形式[②]是把圆取作绝对形(图 38.5)。在绝对形之中几何的直线是与绝对形成正交的圆弧和通过绝对形中心的直线。任一线段 P_1P_2 的长度由 $\log(P_1P_2, P_aP_b)$ 给出,其中 $(P_1P_2, P_aP_b) = (P_1P_b/P_2P_b)(P_1P_a/P_2P_a)$,$P_a$ 与 P_b 是过 P_1 与 P_2 的圆弧与绝对形的交点,P_1P_b,P_2P_b 等长度都是弦。模型中两相交"直线"间的角就是两弧间的通常欧几里得角。在绝对形点处相切的圆弧是平行"直线"。因为在这个模型中双曲几何的公理和定理也是欧几里得几何的特殊定理,以上关于贝尔特拉米模型的论

① *Acta Math.*, 1,1882, 1-62 = Œuvres, 2,108-168;参看论文 p.8 及 p.52。

② 属于庞加莱的这种形式是和 *Bull. Soc. Math. de France*, 15,1887, 203-216 = Œuvres, 11,79-91 中给出的接近。此处描述的模型似由韦尔斯泰因(Joseph Wellstein, 1869—1919)首先给出的,见海因里希·韦伯和韦尔斯泰因,*Enzyklopädie der Elementar-Mathematik*, 2,1905, 39-81。

证,也可在此应用以建立双曲几何的相容性。以上类似的高维模型也是正确的。

5.　从变换观点来看待几何

克莱因成功地把各种度量几何归纳为射影几何之后,使他寻求刻画各种几何的特征,不只是基于非度量的和度量的性质以及各种度量间的区分,而是基于更广泛的观点,即基于这些几何与那些早已有的几何所要完成的目标是什么,来刻画它们的特征。他给出这种刻画是在 1872 年的一次演说《近代几何研究的比较评述》(Vergleichende Betrachtungen über neuere geometrische Forschungen)[1]。这是他被接纳进入埃尔兰根大学教授会时的演讲,这次演说中所表达的观点后来以埃尔兰根纲领之称闻名于世。

克莱因的基本观点是,每种几何都由变换群所刻画,并且每种几何所要做的实际就是在这个变换群下考虑其不变量,再者一个几何的子几何是在原来变换群的子群下的一族不变量。在此定义下相应于给定变换群的几何的所有定理仍然是子群几何中的定理。

虽然克莱因在他论文中没有用解析式子来陈述他所讨论的变换群,为了明显起见我们要用一些解析式子。根据他的几何概念,射影几何(比如说是二维的)是研究从一个平面上的点到另一个平面上的点或者到同一平面上的点(直射变换)的变换群下的不变量。每个变换形式为

$$(9) \quad \begin{aligned} x_1' &= a_{11}x_1 + a_{12}x_2 + a_{13}x_3, \\ x_2' &= a_{21}x_1 + a_{22}x_2 + a_{23}x_3, \\ x_3' &= a_{31}x_1 + a_{32}x_2 + a_{33}x_3, \end{aligned}$$

其中设为齐次坐标,a_{ij}是实数。系数行列式必须不为零。非齐次坐标的变换用下式表示:

$$(10) \quad \begin{aligned} x' &= \frac{a_{11}x + a_{12}y + a_{13}}{a_{31}x + a_{32}y + a_{33}}, \\ y' &= \frac{a_{21}x + a_{22}y + a_{23}}{a_{31}x + a_{32}y + a_{33}}. \end{aligned}$$

同样 a_{ij} 的行列式必须不为零。射影变换群下的不变量,举例说有线性、共线性、交比、调和集和保持为圆锥曲线不变等。

射影群的一个子群是一族仿射变换[2]。这个子群定义如下:设在射影平面上

---

① *Math. Ann.*, 43,1893,63-100 = *Ges. Math. Abh.*, 1,460-497. 英译文见于 *N. Y. Math. Soc. Bull.*, 2,1893,215-249。

② 克莱因没有找出这个子群。

固定任一直线 l_∞ , l_∞ 上的点称为理想点或无穷远点, l_∞ 称为无穷远直线。射影平面上其他点与直线称为寻常点,这些都是欧几里得平面上通常的点。直射变换仿射群是射影群的子群,使 l_∞ 不变(但该线上的点无需保持不变),仿射几何是在仿射变换下不变的那批性质与关系。二维齐次坐标的仿射变换,其代数表示为以上的方程(9),但在其中 $a_{31} = a_{32} = 0$,并有相同的行列式条件。非齐次坐标的仿射变换表示为

$$x' = a_{11}x + a_{12}y + a_{13}, \quad \begin{vmatrix} a_{11} & a_{12} \\ a_{21} & a_{22} \end{vmatrix} \neq 0.$$
$$y' = a_{21}x + a_{22}y + a_{23},$$

在仿射变换下直线变到直线,平行直线变到平行线。然而,长度与角的大小要改变。仿射几何由欧拉首先注意到而后由默比乌斯在其《重心坐标计算》一书中指出。它在形变力学的研究中有用。

任何度量几何群,除了上面行列式的值必须是 $+1$ 或 -1 外,和仿射群相同。第一个度量几何是欧几里得几何。要定义这种几何群,我们从 l_∞ 开始,并假设在 l_∞ 上有固定的对合变换。我们要求这个对合变换没有实的二重点,而以 ∞ 处的圆点作为(虚的)二重点。现考虑所有那样的射影变换,它们不仅使 l_∞ 不变而且把对合的任何点变到对合的对应点,此即蕴涵每个虚圆点变到自身。欧几里得群的这些变换,代数地表达成非齐次(二维)坐标为

$$x' = \rho(x\cos\theta - y\sin\theta + \alpha), \quad \rho = \pm 1.$$
$$y' = \rho(x\sin\theta + y\cos\theta + \beta),$$

不变的是长度、角的大小、任何图形的大小与形状。

用这种分类法的术语来讲,欧几里得几何就是在这类变换下的一组不变量。这类变换是旋转、平移和反射。要得到关于相似形的不变量,我们引进仿射群的子群,名为抛物度量群。这个群定义为一族射影变换,它使得 l_∞ 上的对合不变,这就意味着每一对相应的点变到相应的另一对点。非齐次坐标的抛物度量群的变换具有形式

$$x' = ax - by + c,$$
$$y' = bex + aey + d,$$

其中 $a^2 + b^2 \neq 0$,且 $e^2 = 1$ 。这些变换保持角的大小不变。

要刻画双曲度量几何,我们再回到射影几何,在射影平面上考虑一个任意的、实的、非退化的二次曲线(绝对形)。射影群的子群使这个二次曲线不变的(但不必要求逐点不变)叫做双曲度量群,相应的几何叫做双曲度量几何。其中的不变量是与叠合有关的那些量。

单重椭圆几何是一种几何,对应于射影变换的子群,使得射影平面上一个确定的虚椭圆(绝对形)不变。椭圆几何平面是实射影平面,且其不变量是与叠合有关

的那些量。

即使二重椭圆几何也能包括在这种变换观点之内,但我们必须从三维变换群出发来刻画二维的这种度量几何。变换的子群由那些三维射影变换构成:它们把空间的有限部分的一个定球(曲面)S 变换到自身,球面 S 就是二重椭圆几何的"平面"。同样,不变量是与叠合有关的那些量。

在四种度量几何(即欧几里得几何、双曲几何和两类椭圆几何)之中,相应子群中允许的变换就是通常说的刚体运动,而且只有这些几何允许刚体运动。

克莱因引进若干中间分类,我们将不在此重复,以下的表格表示主要几何间的关系。

克莱因又考虑了比射影几何更一般的几何。这时(1872)代数几何作为独立的学科渐露头角,他引进三维的变换以刻画这种几何,用非齐次坐标写为

$$x' = \phi(x,\,y,\,z),\ y' = \psi(x,\,y,\,z),\ z' = \chi(x,\,y,\,z).$$

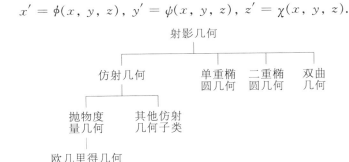

要求函数 ϕ, ψ 与 χ 是有理的与单值的,并能解出 x, y, z 作为 x', y', z' 的单值有理函数。这种变换称为克里摩拿变换,在其变换下的不变量是代数几何的主题(第 39 章)。

克莱因也提出对一一对应连续变换下具有连续逆变换的不变量进行研究,这是现代叫做同胚的一类变换,在这类变换下不变量的研究是拓扑学的主题(第 50 章)。虽然黎曼在他曲面的研究中也曾考虑过今日认为是拓扑学的问题,但提出把拓扑学作为一门重大的几何学科,这在 1872 年是一个大胆的步骤。

在克莱因时代以后,对克莱因的分类已经有了增加分类与进一步细分的可能,但不是所有的几何都能纳入克莱因的分类方案之中。今日的代数几何和微分几何都不能置于克莱因的方案之下[①]。虽然克莱因的几何观点不能证明无所不包,但它确能给大部分的几何提供一个系统的分类方法,并提示很多可供研究的问题。他的几何"定义"指引了几何思想约有 50 年之久。再者,他强调变换下的不变性,

---

①　在微分几何的情形下,克莱因确曾谈及使 ds^2 表达式不变的变换群。这导致微分不变量(*Ges. Math. Abh.*, 1, 487)。

这个观点已超出数学之外而带到力学和一般的数学物理中去了。变换下不变性的物理问题,或者物理定律的表达方式不依赖于坐标系的问题,在人们注意到麦克斯韦方程经洛伦兹变换(仿射几何的四维子群)的不变性之后,在物理思想中都变得重要了。这种思想路线引向狭义相对论。

我们这里仅提一下几何分类的进一步研究,这些研究至少在亥姆霍兹(Hermann von Helmholtz)和李(1842—1899)他们那个时代引起很大注意。他们寻求刻画刚体运动可能的几何。亥姆霍兹的基本论文《论几何的一些基础事实》(Über die Thatsachen,die der Geometrie zum Grunde liegen)①证明了若在一个空间内刚体运动是可能的,则在常曲率空间内 ds 的黎曼表达式是唯一的可能。李探讨了同一问题,使用叫做连续变换群的理论(这在他研究常微分方程时已引进),他刻画了各种空间,在其中刚体运动是可能的,用的是这些空间所能允许的各类变换群②。

6. 非欧几里得几何的现实

在克莱因和李的研究工作之后,对经典综合非欧几里得几何和射影几何的兴趣衰退了。部分是因为这些结构的要点被变换观点显露得十分清楚。就为了寻找更多的定理而言,数学家感到矿藏已经枯竭。基础的严密化尚有待完成,而这是在1880 年后不久几年内一个活跃的领域(第 42 章)。

对非欧几里得几何失去兴趣的另外一个原因是它们似乎缺乏与物质世界的关联。很奇怪的是这个领域的首创者们,高斯、罗巴切夫斯基和约翰·波尔约确曾想到在天文学中随着研究工作的深入,可能证明非欧几里得几何是可以应用的。但是在后一时期工作的数学家们无人相信这些基本的非欧几里得几何必然有物理意义。凯莱、克莱因和庞加莱,虽然他们考虑过这事,但他们确信我们从不需要改进或放弃欧几里得几何。贝尔特拉米的伪球面模型使得非欧几里得几何在数学(虽不是物理的)意义下是真实的,因为它给罗巴切夫斯基几何以立即可以看出的一个解释,但需把尺子边缘换成测地线作为交换条件。类似地,贝尔特拉米-克莱因和庞加莱模型为了弄懂非欧几里得几何,把直线的、距离的或者角的度量的概念或者三者一起,放在欧几里得空间里来想象它们,但是在直线的通常解释下或者甚至在其他某种解释下,物质空间能够是非欧几里得几何的思想是无人问津的。事实上,大多数的数学家把非欧几里得几何当作逻辑上的珍奇玩艺。

凯莱是欧几里得空间的坚定支持者,他只接受那种能用新的距离公式在欧几

---

①　*Nachrichten König. Ges. der Wiss. zu Gött.*，15，1868，193－221 = *Wiss. Abh.*，2，618－639.

②　*Theorie der Transformationsgruppen*，3，437－543，1893.

里得空间实现的非欧几里得几何。1883 年他在不列颠科学进步协会的会长就职演说[1]中说道,非欧几里得空间是一个先验性的错误思想,而非欧几里得几何之所以能被人接受,那只是因为它们可以在欧几里得空间中改变距离函数的结果而得出。他不承认非欧几里得几何的独立存在性,但认为它们是一类特殊的欧几里得结构或者是欧几里得几何中表示射影关系的一种方式。他的观点是:

> 按普莱费尔形式叙述的欧几里得的第 12[第 10]公理,是不需要证明的,但它是我们空间概念的一部分,我们自己经验的物质空间的一部分,即为经验所熟知的空间,但它是所有外界经验作为其基础的那个表象。
>
> 　黎曼的观点可以说成是:在理智之中有了更一般的空间概念(事实上是非欧几里得空间的概念)之后,我们由经验知道,即使不是准确的,至少是高度近似的,空间(经验的物质空间)就是欧几里得空间。

克莱因认为欧几里得空间是必然的基本空间,其他的几何只是具有新的距离函数的欧几里得几何。非欧几里得几何实际上是从属于欧几里得几何的。

庞加莱的判断更灵活些。科学应该永远试用欧几里得几何,并在必要处改变物理定律,欧几里得空间可能不真实,但它最方便。一种几何并不能比另一种几何更真实些,只能是更方便些。人创造几何,于是物理定律便与之适应,使得几何与定律拟合于世界。庞加莱坚持说[2],即使是要证明一个三角形的内角之和应大于180°,我们最好仍假设欧几里得几何能描述物质空间并且光线沿曲线前进,因为欧几里得几何比较简单些。自然,事实证明他是错的。科学上认为重要的,不单独是在几何上简单,而是全部科学理论上的简单性。显然 19 世纪的数学家在什么算是有物理意义的问题上,仍然束缚于他们的传统概念。相对论的发现迫使对待非欧几里得几何的态度有激烈的变化。

数学家的错觉以为他们当时所研究的工作是所能想象的最重要的课题,这种情况又可以他们对射影几何的态度作为例子。我们在本章所考察的工作诚然证明射影几何是许多几何的基础。然而,它显然不能包括有活力的黎曼几何和内容正在增长的代数几何。然而凯莱在 1859 年他的论文中(第 3 节)确认"射影几何是所有的几何,反之亦然"[3]。罗素(Bertrand Russell)在他《几何基础论文集》(*An*

---

① *Collected Math. Papers*, 11, 429 - 459.

② *Bull. Soc. Math. de France*, 15, 1887, 203 - 216 = *Œuvres*, 11, 79 - 91. 他又表达这个观点在论文 "Les Géométries non-eucliennes"中,见于 *Revue Générale des Sciences*, 2, 1891, ♯23. 英译文见 *Nature*, 45, 1892, 404 - 407。又可参看他的 *Science and Hypothesis*,第 3 章,见 *The Foundations of Science*, The Science Press, 1946。

③ 凯莱用"画法几何"一词以代替射影几何。

Essay on the Foundations of Geometry，1897)中，也相信射影几何必然是物质空间的任何几何的先验形式。汉克尔(Hermann Hankel)尽管他对历史的注意①，在1869年毫不犹豫地说，射影几何是走向所有数学的康庄大道。已经记录的历史发展的考察清楚地证明数学家们很容易被他们的热情冲昏头脑。

参 考 书 目

Beltrami, Eugenio：*Opere matematiche*，Ulrico Hoepli, 1902, Vol. 1.

Bonola, Roberto：*Non-Euclidean Geometry*，Dover (reprint), 1955, pp. 129 – 264.

Coolidge, Julian L. : *A History of Geometrical Methods*，Dover (reprint), 1963, pp. 68 – 87.

Klein, Felix：*Gesammelte mathematische Abhandlungen*，Julius Springer, 1921 – 1923, Vols. 1 与 2。

Pasch, Moritz, and Max Dehn：*Vorlesungen über neuere Geometrie*，2nd ed. , Julius Springer, 1926, pp. 185 – 239.

Pierpont, James："Non-Euclidean Geometry. A Retrospect," *Amer. Math. Soc. Bull.* , 36, 1930, 66 – 76.

Russell, Bertrand：*An Essay on the Foundations of Geometry* (1897)，Dover (reprint), 1956.

---

① *Die Entwicklung der Mathematik in den letzten Jahrhunderten* (最近几世纪来数学的发展)，1869；第二版，1884。

第 39 章

代 数 几 何

> 在这些日子里,拓扑这个天使和抽象代数这个
> 魔鬼为各自占有每一块数学领域而斗争着。
>
> 外尔(Hermann Weyl)

1. 背　　景

当非欧几里得几何与黎曼几何正在创建的时候,射影几何学家忙于研究它们的主题。我们已经看到,这两领域由凯莱和克莱因的工作而连接起来了。在代数方法广泛应用于射影几何以后,寻求几何图形有哪些性质与坐标表示无关,这个问题吸引了人们的注意力,并促成对代数不变量的研究。

几何图形射影性质就是图形在线性变换下不变的那些性质。当研究这些性质时,数学家们偶尔也考虑高次变换,并寻求在这些变换下曲线和曲面有哪些性质是不变的。数学家的兴趣不久就从线性变换转到这类变换上来,称它们为双有理变换,因为这些变换的代数表达式是坐标的有理函数,其逆变换也是坐标的有理函数。数学家之所以集中于研究双有理变换,无疑是由于这样的事实所造成:黎曼曾用它们来研究阿贝尔积分和阿贝尔函数,并且事实上如我们以后要讲的,研究曲线的双有理变换的第一个大的步骤就是由黎曼的工作所引起的。这两个主题在 19世纪的后半叶构成代数几何的内容。

代数几何一语是不适当的,因为原来它所指的是从费马与笛卡儿时代起所有把代数用于几何的研究工作;在 19 世纪后半叶把代数不变量和双有理变换的研究称为代数几何,而到 20 世纪它指的是后一领域。

2. 代数不变量理论

我们已经指出,通过坐标表示来确定要表示的与要研究的图形的几何性质,需要识别在坐标变换下保持不变的那些代数表达式。另外看到,用线性变换把一个

图形变到另一个的射影变换保持图形的某些性质不变。代数不变量代表这些不变的几何性质。

代数不变量的问题先前产生于数论(第 34 章第 5 节),特别在研究二元二次型

$$(1) \qquad f = ax^2 + 2bxy + cy^2$$

在 x 与 y 用线性变换 T 变换时是如何变换的,这里的 T 即

$$(2) \qquad x = ax' + \beta y', \ y = \gamma x' + \delta y',$$

其中 $a\delta - \beta\gamma = r$。将 T 应用于 f 得出

$$(3) \qquad f' = a'x'^2 + 2b'x'y' + c'y'^2.$$

在数论中,a, b, c, a, β, γ 诸量都是整数,且 $r = 1$。然而,一般地说 f 的判别式 D 满足关系式

$$(4) \qquad D' = r^2 D$$

是正确的。

射影几何的线性变换更一般些,因为二次型和变换的系数不限于整数。代数不变量一词用来把这更一般的线性变换下产生的不变量区别于数论中的模不变量,且就此而言,区别于黎曼几何的微分不变量。

讨论代数不变量的历史需要一些定义。单变量的 n 次型

$$f(x) = a_0 x^n + a_1 x^{n-1} + \cdots + a_n$$

在齐次坐标中变成二元型

$$(5) \qquad f(x_1, x_2) = a_0 x_1^n + a_1 x_1^{n-1} x_2 + \cdots + a_n x_2^n.$$

三个变量的叫三元型;四个变量的叫四元型等。下面定义适用于 n 个变量的型。

设二元型受到(2)式的变换 T。在 T 下型 $f(x_1, x_2)$ 变换到型

$$F(X_1, X_2) = A_0 X_1^n + A_1 X_1^{n-1} X_2 + \cdots + A_n X_2^n.$$

F 的系数将与 f 的不同,$F = 0$ 的根将与 $f = 0$ 的根不同。f 的系数的任何函数 I 如果满足关系式

$$I(A_0, A_1, \cdots, A_n) = r^w I(a_0, a_1, \cdots, a_n),$$

就称为 f 的一个不变量。若 $w = 0$,此不变量称为 f 的绝对不变量。不变量的次数是系数的次数且权数是 w。二次型的判别式是一个不变量,如(4)所示。这时次数是 2,权数是 2。任一多项式方程 $f(x) = 0$ 的判别式的意义在于,它等于零就是 $f(x) = 0$ 有等根的条件,或者从几何上讲,$f(x) = 0$ 的轨迹(这是一系列的点)有两个重合点。这个性质显然与坐标系无关。

若两个(或多个)二元型

$$f_1 = a_0 x_1^m + \cdots + a_m x_2^m,$$

$$f_2 = b_0 x_1^n + \cdots + b_n x_2^n,$$

由 T 变换成

$$F_1 = A_0 X_1^m + \cdots + A_m X_2^m,$$

$$F_2 = B_0 X_1^n + \cdots + B_n X_2^n,$$

则系数的任何函数 I 如果满足关系式

(6) $\qquad I(A_0, \cdots, A_m, B_0, \cdots, B_n) = r^w I(a_0, \cdots, a_m, b_0, \cdots, b_n),$

就叫做两个型的联合不变量。例如,线性型 $a_1 x_1 + b_1 x_2$ 与 $a_2 x_1 + b_2 x_2$ 以两式的结式 $a_1 b_2 - a_2 b_1$ 作为联合不变量。从几何上讲,结式等于零意味着两式表示相同的点(齐次坐标)。两个二次型

$$f_1 = a_1 x_1^2 + 2b_1 x_1 x_2 + c_1 x_2^2,$$
$$f_2 = a_2 x_1^2 + 2b_2 x_1 x_2 + c_2 x_2^2$$

有一个联合不变量

$$D_{12} = a_1 c_2 - 2b_1 b_2 + a_2 c_1,$$

它的等于零表示 f_1 与 f_2 代表调和点偶。

除去单个型与一组型的不变量之外,还有协变量。f 的系数与变量的任何函数 C,若除去 T 的模数(行列式)的乘幂外是 T 下的不变量,则称它为 f 的协变量。于是,二元型的一个协变量满足关系式

$$C(A_0, A_1, \cdots, A_n, X_1, X_2) = r^w C(a_0, a_1, \cdots, a_n, x_1, x_2).$$

绝对协变量和联合协变量的定义与不变量的定义类似。协变量中系数的次数叫做它的次数,而其变量的次数叫做它的阶数。这样,不变量就是零阶的协变量。然而,有时不变量一词用于狭义的不变量或协变量。

f 的一个协变量代表某一图形,它不仅相关于 f 而且射影相关于 f。例如两个二元二次型 $f(x_1, x_2)$ 与 $\phi(x_1, x_2)$ 的雅可比行列式,即

$$\begin{vmatrix} \dfrac{\partial f}{\partial x_1} & \dfrac{\partial f}{\partial x_2} \\[2mm] \dfrac{\partial \phi}{\partial x_1} & \dfrac{\partial \phi}{\partial x_2} \end{vmatrix}$$

是两个型的权为 1 的联合协变量。从几何上讲,令雅可比行列式等于零就代表一对点,它与原来 f 与 ϕ 所代表的每一对点都是调和的。调和性质是射影性质。

黑塞引进的黑塞行列式[1]

$$\begin{vmatrix} \dfrac{\partial^2 f}{\partial x_1^2} & \dfrac{\partial^2 f}{\partial x_1 \partial x_2} \\[2mm] \dfrac{\partial^2 f}{\partial x_1 \partial x_2} & \dfrac{\partial^2 f}{\partial x_2^2} \end{vmatrix}$$

[1]　*Jour. für Math.*, 28, 1844, 68 – 96 = *Ges. Abh.*, 89 – 122.

是权 2 的协变量,它的几何意义过于复杂,这里限于篇幅,不详细介绍(参看第 35 章第 5 节)。黑塞行列式的概念和它的协变性适用于 n 元的任何型。

代数不变量的工作由布尔(George Boole,1815—1864)开始于 1841 年,他的结果[1]是有局限性的。更值得一提的是凯莱,他为布尔的工作所吸引而研究这个问题,并使詹姆斯·西尔维斯特(James Joseph Sylvester)也对此感兴趣。和他们一起作这研究的还有萨蒙(George Salmon,1819—1904),他是 1840 年至 1866 年都柏林三一学院的数学教授,后来成为该校的神学教授。这三人在不变量方面做了如此多的工作,以至埃尔米特(Charles Hermite)在一封信中称他们为不变量三位一体。

1841 年凯莱开始发表射影几何在代数方面的数学文章。布尔 1841 年的文章提示给凯莱以 n 次齐次函数的不变量的计算法。他称这些不变量为导数,后又称为超行列式;不变量这个名词来自詹姆斯·西尔维斯特[2]。凯莱利用黑塞和艾森斯坦的行列式思想,建立了得出他"导数"的一套技巧。后来从 1854 年至 1878 年在《哲学汇刊》(*Philosophical Transactions*)上发表了 10 篇关于代数形式的论文[3]。代数形式是他用来称 2 个、3 个或多个变量的齐次多项式的名词。凯莱对不变量的兴趣如此之大,以至使他竟然为不变量而研究不变量。他也发明了一种处理不变量的符号方法。

就二元四次型特例

$$f = ax_1^4 + 4bx_1^3x_2 + 6cx_1^2x_2^2 + 4dx_1x_2^3 + ex_2^4$$

说,凯莱证明黑塞行列式 H 同 f 与 H 的雅可比行列式都是协变量,并证明

$$g_2 = ae - 4bd + 3c^2$$

和

$$g_3 = \begin{vmatrix} a & b & c \\ b & c & d \\ c & d & e \end{vmatrix}$$

都是不变量。对这些结果,詹姆斯·西尔维斯特和萨蒙又增加了许多。

另一有贡献的人是艾森斯坦,他更关心的是数论,他早就发现二元三次型[4]

$$f = ax_1^3 + 3bx_1^2x_2 + 3cx_1x_2^2 + dx_2^3$$

的最简单的二次协变量是它的黑塞行列式 H,最简单的不变量是

$$3b^2c^2 + 6abcd - 4b^3d - 4ac^3 - a^2d^2,$$

它是二次黑塞行列式,也是 f 的判别式。又 f 和 H 的雅可比行列式是阶数为 3 的

---

①　*Cambridge Mathematical Journal*,3,1841,1-20;与 3,1842,106-119。

②　*Coll. Math. Papers*,I,273.

③　*Coll. Math. Papers*,2,4,6,7,10.

④　*Jour. für Math.*,27,1844,89-106,319-321.

另一协变量。后来,阿龙霍尔德(Siegfried Heinrich Aronhold, 1819—1884)在 1849 年开始研究不变量,写过关于三元三次型不变量的文章①。

不变量理论奠基者所碰到的第一个较大的问题是特殊不变量的发现。这大约是从 1840 年到 1870 年的工作方向。我们知道,这类函数能够构造出好多来,因为有些不变量如雅可比行列式与黑塞行列式本身也是具有不变量的型,并且因为一些不变量与原来型合在一起成为新的一组型,它们就会有联合不变量。几十个大数学家(包括已经提到过的那几个人),计算过特殊的不变量。

不变量的不断计算引导到不变量理论的较大问题,这是在求得许多特别的或特殊的不变量后引起的;这就是求不变量的完备系。这就意味着对已给数目的变量和次数的一个型,求其最小可能个数的有理整不变量与协变量,使得任何其他的有理整不变量或协变量可以表示成这个完备集的具数值系数的有理整函数。凯莱证明,艾森斯坦对二元三次式和他自己对二元四次式所求得的不变量与协变量,分别是两种情况下的完备系②。对其他种型的完备系的问题尚待解决。

任何给定次数的二元型的基或有限完备系的存在性,首先由戈丹(Paul Gordan, 1837—1912)证明,他的大半生都致力于这个问题。他的结果③是:每个二元型 $f(x_1, x_2)$ 都具有一个以有理整不变量与协变量所组成的有限完备系。戈丹用了克莱布什的定理,故所得结果名为克莱布什-戈丹定理。它的证明冗长而繁难。戈丹还证明了④二元型的任何有限组有不变量和协变量的一个有限完备系。戈丹的证明给出如何计算完备系。

在嗣后 20 年间戈丹的结果得到各种有限的推广。戈丹自己给出三元二次型⑤、三元三次型⑥,以及一组(含两个或三个)三元二次型⑦的完备系。对于特殊的三元四次型 $x_1^3 x_2 + x_2^3 x_3 + x_3^3 x_1$,戈丹给出了 54 种基本型的完备系⑧。

在 1886 年梅尔滕斯(Franz Mertens, 1840—1927)⑨用归纳法再次证明二元型组的戈丹定理。他假设对任一已知二元型组,定理为真,然后证明当组中有一个型的次数增加 1 时定理必然仍是真的。他没有明显给出独立不变量和协变量的有限集合,但他证明这个集合是存在的。最简单的情况是一个线性型,是归纳法的起

① *Jour. für Math.*, 55,1858,97 - 191;和 62,1863,281 - 345。
② *Phil. Trans.*, 146,1856,101 - 126 = *Coll. Math. Papers*, 2,250 - 275.
③ *Jour. für Math.*, 69,1868,323 - 354.
④ *Math. Ann.*, 2,1870,227 - 280.
⑤ R. Clebsch and F. Lindemann, *Vorlesungen über Geometrie*, I,1876, p.291.
⑥ *Math. Ann.*, 1,1869,56 - 89,90 - 128.
⑦ Clebsch-Lindemann, p.288。
⑧ *Math. Ann.*, 17,1880,217 - 233.
⑨ *Jour. für Math.*, 100,1887,223 - 230.

点,这种型只有本身乘幂作为它的协变量。

希尔伯特在 1885 年完成不变量的博士论文[①]后,在 1888 年[②]又再次证明戈丹的定理,即任何已给二元型组都有不变量与协变量的一个有限完备系。他的证明是梅尔滕斯证明的修正。两个证明都比戈丹的简单得多。但希尔伯特的证明也没有给出求完备系的步骤。

在 1888 年希尔伯特宣称能用一个完全新的途径来证明如下的问题而引起数学界的惊奇:次数与变量个数为已给的任何型以及任意多个变量的已给型系,都有独立的有理整不变量与协变量的一个有限完备系[③]。新途径的基本思想是暂时忘掉不变量而考虑这样的问题:若有限多个变量的有理整式的一个无穷系为已给,问在什么条件下存在有限多个这样的表达式,即一组基,使所有其他的表达式都可表示成这组基的线性组合,组合的系数是原有变量的有理整函数。回答是总存在。更明确地说,希尔伯特在不变量的结果之前得出的基的定理可叙述如下:代数型就是 n 个变量的有理齐次整函数,系数在某确定的有理域内(域)。给定了 n 个变量的任何次的无穷多个型的集合,则存在有限多个(基)F_1,F_2,$\cdots$,F_m,使得集合中任一型 F 都可写成

$$F = A_1 F_1 + A_2 F_2 + \cdots + A_m F_m,$$

其中 A_1,A_2,$\cdots$,A_m 是 n 个变量(不一定在无穷系中)的适当的型,其系数与无穷系的系数都在同一域内。

应用这个定理于不变量与协变量,希尔伯特的结果是:对于任何一个型或一组型,都存在有限多个有理整不变量与协变量,使得每个其他的有理整不变量与协变量都可表示成这有限集合中不变量或协变量的线性组合。不变量与协变量的这个有限集合是不变量的完备系。

希尔伯特的存在性证明比戈丹的基的繁难计算要简单得多,戈丹不由得吭声道:"这不是数学;是神学。"然而在他重新考虑这个问题后说:"我终于相信神学也有其优点。"事实上,他自己简化了希尔伯特的存在性证明[④]。

在 19 世纪 80 年代和 90 年代不变量理论看来已统一了数学的很多领域。这个理论是那个时代的"近世代数"。詹姆斯·西尔维斯特在 1864 年说[⑤]:"正如俗语说,条条大道通罗马,所以至少就我自己情况说,代数上的所有研究迟早都要归宿到近世代数的大厦,在其闪闪发光的大门口铭刻着不变量论这几个字。"不久这

---

① *Math. Ann.*,30,1887,15 - 29 = *Ges. Abh.*,2,102 - 116.

② *Math. Ann.*,33,1889,223 - 226 = *Ges. Abh.*,2,162 - 164.

③ *Math. Ann.*,36,1890,473 - 534 = *Ges. Abh.*,2,199 - 257,和直到 1893 年后发表的论文。

④ *Nachrichten König. Ges. der Wiss. zu Gött.*,1899,240 - 242.

⑤ *Phil. Trans.*,154,1864,579 - 666 = *Coll. Math. Papers.* 2,376 - 479,p.380.

个理论本身成为研究的目标,而与其来自数论和射影几何的情况无关了。代数不变量的研究者坚持要证明每种类型的代数恒等式,而不管其有无几何意义。麦克斯韦当年在剑桥求学时说过,那里有些人总是用 quintics 与 quantics(五次型与代数型)来看整个宇宙的。

另一方面,19 世纪后半叶的物理学家并不注意这个问题。实际上泰特(Peter Guthrie Tait)有一次提到凯莱说:"这样一个杰出的人物把他的才能放在这种完全无用的问题上岂不是遗憾的事吗?"然而这个课题确实直接地或间接地,主要通过微分不变量对物理学产生影响。

尽管在 19 世纪后半叶有很多热心研究不变量理论的人,但就当时对这门学问所怀抱的希望和所追求的目标来说,它已失去其吸引力。数学家说希尔伯特扼杀了不变量的研究,因为他已处理了所有的问题。希尔伯特确曾在 1893 年写信给闵可夫斯基说他不愿再研究这个问题了,又在 1893 年的一篇论文中说,这个理论的最重要的总目标已经达到。然而事实远非如此。希尔伯特的定理没有证明如何计算给定的任何一个或一组型的不变量,因而不能提供个别重要的不变量。探索有几何意义的或有物理意义的特殊不变量仍是很重要的事,甚至对已知次数和已知变量个数的型来作基的计算也可能是一项有价值的工作。

"扼杀"这个 19 世纪意义下不变量理论的,也正是扼杀过许多一度为人所过分热情追求的其他活动的种种普通因素。数学家是跟着带头人走的。希尔伯特的宣告和他自己放弃这个主题的研究这一事实,对其他人产生很大影响。还有,在许多易于立即得出的结果弄到手之后,重要特殊不变量的计算就变得更加困难了。

不变量的计算并没有随着希尔伯特的工作而告结束。埃米·诺特(Emmy Noether,1882—1935),戈丹的学生,1907 年完成博士论文《三元双二次型的不变量完备系》(On Complete Systems of Invariant for Ternary Biquadratic Forms)[1]。她还给出三元四次型的协变量型的一个完备系,共 331 个。1910 年她把戈丹的结果推广到 n 个变量[2]。

代数不变量论以后的历史属于近世抽象代数。希尔伯特的一套方法把模、环和域的抽象理论带到显著地位。用这种语言希尔伯特证明了每个模系(n 个变量的多项式类中的一个理想)都有由有限个多项式组成的一个基,或者 n 个变量的多项式域中每个理想都有一个有限基,如若多项式系数域中每个理想都有一个有限基的话。从 1911 年到 1919 年埃米·诺特用希尔伯特的方法和她自己的方法对不同情况的有限基写出许多论文。在后来 20 世纪的发展中,抽象代数观点占了主导

---

① *Jour. für Math.*,134,1908,23 - 90.
② *Jour. für Math.*,139,1911,118 - 154.

地位。如施图迪在他的不变量论的教科书中抱怨说,人们只追求抽象方法而缺乏对特殊问题的关心。

3. 双有理变换概念

在第 35 章我们看到,主要是在 19 世纪 30 年代与 40 年代之间,射影几何的研究工作转向高次曲线。然而,在这个工作进行得还不甚深入以前,研究的性质有了改变。射影观点就是齐次坐标线性变换的观点。二次与高次的变换逐渐起作用,重点转向双有理变换。在两个非齐次坐标的情形,这个变换具有形式

$$x' = \phi(x, y), \quad y' = \psi(x, y),$$

其中 ϕ 与 ψ 是 x, y 的有理函数,并且 x, y 可表示为 x' 与 y' 的有理函数。齐次坐标 x_1, x_2 与 x_3 的变换式为

$$x_i' = F_i(x_1, x_2, x_3), \quad i = 1, 2, 3,$$

其逆变换为

$$x_i = G_i(x_1', x_2', x_3'), \quad i = 1, 2, 3,$$

其中 F_i 及 G_i 是各自变量的 n 次齐次多项式。除了有限多个点可能各对应于一条曲线之外,对应是一对一的。

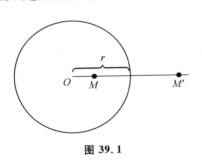

图 39.1

关于圆的反演,可以作为双有理变换的例子。从几何上讲,这个变换(图 39.1)把 M 变到 M',或把 M' 变到 M,定义它的方程是

$$OM \cdot OM' = r^2,$$

其中 r 是圆的半径。从代数上讲,若在 O 点建立一个坐标系,则由毕达哥拉斯定理导出

$$(7) \qquad x' = \frac{r^2 x}{x^2 + y^2}, \quad y' = \frac{r^2 y}{x^2 + y^2},$$

其中 M 是 (x, y),M' 是 (x', y')。在这个变换下圆变到圆或变到直线,并且可以反过来变。反演是把全平面变到自身的变换,这样的双有理变换称为克里摩拿变换。三个(齐次)变量的克里摩拿变换的例子是二次变换

$$(8) \qquad x_1' = x_2 x_3, \quad x_2' = x_3 x_1, \quad x_3' = x_1 x_2,$$

其逆是

$$x_1 = x_2' x_3', \quad x_2 = x_3' x_1', \quad x_3 = x_1' x_2'.$$

双有理变换这个术语也用于更广泛的意义,即把一曲线上的点变到另一曲线上的点的变换是双有理的,但在全平面的变换不必是双有理的。例如:(非齐次坐标)变换

$$(9) \qquad X = x^2, \quad Y = y$$

在全平面不是一对一的,但是确实把 y 轴右边的任一曲线 C 以一对一的对应方式
变到另一曲线。

反演变换是出现的第一个双有理变换。在一定情况下彭赛列在他 1822 年的
《论图形的射影性质》中曾用过它,尔后又被普吕克、施泰纳、凯特尔和路德维格·
马格努斯(Ludwig Immanuel Magnus,1790—1861)等人用过。它曾为默比乌斯①
详尽地研究过,其在物理上的应用为开尔文(Kelvin)勋爵②及刘维尔所认识③,后
者把它称之为半径互为倒数的变换。

在意大利几个大学当数学教授的克里摩拿(Luigi Cremona,1830—1903),在
1854 年引进一般的双有理变换(把全平面变到自身)并写过多篇有关的重要论
文④。马克斯·诺特(Max Noether,1844—1921),埃米·诺特的父亲,证明了这样
一个基本结果⑤:一个平面克里摩拿变换可由一系列二次的及线性的变换构成。
罗萨内斯(Jacob Rosanes,1842—1922)独立地发现这个结果⑥,还证明了所有平面
上的一对一的代数变换必然是克里摩拿变换。马克斯·诺特和罗萨内斯的证明由
卡斯泰尔诺沃(Guido Castelnuovo,1865—1952)⑦加以完善。

4. 代数几何的函数-理论法

虽然双有理变换的本质是清楚的,但作为在这种变换下不变量研究的代数几
何,其进展至少在 19 世纪是不能令人满意的。几种处理方法用过了;所获得的结
果是不相联系的和零碎的;大多数证明是不完全的;并且很少获得重要定理。处理
方法的多样性造成用语的显著差异。主题的目标也是模糊的。虽然双有理变换下
的不变性曾是主导课题,但内容包括对曲线、曲面以及高维结构的性质的研究。
由于这些因素,没有出现很多中心结果。我们给出所得结果的几个样本。

第一种处理方法是克莱布什创立的。克莱布什(1833—1872)从 1850—1854 年
在哥尼斯堡跟黑塞研究。他早期工作的兴趣在数学物理方面,从 1858 年到 1863 年
在卡尔斯鲁厄(Karlsruhe)任理论力学教授,后又在吉森(Giessin)和格丁根任数学教

① *Theorie der Kreisverwandschaft*(反演论), *Abh. König. Säch. Ges. der Wiss.*, 2,1855,529-565 = *Werke*, 2,243-345。

② *Jour. de Math.*, 10,1845,364-367.

③ *Jour. de Math.*, 12,1847,265-290.

④ *Gior. di Mat.*, 1,1863,305-311 = *Opere*, 1,54-61;又 3,1865,269-280,363-376 = *Opere*, 2,193-218.

⑤ *Math. Ann.*, 3,1871,165-227,特别是 p.167。

⑥ *Jour. für Math.*, 73,1871,97-110.

⑦ *Atti Accad. Torino*, 36,1901,861-874.

授。他研究了雅可比变分法中留下的问题和微分方程理论。1862 年他出版《弹性学教程》(*Lehrbuch der Elasticität*)。然而他的主要工作是代数不变量和代数几何。

到 1860 年左右为止,克莱布什研究三次和四次曲线和曲面的射影性质。他在 1863 年遇到戈丹并获悉黎曼在复变函数论方面的工作。克莱布什于是把这个理论用到曲线的理论上去①。这种方法叫做超越法。虽然克莱布什使复变函数与代数曲线发生联系,但他在给罗赫(Gustav Roch)的一封信中承认他不能理解黎曼在阿贝尔函数方面的工作,也不懂罗赫学位论文中的论述。

克莱布什用以下方式重新解释复变函数论:函数 $f(w, z) = 0$,其中 z 和 w 是复变量,在几何上相应于 z 的一个黎曼曲面与一个 w 平面或其一部分,或者也可以说是相应于这样的一个黎曼曲面,它上面每个点附有 z 和 w 的一对数值。若只考虑 z 和 w 的实部,方程 $f(w, z) = 0$ 便表示实笛卡儿坐标平面的一条曲线。z 与 w 仍可有满足 $f(w, z) = 0$ 的复数值,但不能画图。实曲线具有复数点这一观点在射影几何的工作中已经熟知。平面曲线的双有理变换论对应于曲面的双有理变换论。在上述的新解释下,黎曼曲面的支点对应于曲线上那样的点,那里一条直线 $x = $ 常量与曲线相交于两个或多个相合的点,即它或者与曲线相切,或者过一个尖点。曲线上的二重点相当于曲面上那样的点,在那里两叶曲面恰好相切而无其他相接点。曲线上高阶重点也相当于黎曼曲面的其他奇点。

在以后的叙述中将采用下面的定义(参看第 23 章第 3 节):n 次平面曲线的 $k > 1$ 阶重点(奇点)P 是这样一个点,通过 P 的普通直线与曲线相交于 $n - k$ 个点。若在 P 点的 k 条切线是相异的,这个重点是寻常点。在计算一个 n 次曲线与 m 次曲线的交点数目时,每条曲线上重点的重数必须计算在内。若交点 P 在曲线 C^n 上是 h 重的,而在 C^m 上是 k 重的,且在 P 点 C^n 的切线与 C^m 的切线不相同,则交点的重数是 hk。一曲线 C' 称为伴随于曲线 C,若 C 的重点都是寻常点或尖点,且若 C 的每个 k 阶重点是 C' 的一个 $k - 1$ 阶重点。

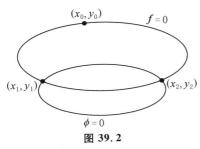

图 39.2

克莱布什②是第一个用曲线术语来重新叙述第一类阿贝尔积分定理(第 27 章第 7 节)的人。阿贝尔考虑一个固定的有理函数 $R(x, y)$,其中 x 与 y 由任一代数曲线 $f(x, y) = 0$ 关联着,使得 y 是 x 的函数。设(图 39.2)$f = 0$ 为另一代数曲线

$$\phi(x, y, a_1, a_2, \cdots, a_k) = 0$$

① *Jour. für Math.*, 63, 1864, 189 - 243.
② *Jour. für Math.*, 63, 1864, 189 - 243.

所截,其中 a_i 是 $\phi = 0$ 中的系数。设 $\phi = 0$ 与 $f = 0$ 的交点是 (x_1, y_1), (x_2, y_2), $\cdots$, (x_m, y_m)。(这些点的个数 m 是 f 与 ϕ 的次数的乘积。)已知 $f = 0$ 上一点 (x_0, y_0),其中 y_0 属于 $f = 0$ 的一个分支,则可考虑和式

$$I = \sum_{i=1}^{m} \int_{x_0, y_0}^{x_i, y_i} R(x, y)\mathrm{d}x.$$

上限 x_i, y_i 全都在 $\phi = 0$ 上,而积分 I 是上限的函数。于是,这些上限有一个特征数 p,它应是其余上限的代数函数,数 p 只与 f 有关。再者,I 能够表示成这 p 个积分与 x_i, $y_i(i = 1, 2, \cdots, m)$ 的有理函数与对数函数之和。又,若曲线 $\phi = 0$ 随参量由 a_1 变到 a_k 而改变,则 x_i 也将变化,于是 I 通过 x_i 成为 a_i 的函数。a_i 的函数 I 将是 a_i 的有理函数,或者在最坏的情况下也只包括 a_i 的对数函数。

克莱布什也把黎曼关于黎曼曲面上阿贝尔积分[即形如 $\int g(x, y)\mathrm{d}x$ 的积分,其中 g 是有理函数且 $f(x, y) = 0$]的概念用到曲线上。为说明第一类积分,考虑一个无重点的四次平面曲线 C_4。这里 $p = 3$ 且有三个处处有限的积分

$$u_1 = \int \frac{x\mathrm{d}x}{f_y}, \quad u_2 = \int \frac{y\mathrm{d}x}{f_y}, \quad u_3 = \int \frac{\mathrm{d}x}{f_y}.$$

适用于 C_4 的也可适用于 n 次任意代数曲线 $f(x, y) = 0$。那时有 p 个积分代替三个处处有限的积分(其中 p 是 $f = 0$ 的亏格),每个积分有 $2p$ 个周期模数(第 27 章第 8 节)。积分具有形式

$$\int \frac{\phi(x, y)}{\partial f/\partial y}\mathrm{d}x,$$

其中 ϕ 是一个(伴随的)多项式,恰为 $n - 3$ 次,且在 $f = 0$ 的重点处与尖点处为零。

克莱布什的另一贡献[1]是引进亏格的思想作为对曲线进行分类的概念。若曲线有 d 个二重点,则亏格 $p = (n - 1)(n - 2)/2 - d$。以前有曲线的亏数概念(第 23 章第 3 节),即 n 次曲线可能有的二重点最多个数 $(n - 1)(n - 2)/2$ 减去确实有的二重点数。克莱布什证明[2]:只具有寻常重点(切线全不相同)的曲线,亏格(genus)与亏数(deficiency)相等,且亏格在把平面变到自己的双有理变换下是一个不变量[3]。克莱布什亏格的概念是与黎曼对黎曼曲面的连通数相关联的。与亏格为 p 的曲线对应的黎曼曲面具有连通数 $2p + 1$。

① *Jour. für Math.*, 64, 1865, 43-65.

② *Jour. für Math.*, 64, 1865, 98-100.

③ 若重(奇)点是 r_i 阶的,则曲线 C 的亏格 p 是 $(n-1)(n-2)/2 - (1/2)\sum r_i(r_i - 1)$,其中和式遍历所有重点。亏格是更细致的概念。

亏格的概念可以用来建立曲线的重要定理。吕罗斯(Jacob Lüroth, 1844—1910)证明了[①]亏格为 0 的曲线可用双有理变换变到一条直线。克莱布什证明了一条亏格为 1 的曲线可用双有理变换变到三次曲线。

除去用亏格分类曲线外,克莱布什还仿照黎曼的办法在每个亏格中引进类别。黎曼考虑过[②]他的曲面的双有理变换,例如,若 $f(w, z) = 0$ 是曲面的方程,并设

$$w_1 = R_1(w, z), \quad z_1 = R_2(w, z)$$

是有理函数,且逆变换是有理函数,则 $f(w, z)$ 可以变换成 $F(w_1, z_1) = 0$。两个代数方程 $F(w, z) = 0$(或它们的曲面)仅当它们有相同的 p 值时才可以彼此双有理变换。(曲面的页数不一定保持不变。)黎曼不要求进一步的证明,它是由直观保证的。

黎曼(在 1857 年的论文中)认为所有能彼此双有理变换的方程(或曲面)属于同一类。它们有相同的亏格 p。然而,不同的类别可具有相同的 p 值(因为歧点可以不同)。亏格为 p 的最普遍的类,当 $p > 0$ 时用 $3p - 3$ 个(复数)常数(方程中的系数)去刻画,当 $p = 1$ 时用一个常数,当 $p = 0$ 时用零个常数去刻画。在椭圆函数情况下,$p = 1$,于是有一个常量。对于三角函数,$p = 0$,故没有任何任意常量。黎曼把常量的个数叫做类模数。常量在双有理变换下是不变量。克莱布什同样把从一个曲线用一一对应的双有理变换导出的所有曲线放在一类。在同一类的曲线必然有相同的亏格,但是也可以有不同的类具有相同的亏格。

5. 单 值 化 问 题

后来克莱布什把注意力转向所谓曲线的单值化问题。首先说明这个问题的含义。已给方程

(10)
$$w^2 + z^2 = 1,$$

把它表示成参量形式

(11)
$$z = \sin t, \quad w = \cos t,$$

或参量形式

(12)
$$z = \frac{2t}{1 + t^2}, \quad w = \frac{1 - t^2}{1 + t^2}.$$

这样,即使(10)定义 w 为 z 的多值函数,我们也能把 z 和 w 都表示成 t 的单值函

---

① *Math. Ann.*, 9, 1876, 163 – 165.
② *Jour. für Math.*, 54, 1857, 115 – 155 = *Werke*, 2nd ed., 88 – 142.

数。称参量方程(11)或(12)把代数方程(10)单值化。

对亏格 0 的方程 $f(w, z) = 0$，克莱布什[1]证明每个变量能够表示成单个参量的有理函数。这些有理函数都是单值化函数。当 $f = 0$ 解释为一条曲线时，则称它为**有理曲线**。反之，若 $f = 0$ 的变量 w 与 z 能够用一个任意参量有理表示出，则 $f = 0$ 的亏格为 0。

克莱布什在同一年[2]证明当 $p = 1$ 时 w 与 z 能够表示成参量 ξ 与 η 的有理函数，其中 η^2 是 ξ 的三次或四次多项式。于是 $f(w, z) = 0$，或相应的曲线，称为双有理的，这是凯莱所引进的名词[3]。它也叫做椭圆的，因为方程 $(\mathrm{d}w / \mathrm{d}z)^2 = \eta^2$ 导致椭圆积分。我们也说 w 与 z 可表示成为单参量 α 的双周期单值函数，或者表示成为 $\mathfrak{p}(\alpha)$ 的有理函数，这里 $\mathfrak{p}(\alpha)$ 是魏尔斯特拉斯函数。克莱布什用一个参量的椭圆函数把亏格 1 的曲线单值化，这一成果使他有可能证明这些曲线有关拐点、密切锥、从一点到曲线的切线等值得注意的性质，其中有些性质虽早有证明但却极其困难。

对于亏格为 2 的方程 $f(w, z) = 0$，布里尔(Alexander von Brill, 1842—1935)证明了[4]变量 w 与 z 能够表示为 ξ 与 η 的有理函数，其中 η^2 现为 ξ 的五次或六次多项式。

这样，亏格为 0, 1, 2 的函数能够单值化。对亏格大于 2 的函数 $f(w, z) = 0$，当时的想法是用更一般的函数，即自守函数。在 1882 年克莱因[5]给出一个普遍的单值化定理，但其证明是不完全的。在 1883 年庞加莱发表了他的一般单值化定理[6]，但他也没有完全的证明。克莱因与庞加莱两人继续努力证明这个定理，但在 25 年间没有决定性的成果。在 1907 年庞加莱[7]与克贝(Paul Koebe, 1882—1945)[8]各自独立给出这一单值化定理的证明。克贝于是把这个结果推广到许多方面。现在既已严密地建立了单值化定理，那就有更好的办法来处理代数函数及其积分了。

6. 代数–几何方法

代数几何研究的一个新方向开始于 1865 年至 1870 年间克莱布什和戈丹的合

---

[1] *Jour. für Math.*, 64, 1865, 43 − 65.

[2] *Jour. für Math.*, 64, 1865, 210 − 270.

[3] *Proc. Lon. Math. Soc.*, 4, 1871 − 1873, 347 − 352 = *Coll. Math. Papers*, 8, 181 − 187.

[4] *Jour. für Math.*, 65, 1866, 269 − 283.

[5] *Math. Ann.*, 21, 1883, 141 − 218 = *Ges. Math. Abh.*, 3, 630 − 710.

[6] *Bull. Soc. Math. de France*, 11, 1883, 112 − 125 = *Œuvres*, 4, 57 − 69.

[7] *Acta Math.*, 31, 1908, 1 − 63 = *Œuvres*, 4, 70 − 139.

[8] *Math. Ann.*, 67, 1909, 145 − 224.

作。克莱布什不满足于只指出黎曼的研究对曲线的重要意义。他现在想用曲线的代数理论来建立阿贝尔积分理论。在 1865 年他和戈丹合作写出了他们的《阿贝尔函数论》(*Theorie der Abelschen Funktionen*, 1866)。我们必须注意到,这时魏尔斯特拉斯的更严密的阿贝尔积分理论尚无人知道,而黎曼的基础——他的存在性证明基于狄利克雷原理——不仅使人感到奇怪,而且还没有完善建立。而且那时对于代数型(或曲线)的不变量理论,以及对于用射影方法作为处理双有理变换的所谓第一步,都具有相当大的热情。

虽然克莱布什和戈丹的工作对代数几何做出了贡献,但并没有用纯代数理论来建立黎曼的阿贝尔积分理论。他们诚然是用代数的与几何的方法,而不同于黎曼的函数论方法,但他们也用了函数论的基本结果和魏尔斯特拉斯的函数论方法。另外他们也用了有理函数和交点定理的某些结果作为已给的事实。他们的贡献总的说来是:从一些函数论的结果出发,用代数方法获得了先前用函数论方法所建立的结果。有理变换是代数方法的精髓。

他们给出有理变换下代数曲线亏格 p 的不变性的第一个代数证明,以 $f = 0$ 的次数和它的奇点个数作为 p 的定义。于是,利用 p 是 $f(x_1, x_2, x_3) = 0$ 的线性无关的第一类积分的个数(而且这些积分处处有限)这一事实,他们证明变换

$$\rho x_i = \psi_i(y_1, y_2, y_3), \quad i = 1, 2, 3,$$

把第一类积分变到第一类积分,从而 p 是不变量。他们也给出阿贝尔定理的新证明(应用函数论的思想和方法)。

他们的工作是不严密的。特别是他们也按照普吕克的传统用任意常量的个数来确定 C_m 和 C_n 的交点个数。对特殊类型的二重点没有进行研究。克莱布什-戈丹工作对代数函数论的意义在于:用代数形式清楚表达出像阿贝尔定理那样的结果,并用这种形式来研究阿贝尔积分。他们把阿贝尔积分和阿贝尔函数理论中的代数部分放在更加突出的地位,特别是在变换本身的基础上建立了变换理论。

克莱布什和戈丹提出很多问题并留下很多漏洞。所提出的问题指出了以纯粹代数理论对代数函数进行代数研究的一个新方向。用代数方法的这个研究工作由布里尔与马克斯·诺特从 1871 年起继续进行,他们的关键性文章发表于 1874 年[1]。布里尔和马克斯·诺特的理论基于著名的留数定理,这在他们手里代替了阿贝尔定理。他们也用代数方法证明了关于代数函数 $F(w, z)$ 里常量个数的黎曼-罗赫定理,这里函数 $F(w, z)$ 除去在 C_n 的 m 个已给点外不再变为无穷大。根据这个定理,满足所说条件的最一般的代数函数具有形状

---

[1] "Über die algebraischen Funktionen und ihre Anwendung in der Geometrie," *Math. Ann.*, 7,1874, 269 – 310.

$$F = C_1 F_1 + C_2 F_2 + \cdots + C_\mu F_\mu + C_{\mu+1},$$

其中
$$\mu = m - p + \tau,$$

τ 是线性无关的函数 $\phi(n-3$ 次$)$ 的个数,它们在 m 个已给点处为零,p 是 C_n 的亏格。例如,若 C_n 是没有二重点的 C_4,则 $p = 3$,且 ϕ 都是直线。在这种情况下,若

$$m = 1, 则 \tau = 2, 且 \mu = 1 - 3 + 2 = 0;$$
$$m = 2, 则 \tau = 1, 且 \mu = 2 - 3 + 1 = 0;$$
$$m = 3, 则 \tau = 1 或 0, 且 \mu = 1 或 0.$$

当 $\mu = 0$ 时,没有代数函数在已给点处变为无穷大。当 $m = 3$ 时,有一个且仅有一个这样的函数,假如那三个已知点是在一直线上的话。若三点确乎在一直线 $v = 0$ 上,则此线交 C_4 于第四个点。选取一直线 $u = 0$ 通过这个点,则 $F_1 = u/v$。

这个工作取代了黎曼对在已知点变为无穷的最一般的代数函数的确定法。再者布里尔-马克斯·诺特的成果胜过射影的观点,因其所处理的由 $f = 0$ 给出的曲线 C_n 上点的几何,它们相互间的关系在一一对应双有理变换下不变。这样就第一次从代数上证明了曲线交点定理。计算常量个数这一方法被舍弃了。

代数几何方面的工作由马克斯·诺特[1]和阿尔方(Georges-Henri Halphen)[2]继续,他们详细研究了空间代数曲线。任一空间曲线 C 能够双有理地射影变换为一个平面曲线 C_1。由 C 所得的所有这种 C_1 都有相同的亏格。所以 C 的亏格定义为任一这种 C_1 的亏格,并且 C 的亏格在空间的双有理变换下是不变的。

多年来受到最大注意的课题是平面代数曲线的奇点的研究。直到 1871 年,代数函数的理论,从代数观点考虑的,限于研究有不同的或相离开的二重点(最坏的只是尖点)的那种曲线。对于有更复杂的奇点的曲线,人们相信可以作为具有二重点的曲线的极限情况来处理。但是实际的极限步骤是模糊的,并且缺乏严密性与统一性。奇点研究的顶峰是两个著名的变换定理。第一个定理说,每条不可约的平面代数曲线可用一个克里摩拿变换变到一条曲线,它除了有不同切线的重点外别无奇点。第二个定理断言,每条平面不可约代数曲线用只在曲线上双有理的变换,能变换成另一曲线,它只有具不同切线的二重点。曲线化简到这些简单形式,就使代数几何的一套方法容易得到应用。

然而,这些定理的许多证明,特别是第二个定理的证明,是不完整的或者至少受到数学家(除去给出证明的作者)的指责。第二个定理实际上有两种情况:射影平面中的实曲线以及复函数论意义下的曲线,其中 x 和 y 各自在一个复平面上取

[1] *Jour. für Math.*, 93, 1882, 271 - 318.
[2] *Jour. de l' Ecole Poly.*, Cahier 52, 1882, 1 - 200 = *Œuvres*, 3, 261 - 455.

值。马克斯·诺特①在 1871 年用一系列在全平面上一对一的二次变换证明了第一定理。一般把这证明归功于他，实际上他只是指出一个证法，而是由许多著者加以完善并修改的②。克罗内克应用分析与代数，建立了一个方法以证明第二定理。他把这个方法在 1858 年口头上告诉了黎曼和魏尔斯特拉斯，从 1870 年起用之于讲课，并在 1881 年发表了它③。这个方法使用有理变换，借助于所给平面曲线的方程，变换是一对一的，并把奇异情况变到"正则情况"；即奇点变成有相异切线的二重点。然而这结果克罗内克并没有叙述出来，只是隐含在他的工作里。

这个第二定理的大意是，所有多重点用曲线的双有理变换能够化成二重点，它是由阿尔方在 1884 年④首先明显叙述出来并给予证明的，许多其他证明都曾提出过，但没有一个是被普遍接受的。

7. 算 术 方 法

研究代数曲线的方法，除去超越方法与代数-几何方法之外，还有一个方法叫算术方法，然而它至少在概念上是纯代数的。这个方法实际上是一批理论，它们在细节上大不相同，但在三类阿贝尔积分的被积函数的构造与分析上有共同之点。这个方法是由克罗内克在其讲义⑤中，由魏尔斯特拉斯在其 1875 年至 1876 年的讲义中，并由戴德金和海因里希·韦伯在一篇合写的论文⑥中发展出来的。这方法的完整叙述出现于亨泽尔（Kurt Hensel）与兰兹伯格（Georg Landsberg）的教科书《单变量代数函数论》（*Theorie der algebraischen Funktionen einer Variabeln*，1902）中。

这个方法的中心思想来自克罗内克与戴德金关于代数数的研究工作，并利用代数数域中的整代数数与复函数中在黎曼曲面上的代数函数之间的类比。代数数理论是从整系数不可约多项式方程 $f(x) = 0$ 出发的。在代数几何上的类比是一个不可约多项式方程 $f(\zeta, z) = 0$，其中 ζ 乘幂的系数都是 z 的多项式（比如说是实系数的）。在数论中可以考虑由 $f(x) = 0$ 的系数和它的一个根生成的域 $R(x)$。在几何中则考虑所有 $R(\zeta, z)$ 形成的域，它们在黎曼曲面上是单值的代数函数。于

① *Nachrichten König. Ges. der Wiss. zu Gött.*，1871，267－278.

② 又参看马克斯·诺特，*Math. Ann.*，9，1876，166－182 与 23，1884，311－358。

③ *Jour. für Math.*，91，1881，301－334 ＝ *Werke*，2，193－236.

④ 重出现于萨蒙的 *Higher Plane Curves* 法文版（1884）的一个附录中。又在皮卡[（Charles）Emile Picard]的 *Traité d'analyse*，2，1893，364 ff. ＝ *Œuvres*，4，1－93。

⑤ *Jour. für Math.*，91，1881，301－334 与 92，1882，1－122 ＝ *Werke*，2，193－387.

⑥ "Theorie der algebraischen Funktionen einer Veränderlichen," *Jour. für Math.*，92，1882，181－290 ＝ 戴德金的 *Werke*，Ⅰ，238－350。

是考虑数论中的整代数数。与此相应的代数函数 $G(\zeta,z)$ 是整函数,即只在 $z=\infty$ 处变为无穷大的代数函数。整代数数能分解成实的质因子与单位,这分别相应于 $G(\zeta,z)$ 能分解成只在黎曼曲面上一点处为零的因子和一些无处为零的因子。戴德金在数论中引进理想以讨论可除性,这在几何上的类比是:把 $G(\zeta,z)$ 的一个在黎曼曲面上一点处为零的因子,代之以 $R(\zeta,z)$ 的域中所有在该点为零的函数集合。戴德金与海因里希·韦伯用这种算术方法来处理代数函数域,他们得到了经典性结果。

希尔伯特继续用戴德金和克罗内克的本质上是代数的或算术的方法进行代数几何的研究[①],他的一个主要定理希尔伯特的零点定理($Nullstellensatz$)说:任意多个齐次变量 $x_1,\cdots,x_n$ 的空间内每个任意范围的代数结构(图形),恒能用有限个齐次方程

$$F_1=0,\ F_2=0,\cdots,\ F_\mu=0$$

来表示,使得包含原来那个结构的任意其他结构的方程,都可以表示成

$$M_1F_1+\cdots+M_\mu F_\mu=0,$$

其中各个 M 都是任意齐次整式,其次数必须如此选择使方程本身的左边是齐次的。

希尔伯特依戴德金称 M_iF_i 的集合为模(此名词是今日的理想,而模现在稍更一般些)。于是可把希尔伯特的结果叙述为:R_n 的每一个代数结构确定一个为零的有限模。

8. 曲面的代数几何

几乎从曲线的代数几何工作开始之时起,曲面的理论就有人研究了。这里工作的方向也转向在线性与双有理变换下的不变量。像方程 $f(x,y)=0$ 一样,多项式方程 $f(x,y,z)=0$ 也有双重解释。若 x,y,z 取实数值,则方程代表一个三维空间的二维曲面。然而,若这些变量取复数值,则此方程代表六维空间的四维流形。

研究曲面的代数几何方法类似于研究曲线的方法。克莱布什用函数论方法并引进[②]二重积分,相应于曲线论中的阿贝尔积分。克莱布什指出,对于有孤立多重点和寻常多重直线的 m 次代数曲面,某个 $m-4$ 次曲面应该起 $m-3$ 次伴随曲线对

[①]　"Über die Theorie der algebraischen Formen," *Math. Ann.*, 36,1890,473-534 = *Ges. Abh.*, 2, 199-257.

[②]　*Comp. Rend.*, 67,1868,1238-1239.

于 m 次曲线的作用。已给有理函数 $R(x, y, z)$，其中 x, y 和 z 由 $f(x, y, z) = 0$ 相关联，如果要使二重积分

$$\iint R(x, y, z)\mathrm{d}x\mathrm{d}y$$

在四维曲面的二维域上恒保持有限，则求得其形式为

$$\iint \frac{Q(x, y, z)}{f_z}\mathrm{d}x\mathrm{d}y,$$

其中 Q 是 $m-4$ 次多项式。$Q = 0$ 是一个伴随曲面，通过 $f = 0$ 的多重直线，且在 $f = 0$ 的每一个 k 阶多重直线处有一个至少是 $k-1$ 阶的多重直线，以及在 f 的每个 q 阶孤立多重点处有一个至少是 $q-2$ 阶的多重点。这种积分叫做第一类二重积分。这类线性无关积分的个数，即是 $Q(x, y, z)$ 中基本常量的个数，叫做 $f = 0$ 的几何亏格 p_g。如果曲面没有点的多重直线，则

$$p_g = \frac{(m-1)(m-2)(m-3)}{6}.$$

马克斯·诺特[1]与措伊滕（Hieronymus G. Zeuthen, 1839—1920）[2]证明 p_g 是曲面（不是全空间）在双有理变换下的一个不变式。

　　直到这里，曲面和曲线论的类比是好的。第一类二重积分类似于第一类阿贝尔积分。但现在明显出现第一个差异。必须计算 $m-4$ 次多项式 Q（它在曲面多重点处的性态使积分保持有限）中的基本常量的个数。但只有当多项式次数 N 充分大时，才可用确切公式求得条件的个数。若将 $N = m-4$ 代入此公式，便可得不同于 p_g 的一个数。凯莱[3]称此新数为曲面的数值（算术的）亏格 p_n。最一般的情况是 $p_n = p_g$。当等式不成立时有 $p_n < p_g$，那时曲面称为非正则的；否则称为正则的。后来措伊滕[4]与马克斯·诺特[5]证明了 p_n 在它不等于 p_g 时的不变性。

　　皮卡［(Charles)Emile Picard］[6]发展了第二类二重积分的理论。这些是以

(13) $$\iint \left(\frac{\partial U}{\partial x} + \frac{\partial V}{\partial y}\right)\mathrm{d}x\mathrm{d}y$$

那样的方式变为无穷大的积分，其中 U 和 V 是 x, y 与 z 的有理函数，且 $f(x, y, z) = 0$。不相同的第二类积分的个数是有限的，这里所谓不相同的意义是指这些积分的线性组合中没有一个能化成(13)的形式，这个数是曲面 $f = 0$ 的双有理不

---

①　*Math. Ann.*, 2, 1870, 293 – 316.

②　*Math. Ann.*, 4, 1871, 21 – 49.

③　*Phil. Trans.*, 159, 1869, 201 – 229 = *Coll. Math. Papers*, 6, 329 – 358；和 *Math. Ann.*, 3, 1871, 526 – 529 = *Coll. Math. Papers*, 8, 394 – 397.

④　*Math. Ann.*, 4, 1871, 21 – 49.

⑤　*Math. Ann.*, 8, 1875, 495 – 533.

⑥　*Jour. de Math.*, (5), 5, 1899, 5 – 54, 及以后的文章。

变量。但和曲线情况比就不对了,不相同的第二类阿贝尔积分的个数是 $2p$。代数曲面的这个新不变量似乎与数值亏格或几何亏格没有联系。

代数曲面的研究成果远比曲线少得多。一个理由是曲面可能有的奇点要复杂得多。皮卡和西马尔(Georges Simart)有一个定理被贝波·莱维(Beppo Levi,1875—1928)[①]所证明:任何(实的)代数曲面能够双有理地变换成无奇点的曲面,然而它必须在一个五维的空间内。不过这个定理没有多大用处。

就曲线来说,单独的不变量亏格 p 能够用曲线的特征数或黎曼曲面的连通数来定义,就 $f(x,y,z)=0$ 的情形说,还不知道算术上刻画双有理不变量的个数[②]。我们不打算进一步描述曲面代数几何的少数有限成果。

代数几何的主题现在包括对高维图形(流形或簇,由一个或多个方程定义)的研究。除了在这个方向的推广之外,还有另一类推广,即在定义方程中用更一般的系数(这些系数可以是抽象环或域中的元素),并用抽象代数的方法进行研究。研究代数几何的方法有好几种,又因 20 世纪用了抽象的代数叙述,导致在用语上与研究方法上产生明显的差别,使得一类的工作者很难于了解他类的工作。20 世纪强调的是抽象代数研究方法。看来这确实能明确表达定理与证明,从而解决了对旧结果的意义与正确性所引起的许多争论。然而大多数研究工作似乎对代数的关系比对几何的关系更多一些。

参 考 书 目

Baker, H. F.:"On Some Recent Advances in the Theory of Algebraic Surfaces," *Proc. Lon. Math. Soc.*,(2),12,1912 – 1913,1 – 40.

Berzolari, L.:"Allgemeine Theorie der höheren ebenen algebraischen Kurven," *Encyk. der Math. Wiss.*,B. G. Teubner,1903 – 1915,Ⅲ C4,313 – 455.

Berzolari, L.:"Algebraische Transformationen und Korrespondenzen," *Encyk. der Math. Wiss.*,B. G. Teubner,1903 – 1915,Ⅲ,2,2nd half B,1781 – 2218. Useful for results on higher-dimensional figures.

Bliss, G. A.:"The Reduction of Singularities of Plane Curves by Birational Transformations," *Amer. Math. Soc. Bull.*,29,1923,161 – 183.

Brill, A.,and M. Noether:"Die Entwicklung der Theorie der algebraischen Funktionen," *Jahres. der Deut. Math.-Verein.*,3,1892 – 1893,107 – 565.

Castelnuovo, G.,and F. Enriques:"Die algebraischen Flächen vom Gesichtspunkte der biration-

---

① 　*Annali di Mat.*,(2),26,1897,219 – 253.
② 　所涉及的流形是不能刻画的,甚至是不能拓扑地刻画的。

alen Transformationen," *Encyk. der Math. Wiss.*, B. G. Teubner, 1903 – 1915, Ⅲ C6b, 674 – 768.

Castelnuovo, G., and F. Enriques: "Sur quelques récents résultats dans la théorie des surfaces algébriques," *Math. Ann.*, 48, 1897, 241 – 316.

Cayley, A.: *Collected Mathematical Papers*, Johnson Reprint Corp., 1963, Vols. 2, 4, 6, 7, 10, 1891 – 1896.

Clebsch, R. F. A.: "Versuch einer Darlegung und Würdigung seiner Wissenschaftlichen Leistungen," *Math. Ann.*, 7, 1874, 1 – 55. An article by friends of Clebsch.

Coolidge, Julian L.: *A History of Geometrical Methods*, Dover(reprint), 1963, pp. 195 – 230, 278 – 292.

Cremona, Luigi: *Opere mathematiche*, 3 vols., Ulrico Hoepli, 1914 – 1917.

Hensel, Kurt, and Georg Landsberg: *Theorie der algebraischen Funktionen einer Variabeln* (1902), Chelsea(reprint), 1965, pp. 694 – 702 in particular.

Hilbert, David: *Gesammelte Abhandlungen*, Julius Springer, 1933, Vol. 2.

Klein, Felix: *Vorlesungen über die Entwicklung der Mathematik im* 19 *Jahrhundert*, 1, 155 – 166, 295 – 319; 2, 2 – 26, Chelsea(reprint), 1950.

Meyer, Franz W.: "Bericht über den gegenwärtigen Stand der Invariantentheorie," *Jahres. der Deut. Math. -Verein.*, 1, 1890 – 1891, 79 – 292.

National Research Council: *Selected Topics in Algebraic Geometry*, Chelsea(reprint), 1970.

Noether, Emmy: "Die arithmetische Theorie der algebraischen Funktionen einer Veränderlichen in ihrer Beziehung zu den übrigen Theorien and zu der Zahlentheorie," *Jahres. der Deut. Math. -Verein.*, 28, 1919, 182 – 203.

第 40 章

分析中注入严密性

> 如果认为只有在几何证明里或者在感觉的证据
> 里才有必然，那会是一个严重的错误。
>
> 柯西

1. 引　言

大约在 1800 年前后，数学家们开始关心分析的庞大分支在概念和证明中的不严密性。函数概念本身就是不清楚的；使用级数而不考虑它们的收敛和发散已经产生了悖论和不同意见的争论；关于用三角级数来表示函数的论战进一步引起了混乱；当然，导数和积分的基本概念还从来没有恰当地定义过。所有这些困难最终导致人们对分析的逻辑状况的不满。

阿贝尔(Niels Henrik Abel)在 1826 年给汉斯廷(Christoffer Hansteen)教授的一封信①中抱怨说："人们在分析中确实发现了惊人的含糊不清之处。这样一个完全没有计划和体系的分析，竟有那么多人能研究过它，真是奇怪。最坏的是，从来没有严格地对待过分析。在高等分析中只有很少几个定理是用逻辑上站得住脚的方式证明的。人们到处发现这种从特殊到一般的不可靠的推理方法，而非常奇怪的是这种方法只导致了极少几个所谓的悖论。"

一些数学家决心从这种混沌中整理出一个秩序来。常被人们称为批判运动的领导者们决心把分析只在算术概念的基础上重新建立起来。这个运动的开端正好是非欧几何的创立时期。一个完全不同的集体，除了高斯外卷入了这后一活动，因而要追溯这个活动和把分析奠定在算术基础上的决心之间的任何直接联系是困难的。这种决心的出现大概是由于企图把分析奠基于几何之上的希望——17 世纪的许多数学家断言这种希望是能够实现的——但因在 18 世纪分析发展中日益增长的复杂性而导致破灭。不过高斯早在 1799 年就已表示了他对欧氏几何真理性

---

① *Œuvres*, 2, 263 - 265.

的怀疑,而且在 1817 年他就认定真理只存在于算术之中。此外,甚至在高斯和其他作者关于非欧几何的早期著作中就注意到欧氏几何发展中的缺陷。因此很可能就是这两个因素造成了对几何的不信任而决心把分析奠基在算术概念之上。这无疑是批判运动的领导者们要着手去做的事。

严密的分析是从波尔查诺(Bernhard Bolzano)、柯西、阿贝尔和狄利克雷的工作开始,而由魏尔斯特拉斯进一步发展了的。在这方面,柯西和魏尔斯特拉斯最为著名。柯西关于分析基础的基本著作是他的《代数分析教程》(*Cours d'analyse algébrique*)[①]、《无穷小分析教程概论》(*Résumé des leçons sur le calcul infinitésimal*)[②],以及《微分计算教程》(*Leçons sur le calcul différentiel*)[③]。实际上,用现代的标准来衡量,柯西著作中的严密性是不够的。他用了诸如"无限趋近"、"想要多小就多小"、"无穷小增量的最后比"以及"一个变量趋于它的极限"之类的话。可是,如果人们把拉格朗日的《解析函数论》(*Théorie des fonctions analytiques*)[④]和《函数计算教程》(*Leçons sur le calcul des fonctions*)[⑤]以及拉克鲁瓦(Sylvestre-Francois Lacroix)的有影响的书《微积分计算专著》(*Traité du calcul différentiel et du calcul intégral*)[⑥]同柯西的《代数分析教程》相比较,就开始看到 18 和 19 世纪的数学之间的明显不同。特别要指出,拉格朗日纯粹是形式的。他用符号表达式来进行运算。在他那里没有极限、连续等根本性的概念。

柯西在他的 1821 年著作的导言中说得非常明白,他企图给分析以严密性。他指出对一切函数自由地使用那些只有代数函数才有的性质以及使用发散级数都是不合法的。虽然柯西的工作只是迈向严密化方向的一步,他自己却相信而且在《概论》中说他已经把分析的严密化进行到底了。至少对初等函数,可以说他确实开始给出了定理的确切证明并做出了有适当限制的断言。阿贝尔在他 1826 年关于二项式的论文中赞扬柯西的成就:"每一个在数学研究中喜欢严密性的人都应该读这本杰出的著作[《分析教程》]。"柯西抛弃了欧拉的显式表示和拉格朗日的幂级数而引进了处理函数的新概念。

2. 函数及其性质

18 世纪的数学家大多相信一个函数必须处处都有相同的解析表达式。在 18

---

① 　1821,*Œuvres*,(2),Ⅲ.
② 　1823,*Œuvres*,(2),Ⅳ,1-261.
③ 　1829,*Œuvres*,(2),Ⅳ,265-572.
④ 　1797;2nd ed.,1813 = *Œuvres*,9.
⑤ 　1801;2nd ed.,1806 = *Œuvres*,10.
⑥ 　3 vols.,lst ed.,1797-1800;2nd ed.,1810-1819.

世纪的后半叶,很大程度上作为弦振动问题上争论的一个结果,欧拉和拉格朗日允许函数在不同的区域上具有不同的表达式,而且在那些有同一表达式的点上用连续这个词,而在那些改变了表达式形式的点上用不连续这个词(虽然在现代意义上讲整个函数可能都是连续的)。当欧拉、达朗贝尔和拉格朗日不得不重新考虑函数的概念时,他们既没有得到任何广泛被采用的定义,也没有解决什么样的函数可以用三角级数来表示的问题,但是多方面的逐渐发展以及函数的应用迫使数学家接受一个更广的概念。

在高斯的早期著作中函数指的是一个封闭的(有限解析的)表达式,而当他谈到超几何级数 F(α, β, γ, x) 作为 α, β, γ 和 x 的函数时,他用注解来确定它的意义说:"在这个范围内能认为它是一个函数。"拉格朗日在把幂级数看成函数时早就采用了一个更广的概念。在他的《解析力学》(*Mécanique analytique*, 1811—1815)第二版中,他用函数一词来表示几乎是任何类型的对一个或多个变量的依赖关系。甚至在拉克鲁瓦 1797 年的《专著》中早就引入了一个更广的概念。他在引论中说:"每一个量,若其值依赖于一个或几个别的量,就称它为后者(这个或这些量)的函数,不管人们知不知道用何种必要的运算可以从后者得到前者。"作为一个例子,拉克鲁瓦把一个五阶方程的一个根作为该方程系数的函数。

傅里叶(Joseph Fourier)的工作甚至更广泛地展现了函数究竟是什么的问题。一方面他主张函数不必表示为任何解析表达式。他在他的《热的解析理论》(*The Analytical Theory of Heat*)[①]中说:"通常,函数 $f(x)$ 表示相接的一组值或纵坐标,它们中的每一个都是任意的……我们不假定这些纵坐标服从一个共同的规律;它们以任何方式一个挨着一个……"实际上,他只讨论了在任一有限区间上具有有限个间断点的函数。另一方面,在某种程度上傅里叶支持函数必须用一个解析表达式来表示的论点,即使这个表达式是一个傅里叶级数。无论如何,傅里叶的工作是动摇了 18 世纪的这样一个信念,即所有函数无论它们怎么坏总都是代数函数的推广。代数函数,甚至初等超越函数,都不再是函数的原型了。由于代数函数的性质不再能搬到一切函数上去,所以人们说的函数、连续、可微性、可积性以及其他性质的真实意义究竟是什么的问题就提出来了。

在许多人从事的分析的积极重建中,实数系被认为是当然没有问题的。没有人企图去分析实数系的结构或逻辑地建立实数系。显然数学家们认为就所讨论的问题而言,他们是立足于可靠的基础之上的。

柯西在他 1821 年的书中是从定义变量开始的。"人们把依次取许多互不相同的值的量叫做变量。"至于函数的概念,"当变量之间这样联系起来的时候,即给定

---

①　英译本,p. 430,Dover(重印),1955。

了这些变量中一个的值,就可以决定所有其他变量的值的时候,人们通常想象这些量是用其中的一个来表达的,这时这个量就取名为自变量,而由这自变量表示的其他量就叫做这个自变量的函数。"柯西也清楚无穷级数是规定函数的一种方法,但是对函数来说不一定要有解析表达式。

在一篇关于傅里叶级数的论文《用正弦和余弦级数来表示完全任意的函数》(Über die Darstellung ganz willkürlicher Functionen durch Sinus-und Cosinus-reihen)①(这篇文章我们以后还要谈到)中,狄利克雷给出了(单值)函数的定义,这个定义是现今最常用的,即如果对于给定区间上的每一个 x 的值有唯一的一个 y 的值同它对应,那么 y 就是 x 的一个函数。接下去他又说,至于在整个区间上 y 是否按照一种或多种规律依赖于 x,或者 y 依赖于 x 是否可用数学运算来表达,那都是无关紧要的。事实上,在 1829 年②他给出了 x 的一个函数的例子,它对一切有理数取值 c 而对一切无理数取值 d。

汉克尔指出,至少在 19 世纪的上半世纪,最好的教科书中在讲到函数概念是什么的时候是混乱的。一些书本质上按欧拉的意义定义函数;另一些书则要求 y 随 x 依某一规律而变化,但是又没说规律的含义是什么;有些书则采用了狄利克雷的定义;还有一些书则不给定义。但是由他们的定义推出的结论并非逻辑地蕴含在这些定义中。

连续和间断之间特有的区别逐渐显现出来了。对函数性质的仔细研究是由波尔查诺(1781—1848)开始的,他是波希米亚的一个神父、哲学家和数学家。波尔查诺做这一工作,是由于他试图为代数基本定理给出一个纯算术证明来替代高斯用几何思想的第一个证明(1799)。对于微积分的建立(除实数理论外),波尔查诺具有正确的概念,但他的工作有半个世纪未被注意。他不承认无穷小数和无穷大数的存在,而无穷小和无穷大正是 18 世纪的作者曾经用过的。在 1817 年的一本以 *Rein analytischer Beweis*(纯粹分析的证明)开始的书名很长的一本书中(参看文献),波尔查诺给出了连续性的恰当定义,即若在区间内任一 x 处,只要 ω(的绝对值)充分小,就能使差 $f(x+\omega)-f(x)$(的绝对值)任意小,那么就说 $f(x)$ 在该区间上连续。他证明了多项式是连续的。

柯西也抓住了极限和连续性的概念。和波尔查诺一样,极限概念是基于纯算术的考虑。他在《教程》(1821)中说:"当一个变量逐次所取的值无限趋近一个定值,最终使变量的值和该定值之差要多小就多小,这个定值就叫做所有其他值的极限。例如,一个无理数就是那些在数值上愈来愈接近于它的不同分数的极限。"这

---

① *Repertorium der Physik*,1,1837,152-174 = *Werke*,1,135-160.
② *Jour. für Math.*,4,1829,157-169 = *Werke*,1,117-132.

个例子有点不恰当,因为许多人把这样的极限作为无理数的定义,而如果无理数事先不存在,那么极限就没有意义。柯西在 1823 年和 1829 年的著作中删去了这个例子。

柯西在其 1821 年著作的序言[《教程》第 5 页]中说,当说及函数的连续性时,必须说明无穷小量的主要性质。"当一个变量的数值这样地无限减小,使之收敛到极限 0,那么人们就说这个变量成为无穷小。"柯西把这种变量叫做无穷小量。这样一来,柯西就澄清了莱布尼茨的无穷小概念而且把无穷小量从形而上学的束缚中解放出来。柯西继续说:"当变量的数值这样地无限增大,使该变量收敛到极限 ∞,那么该变量就成为无穷大。"但是 ∞ 不意味着是一个固定的量,而只是无限变大的某个量。

现在柯西准备给函数的连续性下定义了。在《教程》(pp. 34–35)中他说:"设 $f(x)$ 是变量 x 的一个函数,并设对介于给定两个限[界]之间的 x 的值,这个函数总取一个有限且唯一的值。如果从包含在这两个界之间的一个 x 值开始,给变量 x 以一个无穷小增量 α,函数本身就将得到一个增量,即差 $f(x+\alpha) - f(x)$,这个差同时依赖于新变量 α 和原变量 x 的值。假定了这一点之后,如果对于每一个在这两个限中间的 x 的值,差 $f(x+\alpha) - f(x)$ 的数值随着 α 的无限减小而无限减小,那么就说,在变量 x 的两限之间,函数 $f(x)$ 是变量的一个连续函数。换句话说,**如果在这两限之间,变量的一个无穷小增量总产生函数自身的一个无穷小增量,那么函数 $f(x)$ 在给定限之间对于 x 保持连续**。

"我们也说 $f(x)$ 在变量 x 的一个确定值的邻域中是 x 的连续函数,只要这函数在 x 的这两个限之间是连续的,而不管界住自变量的值的这两个限是多么靠近。"然后柯西又说,如果函数在包含 x_0 的任何区间上不连续,就说函数在 x_0 处不连续。

柯西在他的《教程》中第 37 页断言,如果一个多变量函数分别对每个变量都是连续的,则它对于所有变量都连续。这是不正确的。

在整个 19 世纪,连续的概念是人们研讨的对象,因而数学家们对它更多地理解了,有时候产生使他们感到吃惊的结果。达布(Gaston Darboux)曾给出一个函数的例子,当从 $x = a$ 变到 $x = b$ 时,这个函数取遍两个给定值之间的一切中间值,但却不是连续的。这样,连续函数的一个基本性质是不足以确保函数连续性的[①]。

魏尔斯特拉斯在分析严密化方面的工作改进了波尔查诺、阿贝尔和柯西的工作。他也力求避免直观而把分析奠基在算术概念的基础上。 但他是在 1841 年至

---

① 考虑当 $x \neq 0$ 时 $y = \sin \dfrac{1}{x}$,而当 $x = 0$ 时 $y = 0$。这个函数取遍从 x 的一个负值所对应的函数值到 x 的一个正值所对应的函数值之间的一切值。但是这个函数在 $x = 0$ 点不连续。

1856 年做中学教师时做这些工作的,因此直到 1859 年他在柏林大学任教之前,他的大部分工作没有为人们所知道。

魏尔斯特拉斯攻击"一个变量趋于一个极限"的说法,这种说法不幸地使人们想起时间和运动。他把一个变量简单地解释为一个字母,该字母代表它可以取值的集合中的任何一个数。这样运动就消除了。一个连续变量是这样一个变量,如果 x_0 是该变量的值的集合中的任一值而 δ 是任意正数,则一定有变量的其他值在区间 $(x_0 - \delta, \ x_0 + \delta)$ 中。

为了消除波尔查诺和柯西在定义函数的连续性和极限中用到的短语"变为而且保持小于任意给定的量"的不明确性,魏尔斯特拉斯给出了现今所采用的定义:如果给定任何一个正数 ε,都存在一个正数 δ 使得对于区间 $|x - x_0| < \delta$ 内的所有的 x 都有 $|f(x) - f(x_0)| < \varepsilon$,则 $f(x)$ 在 $x = x_0$ 处连续。如果在上述说法中,用 L 代替 $f(x_0)$,则说 $f(x)$ 在 $x = x_0$ 处有极限 L。如果函数 $f(x)$ 在区间内的每一点 x 处都连续,就说 $f(x)$ 在 x 值的这个区间上连续。

在连续性概念本身正被精细地研究着的那些年代里,为了严密地建立分析而进行艰难的尝试就要求人们证明许多原先已经被直观地接受了的有关连续函数的定理。波尔查诺在他 1817 年的出版物中,企图证明如果 $f(x)$ 在 $x = a$ 处为负而在 $x = b$ 处为正,则 $f(x)$ 在 a 和 b 之间有一个零点。他(对固定的 x)考虑函数序列

(1) $$F_1(x), \ F_2(x), \ F_3(x), \ \cdots, \ F_n(x), \ \cdots,$$

而且引入了这样的定理:如果 n 充分大,可使差数 $F_{n+r} - F_n$ 对于无论多大的 r 都小于任何给定的正数,则存在一个固定的量 X,使得这个序列愈来愈靠近 X,而且确实如人们所想要的那样靠近 X。他对量 X 的确定是含糊的,因为他没有一个清楚的实数系的理论,尤其是不清楚作为实数系基础的无理数的理论。然而他已经有了我们现在叫做序列收敛的柯西条件的思想(见下面)。

在证明的过程中,波尔查诺建立了有界实数集的最小上界的存在。他的确切的陈述是:如果性质 M 不能适用于变量 x 的所有的值,但对于所有小于某个 u 的值性质 M 成立,则总存在一个量 U,它是所有这样的量 u 的最大值。这个引理的波尔查诺证明的实质,在于把有界区间分成两部分,而选取包含集合的无穷多个元素的那一部分。然后他重复这一手续,直到他得到给定实数集的最小上界才停止。魏尔斯特拉斯在 19 世纪 60 年代应用波尔查诺贡献的这一方法证明了现在冠以魏尔斯特拉斯-波尔查诺名字的定理。这个定理证实了对于任何有界无穷点集,存在一个点,使得该点的任何邻域内都有这无穷点集的点。

柯西(在他关于多项式的根的存在的证明之一中)已经不加证明地用过定义在闭区间上的连续函数存在最小值。魏尔斯特拉斯在他的柏林讲义中证明了对任何定义在有界闭区域的单变量或多变量的连续函数,存在函数的一个最大值和一个

最小值。

　　在康托尔和魏尔斯特拉斯的思想的鼓舞下,海涅[(Heinrich) Eduard Heine]定义了单变量或多变量函数的一致连续性①,尔后又证明了在实数系的有界闭区间上的连续函数是一致连续的②。海涅的方法引进且利用了下述定理:设给定了一个闭区间[a, b],以及位于[a, b]中的所有闭区间构成的一个可数无穷集合 Δ,使得 $a \leqslant x \leqslant b$ 中的每一点 x 至少是 Δ 中一个区间的内点。(当 a 是一个区间的左端点而 b 是另一个区间的右端点时,也把端点 a 和 b 看作是内点。)则由 Δ 中有限多个区间组成的一个集合具有同样的性质,即闭区间[a, b]的每个点至少是这个有限区间集合中的某一区间的一个内点(a 和 b 可能是端点)。

　　波莱尔(Emile Borel,1871—1956),20 世纪的第一流法国数学家之一,清楚地认识到能够选出有限个覆盖区间的重要性,且对原来的区间集合 Δ 是可数的情形首先把它叙述为一个独立的定理③。虽然许多德国和法国的数学家把这个定理叫做波莱尔定理,但由于海涅在关于一致连续的证明中利用了这个性质,所以这个定理也叫海涅-波莱尔定理。正如勒贝格所指出的,这个定理的功绩不在于它的证明(它的证明是不难的),而在于认识到这个定理的重要性,而且把它作为一个清楚的定理确切地陈述出来。对于任何维数的闭集合,这个定理都适用,而且现在它已成了集合论中的一个基本定理。

　　把海涅-波莱尔定理推广到可以从一个不可数无穷集合中选出覆盖区间的一个有限集合的情形,通常归功于勒贝格(Henri Lebesgue),他自称在 1898 年就已经知道了这个定理而且发表在他的《积分学教程》(Leçons sur l'intégration, 1904)中。但是这个定理是由库辛(Pierre Cousin,1867—1933)在 1895 年首先发表的④。

3. 导　　数

　　达朗贝尔是看出牛顿在本质上具有正确的导数概念的第一个人。在《百科全书》(Encyclopédie)中达朗贝尔明确地说,导数必须建立在应变量的差和自变量的差的比的基础上。这个看法再次系统地阐述了牛顿的最初和最后比。由于达朗贝尔的思想仍然受几何直观的束缚,他没有继续前进。在后来的 50 年中他的继承者们仍然不能给出导数的明确定义。连泊松(Simeon-Denis Poisson)都相信,小于任何给定的无论多小的正数的非零正数是存在的。

---

①　*Jour. für Math.*, 71,1870,353 - 365.

②　*Jour. für Math.*, 74,1872,172 - 188.

③　*Ann. de l'Ecole Norm. Sup.*, (3),12,1895,9 - 55.

④　*Acta Math.*, 19,1895,1 - 61.

波尔查诺第一个(1817)把 $f(x)$ 的导数定义为当 Δx 经由负值和正值趋于 0 时,比 $[f(x+\Delta x)-f(x)]/\Delta x$ 无限接近地趋向的量 $f'(x)$。波尔查诺强调 $f'(x)$ 不是两个 0 的商,也不是两个消失了的量的比,而是前面指出的比所趋近的一个数。

柯西在他的《无穷小分析教程概论》[①]中,用和波尔查诺同样的方式定义导数。然后他通过把 dx 定义为任一有限量而把 dy 定义为 $f'(x)dx$,从而把导数的概念和莱布尼茨的微分统一起来[②]。换句话说,他引入两个量,根据定义,它们的比是 $f'(x)$。微分通过导数就有了意义,但只是一个辅助的概念,在逻辑上没有它也行,但是作为思考或书写的手段是方便的。柯西还指出,整个 18 世纪所用的微分表达式的含义就是通过导数来表示的。

然后他通过平均值定理,即 $\Delta y = f'(x+\theta\Delta x)\Delta x$,其中 $0<\theta<1$,来阐明 $\dfrac{\Delta y}{\Delta x}$ 和 $f'(x)$ 之间的关系。拉格朗日已经知道这个定理(第 20 章第 7 节)。柯西在平均值定理的证明中用到了 $f'(x)$ 在区间 $(x, x+\Delta x)$ 上的连续性。

虽然波尔查诺和柯西已经(多少)严密化了连续性和导数的概念,但是柯西和他那个时代的几乎所有的数学家都相信,而且在后来 50 年中许多教科书都"证明",连续函数一定是可微的 $\left(\text{当然要除去像 } y=\dfrac{1}{x} \text{ 中的 } x=0 \text{ 那样的孤立点}\right)$。波尔查诺确实了解到连续性和可微性之间的区别。在他的《函数论》(*Funktionen-lehre*)中(他在 1834 年写这本书,但没写完也没有发表)[③],他给出了一个在任何点都没有有限导数的连续函数的例子。波尔查诺的例子像他的其他著作一样,没有引起人们的注意[④]。即使他在 1834 年发表这个例子也可能不会产生什么影响,因为他所举的例子是一条曲线,没有解析表达式,而对那个时期的数学家来说,函数仍然是由解析表达式给出的实体。

最终讲明白连续性和可微性之间的区别的例子,是由黎曼在取得大学教授资格的论文《试用短文》(*Habilitationsschrift*)中给出的,这是他为了取得格丁根的一个无薪大学教师(其报酬直接来自学生的学费)职位(privatdozent)而在 1854 年写的论文,《用三角级数来表示函数的可表示性》(Über die Darstellbarkeit einer Function durch eine trigonometrische Reihe)[⑤]。[这是作为应征讲演而写的几何

---

① 1823, *Œuvres*, (2), 4, 22.

② 拉克鲁瓦在他的《专著》的第一版中早就这样定义 dy 了。

③ *Schriften*, 1, Prague, 1930. 这是由雷赫利克(K. Rychlik)编辑出版的,布拉格,1930。

④ 1922 年雷赫利克证明了这个函数是到处不可微的。见柯瓦列夫斯基(Gerhard Kowalewski),"Über Bolzanos nichtdifferenzierbare stetige Funktion," *Acta Math.*, 44, 1923, 315-319。这篇文章包括波尔查诺函数的一个描述。

⑤ *Abh. der Ges. der Wiss. zu Gött.*, 13, 1868, 87-132 = *Werke*, 227-264.

基础方面的论文(第 37 章第 3 节)。]黎曼定义了下面的函数。令(x)表示 x 和最靠近 x 的整数的差,如果 x 在两个整数的中点,则令 $(x) = 0$。于是 $-\frac{1}{2} < (x) < \frac{1}{2}$。$f(x)$定义为

$$f(x) = \frac{(x)}{1} + \frac{(2x)}{4} + \frac{(3x)}{9} + \cdots,$$

这个级数对所有的 x 值收敛。然而(对于任意的 n)对 $x = \frac{p}{2n}$,其中 p 是一个和 $2n$ 互质的整数,$f(x)$是间断的而且具有一个数值为 $\frac{\pi^2}{8n^2}$ 的跳跃。在 x 的所有其他数值处,$f(x)$是连续的。而且在每个任意小的区间上 $f(x)$ 有无穷多个间断点。尽管如此,$f(x)$却是可积的(第 4 节)。而且 $F(x) = \int f(x)\mathrm{d}x$ 对一切 x 连续,但在 $f(x)$的间断点处没有导数。这个例子直到 1868 年才发表,在这之前这个病态函数没有引起多大的注意。

连续性和可微性之间的一个甚至是更为惊人的区别,是由瑞士数学家塞莱里耶(Charles Cellérier, 1818—1889)指出的。1860 年他给出了一个连续但处处不可微的函数的例子,就是

$$f(x) = \sum_{n=1}^{\infty} a^{-n} \sin a^n x,$$

其中 a 是一个大的正整数。但是这个例子直到 1890 年[1]才发表。最引起人们注意的例子,是由魏尔斯特拉斯给出的。早在 1861 年他在讲课中已经确认,想要从连续性推出可微性的任何企图都必定失败。1872 年 7 月 18 日,在柏林科学院的一次讲演中,他给出了处处不可微的连续函数的经典例子[2]。魏尔斯特拉斯在 1874 年的一封信中把他的例子告诉了杜波依斯-雷蒙(Paul Du Bois-Reymond),而由后者首先发表出来[3]。魏尔斯特拉斯的函数是

$$f(x) = \sum_{n=0}^{\infty} b^n \cos(a^n \pi x),$$

其中 a 是一个奇整数而 b 是一个小于 1 的正的常数,而且 $ab > 1 + \left(\frac{3\pi}{2}\right)$。这个级数是一致收敛的,因而定义一个连续函数。魏尔斯特拉斯的例子推动人们去创造更多的函数,这些函数在一个区间上连续或到处连续,但在一个稠密集或在任何点上都是不可微的[4]。

---

[1]　*Bull. des Sci. Math.*, (2), 14, 1890, 142–160.
[2]　*Werke*, 2, 71–74.
[3]　*Jour. für Math.*, 79, 1875, 21–37.
[4]　其他的例子和参考文献可以在汤森(E. J. Townsend)的 *Functions of Real Variables*(Henry Holt, 1928)和霍布森(E. W. Hobson)的 *The Theory of Functions of a Real Variable* 2 卷第 6 章(Dover, 1957)中找到。

发现连续性并不蕴含可微性,以及函数可以具有各种各样的反常性质,其历史意义是巨大的。它使数学家们更加不敢信赖直观或者几何的思考了。

4. 积　　分

牛顿的著作表明面积可以通过把微分法反过来求得。当然这仍是本质的方法。莱布尼茨关于把面积或体积看作是诸如矩形或柱体微元的"和"的思想[定积分]被忽视了。在 18 世纪当微元"和"的概念多少被采纳时,使用这些概念也是很不严谨的。

柯西强调把积分定义为和的极限来代替把积分看作是微分法的逆运算。这个改变至少有一个主要的理由。我们知道,傅里叶处理过间断函数,而傅里叶级数的系数公式是

$$a_n = \frac{1}{\pi} \int_0^{2\pi} f(x) \cos nx \, \mathrm{d}x, \; b_n = \frac{1}{\pi} \int_0^{2\pi} f(x) \sin nx \, \mathrm{d}x,$$

这就要求间断函数的积分。傅里叶把积分看成一个和(莱布尼茨的观点),因此处理即使是间断的 $f(x)$ 也没有什么困难。但是当 $f(x)$ 是间断函数时,必须考虑积分的解析含义的问题。

柯西在他的《概论》(1823)中对定积分作了最系统的开创性工作,在书中他也指出在人们能够使用定积分、原函数之前,必须确立定积分的存在,以及间接地确立反导数或原函数的存在。他从连续函数开始。

他对连续函数 $f(x)$ 给出了定积分作为和的极限的确切定义[①]。如果区间 $[x_0, X]$ 为 x 的值 $x_1, x_2, \cdots, x_{n-1}$ 所分割,$x_n = X_n$,则积分是

$$\lim_{n \to \infty} \sum_{i=1}^n f(x_i)(x_i - x_{i-1}).$$

定义中事先假设 $f(x)$ 在 $[x_0, X]$ 上连续以及最大子区间的长度趋于零,这个定义是算术性的。柯西证明了无论怎样选取 x_i,积分都存在。但由于他没有一致连续性的概念,他的证明是不严密的。他用傅里叶建议的记号 $\int_{x_0}^X f(x) \mathrm{d}x$ 来代替欧拉对反微分法经常使用的记号

$$\int f(x) \mathrm{d}x \begin{bmatrix} x = b \\ x = a \end{bmatrix}.$$

接着柯西定义

$$F(x) = \int_{x_0}^x f(x) \mathrm{d}x,$$

且证明 $F(x)$ 在 $[x_0, X]$ 上连续。置

---

① *Résumé*, 81 - 84 = *Œuvres*, (2), 4, 122 - 127.

$$\frac{F(x+h) - F(x)}{h} = \frac{1}{h} \int_x^{x+h} f(x) \mathrm{d}x,$$

并利用积分中值定理,柯西证明了

$$F'(x) = f(x).$$

这就是微积分基本定理。柯西的表示方法是微积分基本定理的第一个证明。在证明了给定函数 $f(x)$ 的全体原函数彼此只差一个常数之后,他把不定积分定义为

$$\int f(x) \mathrm{d}x = \int_a^x f(x) \mathrm{d}x + C.$$

他指出,若假定 $f'(x)$ 连续,则

$$\int_a^b f'(x) \mathrm{d}x = f(b) - f(a).$$

然后柯西论述了在积分区间的某些值 x 处 $f(x)$ 变为无穷或积分区间趋于 ∞ 时的奇异(反常)积分。对于 $f(x)$ 在 $x = c$ 点不连续,而在这点处 $f(x)$ 可以有界也可以无界的情形,柯西把反常积分定义为

$$\int_a^b f(x) \mathrm{d}x = \lim_{\varepsilon_1 \to 0} \int_a^{c-\varepsilon_1} f(x) \mathrm{d}x + \lim_{\varepsilon_2 \to 0} \int_{c+\varepsilon_2}^b f(x) \mathrm{d}x,$$

只要右端的极限存在,当 $\varepsilon_1 = \varepsilon_2$ 时我们就得到柯西所谓的主值。

曲线所界区域的面积、曲线的长度、曲面所界区域的体积,以及曲面的面积等概念,已经作为直观的理解而被人们接受了,而这些量能用积分来计算已被看作是微积分重大成就之一。但是柯西为了和他的算术化分析的目标相一致,他用计算这些量而建立起来的积分公式来定义这些几何量。由于积分公式把限制强加给被积函数,所以柯西已在无意中对他所定义的概念加上了一种限制。例如由 $y = f(x)$ 表示的曲线的弧长公式是

$$s = \int_a^b \sqrt{1 + (y')^2} \, \mathrm{d}x,$$

而在这个公式中事先假定了 $f(x)$ 是可微的。至于面积、曲线长度和体积的最一般定义是什么的问题,是后来才提出来的(第 42 章第 5 节)。

柯西已经对任何连续函数证明了积分的存在。他也定义了被积函数具有跳跃间断和被积函数为无穷时的积分。但是随着分析的发展,显然需要去研究更不规则的函数的积分。黎曼在他 1854 年关于三角级数的一篇论文中提出了可积性这个课题。他说,考虑使傅里叶系数的积分公式仍然成立的较宽条件,虽然对物理应用不一定是重要的,但至少对数学是重要的。

黎曼把积分推广到在区间 $[a, b]$ 上有定义且有界的函数 $f(x)$ 上去。他把 $[a, b]$ 分割成子区间[①] $\Delta x_1, \Delta x_2, \cdots, \Delta x_n$,并把 $f(x)$ 在 Δx_i 上的最大值和最小值之差

---

① 为简单起见,我们用 Δx_i 表示子区间及其长度。

定义为 $f(x)$ 在 Δx_i 上的振幅。然后他证明了当最大的 Δx_i 趋于 0 时，和式

$$S = \sum_{i=1}^{n} f(\xi_i) \Delta x_i$$

（其中 ξ_i 是 Δx_i 中 x 的任一值）趋于一个唯一的极限（积分存在）的一个必要充分条件是：区间 Δx_i[在其中 $f(x)$ 的振幅大于任给的数 λ]的总长度必须随着各区间长度的趋于零而趋于零。

然后黎曼指出，关于振幅的这一条件使他可以用具有孤立间断点的函数以及具有到处稠密的间断点的函数来替代连续函数。事实上，他所给出的在每个任意小区间上有无穷多个间断点的可积函数的例子（第 3 节），是企图说明他的积分概念的一般性。这样，黎曼就在积分的定义中去掉了连续和分段连续的要求。

黎曼在他 1854 年的论文中给出了在区间 $[a, b]$ 上有界函数是可积的另一个必要充分条件，但是没有进一步的说明。实际上相当于首先建立现在所谓的上和与下和

$$S = M_1 \Delta x_1 + \cdots + M_n \Delta x_n,$$
$$s = m_1 \Delta x_1 + \cdots + m_n \Delta x_n,$$

这里，m_i 和 M_i 是 $f(x)$ 在 Δx_i 上的最小值和最大值。然后令 $D_i = M_i - m_i$，黎曼指出，当且仅当对于区间 $[a, b]$ 上 Δx_i 的一切选法都有

$$\lim_{\max \Delta x \to 0} \{D_1 \Delta x_1 + D_2 \Delta x_2 + \cdots + D_n \Delta x_n\} = 0$$

时，$f(x)$ 在 $[a, b]$ 上的积分才存在。达布把黎曼的说法阐述得更加完全，并且证明了这个条件是必要充分的[①]。S 有许多值，每一个值与把 $[a, b]$ 分为 Δx_i 的分划对应。类似地，s 也有许多值。每个 S 叫上和而每个 s 叫下和。令 J 是 S 的下确界，而令 I 是 s 的上确界，就得到 $I \leqslant J$。于是达布的定理说：当 Δx_i 的数目无限增加，使最大子区间的长度趋于 0 时，和 S 与 s 分别趋于 J 与 I。如果 $J = I$，则说有界函数在 $[a, b]$ 上是可积的。

达布力图证明，一个有界函数 $f(x)$ 在 $[a, b]$ 上可积的充要条件是，$f(x)$ 的间断点组成一个测度为 0 的集合。但他所谓间断点集合的测度为 0，意思是指间断点可以包含在有限个区间中，而这些区间的总长度是任意小。这种关于可积性条件的确切阐述，也由许多人在同一年(1875)给了出来。沃尔泰拉(Vito Volterra)对 S 的下确界 J 引入了上积分这个术语和记号 $\overline{\int_a^b} f(x)\mathrm{d}x$，他还对 s 的上确界引入了下积分这个术语和记号 $\underline{\int_a^b} f(x)\mathrm{d}x$[②]。

---

① *Ann. de l'Ecole Norm. Sup.*, (2), 4, 1875, 57 – 112.

② *Gior. di Mat.*, 19, 1881, 333 – 372.

达布在 1875 年的论文中还证明在推广了的意义下,可积函数的微积分基本定理成立。博内不用 $f'(x)$ 的连续性证明了微分学的中值定理[①]。达布利用这个证明(这个证明在现在是标准的)证明了当 f' 仅在黎曼-达布意义下可积时,

$$\int_a^b f'(x)\mathrm{d}x = f(b) - f(a).$$

达布的论点是

$$f(b) - f(a) = \sum_{i=1}^n [f(x_i) - f(x_{i-1})],$$

其中 $a = x_0 < x_1 < x_2 < \cdots < x_n = b$。由中值定理,

$$\sum [f(x_i) - f(x_{i-1})] = \sum f'(t_i)(x_i - x_{i-1}),$$

这里 t_i 是 (x_{i-1}, x_i) 中的某个值。现在若最大的 Δx_i 或 $x_i - x_{i-1}$ 趋于零,则上式的右端趋于 $\int_a^b f'(x)\mathrm{d}x$,而左端是 $f(b) - f(a)$。

19 世纪 70 和 80 年代最受欢迎的活动之一,就是构造各种具有无穷个间断点而在黎曼意义下仍为可积的函数。在这方面,史密斯(Henry J. S. Smith)[②]给出了在黎曼意义下不可积函数的第一个例子,但是这个函数的间断点是"稀疏"的。狄利克雷函数(第 2 节)也是黎曼意义下不可积的,不过它是处处不连续的。

积分的概念后来推广到了无界函数,还推广到各种广义积分。最有意义的推广是在 20 世纪由勒贝格做出的(第 44 章)。然而,就初等微积分而言,到 1875 年时积分概念就已经建立在充分广阔而严密的基础之上了。

二重积分的理论也解决了。18 世纪已经处理过比较简单的二重积分(第 19 章第 6 节)。柯西在 1814 年的论文(第 27 章第 4 节)中指出,如果被积函数在积分区域中不连续,则在计算二重积分 $\iint f(x, y)\mathrm{d}x\mathrm{d}y$ 时,积分的次序至关重要。柯西特别指出[③],当 f 无界时累次积分

$$\int_0^1 \mathrm{d}y \Big[\int_0^1 f(x, y)\mathrm{d}x\Big], \quad \int_0^1 \mathrm{d}x \Big[\int_0^1 f(x, y)\mathrm{d}y\Big]$$

不一定是相等的。

托梅(Karl J. Thomae,1840—1921)把黎曼的积分理论推广到二元函数[④]。以

---

① 发表在塞雷特(J. A. Serret)的 *Cours de calcul différentiel et intégral*, 1,1868,17 - 19。

② *Proc. Lon. Math. Soc.*, 6,1875, 140 - 153 = *Coll. Papers*, 2,86 - 100.

③ *Mémoire*(1814);特别见 *Œuvres*, (1),1,p.394。

④ *Zeit. für Math. und Phys.*, 21,1876,224 - 227.

后托梅在 1878 年[①]给出了有界函数的一个简单例子,表明上面第二个累次积分存在但第一个没有意义。

在柯西和托梅的例子中,二重积分都不存在。但在 1883 年[②]杜波依斯-雷蒙证明了即使二重积分存在,两个累次积分也不一定存在。在二重积分的情形,最有意义的推广也是由勒贝格做出的。

5. 无 穷 级 数

18 世纪的数学家不加辨别地使用无穷级数。到 18 世纪末,由于应用无穷级数而得到的一些可疑的或者完全荒谬的结果,促使人们追究对无穷级数进行运算的合法性。在 1810 年前后,傅里叶、高斯和波尔查诺开始确切地处理无穷级数。波尔查诺强调人们必须考虑收敛性,并且特别批评了二项式定理的不严密的证明。阿贝尔是对无穷级数的老式用法的最公开的批评者。

傅里叶在他 1811 年的论文中,以及在他的《热的解析理论》(1822)中,给出了一个无穷级数收敛的满意的定义,虽然一般说来他是随便使用发散级数的。在书中(英文版 p. 196)他所讲的收敛的意思是指:当 n 增加时前 n 项的和愈来愈趋近一个固定的值,而且同这个值的差变得小于任何给定的量。而且他认识到,只能在 x 值的一个区间中得到函数级数的收敛性。他还强调指出收敛的必要条件是通项的值趋于零。但是级数 $1-1+\cdots$ 仍然愚弄了他,他以为这个级数的和是 1/2。

对收敛性的第一个重要而极其严密的研究是由高斯在他 1812 年的论文《无穷级数的一般研究》(Disquisitiones Generales Circa Seriem Infinitam)[③]中给出的,在那篇文章中他研究了超几何级数 $F(\alpha, \beta, \gamma, x)$。在高斯的大多数著作中,如果级数从某一项往后的项减小到零,他就把这个级数叫做收敛的。但在 1812 年的论文中,他注意到这不是一个正确的概念。因为对 α, β 和 γ 不同的选取,超几何级数可以代表许多函数,所以对超几何级数提出一个确切的收敛判别准则看来是高斯的愿望,判别准则是很费劲地得到了,但是只解决了原来想到的级数的收敛性问题。高斯证明了对实的和复的 x,如果 $|x|<1$,则超几何级数收敛,而如果 $|x|>1$ 则发散。对 $x=1$,级数当且仅当 $\alpha+\beta<\gamma$ 时收敛,而对 $x=-1$,级数当且仅当 $\alpha+\beta<\gamma+1$ 时收敛。论文中异乎寻常的严密性使那时的数学家们丧失了兴趣。此外,高斯只关心特殊的级数而没有着手处理级数收敛的一般原则。

---

① *Zeit. für Math. und Phys.*, 23, 1878, 67 – 68.
② *Jour. für Math.*, 94, 1883, 273 – 290.
③ *Comm. Soc. Gott.*, 2, 1813 = *Werke*, 3, 125 – 162 和 207 – 229.

　　虽然高斯作为第一个认识到需要把级数的使用限制在它们的收敛区域内而被经常提到,但他回避任何决定性的表态。他是如此专心于用数值计算去解决具体问题以至于他使用了 Γ 函数的斯特林发散展开。当他在 1812 年决定研究超几何级数的收敛性时,他说①,他这样做是为了使那些喜欢古代几何学家严密性的人们高兴,但他没有表明他自己在这方面的立场。在他的论文中②,他利用了 log(2 − 2cos x) 展为 x 的倍数的余弦的展开式,可是没有证明这个级数的收敛性,而且按当时可用的技巧而言,也许不可能有证明。高斯在他的天文学和测地学工作中,和 18 世纪的人一样,沿旧习使用了无穷级数的有限多个项而略去其余项。当他看出后面的项在数值上是小的时候他就停止取项,当然他没有估计误差。

　　泊松也采取了奇特的立场。他拒绝发散级数③,甚至给出了用发散级数作计算怎样会导致错误的例子。尽管如此,当他把一个任意函数表示为三角级数和球函数级数时,他还是广泛地使用了发散级数。

　　波尔查诺在他 1817 年的出版物中已经对序列收敛的条件有了正确的概念,现在把这个条件归功于柯西。波尔查诺也已有了关于级数收敛的清楚而正确的概念。但正如我们早先指出的那样,他的工作没有广泛为人所知。

　　柯西关于级数收敛性的工作是这一课题的第一个具有广泛意义的论述。他在《分析教程》中说:"令

$$s_n = u_0 + u_1 + u_2 + \cdots + u_{n-1}$$

是[我们所研究的无穷级数]前 n 项的和,n 表示自然数。如果对于不断增加的 n 的值,和 s_n 无限趋近某一极限 s,则级数叫做**收敛的**,而这个极限值叫做**该级数的和**④。反之,如果当 n 无限增加时,s_n 不趋于一个固定的极限,该级数就叫做**发散的**,而且级数没有和。"

　　在定义了收敛和发散以后,柯西叙述了(《教程》,p. 125)柯西收敛判别准则,即序列 $\{S_n\}$ 收敛到一个极限 S,当且仅当 $S_{n+r} − S_n$ 的绝对值对于一切 r 和充分大的 n 都小于任何指定的量。柯西证明了这个条件是必要的,但是仅仅指出,如果条件成立,序列的收敛性就有了保证。要做出证明,他还缺少有关实数性质的知识。

　　柯西然后叙述并证明了正项级数收敛的一些特殊的判别法。他指出 u_n 必须趋于零。另一个判别法(《教程》,p. 132 − 135)需要人们求出当 n 变为无穷时表达式 $(u_n)^{\frac{1}{n}}$ 趋向的一个或几个极限,用 k 来记这些极限中的最大者。如果 $k < 1$ 则级

---

① *Werke*, 3, 129.

② *Werke*, 3, 156.

③ *Jour. de l'Ecole Poly.*, 19, 1823, 404 − 509.

④ 序列的极限的正确概念是由沃利斯在 1655 年给出的(*Opera*, 1695, 1, 382),但是未被人们采用。

数收敛,如果 $k > 1$ 则级数发散。他也给出了使用 $\lim\limits_{n \to \infty} \dfrac{u_{n+1}}{u_n}$ 的比值判别法。如果这个极限小于 1 则级数收敛,如果极限大于 1 则级数发散。如果比值为 1,还给出了比值为 1 时的特殊判别法。接着是比较判别法和对数判别法。他证明了两个收敛级数的和 $u_n + v_n$ 收敛到各自极限的和,对于乘积也有类似的结果。对于带有负项的级数,柯西证明了由项的绝对值构成的级数收敛时原级数收敛,然后他推导了交错级数的莱布尼茨判别法。

柯西也研究了级数

$$\sum u_n(x) = u_1(x) + u_2(x) + u_3(x) + \cdots$$

的和,其中所有的项都是单值的连续实函数。这里用常数项级数的定理来确定收敛区间。他也研究了项是复变函数的级数。

拉格朗日是第一个叙述带余项的泰勒定理的人,但柯西在他的 1823 年和 1829 年的教科书中指出了重要的一点:如果余项趋于零,则泰勒级数收敛到导出该级数的函数。他给出了泰勒级数不收敛到导出该级数的一个函数的例子 $\mathrm{e}^{-x^2} + \mathrm{e}^{-1/x^2}$。在他的 1823 年的教科书中,他给出了一个例子,函数 e^{-1/x^2} 在 $x = 0$ 有各阶导数,但在 $x = 0$ 邻近没有泰勒展开。这里他用一个例子反驳了拉格朗日在他的《函数论》(*Théorie des fonctions*)(第 V 章,第 30 条)中的断言:如果 $f(x)$ 在 x_0 有各阶导数,则 $f(x)$ 可表示为在 x_0 附近的 x 处收敛到 $f(x)$ 的泰勒级数。柯西还在泰勒公式中给出了另一形式的余项公式[①]。

在这里,柯西在严密性方面有些失检。在他的《分析教程》(pp. 131 - 132)中他说,如果当 $F(x) = \sum\limits_1^{\infty} u_n(x)$ 时级数收敛且 $u_n(x)$ 都连续,则 $f(x)$ 是连续的。在他的《概论》[②]中,他说,如果 $u_n(x)$ 都连续且级数收敛,则对级数可以逐项积分;即

$$\int_a^b F \, \mathrm{d}x = \sum_1^{\infty} \int_a^b u_n \, \mathrm{d}x.$$

他忽视了一致收敛性的要求。对于连续函数他还断言[③]

$$\frac{\partial}{\partial u} \int_a^b f(x, u) \, \mathrm{d}x = \int_a^b \frac{\partial f}{\partial u} \, \mathrm{d}x.$$

柯西的著作鼓舞了阿贝尔。阿贝尔在 1826 年从巴黎写给他原先的老师霍尔姆伯(Berndt Michael Holmboë)的信[④]中说,柯西"是当今懂得应该怎样对待数学

---

① *Exercices de mathématiques*, 1, 1826, 5 = Œuvres, (2), 6, 38 - 42.

② 1823, Œuvres, (2), 4, p. 237.

③ *Exercices de mathématiques*, 2, 1827 = Œuvres, (2), 7, 160.

④ Œuvres, 2, 259.

的人"。在那一年[1]阿贝尔研究了 m 和复的 x 的二项级数

$$1 + mx + \frac{m(m-1)}{2}x^2 + \frac{m(m-1)(m-2)}{3!}x^3 + \cdots$$

的收敛区域。他对以前没有人去研究这个最重要的级数的收敛性表示惊讶。他首先证明级数

$$f(\alpha) = v_0 + v_1\alpha + v_2\alpha^2 + \cdots$$

(其中 v_i 是常数而 α 是正实数)如果对 α 的一个值 δ 收敛,则级数对 α 的每个较小的值也收敛,而且当 α 小于等于 δ 时,对于趋于 0 的 β,$f(\alpha-\beta)$ 趋于 $f(\alpha)$。最后一部分说一个对于变量 α 小于等于 δ 收敛的幂级数是变量的连续函数。

阿贝尔在 1826 年的同一篇论文中[2]改正了柯西关于连续函数的一个收敛级数的和一定连续的错误。他给出了例子

(2) $$\sin x - \frac{\sin 2x}{2} + \frac{\sin 3x}{3}\cdots,$$

虽然(2)的每一项都是连续的,但是,当 $x = (2n+1)\pi$ 而 n 是整数时,(2)是不连续的[3]。然后他用一致收敛的思想正确地证明了连续函数的一个一致收敛级数的和在收敛区域内部是连续的。阿贝尔没有从中把一致收敛的性质抽调出来。

级数 $\sum_1^\infty u_n(x)$ 的一致收敛概念要求对任意给定的 ε 存在 N,使得对所有的 $n > N$,对某个区间上的一切 x 都有 $\left| S(x) - \sum_1^n u_n(x) \right| < \varepsilon$。$S(x)$ 当然就是级数的和。这个概念本身为一个第一流的数学物理学家斯托克斯(George Gabriel Stokes)清楚地认识[4],而且也为赛德尔(Philipp L. Seidel, 1821—1896)独立地认识[5]。两个人都没有给出确切的系统阐述。倒不如说他们两人指出了如果连续函数的一个级数的和在 $x = x_0$ 点不连续,则在 x_0 附近有一些 x 值,使得级数在这些点上任意慢地收敛。他们也没有指出需要一致收敛性去验证级数逐项积分的合法性。事实上,斯托克斯接受了柯西的逐项积分的用法[6]。柯西最后还是认识到,为

---

① *Jour. für Math.*, 1, 1826, 311 – 339 = *Œuvres*, 1, 219 – 250.

② *Œuvres*, 1, 224.

③ 级数(2)是 $\frac{x}{2}$ 在区间 $-\pi < x < \pi$ 中的傅里叶展开。因此这个级数表示周期函数,在每个 2π 长的区间中是 $\frac{x}{2}$。于是当 x 从左边趋于 $(2n+1)\pi$ 时级数收敛到 $\frac{\pi}{2}$,而当 x 从右边趋于 $(2n+1)\pi$ 时级数收敛到 $-\frac{\pi}{2}$。

④ *Trans. Camb. Phil. Soc.*, 8_5, 1848, 533 – 583 = *Math. and Phys. Papers*, 1, 236 – 313.

⑤ *Abh. der Bayer. Akad. der Wiss.*, 1847/1849, 379 – 394.

⑥ *Papers*, 1, 242, 255, 268 和 283。

了断言连续函数的级数的和一定连续,需要一致收敛性①。但即使是柯西,在当时也未看出他自己在使用级数的逐项积分中的错误。

实际上魏尔斯特拉斯②早在 1842 年就有了一致收敛的概念。他无意中重复了柯西关于一阶常微分方程的幂级数解的存在定理。在此定理中,他断言级数一致收敛。因而构成复变量的解析函数。大约在同一时期,魏尔斯特拉斯利用一致收敛的概念,给出了级数逐项积分和在积分号下求微分的条件。

通过魏尔斯特拉斯周围的学生,人们知道了一致收敛的重要性。海涅在一篇关于三角级数的论文中强调了这个概念③。海涅也许已经通过康托尔听到了这个思想,康托尔曾在柏林学习,然后在 1867 年去哈雷(Halle),在那里他是一个数学教授。

魏尔斯特拉斯在当中学教师期间,还发现在实轴的一个闭区间上连续的任何函数可以表示为这个区间上的绝对一致收敛的多项式级数。魏尔斯特拉斯的结论对多变量函数也对。这个结果④引起人们极大的兴趣,在 19 世纪的最后四分之一年代中,建立了这个结果的许多推广,推广到用一个多项式级数或用一个有理函数级数来表示复变函数。

人们曾假定级数的项是可以任意重新排列的。1837 年狄利克雷在一篇论文⑤中证明了对于一个绝对收敛的级数,人们可以组合或重新排列它的项而不改变级数的和。他还给出例子说明,任何一个条件收敛的级数的项可以重新排列而使级数的和不相同。黎曼在 1854 年写的一篇论文(见下文)中证明了适当重排级数的项可以使级数的和等于任何给定的数值。从 1830 年代直到 19 世纪末,许多第一流的数学家推导了无穷级数收敛的很多判别法则。

6. 傅里叶级数

我们知道,傅里叶的工作表明,广泛的一类函数可以用三角级数来表示。找出函数具有收敛傅里叶级数的确切条件的问题尚未解决。柯西和泊松的努力没有得到结果。

狄利克雷在 1822 年到 1825 年期间在巴黎会见傅里叶之后,对傅里叶级数产

① *Comp. Rend.*, 36,1853, 454 − 459 = *Œuvres*, (1),12,30 − 36.

② *Werke*, 1,67 − 85.

③ *Jour, für Math.*, 71,1870,353 − 365.

④ *Sitzungsber. Akad. Wiss. zu Berlin*, 1885,633 − 639, 789 − 905 = *Werke*, 3,1 − 37.

⑤ *Abh. König. Akad. der Wiss.*, *Berlin*,1837, 45 − 81 = *Werke*, 1, 313 − 342 = *Jour. de Math.*, 4,1839, 393 − 422.

生了兴趣。在一篇基本的论文《关于三角级数的收敛性》(Sur la convergence des séries trigonométriques)中[①]狄利克雷给出了代表一个给定 $f(x)$ 的傅里叶级数是收敛的并且收敛到 $f(x)$ 的第一组**充分**条件。狄利克雷给出的证明,是对傅里叶在其《热的解析理论》的末尾几节中草拟的证明的改进。考虑函数 $f(x)$,它或者是以 2π 为周期的,或者是在区间 $[-\pi, \pi]$ 上给定而且在每一个从 $[-\pi, \pi]$ 往左或往右的长为 2π 的区间上定义为周期的。狄利克雷的条件是:

(a) $f(x)$ 是单值、有界的。

(b) $f(x)$ 是分段连续的;即在(闭的)周期内只有有限多个间断点。

(c) $f(x)$ 是分段单调的;即在一个周期内只有有限多个最大值和最小值。

在基本周期的不同部分 $f(x)$ 可以有不同的解析表示。

狄利克雷的证明方法是,直接求 n 项的和并研究当 n 趋于无穷时会出现什么情况。他证明:对于任给的 x 值,只要 $f(x)$ 在该 x 处连续,则级数的和就是 $f(x)$,如果 $f(x)$ 在该 x 处不连续,则级数的和是 $\dfrac{f(x-0)+f(x+0)}{2}$。

在狄利克雷的证明中,必须仔细讨论当 μ 无限增加时积分

$$\int_0^a f(x)\,\frac{\sin \mu x}{\sin x}\mathrm{d}x,\ a>0,$$

$$\int_a^b f(x)\,\frac{\sin \mu x}{\sin x}\mathrm{d}x,\ b>a>0$$

的极限值。这些积分至今还叫做狄利克雷积分。

与此工作相关联,狄利克雷给出了一个在有理点上取值为 c 而在无理点上取值为 d 的函数(第 2 节)。他曾希望推广积分的概念使得更大一类函数仍可表示为收敛到该函数的傅里叶级数,但是刚才提到的特殊函数就打算作为一个不能包括在一类更广积分概念中的例子。

黎曼有一段短时间曾在柏林在狄利克雷的指导下进行研究工作,而且对傅里叶级数产生了兴趣。1854 年在格丁根在他为取得大学教授资格而写的论文《试用短文》中以此为题[②],写了《用三角级数来表示函数》(Über die Darstellbarkeit einer Function durch einer trigonometrische Reihe),文章的目的是要找出函数 $f(x)$ 必须满足的充要条件使在区间 $[-\pi, \pi]$ 中的一点 x 处 $f(x)$ 的傅里叶级数收敛到 $f(x)$)。

黎曼曾证明了基本定理:如果 $f(x)$ 在 $[-\pi, \pi]$ 上有界且可积,则傅里叶系数

① *Jour. für Math.*, 4,1829, 157 − 169 = *Werke*, 1,117 − 132.

② *Abh. der Ges. der Wiss. zu Gött.*, 13,1868,87 − 132=*Werke*,227 − 264.

(3)
$$a_n = \frac{1}{\pi} \int_{-\pi}^{\pi} f(x) \cos nx \, \mathrm{d}x , \; b_n = \frac{1}{\pi} \int_{-\pi}^{\pi} f(x) \sin nx \, \mathrm{d}x$$

当 n 趋于无穷时趋于零。定理还表明有界可积的 $f(x)$ 的傅里叶级数在 $[-\pi, \pi]$ 中的一点处的收敛性只依赖于 $f(x)$ 在该点邻域中的特性。但是寻求 $f(x)$ 的傅里叶级数收敛到它自己的必要*而又充分*的条件的问题依旧没有解决。

黎曼开辟了另一个研究路子。他研究**三角级数**,但不需要根据公式(3)来确定傅里叶系数。他从级数

(4)
$$\sum_{1}^{\infty} a_n \sin nx + \frac{b_0}{2} + \sum_{1}^{\infty} b_n \cos nx$$

出发并定义

$$A_0 = \frac{1}{2} b_0 , \; A_n(x) = a_n \sin nx + b_n \cos nx.$$

于是级数(4)等于

$$f(x) = \sum_{n=0}^{\infty} A_n(x).$$

当然 $f(x)$ 只对级数收敛的那些 x 值才有一个值。我们用 Ω 来表示级数本身。Ω 的项对一切 x 或对某个 x 可以趋于零。黎曼分别讨论了这两种情形。

如果 a_n 和 b_n 趋于零,则 Ω 的项对一切 x 趋于零。令 $F(x)$ 是函数

$$F(x) = C + C'x + A_0 \frac{x^2}{2} - A_1 - \frac{A_2}{4} - \cdots - \frac{A_n}{n^2} \cdots ,$$

它是接连对 Ω 逐项积分两次而得到的。黎曼证明了 $F(x)$ 对一切 x 收敛而且关于 x 连续。这时 $F(x)$ 本身就能积分。黎曼证明了关于 $F(x)$ 的一系列定理,这些定理转而导致使一个形如(4)的级数收敛到一个周期为 2π 的给定函数的必要充分条件。然后他给出了三角级数(4)(其中当 n 趋于 ∞ 时 a_n 和 b_n 仍趋于 0)在 x 的一个特殊值处收敛的充要条件。

其次他考虑了另一情形,即 $\lim\limits_{n \to \infty} A_n$ 依赖于 x 的情形,并且给出了在 x 的特殊值处级数 Ω 收敛的条件和在特殊值 x 处的收敛判别法。

他还指出,可以积分的 $f(x)$ 可能没有傅里叶级数表示。而且还存在这样的不可积函数,级数 Ω 在任意接近的界限之间的无穷多个 x 值上收敛到这个函数。最后他指出,即使三角级数的 a_n 和 b_n 当 $n \to \infty$ 时都不趋于零,但这级数在一个任意小的区间中的无穷多个 x 值上可能收敛。

在斯托克斯和赛德尔引进了一致收敛的概念之后,傅里叶级数收敛的性质进一步受到人们的注意。从狄利克雷时期以来,人们已经知道,级数纵然收敛,一般也只是条件收敛,并且知道,级数的收敛性依赖于正项和负项出现的情况。海涅在

1870 年的一篇论文①中指出,有界函数 $f(x)$ 可以唯一地表示成在 $[-\pi, \pi]$ 上的一个三角级数这一结论,通常采用的证明是不完全的,因为级数可能不一致收敛,因此不能逐项积分。这就使人联想到还可能存在非一致收敛的三角级数,而它又确实表示一个函数。而且,一个连续函数有可能表示成傅里叶级数,而这个级数可以不一致收敛。这些问题引起了一系列新的研究,企图建立用三角级数表示一个函数的唯一性以及研究其系数是否一定是傅里叶系数。海涅在前面提到的论文中证明了满足狄利克雷条件的有界函数的傅里叶级数,在区间 $[-\pi, \pi]$ 中去掉函数间断点的任意小邻域后剩下的部分,是一致收敛的。而在这些邻域中,收敛一定是不一致的。然后海涅证明:如果表示一个函数的三角级数具有上述的一致收敛性,那么级数是唯一的。

关于唯一性的第二个结果,等价于下述陈述:如果形如

$$(5) \qquad \frac{a_0}{2} + \sum_{n=1}^{\infty} (a_n \cos nx + b_n \sin nx)$$

的三角级数是一致收敛的,而且在收敛的地方,即除去一个有限点集 P 外都是零,则系数全为零,因而当然在整个 $[-\pi, \pi]$ 上级数表示零(函数)。

与三角级数和傅里叶级数的唯一性有关的问题引起了康托尔的兴趣,他研究了海涅的工作。康托尔是从寻找函数的三角级数表示的唯一性的判别准则开始他的研究工作的。他证明②了当 $f(x)$ 用一个对一切 x 都收敛的三角级数表示时,就不存在同一形式的另一级数,它也对每个 x 收敛并且代表同一函数 $f(x)$。在另一篇论文③中,他给出了上述结果的一个更好的证明。

他证明的唯一性定理可以重新叙述为:如果对于一切 x,有一个收敛的三角级数表示零,则系数 a_n 和 b_n 都是零。后来,康托尔在 1871 年的论文中证明了即使在有限个 x 值上不收敛,这结论仍旧成立。这是康托尔论述 x 的例外值集合(set of exceptional values)的一系列论文中的第一篇。他把唯一性的结果推广到允许例外值是无穷集的情形④。为了描述这种集合,他首先定义一个点 p 是一个点集 S 的极限点,如果包含 p 点的每一区间都包含 S 的无穷多个点。然后他引进了点集的导集的概念,它是由原点集的全部极限点构成的。于是就有第二导集,即导集的导集等。如果一个给定集合的第 n 个导集是一个有限点集,那么就说该给定集合是属于第 n 类的或第 n 阶的(或者说属于第一种的)。关于一个函数在区间 $[-\pi, \pi]$ 上能否有两个不同的三角级数表示,或者零是否可以有非零的傅里叶表示的问

① *Jour. für Math.*, 71, 1870, 353 – 365.
② *Jour. für Math.*, 72, 1870, 139 – 142 = *Ges. Abh.*, 80 – 83.
③ *Jour. für Math.*, 73, 1871, 294 – 296 = *Ges. Abh.*, 84 – 86.
④ *Math. Ann.*, 5, 1872, 123 – 132 = *Ges. Abh.*, 92 – 102.

题,康托尔最终的回答是:如果在该区间上除去第一种点集外(在这些点上级数的性质什么也不知道),对于一切 x,三角级数之和为零,则级数的所有系数必须为零。在 1872 年的这篇论文中,康托尔奠定了点集论的基础,我们将在后一章中讨论。在 19 世纪末和 20 世纪初有许多别的数学家从事于唯一性问题的研究[①]。

在狄利克雷的研究工作之后的大约 50 年中间,人们都相信在 $[-\pi, \pi]$ 上的任何一个连续函数的傅里叶级数都收敛到该函数。但是杜波依斯-雷蒙[②]给出了 $(-\pi, \pi)$ 上的一个连续函数,其傅里叶级数在一个特定点上并不收敛的例子。他还选了另一个连续函数,其傅里叶级数在一个到处稠密的点集上不收敛。在 1875 年[③]他证明了如果形如

$$a_0 + \sum_1^\infty (a_n \cos nx + b_n \sin nx)$$

的三角级数在 $[-\pi, \pi]$ 中收敛到 $f(x)$,而且如果 $f(x)$ 是可积的[比黎曼意义更一般意义下的可积性,即 $f(x)$ 可以在第一种集合上无界],则该级数一定是 $f(x)$ 的傅里叶级数。他还证明了[④]任一黎曼可积函数的傅里叶级数,即使不是一致收敛的,也可以逐项积分。

其后有许多数学家从事于早已为狄利克雷用一种方法回答了的问题的研究,这个问题就是,要给出函数 $f(x)$ 具有收敛到 $f(x)$ 的傅里叶级数的充分条件。有几个结果是经典的。若尔当(Camille Jordan)用他所引进的有界变差函数的概念给了一个充分条件[⑤]。令 $f(x)$ 在 $[a, b]$ 上有界,又令 $a = x_0, x_1, \cdots, x_{n-1}, x_n = b$ 是这个区间的一种划分。令 $y_0, y_1, \cdots, y_{n-1}, y_n$ 是 $f(x)$ 在这些点上的值。则对每一个划分

$$\sum_0^{n-1} (y_{r+1} - y_r) = f(b) - f(a),$$

令 t 表示
$$\sum_0^{n-1} |y_{r+1} - y_r|.$$

对 $[a, b]$ 的每一种细分方式有一个 t。当对应于 $[a, b]$ 的所有划分方式和数 t 有一个上界时,则 f 就定义为在 $[a, b]$ 上是有界变差的。

若尔当的充分条件说的是:可积函数 $f(x)$ 的傅里叶级数在那样一些点上收敛到

① 细节见霍布森(E. W. Hobson), *The Theory of Functions of a Real Variable*,Ⅱ,656 - 698。

② *Nachrichten König. Ges. der Wiss. zu Gött.*,1873,571 - 582.

③ *Abh. der Bayer. Akad. der Wiss.*,12,1876,117 - 166.

④ *Math. Ann.*,22,1883,260 - 268.

⑤ *Comp. Rend.*,92,1881,228 - 230 = *Œuvres*,4,393 - 395 和 *Cours d'analyse*,2,第 1 版,1882,Ch. Ⅴ。

$$\frac{1}{2}\left[f(x+0)+f(x-0)\right],$$

这些点各有一个邻域,使 $f(x)$ 在该邻域中是有界变差的①。

19 世纪 60 和 70 年代数学家们还考察了傅里叶系数的性质,在所得到的许多重要结果中,有一个就是所谓的帕塞瓦尔定理[帕塞瓦尔(Marc-Antoine Parseval)是在限制更严的条件下叙述这个定理的,见第 29 章第 3 节],根据这个定理,如果 $f(x)$ 和 $[f(x)]^2$ 是在 $[-\pi,\pi]$ 上黎曼可积的,则

$$\frac{1}{\pi}\int_{-\pi}^{\pi}\left[f(x)\right]^2\mathrm{d}x = 2a_0^2 + \sum_1^{\infty}(a_n^2+b_n^2),$$

而且如果 $f(x)$ 和 $g(x)$ 及其平方黎曼可积,则

$$\frac{1}{\pi}\int_{-\pi}^{\pi}f(x)g(x)\mathrm{d}x = 2a_0\alpha_0 + \sum_1^{\infty}(a_n\alpha_n+b_n\beta_n),$$

其中 a_n,b_n 和 α_n,β_n 分别是 $f(x)$ 和 $g(x)$ 的傅里叶系数。

7. 分析的状况

波尔查诺、柯西、魏尔斯特拉斯和其他人的工作给分析提供了严密性。这些工作把微积分及其推广从对几何概念、运动和直觉了解的完全依赖中解放出来。这些研究一开始就造成了巨大的轰动。在一次科学会议上,柯西提出了级数收敛性的理论,会后拉普拉斯(Pierre-Simon de Laplace)急忙赶回家并隐居起来,直到他查完他的《天体力学》(*Mécanique céleste*)中所用到的级数。幸亏书中用到的每一个级数都是收敛的。当魏尔斯特拉斯的工作通过他的讲演为人们所知道时,其影响甚至更为显著。把若尔当的《分析教程》(*Cours d'analyse*)第一版(1882—1887)同第二版(1893—1896)、第三版(3 卷,1909—1915)进行比较,就可以看出严密性的改进。许多其他的专题论文体现了新的严密性。

分析的严密化并不证明就是基础研究的终结。首先,所有的研究工作实际上都是以承认实数系为先决条件的,而实数系仍然是没有条理的。我们将看到魏尔斯特拉斯在 19 世纪 40 年代就考虑了无理数的问题,除他之外所有其他的人都认为没有必要去研究数系的逻辑基础。看来即使是最大的数学家们都必须逐步发挥他们的才智方能了解严密性的需要。关于实数系的逻辑基础方面的工作不久就跟着开展起来了(见第 41 章)。

连续函数可以没有导数,不连续函数可以积分,这些发现,以及由狄利克雷和黎曼关于傅里叶级数方面的工作清楚地显示了对不连续函数的新的见解,还有对

---

① *Cours d'analyse*,第二版,1893,1,67 – 72。

函数的间断性的种类和程度的研究,使数学家们认识到,函数的精确研究扩充了微积分中以及分析的通常分支中用到的函数,在这些分支中可微性的要求通常限制了函数类。对函数的研究在 20 世纪继续进行着,结果产生了数学的一个新分支,就是所谓的实变函数论(见第 44 章)。

和数学中的一切新运动一样,分析的严密化不是没有遭到反对。关于是否应该从事分析的改进就有许多争论。引进来的独特的函数被攻击为奇怪而无意义的函数、古怪的函数,也许比较复杂却也不比幻方更重要的数学游戏。这些函数还被看作是一种变态或是函数的不健康部分,而且还被认为在纯粹和应用数学的重要问题中是不会出现的。违反了公认为是完美的法则的这些新的函数,被看作是无秩序和混乱的标志,而这种无秩序和混乱是对以前形成的秩序和协调的嘲笑。现在为了叙述一个正确的定理必须加上的许多前提,被认为是学究式的,破坏了 18 世纪古典数学的优美,用杜波依斯-雷蒙的话来说,这种优美"就像在天堂里一样"。人们对这些新的函数的琐碎细节感到不满,因为它们掩盖了主要的思想。

尤其是庞加莱怀疑这种新的研究。他说[1]:

> 逻辑有时候产生怪物。半个世纪以来我们已经看到了一大堆离奇古怪的函数,它们被弄得愈来愈不像那些能解决问题的真正的函数。多一点连续性或少一点连续性,多几阶导数,如此之类。诚然,从逻辑的观点看来,这些陌生的函数是最一般的;另一方面,不用去找就碰到的函数以及遵从简单规律的函数却是一种特殊情形,这种情形仅只是函数中很小的一角。
>
> 过去人们为了一个实际的目的而创造一个新的函数;今天人们为了说明先辈在推理方面的不足而故意造出这些函数来,而从这些函数所能推出来的东西也就是仅此而已。

埃尔米特在给斯蒂尔切斯(Thomas Jan Stieltjes)的一封信中说:"我怀着惊恐的心情对不可导函数的令人痛惜的祸害感到厌恶。"

杜波依斯-雷蒙[2]表达了另一种不同的意见。他担心分析的算术化会使分析和几何从而也和直观以及物理思考脱离开,这就使分析变成一种"简单的符号游戏,在那里所写下的符号具有在国际象棋和纸牌游戏中的棋子所具有的任意意义"。

阿贝尔和柯西明显地排除发散级数引起了最大的争论。阿贝尔在 1826 年写给霍尔姆伯的信中说[3]:

[1] *L'Enseignement mathématique*, 11,1899, 157-162 = *Œuvres*, 11,129-134.
[2] *Théorie générale des fonctions*, 1887,61.
[3] *Œuvres*, 2,256.

发散级数是魔鬼的发明。把不管什么样的任何证明建立在发散级数的基础之上都是一种耻辱。利用发散级数人们想要什么结论就可以得到什么结论,而这也是为什么发散级数已经产生了如此多的谬论和悖论的原因……对所有这一切我变得异常关心,因为除几何级数外,在全部数学中曾被严格地确定出和的单个无穷级数是不存在的。换句话说,数学中最重要的事情也就是那些具有最小基础的事情。

但是阿贝尔表示了某种担心,即这样一来是否忽视了一种好的思想,因为他在信中继续写道:"尽管这种级数是令人非常惊奇的,但它们中的大多数都是正确的。我正试图为这种正确性寻找理由;这是一个极其有趣的问题。"阿贝尔死时很年轻,并没有从事这方面的研究。

柯西对于排斥发散级数也有些不安。他在《教程》(1821)的引论中说:"我曾被迫承认各种各样多少有点不幸的命题,例如发散级数不能求和。"在 1827 年[①]出版的他写于 1815 年的关于水波的得奖论文所加的注释中,柯西却不管这个结论而继续使用发散级数。他决心去研究为什么发散级数被证明这样有用的问题,而且事实上他最终是接近于认识到这个原因的(第 47 章)。

法国数学家采纳了柯西的排除发散级数的做法。但是英国和德国的数学家没有这样做。在英国,剑桥学派求助于形式的永恒性原理(the principle of permanence of form),为使用发散级数辩护(第 32 章第 1 节)。对于发散级数,这个形式的永恒性原理首先是由伍德豪斯(Robert Woodhouse,1773—1827)使用的。在《解析计算原理》(*The Principles of Analytic Calculation*)(1803,p. 3)中他指出,在方程

$$(6) \qquad \frac{1}{1-r} = 1 + r + r^2 + \cdots$$

中,等号比之只表示数值上相等,具有"更广泛的意义"。因此无论这个级数发散或收敛,方程(6)都成立。

皮科克(George Peacock)也应用形式的永恒性原理对发散级数进行运算[②]。在第 267 页上他说:"这样,因为对于 $r < 1$,上面的(6)式成立,于是对于 $r = 1$ 我们就真的得到了 $\infty = 1 + 1 + \cdots$。对于 $r > 1$,我们在左边得到一个负数,而由于在右端的项不断增大,故右端比 ∞ 更大。"这就是皮科克接受的结论。他试图确立的论点是:对于一切 r,级数都能代表 $\frac{1}{1-r}$。他说:

---

① *Mém. des sav. étrangers*, 1,1827,3 – 312;见 *Œuvres*, (1),1,238,277,286。

② *Report on the Recent Progress and Present State of Certain Branches of Analysis*, Brit. Assn. for Adv. of Science, 3,1833,185 – 352.

如果认为代数运算是一般的，而且认为服从这种运算的符号在数值上没有限制，那么想要回避发散级数的形成就和回避收敛级数的形成一样都是不可能的；而且如果先不谈这种级数本身，而把这种级数看作是一些可定义的运算的结果，那么检查相继项的数值之间的关系就不是太重要的事情了，虽然在断定级数收敛或发散时这样做或许是必要的；因为在这些情形下，必须认为这些级数是它们的母函数的等价形式，就这些运算的目的来说，可以认为它们具有等价的性质……企图在符号运算中排斥使用发散级数，必将对代数公式和运算的普遍性强加上一种限制，这是完全违反科学精神的……这样做必将导致如下的大量而又麻烦的情形：几乎所有的代数运算所具有的大部分确定性和简单性都被剥夺了。

德摩根（Augustus De Morgan）虽然比皮科克更准确更有意识地知道发散级数中的困难，然而他还是在英国学派的影响之下，而且从他不顾这些困难而使用发散级数所得到的一些结果也给人这样的印象。1844 年他在一篇尖锐但混乱的论文《发散级数》(Divergent Series)[①]中以这样的话开始："我相信本文的标题一般是可以接受的，这个标题描述了还保留着初等性质（特征）的仅有的主题，在这方面，关于结果的绝对正确或错误，数学家之间存在着严重的分歧。"德摩根的这种见解，他早在他的《微分和积分计算》(Differential and Integral Calculus)[②]中就已经宣布了："代数的历史向我们表明，没有什么事情是比排斥自然出现的方法更没有根据了，排斥这种方法的理由是在一个或几个显然正确的情形中由于使用了这种方法而导致错误的结论。这就告诉我们要小心使用但不应该拒绝这种方法；如果宁愿拒绝而不是小心使用的话，那么负量，尤其是它的平方根，就会成为代数进步的一个有力的障碍……而且甚至发散级数的拒绝者们所毫不担心地涉及的那些巨大的分析领域也就不会有那么多发现，更会缺少优美而永久的发现……我在反对一本在我看来是故意终止发现的进展的教科书时，所采取的座右铭包含在一个词和一个符号中——记住$\sqrt{-1}$。"他区分一个级数的算术意义和代数意义。代数意义在一切情况下总成立。为了解释由于使用发散级数而造成的某些错误结论，他在 1844 年的论文中（p. 187）说，积分法是一个算术运算而不是一个代数运算，因此在没有对发散级数进行进一步思考的时候不能对它进行积分。但是从 $y = 1 + ry$ 出发，并在右端用 $1 + ry$ 去代替 y，并这样不断地做下去而导出的

$$\frac{1}{1-r} = 1 + r + r^2 + \cdots$$

---

① *Trans. Camb. Philo. Soc.*, 8, Part II, 1844, 182 - 203, 1849 出版。
② London, 1842, p. 566.

却因为它是代数的而为德摩根所接受。类似地,从 $z = 1 + 2z$ 得到 $z = 1 + 2 + 4 + \cdots$。因此 $-1 = 1 + 2 + 4 + \cdots$ 也是对的。他接受那个时代的三角级数的全部理论,但如果有人给出一个 $1 - 1 + 1 - 1 + \cdots$ 不等于 $\dfrac{1}{2}$ 的例子(见第 20 章),他就会要拒绝这种理论。

为了采用发散级数,另外有许多杰出的英国数学家给出了其他种种辩护,有些辩护回到了尼古拉·伯努利(Nicholas Bernoulli)的一种论证(第 20 章第 7 节),即级数(6)包含一个余项 r^∞ 或 $\dfrac{r^\infty}{1 - r^\infty}$。这是必须考虑到的(虽然他们没有指出怎样考虑)。另外一些数学家说:一个发散级数在代数上是真的而在算术上是假的。

某些德国数学家用的是和皮科克一样的论证,虽然他们用的是不同的言词,诸如语法的运算是和算术的运算相对立的,或说文字的运算和数字的运算是对立的。欧姆(Martin Ohm)[1]说:“用一个无穷级数(把任何收敛或发散的问题放在一边)去表示一个表达式是完全合适的,如果人们能够肯定已经有了级数展开的正确规律的话。仅当级数收敛时人们才能说一个无穷级数的值。”在德国拥护发散级数的论证,持续进行了几十年。

虽然为了级数的利益而提出的许多论证或许是牵强附会的,但是为使用发散级数所作的辩护却远非表面看来那样愚蠢。首先,在整个 18 世纪的分析中很少注意严密性或证明,而且因为所得到的结论几乎总是正确的,这样做是可以接受的。因此数学家们就变得习惯于不严密的程序和论证。更确当些,可以说许多概念和运算,例如复数,曾经造成困窘,但在被充分了解之后仍被证明是正确的。因此数学家们就想到,当人们获得了对发散级数的一个比较好的了解时,使用发散级数的困难也将会得到澄清,因而发散级数也将被证明为合法的。此外对发散级数进行运算,常常与分析中其他几乎没有弄懂的运算——诸如交换极限次序、不连续函数的积分和无穷区间上的积分——混在一起,这就使发散级数的捍卫者们能以坚持把由于用了发散级数而造成的错误结论归咎于别的困难的原因。

一个也许成了定论的见解是:当一个解析函数在某个区域内表示成一个幂级数时(魏尔斯特拉斯把它叫做一个元素),这个级数确实具有函数的“代数的”或“语法的”性质,而且在超出元素的收敛区域时仍然有这种性质。解析开拓的程序就用了这一事实。实际上,在发散级数的概念中确实具有使发散级数成为可用的有根据的数学实质。但是认识这种实质并且最终接受发散级数,还必须等待无穷级数的新的理论(第 47 章)。

---

① *Aufsätze aus dem Gebeit der höheren Mathematik*(高等数学领域短文集,1823)。

参 考 书 目

Abel, N. H.: *Œuvres complètes*, 2 vols., 1881, Johnson Reprint Corp., 1964.

Abel, N. H.: *Mémorial publié à l'occasion du centenaire de sa ncissance*, Jacob Dybwad, 1902. Letters to and from Abel.

Bolzano, B.: *Rein analytischer Beweis des Lehrsatzes, dass zwischen je zwei Werthen, die ein entgegengesetztes Resultat gewähren, wenigstens eine reele Wurzel der Gleichung liege*, Gottlieb Hass, Prague, 1817 = *Abh. Königl. Böhm. Ges. der Wiss.*, (3),5,1814 – 1817, pub. 1818 = *Ostwald's Klassiker der exakten Wissenschaften* #153,1905,3 – 43. 未包含在波尔查诺的 *Schriften* 中。

Bolzano, B.: *Paradoxes of the Infinite*, Routledge and Kegan Paul, 1950. 包含波尔查诺工作的一个概述。

Bolzano, B.: *Schriften*, 5 vols., Königlichen Böhmischen Gesellschaft der Wissenschaften, 1930 – 1948.

Boyer, Carl B.: *The Concepts of the Calculus*, Dover (reprint), 1949, Chap. 7.

Burkhardt, H.: "Über den Gebrauch divergenter Reihen in der Zeit von 1750 – 1860," *Math. Ann.*, 70,1911,169 – 206.

Burkhardt, H.: "Trigonometrische Reihe und Integrale," *Encyk. der Math. Wiss.*, II A12,819 – 1354, B. G. Teubner, 1904 – 1916.

Cantor, Georg: *Gesammelte Abhandlungen* (1932), Georg Olms (reprint), 1962.

Cauchy, A. L.: *Œuvres*, (2), Gauthier-Villars, 1897 – 1899, Vols. 3 and 4.

Dauben, J. W.: "The Trigonometric Background to Georg Cantor's Theory of Sets," *Archive for History of Exact Sciences*, 7,1971,181 – 216.

Dirichlet, P. G. L.: *Werke*, 2 vols., Georg Reimer, 1889 – 1897, Chelsea (reprint), 1969.

Du Bois-Reymond, Paul: *Zwei Abhandlungen über unendliche und trigonometrische Reihen* (1871 and 1874), Ostwald's Klassiker #185; Wilhelm Engelmann, 1913.

Freudenthal, H.: "Did Cauchy Plagiarize Bolzano?", *Archive for History of Exact Sciences*, 7,1971, 375 – 392.

Gibson, G. A.: "On the History of Fourier Series," *Proc. Edinburgh Math. Soc.*, 11, 1892/1893, 137 – 166.

Grattan-Guinness, I.: "Bolzano, Cauchy and the 'New Analysis' of the Nineteenth Century," *Archive for History of Exact Sciences*, 6,1970,372 – 400.

Grattan-Guinness, I.: *The Development of the Foundations of Mathematical Analysis from Euler to Riemann*, Massachusetts Institute of Technology Press, 1970.

Hawkins, Thomas W., Jr.: *Lebesgue's Theory of Integration: Its Origins and Development*, University of Wisconsin Press, 1970, Chaps. 1 – 3.

Manheim, Jerome H. : *The Genesis of Point Set Topology* , Macmillan, 1964, Chaps. 1 - 4.

Pesin, Ivan N. : *Classical and Modern Integration Theories*, Academic Press, 1970, Chap. 1.

Pringsheim, A. : "Irrationalzahlen und Konvergenz unendlichen Prozesse," *Encyk. der Math. Wiss.* , IA3,47 - 147, B. G. Teubner, 1898 - 1904.

Reiff, R. : *Geschichte der unendlichen Reihen* , H. Lauppsche Buchhandlung, 1889; Martin Sändig (重印),1969。

Riemann, Bernhard: *Gesammelte mathematische Verke*,第 2 版(1902),Dover(重印),1953。

Schlesinger, L. : "Über Gauss' Arbeiten zur Funktionenlehre," *Nachrichten König. Ges. der Wiss. zu Gött.* , 1912, Beiheft, 1 - 43. 亦见高斯全集 10_2,77 页以后。

Schoenflies, Arthur M. : "Die Entwicklung der Lehre von den Punktmannigfaltigkeiten," *Jahres. der Deut. Math. -Verein.* , 8_2,1899,1 - 250.

Singh, A. N. : "The Theory and Construction of Non-Differentiable Functions,"见 E. W. Hobson: *Squaring the Circle and Other Monographs* , Chelsea(重印),1953。

Smith, David E. : *A Source Book in Mathematics* , Dover(重印),1959, Vol. 1, 286 - 291, Vol. 2,635 - 637。

Stolz, O. : "B. Bolzanos Bedeutung in der Geschichte der Infinitesimalrechnung," *Math. Ann.* , 18, 1881,255 - 279.

Weierstrass, Karl: *Mathematische Werke* , 7 卷,Mayer und Müller, 1894 - 1927。

Young, Grace C. : "On Infinite Derivatives," *Quart. Jour. of Math.* , 47,1916,127 - 175.

第41章

实数和超限数的基础

> 上帝创造了整数，其他一切都是人造的。
>
> 克罗内克

1. 引 言

数学史上最使人惊奇的事实之一，是实数系的逻辑基础竟迟至 19 世纪后叶才建立起来。在那时以前，即使正负有理数与无理数的最简单性质也没有逻辑地建立，连这些数的定义也还没有。复数的逻辑基础，那时也才存在不久（第 32 章第 1 节），而且还是预先假定了实数系而建立的。鉴于代数与分析的广泛发展都用到实数，而实数的精确结构和性质却没有人考虑过，这一事实说明数学的进展是怎样地不合逻辑。对于这些数的直观了解，被认为是适当的，而数学家们就满足于在这样的基础上进行运算。

分析的严密化促进了这样的认识：对于数系缺乏清晰的理解这件事本身非补救不可。例如波尔查诺关于一个连续函数在 $x = a$ 为负，在 $x = b$ 为正，应在 a 与 b 间 x 的某个值上为零的证明（第 40 章第 2 节），在一个关键的地方搞错了，就是因为他对实数系的结构缺乏足够的理解。对于极限的深入研究，也说明需要理解实数系，因为有理数可以有一个无理数作为极限，反之亦然。柯西不能证明他自己关于序列收敛准则的充分性，也是由于他对实数系的结构缺乏理解。对于可用傅里叶级数表示的函数的不连续点的研究，也揭出了同样的缺陷。正是魏尔斯特拉斯首先指出，为了要细致地建立连续函数的性质，需要算术连续统的理论。

建立数系基础的另一个动机，是想要保证数学的真实性。非欧几何创造后的一个后果是，几何失去了它的真实身份（第 36 章第 8 节）；但是在通常算术基础上建立的数学，仍被认为在某种哲学意义上毫无疑问是真实的。早在 1817 年，高斯[1]在他致奥伯斯的信中曾把算术区别于几何，其理由就在于他认为只有前者才纯粹是先验的。

---

[1] *Werke*, 8,177.

1830 年 4 月 9 日在他给贝塞尔的信[①]中,他重复了这样的断言:只有算术的定律才是必要而又真实的。可是,足以排除对于算术的真实性以及建立在算术基础上的代数和分析的真实性的任何怀疑的数系基础,还是没有建立起来。

十分值得注意的是,在数学家们领会到数系本身必须加以剖析之前,看来最中肯的问题是建立代数的基础,特别是要解释清楚这样的事实,即人们可以用文字来代表实数与复数,而且竟可以使用关于正整数的那些被认为正确的性质来对文字进行运算。对于皮科克、德摩根和邓肯·格雷戈里(Duncan F. Gregory)来说,19 世纪初叶的代数只是一些操作规程的巧妙而朴素的复合,它具有节奏但缺少理由;在他们看来,当时的含糊不清的原因在于代数基础的不完善。我们已经看到这些人是怎样处理这个问题的(第 32 章第 1 节)。19 世纪后叶的人们认识到,为了分析学,应当更深入地考究,并把整个实数系的结构搞清楚。作为一个副产品,他们也就得到了代数的逻辑结构,因为不同类型的数具有相同形式的性质,这在直观上是早已清楚的。所以,如果他们能够在牢固的基础上建立起这些性质,他们也就能够把这些性质运用到代表这些数的文字上去。

2.　代数数与超越数

19 世纪中叶,关于代数无理数与超越无理数的工作,是朝着更好地了解无理数的方向跨进的一步。代数无理数与超越无理数之间的区别在 19 世纪已经完成了(第 25 章第 1 节)。对于这个区别的兴趣通过 19 世纪关于方程的解的工作而大大提高了,因为这个工作揭示了这样的事实:并不是所有的代数无理数都可以通过对有理数进行代数运算而得到。再则,关于 e 和 π 究竟是代数数还是超越数的问题,继续吸引着数学家们的兴趣。

直到 1844 年前,是否存在任何超越数的问题还没有解决,在这一年,刘维尔[②]证明下述形式的任何一个数都是超越数:

$$\frac{a_1}{10} + \frac{a_2}{10^{2!}} + \frac{a_3}{10^{3!}} + \cdots,$$

其中 a_i 是从 0 到 9 的任意整数。

要证明上述结论,刘维尔先证明了几个关于用有理数逼近代数无理数的定理。根据定义(第 25 章第 1 节),一个代数数是满足代数方程

$$a_0 x^n + a_1 x^{n-1} + \cdots + a_n = 0$$

---

①　*Werke*, 8, 201.

②　*Comp. Rend.*, 18, 1844, 910–911, 与 *Jour. de Math.*, (1), 16, 1851, 133–142。

的任何一个实数或复数,其中 a_i 都是整数。一个根叫做 n 次代数数,是指它满足一个 n 次方程,但不满足低于 n 次的方程。有些代数数是有理数,它们都是一次的。刘维尔证明,如果 p/q 是一个 n 次代数无理数 x 的任一近似值,则存在一个正数 M 使

$$\left| x - \frac{p}{q} \right| > \frac{M}{q^n},$$

这里 p 与 $q > 1$ 是整数。这表明,对于一个 n 次代数无理数的任一有理逼近 p/q,其精度必定达不到 M/q^n。换句话说,如果 x 是一个 n 次代数无理数,则必存在一个正数 M 使不等式

$$\left| x - \frac{p}{q} \right| < \frac{M}{q^\mu}$$

当 $\mu = n$ 时 p 与 q 无整数解,从而当 $\mu \leqslant n$ 时亦然。因此,对于一个固定的 M,如果上述不等式对每一个正整数 μ 都有解 p/q,则 x 是超越数。刘维尔证明他的那些无理数是满足上述最后的条件的,从而就证明了他的那些数都是超越数。

在识别特殊的超越数方面,其次跨进的一大步是 1873 年埃尔米特关于 e 是超越数的证明[1]。在得到这个结果以后,埃尔米特写信给博哈特(Carl Wilhelm Borchardt, 1817—1880)说:"我不敢去试着证明 π 的超越性。如果其他人承担这项工作,对于他们的成功没有比我再高兴的人了,但请相信我,我亲爱的朋友,这必定会使他们花去一些力气。"

勒让德早曾猜测 π 是超越的(第 25 章第 1 节)。林德曼(Ferdinand Lindemann, 1852—1939)在 1882 年[2]用实质上和埃尔米特没有什么差别的方法证明了这个猜测。林德曼指出,如果 x_1, x_2, $\cdots$, x_n 是不相同的代数数,实的或复的,而 p_1, p_2, $\cdots$, p_n 是不全为零的代数数,则和数

$$p_1 e^{x_1} + p_2 e^{x_2} + \cdots + p_n e^{x_n}$$

不能是 0。如果我们取 $n = 2$,$p_1 = 1$,$x_2 = 0$,则可见当 x_1 是非零代数数时,e^{x_1} 不能是代数数。由于 x_1 可以取成 1,e 是超越数。现在已知 $e^{i\pi} + 1 = 0$,从而数 $i\pi$ 不能是代数数。由于两个代数数的乘积是代数数,而 i 是代数数,所以 π 不是代数数。π 是超越数的证明,解决了著名的几何作图问题的最后一个项目,因为所有可作出的数都是代数数。

关于一个基本的常数仍是一个谜。欧拉常数(第 20 章第 4 节)

$$C = \lim_{n \to \infty} \left(1 + \frac{1}{2} + \cdots + \frac{1}{n} - \ln n \right),$$

近似地是 0.577 216,它在分析中,特别在 Γ 函数与 ζ 函数的研究中,起着重要作用,

---

[1] *Comp. Rend.*, 77, 1873, 18 – 24, 74 – 79, 226 – 233, 285 – 293 = *Œuvres*, 2, 150 – 181.
[2] *Math. Ann.*, 20, 1882, 213 – 225.

却至今不知道它是有理数还是无理数。

3.　无理数的理论

　　实数系的逻辑结构问题在 19 世纪后叶被人正视。无理数被认为是主要难点。然而无理数的意义与性质的发展预先假定了有理数系的建立。对无理数理论的不同的贡献者来说，或者认为有理数已为众所确认，无需什么基础，或者只给出一些匆促而临时应付的方案。

　　足够奇怪的是，无理数理论的建立，除了一个新的观点外，并不需要什么别的新的思想。欧几里得在《原本》第五卷中处理度量的无公度比时，曾对这种比规定了等与不等。他的等式的定义（第 4 章第 5 节）相当于把有理数 m/n 分成两类，一类中的 m/n 是小于度量 a 与 b 的无公度比 a/b，另一类中的 m/n 是大于 a/b。欧几里得的逻辑诚然是有缺陷的，因为他根本没有定义一个不可公度的比。再则，欧几里得关于比的理论的发展，两个无公度比的相等，只是在几何上可以适用。尽管如此，他确已具有可以及早用来定义无理数的基本思想了。实际上，戴德金确实利用了欧几里得的工作，并且明白承认了这一点[1]。魏尔斯特拉斯也可能为欧几里得的理论所引导。然而，后知总是比先见容易。因此容易解释为什么欧几里得思想的重新构型的利用竟延迟了很多。负数必须全部被认可，然后才能使整个有理数系成为可用。再则，无理数理论的需要必须被觉察到，而这只有当分析的算术化已经进行到相当程度之后才会发生。

　　在 1833 年与 1835 年，于爱尔兰皇家学会上宣读的两篇论文，并以《代数学作为纯时间的科学》(Algebra as the Science of Pure Time) 为题发表的文章中，哈密顿提出了无理数的第一个处理[2]。他把他关于有理数与无理数全体的概念放在时间的基础上，对于数学来说，这个基础是不能令人满意的（虽然康德的许多追随者都认为，这是一个基本的直观）。在提出有理数的理论之后，他引进了把有理数分成两类的思想（这个思想将在联系到戴德金的工作时更充分地描述），并把这样一个划分用来定义一个无理数。但他并没有完成这个工作。

　　除了上述未完成的工作而外，所有在魏尔斯特拉斯之前引进无理数的人都采用了这样的概念，即无理数是一个以有理数为项的无穷序列的极限。但是这个极限，假如是无理数，在逻辑上是不存在的，除非无理数已经有了定义。康托尔[3]指出，这个

---

[1]　*Essays*, p. 40.

[2]　*Trans. Royal Irish Academy*, 17, 1837, 293 - 422 = *Math. Papers*, 3, 3 - 96.

[3]　*Math. Ann.*, 21, 1883, p. 566.

逻辑上的错误,由于没有引起后继的困难,所以在相当时间内没有被发觉。从 1859 年开始的在柏林的讲演中,魏尔斯特拉斯认识到无理数理论的需要,并给出了一个理论。由科萨克(H. Kossak)出版的《算术基本原理》(*Die Elemente der Arithmetik*, 1872),声称要发表这个理论,但被魏尔斯特拉斯否定了。

在 1869 年,梅雷(Charles Méray,1835—1911)作为数学算术化的革新者以及魏尔斯特拉斯的法国对等人物,在有理数的基础上给出了无理数的一个定义①。康托尔也给出了一个理论,并用它来澄清他关于点集的思想,这点集是他在 1871 年研究傅里叶级数的工作中用到的。在一年之后,海涅的理论和戴德金的理论分别在《数学杂志》(*Journal für Mathematik*)②与《连续性与无理数》(*Stetigkeit und irrationale Zahlen*)③两个出版物上发表了。

无理数的各种理论在实质上是十分类似的;因此我们只限于给出康托尔与戴德金的理论的一些说明。康托尔④是从有理数出发的。在他的 1883 年的文章⑤中,他说(第 565 页)已经没有必要去讨论有理数,因为这方面的工作已经由格拉斯曼在他的《算术教本》(*Lehrbuch der Arithmetik*)(1861)和马勒(J. H. T. Muller,1797—1862)在他的《一般算术教本》(*Lehrbuch der allgemeinen Arithmetik*,1855)中完成了。实际上,这些工作并没有证实是明确的。康托尔在那篇文章中给出了他的无理数理论较详细的内容。他引进了一个新的数类,叫做实数,它包含有理数与无理数。他从有理数序列开始,这种序列满足如下的条件:对于任何一个给定的正有理数 $\varepsilon > 0$,序列中除去有限个项以外,彼此相差都小于 ε,亦即对于任意的正整数 m 一致地有

$$\lim_{n \to \infty}(a_{n+m} - a_n) = 0$$

成立。这样的序列他叫做基本序列。每一个这样的序列定义为一个实数,可用 b 来表示。两个这样的序列 (a_ν) 与 (b_ν) 是同一个实数当且仅当 $|a_\nu - b_\nu|$ 在 ν 趋向于无穷时趋向于零。

对于这样的序列有三种可能的状态出现。给定任何一个正的有理数,序列中的项只要对应的 ν 充分大,其绝对值就小于这个给定的数;或者,从某一个 ν 以后,序列中对应的项都大于某一固定的正有理数 ρ;或者,从某一个 ν 以后,序列中对应的项都小于某一固定的负有理数 $-\rho$。在第一种情形 $b = 0$;在第二种情形 $b > 0$;在第三种情形 $b < 0$。

如果 (a_ν) 与 (a'_ν) 是两个基本序列,记作 b 与 b',可以证明 $(a_\nu \pm a'_\nu)$ 与 $(a_\nu \cdot a'_\nu)$ 都

---

① *Revue des Sociétés Savants*, 4,1869,280 – 289.

② *Jour. für Math.*, 74,1872,172 – 188.

③ Continuity and Irrational Numbers, 1872 = *Werke*, 3,314 – 334.

④ *Math. Ann.*, 5,1872,123 – 132 = *Ges. Abh.*, 92 – 102.

⑤ *Math. Ann.*, 21,1883,545 – 591 = *Ges. Abh.*, 165 – 204.

是基本序列,就分别定义为 $b \pm b'$ 与 $b \cdot b'$。再则,若 $b \neq 0$,则除有限项外,序列 (a'_ν / a_ν) 也是一个基本序列,就定义为 b'/b。

有理的实数包含在上述实数的定义之内;因为任一序列 (a_ν),其中每个 a_ν 都等于同一有理数 a,就定义出这有理实数 a。

现在可以定义任何两个实数的等与不等。实际上 $b = b'$, $b > b'$ 或 $b < b'$ 是按照 $b - b'$ 等于 0、大于 0 或小于 0 而规定的。

以下的定理是重要的。康托尔证明,若 (b_ν) 是任一实数序列(有理实数或无理实数),又若对于任意的正整数 μ 一致地都有 $\lim_{\nu \to \infty}(b_{\nu+\mu} - b_\nu) = 0$ 成立,则必存在唯一的一个实数 b,它被一个由有理数 a_ν 构成的基本序列 (a_ν) 所确定,使得

$$\lim_{\nu \to \infty} b_\nu = b.$$

这表明,由实数构成的基本序列并不需要任何更新的类型的数来充当它的极限,因为已经存在的实数已足够提供其极限了。换句话说,从给基本序列(也就是满足柯西收敛准则的序列)提供极限的观点来说,实数系是一个完备系。

戴德金的无理数理论,发表在上面已提到过的他的 1872 年的书中,但他的思想来源却回溯到 1858 年。那时需要他开微积分的课程,而他理解到实数系还没有逻辑基础。为要证明单调增加的有界变量趋向于一个极限,他就像其他的作者一样,不得不借助于几何直观(他说,在微积分的初步中仍旧适宜于这样做,特别是对于那些不愿意花很多时间的人)。再则,许多基本的算术定理都没有得到证明。他举了这样的事实,即等式 $\sqrt{2} \cdot \sqrt{3} = \sqrt{6}$ 还没有严格地证明过。

他接着声明,他预先假定有理数的发展,只对有理数作概括的讨论。为要达到对无理数的认识,他先提出什么叫做几何的连续性。当时的和早些时候的思想家——例如波尔查诺——相信所谓连续就是在任两数之间至少存在一个另外的数。这一性质现在知道是稠密性。但是有理数本身就形成一个稠密集,因此稠密性不是连续性。

戴德金是在直线划分的启发下来定义无理数的。他注意到把直线上的点划分成两类,使一类中的每一个点位于另一类中每一个点的左方,就必有一个且只有一个点产生这个划分。这一事实使得直线是连续的。对于直线来说,这是一个公理。他把这个思想运用到数系上来。戴德金说,让我们考虑任何一个把有理数系分成两类的划分,它使得第一类中的任一数小于第二类中的任一数。他把有理数系的这样一个划分叫做一个分割(cut)。如果用 A_1 与 A_2 表示这两类,则 (A_1, A_2) 表示这分割。在一些分割中,或者 A_1 有个最大的数,或者 A_2 有个最小的数;这样的而且只有这样的分割是由一个有理数确定的。

但是存在着不是由有理数确定的分割。假如我们把所有的负有理数以及非负的且平方小于 2 的有理数放在第一类,把剩下的有理数放在第二类,则这个分割就不是

由有理数确定的。通过每一个这样的分割,"我们创造出一个新的无理数 α 来,它是完全由这个分割确定的。我们说,这个数 α 对应于这个分割,或产生这个分割"。从而对应于每一个分割存在唯一的一个有理数或无理数。

戴德金在引进无理数时所用的语言,留下一些不完善的地方。他说无理数 α 对应于这个分割,又为这分割所定义。但他没有说清楚 α 是从哪儿来的。他应当说,无理数 α 不过就是这一个分割。事实上,海因里希·韦伯告诉过戴德金这一点,而戴德金在 1888 年的一封信中却回答说,无理数 α 并不是分割本身而是某些不同的东西,它对应于这个分割而且产生这个分割。同样,虽然有理数产生分割,它和分割是不一样的。他说,我们有创造这种概念的脑力。

他接着给出一个分割 (A_1, A_2) 小于或大于另一分割 (B_1, B_2) 的定义。在定义了不等关系之后,他指出实数具有三个可以证明的性质:(1)若 $\alpha > \beta$ 且 $\beta > \gamma$,则 $\alpha > \gamma$。(2)若 α 与 γ 是两个不同的实数,则存在着无穷多个不同的数位于 α 与 γ 之间。(3)若 α 是任一实数,则实数全体可以分成两类 A_1 与 A_2,每一类含有无穷多个实数,A_1 中的每一个数都小于 α,而 A_2 中的每一个数都大于 α,数 α 本身可以指定在任一类。实数类现在就具有**连续性**,他把这个性质表达为:如果实数全体的集合被划分成 A_1 与 A_2 两类,使 A_1 中的每一个数小于 A_2 中所有的数,则必有一个且只有一个数 α 产生这个划分。

他接着定义实数的运算。分割 (A_1, A_2) 与 (B_1, B_2) 的加法是这样定义的:设 c 是任一有理数,如果有 a_1 属于 A_1,b_1 属于 B_1,使 $a_1 + b_1 \geqslant c$,我们就把 c 放在类 C_1 中。所有其他的有理数都放在类 C_2 中。这两类数 C_1 与 C_2 构成一个分割 (C_1, C_2),因为 C_1 中的每一个数小于 C_2 中的每一个数。这个分割 (C_1, C_2) 就是 (A_1, A_2) 与 (B_1, B_2) 的和。他说,其他运算可以类似地定义。他现在就能够建立加法和乘法的结合与交换等性质。虽然戴德金的无理数理论,经过上面指出的一些少量修改之后,是完全符合逻辑的,但康托尔认为分割在分析中出现并不自然而加以批评。

除以上提到的或描述的以外,关于无理数理论还有另外一些工作。例如沃利斯在 1696 年曾把有理数与循环小数等同起来。斯托尔兹(Otto Stolz,1842—1905)在他的《一般算术教程》(*Vorlesungen über allgemeine Arithmetik*)[①]中证明了每一个无理数可以表达成不循环小数,因而这个事实可以用来定义无理数。

从这些不同的处理,可以明显地看出,无理数的逻辑定义是颇有些不自然的。从逻辑上看,一个无理数不是简单的一个符号,或一对符号,像两个整数的比那样,而是一个无穷的集合,如康托尔的基本序列或戴德金的分割。逻辑地定义出来的无理数是一个智慧的怪物。我们可以理解,为什么希腊人和许多后继的数学家都觉得,这样

---

①　1886,1,109 – 119.

的数难以掌握。

　　数学的进展并没有博得普遍的赞许。汉克尔他自己是有理数逻辑理论的创始人,却反对无理数的理论[①]:"没有[几何的]度量的概念,形式地去处理无理数的每一个尝试,必然导致最玄奥的和麻烦的人工制作,它们是不会有较高的科学价值的,即使它们能够被完全严密地进行到底的话,何况对此我们完全有权怀疑。"

4. 有理数的理论

　　为数系建立基础的下一步是关于有理数的定义及其性质的推演。如上所述,在这方向上的一两个尝试是先于无理数方面的工作的。大多数在有理数方面工作的人都假定普通整数的本质与属性是已知的,并认为问题在于逻辑地建立负数和分数。

　　第一个这样的努力是由欧姆(1792—1872)做出的。他是柏林的教授,物理学家欧姆(Georg Simon Ohm)的弟弟。他在他的《数学的一个完备相容系的研究》(*Versuch eines vollkommen consequenten Systems der Mathematik*, 1822)中做出了这个努力。后来魏尔斯特拉斯在 1860 年间的讲演中,从自然数导出了有理数。他引进正有理数作为一对自然数,负整数作为另一类型的自然数偶,而负有理数作为一对正负整数。皮亚诺(Giuseppe Peano)独立地使用了这个思想,我们将联系他的工作在以后作较详细的介绍。魏尔斯特拉斯没有意识到有必要去澄清整数的逻辑。实际上他的有理数理论也没有免除困难。然而从 1859 年以后,在他的讲演中已正确地肯定,只要承认了自然数,建立实数就不再需要进一步的公理了。

　　建立有理数系的关键问题,在于采取一些步骤来构造普通整数的基础并确立整数的性质。在那些从事于整数理论工作的人们中,有少数人相信,像自然数这样基本的东西,已不可能再加以逻辑分析了。克罗内克就是坚持这样的观点的。他之所以如此,是出于哲学上的考虑,关于这些我们将在以后更深入地讨论。克罗内克也愿意把分析算术化,也就是把分析建立在整数的基础上;但他认为人对于整数的知识,除了直接承认以外,不能再做什么了。人对于这些知识有着基本的直观。他说"上帝创造了整数,其他一切都是人造的"。

　　戴德金在他的《数的性质与意义》(*Was sind und was sollen die Zahlen*)[②]的著作中给出了一个整数理论。这个著作写作时间是从 1872 年到 1878 年,虽然发表的时间是 1888 年。他用了集合论的思想,这个思想在那时康托尔早已领先,而且不久就被认为有很大的重要性。但无论如何,戴德金的处理过于复杂,以至得不到多大

---

①　*Theorie der complexen Zahlensystem*, 1867, p. 46 – 47.
②　The Nature and Meaning of Numbers = *Werke*, 3, 335 – 391.

的注意。

对于整数的处理,最能适合 19 世纪后叶的公理化倾向的,是整个用一组公理来引进整数。利用戴德金在上面提到的著作中所获得的结果,皮亚诺(1858—1932)在他的《算术原理新方法》(*Arithmetices Principia Nova Methodo Exposita*, 1889)中①,首先完成了这个工作。由于皮亚诺的处理已被广泛使用,我们将介绍它。

皮亚诺用了许多符号,目的在使推理干净利落。例如∈表示属于;⊃表示包含;N_0 表示自然数类;$a+$ 表示后继于 a 的下一个自然数。皮亚诺在他的所有数学表达中,都采用这些符号。他的《数学公式》(*Formulario mathematico*,五卷,1895—1908)一书就是显著的例子。他在讲课时也使用这些符号,因而学生们造了反。他试着用全部及格的办法去满足他们,但没有起作用,因而他被迫辞去他在都灵大学的教授职位。

虽然皮亚诺的工作影响到符号逻辑的进一步发展,以及后来由弗雷格(Gottlob Frege)与罗素发起的把数学建筑在逻辑上的运动,但他的工作必须与弗雷格和罗素的工作区分开来,皮亚诺并不要把数学建立在逻辑上。对于他,逻辑只是数学的仆人。

皮亚诺从不经定义的"集合"、"自然数"、"后继者"与"属于"等概念出发(参见第 42 章第 2 节)。他关于自然数的五个公理是:

(1) 1 是一个自然数。

(2) 1 不是任何其他自然数的后继者。

(3) 每一个自然数 a 都有一个后继者。

(4) 如果 a 与 b 的后继者相等,则 a 与 b 也相等。

(5) 若一个由自然数组成的集合 S 含有 1,又若当 S 含有任一数 a 时,它一定也含有 a 的后继者,则 S 就含有全部自然数。

这最后一个公理就是数学归纳法公理。

皮亚诺采取了关于相等的相反、对称和传递公理。这就是 $a=a$;若 $a=b$,则 $b=a$;若 $a=b$ 且 $b=c$,则 $a=c$。他用如下的叙述来定义加法:对于每一对自然数 a 与 b,有唯一的和 $a+b$ 存在,使

$$a+1=a+,$$
$$a+(b+)=(a+b)+.$$

同样地,他用如下的说法来定义乘法:对于每一对自然数 a 与 b,有唯一的积 $a \cdot b$ 存在,使

$$a \cdot 1 = a,$$

---

① *Opere scelte*, 2, 20 - 55,与 *Rivista di Matematica*, 1, 1891, 87 - 102, 256 - 257 = *Opere scelte*, 3, 80 - 109。

$$a \cdot (b+) = (a \cdot b) + a.$$

他接着建立了自然数的所有人们熟悉的性质。

从自然数及其性质出发,可以直接定义负整数与有理数,并建立其性质。我们可以先定义正的与负的整数作为新的一类数,它们每一个是一对有序的自然数。这样(a, b)就是一个整数,其中a与b是自然数。(a, b)的直观意义是$a-b$。从而当$a > b$时,(a, b)就是通常的正整数,而当$a < b$时,(a, b)就是通常的负整数。适当地制定加法与乘法运算的定义,就可以导出正负整数的通常的性质。

有了整数,就可以通过有序的整数对来引进有理数。即若A与B是整数,有序对(A, B)就是一个有理数。直观地说,(A, B)就是A/B。适当地制定关于这种数对的加法与乘法运算的定义,就可以导出有理数的通常的性质。

所以,一旦对于自然数的逻辑处理完成之后,建立实数系的基础问题就完备了。正如我们已经注意到的,一般说来,从事于无理数理论工作的人们,总是假定对有理数已经彻底了解,因而可以承认它们,或者稍微做出一些澄清它们的姿态。在哈密顿把复数建立于实数基础上之后,在用有理数定义了无理数之后,这最后一类——有理数——的逻辑终于创立起来了。这个历史顺序实质上与需要用来建立复数系的逻辑顺序恰好相反。

5.　实数系的其他处理

以上所描述的关于处理实数系逻辑基础的要点是:先得出整数及其有关性质,从而导出负数与分数,最后导出无理数。这种处理的逻辑基础只是关于自然数的某些公设的系列,例如皮亚诺公理。所有其他的数都是构造出来的。希尔伯特称以上的处理为原生法(genetic method)(他可能当时还不知道皮亚诺公理,但他知道关于自然数的其他处理)。他承认这种原生法可能有教学与直观推断的价值,但他说,对整个实数系采用公理方法,在逻辑上将更为可靠。在我们陈述他的理由之前,我们先看一看他的公理[①]。

他介绍了不定义的词和用a, b, c代表的数之后,给出了下列公理:

Ⅰ.　　连接公理

Ⅰ₁　　从数a与数b经过加法产生一个确定的数c;用符号表示出便是

$$a+b=c \text{ 或 } c=a+b.$$

[①]　*Jahres. der Deut. Math.-Verein.*, 8,1899,180-184;这文章不在希尔伯特的 *Gesammelte Abhandlungen* 中。见于他的 *Grundlagen der Geometrie*,第七版,附录 6。

I₂ 若 a 与 b 是给定的两数，则存在唯一的一个数 x 与唯一的一个数 y，使

$$a + x = b \text{ 与 } y + a = b.$$

I₃ 存在一个确定的数，记为 0，使对每一个 a 都有

$$a + 0 = a \text{ 与 } 0 + a = a,$$

I₄ 从数 a 与数 b 经过另一方法——乘法，产生一个确定的数 c，用符号表示出便是

$$ab = c \text{ 或 } c = ab.$$

I₅ 若 a 与 b 是任意给定的两数，且 a 不是 0，则存在唯一的一个数 x 与唯一的一个数 y，使

$$ax = b \text{ 与 } ya = b.$$

I₆ 存在一个确定的数，记为 1，使对每一个 a 都有

$$a \cdot 1 = a \text{ 与 } 1 \cdot a = a.$$

Ⅱ．**运算公理**

Ⅱ₁ $a + (b + c) = (a + b) + c.$

Ⅱ₂ $a + b = b + a.$

Ⅱ₃ $a(bc) = (ab)c.$

Ⅱ₄ $a(b + c) = ab + ac.$

Ⅱ₅ $(a + b)c = ac + bc.$

Ⅱ₆ $ab = ba.$

Ⅲ．**顺序公理**

Ⅲ₁ 若 a 与 b 是任意两个不同的数，则其中的一个必大于另一个，称后者为小于前者；用符号表示出便是

$$a > b \text{ 与 } b < a.$$

Ⅲ₂ 若 $a > b$ 与 $b > c$，则 $a > c$.

Ⅲ₃ 若 $a > b$，则下述关系成立：

$$a + c > b + c \text{ 与 } c + a > c + b.$$

Ⅲ₄ 若 $a > b, c > 0$，则 $ac > bc$ 与 $ca > cb.$

Ⅳ．**连续公理**

Ⅳ₁ [阿基米德公理]若 $a > 0$ 与 $b > 0$ 是两个任意的数，则总可以把 a 自己相加足够的次数使

$$a + a + \cdots + a > b.$$

Ⅳ₂　[完备公理]对于数系,不可能加入任何集合的东西使加入后的集合满足前述公理。扼要地说,数构成一个对象系,它在保持上述公理全部成立的情况下不能扩大。

希尔伯特指出,这些公理并不是互相独立的,有些可以从另一些导出来。他接着肯定,在上述的实数概念下,那些反对无限集合存在的论点是站不住的。他说,这是因为我们无需去总体地考虑所有那些可以用来构成基本序列(康托尔的有理数序列)中元素的定律全体,我们只需考虑一个封闭的公理系统以及那些可以通过有限个逻辑步骤导出来的结论。他确实也指出,这组公理的相容性是必须证明的,但只要这一点做到之后,由此定义出来的对象,即实数,就在数学的意义下存在了。希尔伯特那时还没有觉察到,实数公理的相容性是很难证明的。

希尔伯特声称,他的公理方法优越于原生法。对此,罗素的回答是,前者有窃取辛勤劳动成果的优越性,它一下子就假定了那些能从小得多的一组公理推演出来的东西。

在数学上几乎每一次重大的进展都会遭到反对,实数理论的创建也不例外。我们已经提到过,杜波依斯-雷蒙是反对分析算术化的,在他的 1887 年的《函数的一般理论》(*Théorie générale des fonctions*)一书中说道[①]:

> 毫无疑问,借助于所谓的公理、公约、生造的哲学命题以及本来清楚的概念的不可理解的推广,一个算术体系是可以建立起来的。它在各方面都类似于从度量概念得出的体系,却好像是用教条与防御性定义作为警戒线来孤立计算的数学……但是任何人都可以照样发明另外一套算术体系。通常的算术正好是这样一个体系,它是对应于线性度量的。

尽管有这样的攻击,在广大的数学家们看来,实数系工作的完成,解决了它所面对的所有逻辑问题。算术、代数与分析至今仍是数学的最广阔的部分,而这部分现在已经有了稳固的基础。

6.　无穷集合的概念

分析的严密化揭示人们有必要去理解实数集合的结构。为了处理这个问题,康托尔早曾引进关于无穷点集的一些概念,特别是第一型的集合(第 40 章第 6 节)。康托尔认为无穷集合的研究是如此重要,以致他就为此而承担起无穷集合的研究。他期望这个研究能使他清楚地区分不同的不连续点的无穷集合。

---

① 　62 页,*Die allgemeine Funktionentheorie*,1882 年的法文版。

集合论里的中心难点是无穷集合这个概念本身。从希腊时代以来,这样的集合很自然地引起数学家们与哲学家们的注意,而这种集合的本质以及看来是矛盾的性质,使得对这种集合的理解,没有任何进展。芝诺(Zeno)的悖论可能是难点的第一个迹象。既不是直线的无限可分性,也不是直线作为一个由离散的点构成的无穷集合,足以对运动做出合理的结论。亚里士多德考虑过无穷集合,例如整数集合,但他不承认一个无穷的集合可以作为固定的整体而存在。对他来说,集合只能是潜在地无穷的(potentially infinite)(第 3 章第 10 节)。

普罗克洛斯(欧几里得的注释者)注意到圆的一根直径分圆成为两半,由于直径有无穷多,所以必有两倍那么多的半圆。普罗克洛斯说,这在许多人看来是一个矛盾。但他用这样的说法来解决这个矛盾,他说,任何人只能说很大很大数目的直径或半圆,不能说一个实实在在无穷多的直径或半圆。换句话说,普罗克洛斯是接受亚里士多德的潜无穷(potential infinity)的概念而不接受实无穷(actual infinity)。这就回避了两倍无穷大等于一个无穷大的问题。

整个中世纪,关于是否有实实在在无穷多个对象的集合这个问题,哲学家们各持一端。这样的事实已被注意到:把两个同心圆上的点用公共半径连起来,就构成两个圆上的点之间的一一对应关系,但一个的周长却比另一个的长。

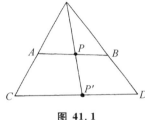

伽利略(Galileo Galilei)与无穷集合作过斗争,并因为它们不可理喻而放弃了。在他的《两门新科学》(*Two New Sciences*)(英译本 18 – 40 页)中,他注意到两个不等长的线段 *AB* 与 *CD* 上的点(图 41.1)可以构成一一对应,从而可以想象它们含有同样多的点。他

图 41.1

又注意到正整数可以和它们的平方构成一一对应,只要把每一个正整数同它的平方对应起来就行了。但这导致无穷大的不同的"数量级",伽利略说这是不可能的:所有无穷大量都一样,不能比较大小。

高斯于 1831 年 7 月 12 日给舒马赫的信[1]中说:"我反对把一个无穷量当作实体,这在数学中是从来不允许的。无穷只是一种说话的方式,当人们确切地说到极限时,是指某些比值可以任意近地趋近它,而另一些则允许没有界限地增加。"柯西如他的前人一样,不承认无穷集合的存在,因为部分能够同整体构成一一对应这件事,在他看来是矛盾的。

涉及集合的许多问题的争论是无休止的,并且卷入了形而上学的甚至是神学的辩论。大多数数学家对这个问题的态度是,不谈他们自己所不能解决的问题。他们全都避免对实在无穷集合的明确承认,尽管他们使用无穷级数与实数系。他

---

① *Werke*, 8,216.

们会说到直线上的点,但避免说直线是由无穷多个点构成的。这样回避困难问题的方式是虚伪的,但这对于建立古典的分析确是足够了。然而,当 19 世纪面对在分析中建立严密性的问题时,关于无穷集合的许多问题就再也躲避不开了。

7. 集合论的基础

波尔查诺在他的《无穷悖论》(*Paradoxes of the Infinite*, 1851)一书(这书在他死后三年才出版)中显示了他是第一个朝着建立集合的明确理论方向采取了积极步骤的人。他维护了实在无穷集合的存在,并且强调了两个集合等价的概念,这就是后来叫做两个集合的元素之间的一一对应关系。这个等价概念,适用于有限集合,同样也适用于无穷集合。他注意到在无穷集合的情形,一个部分或子集可以等价于整体;他并且坚持这个事实必须接受。例如 0 到 5 之间的实数通过公式 $y = 12x/5$,可以与 0 到 12 之间的实数构成一一对应,虽然这第二个数集包含了第一个数集。对于无穷集合,同样可以指定一种数叫做超限数,使不同的无穷集合有不同的超限数,虽然波尔查诺关于超限数的指定,根据后来康托尔的理论是不正确的。

波尔查诺关于无穷的研究,其哲学意义比数学意义来得多,并且没有充分弄清楚后来称之为集合的势或集合的基数的概念。他同样遇到一些性质在他看来是属于悖论的,这些他都在他的书中提到了。他的结论是,对于超限数无需建立运算,所以不用深入研究它们。

集合论的创建者是康托尔(1845—1918)。他出生于俄国的一个丹麦-犹太血统的家庭,和他的父母一起迁到德国。他的父亲力促他学工,因而康托尔在 1863 年带着这个目的进了柏林大学。在那里他受了魏尔斯特拉斯的影响而转到纯粹数学。他在 1869 年成为哈雷大学的讲师,1879 年成为教授。当他 29 岁时,他在《数学杂志》(*Journal für Mathematik*)上发表了关于无穷集合理论的第一篇革命性文章。虽然有些命题为老一些的数学家们指出是错的,但这篇文章总体上的创造性与光彩引起了人们注意。他继续在集合论与超限数方面发表论文直到 1897 年。

康托尔的工作解决了不少经久未解决的问题,并且颠倒了许多前人的想法,自然就很难被立刻接受。他关于超限序数与基数的思想,引起了权威克罗内克的敌视,粗暴地攻击他的思想达 10 年以上。康托尔曾一度精神崩溃,但他在 1887 年又恢复了工作。虽然克罗内克死于 1891 年,但是他的攻击使数学家们对康托尔的工作抱着怀疑态度。

康托尔的集合理论分散在许多文章中,所以我们不具体指出他的每一个概念和定理出现在哪篇文章中。他的这些文章是从 1874 年开始[①]分载在《数学年鉴》

---

① *Ges. Abh.*, 115 - 356.

(*Mathematische Annalen*)和《数学杂志》(*Journal für Mathematik*)两杂志上的。
康托尔称集合(set)为一些确定的、不同的东西的总体(collection)，这些东西人们能
意识到，并且能判断一个给定的东西是否属于这个总体。他说，那些认为只有潜无穷
集合的人是错误的，并且驳斥了数学家们和哲学家们反对实无穷集合的早期论点。
对康托尔来说，如果一个集合能够和它的一部分构成一一对应，它就是无穷的。他的
一些集合论的概念，如集合的极限点、导集、第一型集等，是在一篇关于三角级数的
文章①中定义而且使用了的。这些我们已经在前一章(第6节)中叙述过。一个集合
称为是闭的，假如它包含它的全部极限点；是开的，假如它的每一个点都是内点，即每
一个点可以包在一个区间内，这区间的点都属于这个集合。一个集合称为完全的，假
如它是闭的并且它的每一个点都是它的极限点。他还定义了集合的和与交。虽然康
托尔主要考虑的是直线上的点集或实数集，但他确实把这些集合论的概念推广到
了 n 维欧几里得空间的点集合。

他接着寻求像"大小(size)"这样的概念来区分无穷集合。他和波尔查诺一样，
认为一一对应关系是基本的原则。两个能够一一对应的集合称为是等价的或具有
相同的势[后来"势(power)"这个名词改成了"基数(cardinal number)"]。两个集
合可以有不同的势。如果在 M 与 N 两个集合中，N 能与 M 的一个子集构成一一
对应，而 M 不可能与 N 的任何子集构成一一对应，就说 M 的势大于 N 的势。

数集自然是最重要的，所以康托尔用数集来阐明他关于等价或势的概念。康
托尔引进了"可列(enumerable)"这个词，对于凡是能和正整数构成一一对应的任
何一个集合都称之为可列集合。这是最小的无穷集合。然后他证明了有理数集合
是可列的。他在 1874 年给出了一个证明②；他的第二个证明③是现在普遍采用的，
我们就来描述它。

有理数排列成如下形式：

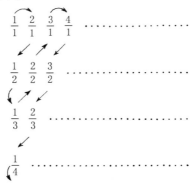

---

①　*Math. Ann.*, 5, 1872, 122 - 132 = *Ges. Abh.*, 92 - 102.

②　*Jour. für Math.*, 77, 1874, 258 - 262 = *Ges. Abh.*, 115 - 118.

③　*Math. Ann.*, 46, 1895, 481 - 512 = *Ges. Abh.*, 283 - 356, 特别在 pp. 294 - 295。

要注意的是,那些在同一个对角线方向的分式,其分子与分母的和是相同的。现在我们从 $\frac{1}{1}$ 开始随着箭头所示的方向依次指定 1 对应于 1/1,2 对应于 2/1,3 对应于 1/2,4 对应于 1/3 等。每一个有理数必将在某一步对应于一个被指定的有限的正整数。于是上面列出的有理数集合(其中有些出现许多次)与正整数集合构成一一对应。于是把重复的去掉后,这个有理数集合仍是一个无穷集合,从而必然仍是可列的,因为可列集合是最小的无穷集合。

更惊人的是,在上面引到的那篇 1874 年的文章中,康托尔证明了所有代数数全体构成的集合也是可列的。这里所谓代数数就是满足某一个代数方程

$$a_0 x^n + a_1 x^{n-1} + \cdots + a_n = 0$$

的数,其中 a_i 都是整数。

为证明这一点,康托尔对任一个 n 次代数方程指定一个数(叫做高)N 如下:

$$N = n - 1 + |a_0| + |a_1| + \cdots + |a_n|,$$

其中 a_i 都是这个方程的系数。数 N 是一个正整数。对每一个 N,以 N 为高的代数方程是有限个,它们的全部解也是有限个,除去重复的以外,所对应的代数数也是有限个,设为 $\phi(N)$ 个。例如 $\phi(1) = 1$;$\phi(2) = 3$;$\phi(3) = 5$。他从 $N = 1$ 开始,对于所对应的代数数从 1 到 n_1 给以标号;对应于 $N = 2$ 的代数数从 $n_1 + 1$ 到 n_2 给以标号;依次下去。由于每一个代数数总一定会编到号,并且必与唯一的一个正整数相对应,从而所有代数数的集合是可列的。

康托尔在 1873 年和戴德金的一次通信中提出过这样的问题:实数集合是否能和正整数集合构成一一对应。几个星期后他自己回答了这个问题,认为是不可能的。他给出两个证明:第一个证明(在上面提到过的 1874 年那篇文章中)比第二个证明①复杂得多,今天经常采用的就是这第二个证明. 它具有这样的优越性,正如康托尔自己指出的,即不依赖于无理数的技术性考虑。

康托尔关于实数不是可列的第二个证明,是从假定 0 与 1 之间的实数是可列的这个前提出发的。让我们把每一个这样的实数写成无穷小数,例如把 1/2 写成 $0.4999\cdots$ 的形式。假如它们是可列的,那么我们就能够对每一个数指定一个正整数 n:

$$1 \leftrightarrow 0.a_{11} a_{12} a_{13} \quad \cdots$$
$$2 \leftrightarrow 0.a_{21} a_{22} a_{23} \quad \cdots$$
$$3 \leftrightarrow 0.a_{31} a_{32} a_{33} \quad \cdots$$
$$\cdots\cdots$$

---

①　*Jahres. der Deut. Math. -Verein.*, 1. 1890/1891, 75 − 78 = *Ger. Abh.*, 278 − 281.

现在我们定义一个在 0 到 1 之间的实数如下：令 $b = 0. b_1 b_2 b_3 \cdots$，其中 $b_k = 9$ 若 $a_{kk} = 1$，而 $b_k = 1$ 若 $a_{kk} \neq 1$. 这个实数不同于上表中所列的任何一个实数，而这和假定上表已包含所有从 0 到 1 之间的实数是矛盾的。

由于实数是不可列的而代数数是可列的，必定有超越数存在。这是康托尔关于超越数的非结构性存在的证明，这应与刘维尔实际构造出超越数(第 2 节)相比较。

在 1874 年康托尔考虑着一条直线上的点和整个 R^n(n 维空间)中的点的对应关系，并企图证明这两个集合不可能构成一一对应关系。三年之后，他证明这样的对应关系是存在的，他写信给戴德金说[1]："我看到了它，但我简直不能相信它。"

用来构成这个一一对应的思想[2]能够立刻显示出来，如果我们把单位正方形中的点和(0，1)线段的点能构成这样的对应关系的话。设$(x，y)$是单位正方形中的一个点而 z 是单位区间中的一个点。又设 x 和 y 都表示成无穷小数，即把有限小数写成 9 的无限循环。我们把 x 与 y 的小数分成一组一组，每一组终止在第一个非零的数字上。例如

$$x = .3 \quad 002 \quad 03 \quad 04 \quad \quad 6 \quad \cdots,$$
$$y = .01 \quad \quad 6 \quad 07 \quad 8 \quad 09 \quad \cdots,$$

作

$$z = .3 \quad 01 \quad 002 \quad 6 \quad 03 \quad 07 \quad 04 \quad 8 \quad 6 \quad 09 \quad \cdots,$$

其中的各组数字是：先是 x 的第一组，然后是 y 的第一组，并依次进行下去。如果两个 x 或两个 y 有不同的小数位数字，则对应的两个 z 也必不同。从而对于每一对$(x，y)$有唯一的一个 z 可以确定。对于任意给定的一个 z，把 z 的小数像上面那样分成一组一组，并由此把上述步骤倒过去作出 x 与 y，则不同的两个 z 将得出不同的两对$(x，y)$，从而对每一个 z 有唯一的$(x，y)$可以确定。方才描述的一一对应关系是不连续的；粗略地说，对应于彼此靠近的 z 点的$(x，y)$点不一定靠近，反之亦然。

杜波依斯-雷蒙反对这个证明[3]："这看来与普通常识相矛盾。事实上，这只是这样一种推理的结论，这种推理允许空想的虚构来介入，并且让这些虚构——它们甚至不是量的表达式的极限——充当真正的量。这就是悖论所在。"

8. 超限基数与超限序数

康托尔在论证了相同的势与不同的势的集合都存在之后，他继续研究集合的

---

①　*Briefwechsel Cantor-Dedekind*，p. 34.

②　*Jour. für Math.*，84，1878，242-258 = *Ges. Abh.*，119-133.

③　他的 *Die allgemeine Funktionentheorie*(1882)一书的法文版(1887)第 167 页。

势这个概念并且引进了基数与序数的理论,其中超限基数(transfinite cardinal number)与超限序数(transfinite ordinal number)是惊人的创造。康托尔在《数学年鉴》(*Mathematische Annalen*)杂志上从 1879 年到 1884 年发表的一系列文章中发展了这个工作,这些文章都纳入同一个标题:《关于无穷的线性点集》(Über unendliche lineare Punktmannichfaltigkeiten)。后来他在 1895 年与 1897 年写了两篇决定性的文章发表在同一杂志上①。

在关于线性集合的第五篇文章中②,康托尔从如下的观察开始:

> 我的集合论研究的描述已经达到了这样的地步,它的继续已经依赖于把实的正整数扩展到现在的范围之外。这个扩展所采取的方向,就我所知,至今还没有人注意过。
>
> 我对于数的概念的这一扩展依赖到这样的程度,没有它我简直不能自如地朝着集合论前进的方向迈进,哪怕是一小步。我希望在这样的情形下,把一些看起来是奇怪的思想引进到我的论证中是可以理解的,或者,如有必要的话,是可以谅解的。实际上,其目的在于扩展或推广实的整数序列到无穷大以外。虽然这可能显得是大胆的,我却不仅希望而且坚信,到了适当时机,这个扩展将被承认是十分简单、适宜而又自然的一步。但我仍是十分清楚,在采取这样一步后,我把自己放到了关于无穷大的流行观点以及关于数的性质的公认意见的对立面去了。

康托尔指出,他的关于无穷数或超限数的理论,不同于普通所说的一个变量变得无穷小或无穷大的那个无穷的概念。两个一一对应的集合具有相同的势或基数。对于有限集合来说,基数就是这集合中元素的个数。对于无穷的集合,要引进新的基数。自然数集合的基数用 $\aleph_0$ 表示。由于实数不能和自然数构成一一对应,实数集合必定有另一个基数,这个基数用 c 表示,它是连续统 continuum 的第一个字母。正像势的概念一样,若在两个集合 M 与 N 中,N 可与 M 的一个子集构成一一对应,而 M 却不能与 N 的任何一个子集构成一一对应,则 M 的基数就大于 N 的基数。从而 $c > \aleph_0$。

要得到一个基数大于某一给定的基数③,可考虑任何一个具有这给定基数的

---

①　*Math. Ann.*, 46,1895,481-512,以及 49,1897,207-246＝*Ges. Abh.*,282-351;这两篇文章的一个英文翻译见于康托尔, *Contributions to the Founding of a Theory of Transfinite Numbers*, Dover (reprint),无出版年月。

②　1883,*Ges. Abh.*,165.

③　Cantor, *Ges. Abh.*,278-280.

集合 M,并考虑 M 的所有子集所构成的集合 N。在 M 的子集中有 M 的单个元素组成的集合,也有 M 的一对元素组成的集合等。现在,M 与 N 的一个子集构成一一对应是一定可能的,因为 N 有一个子集是由 M 的所有单个元素构成的(每个单个元素看作 M 的子集当然是 N 的元素)。它自然可与 M 构成一一对应。但是,在 M 与 N 的全部元素之间不可能建立一个一一对应关系。因为假如这样的一个一一对应是可以建立的话,就可令 m 是 M 的任一元素,并考虑所有这样的 m,它在所假定的一一对应关系下,与 N 的某个元素相对应,而 N 的这个元素作为 M 的子集时,并不包含 m。把具有这样性质的 m 的全体所构成的集合记作 η,则 η 当然是 N 的一个元素。康托尔证明,在所假定的一一对应下,η 并没有 M 的元素与之对应。因为假如 η 与 M 的某一个 m 对应,且 η 含有 m 的话,那就会与 η 的定义本身有矛盾,假如 η 不含有 m,则根据 η 的定义,m 又应属于 η。所以假定 M 与 N 存在一一对应关系是会导致矛盾的。由此可见,一已知集合的所有子集所构成的集合,其基数大于这已知集合的基数。

康托尔定义两个基数的和为两个分别具有所给基数的(不相交的)集合的和集的基数。他也定义了两个基数的乘积,给定两个基数 α 与 β,集合 M 的基数为 α,集合 N 的为 β,作元素对 (m, n),其中 m 属于 M,n 属于 N,所有这样的元素对构成的集合,其基数定义为 α 与 β 的乘积。

基数的乘幂也得到了定义。设集合 M 的基数为 α,集合 N 的基数为 β,把集合 N 的每一元素用 M 的任一元素来置换,这就有许多不同的置换法,每一不同的置换法看作不同的元素,其总体所成的集合记作 M^N。康托尔定义 M^N 的基数为 α^β。在有穷的情况下,例如 $\alpha = 3$,$\beta = 2$,这相当于 α 个元素中每次取 β 个(允许重复)的排列所构成的集合,其基数为 $\alpha^\beta = 3^2$。令 m_1,m_2,m_3 为集合 M 的三个元素,每次取 2 个的排列为

$$m_1 m_1 \qquad m_2 m_1 \qquad m_3 m_1$$
$$m_1 m_2 \qquad m_2 m_2 \qquad m_3 m_2$$
$$m_1 m_3 \qquad m_2 m_3 \qquad m_3 m_3.$$

事实上,N 的每一元素用 M 的任一元素来置换,就有 α 个不同的情形,既然 N 的每一元素就有 α 个不同的置换,则 β 个元素所有不同的置换法应当是 α^β。有了乘幂的定义之后,康托尔证明了 $2^{\aleph_0} = c$,这从 $(0,1)$ 线段的数展为二进位小数可知,这时 M 只有 0,1 两个元素,N 是自然数集合。

康托尔提请人们注意这样的事实,即他的关于基数的理论特别适合于有限集合,从而对于有限数理论他已给出了"最自然、最简短且最严密的基础"。

下一个概念便是序数的概念。他在引进一个已知集合的逐次导集时,早就发觉序数概念的需要。他现在抽象地来引进这个概念。一个集合叫做全序的(simply ordered),假如它的任何两个元素都有一个确定的顺序;即若给定 m_1 与 m_2,则或者是 m_1 前于 m_2,或者是 m_2 前于 m_1;记号表示 $m_1 < m_2$ 或 $m_2 < m_1$。再则,若 $m_1 < m_2$ 与 $m_2 < m_3$,则 $m_1 < m_3$,即这顺序关系有传递性。一个全序集 M 的序数是这个集合的顺序的序型。两个全序集称为是相似的,假如它们是一一对应而且保留顺序,即若 m_1 对应于 n_1, m_2 对应于 n_2,而 $m_1 < m_2$,则必 $n_1 < n_2$。两个相似的集合叫做有相同的序型或序数。作为全序集的例子,我们可用任一有限数集合并按任何给定的顺序排列。对于有限集,不管其顺序是怎样的,其序数是确定的,并且就用这个集合的基数来表示。正整数集合按它们的自然顺序,其序数用 ω 表示。另一方面,按递减顺序的正整数集合

$$\cdots, 4, 3, 2, 1$$

的序数用 $^*\omega$ 表示。正、负整数与零所成的集合按通常的顺序,其序数为 $^*\omega + \omega$。

接着康托尔定义序数的加与乘。两个序数的和是第一个全序集的序数加第二个全序集的序数,顺序即按其特殊规定。例如按自然顺序的正整数集合之后随着五个最初的正整数所构成的集合,即

$$1, 2, 3, \cdots, 1, 2, 3, 4, 5,$$

其序数为 $\omega + 5$。序数的相等与不相等,也可以很显然地给出定义。

现在他引进超限序数的整个集合,这在一方面是基于它本身的价值,另一方面是为了确切地定义较大的超限基数。为了引进这些新的序数,他把全序集限制在良序集(well-ordered)的范围之内[1]。一个全序集叫做良序集,假如它有为首的元素,并且它的每一子集也有为首的元素。序数与基数都存在着级别。第一级是所有的有限序数

$$1, 2, 3, \cdots,$$

我们用 Z_1 表示上述第一级序数。在第二级的序数是

$$\omega, \omega + 1, \omega + 2, \cdots, 2\omega, 2\omega + 1, \cdots,$$
$$3\omega, 3\omega + 1, \cdots, \omega^2, \cdots, \omega^3, \cdots, \omega^\omega.$$

我们用 Z_2 表示,其中每一个都是基数为 $\aleph_0$ 的集合的序数。

Z_2,作为上述序数构成的集合,应有一个基数。这个集合是不可列的,从而康托尔引进一个新的基数 $\aleph_1$ 作为集合 Z_2 的基数。接着证明 $\aleph_1$ 为 $\aleph_0$ 的后继的基数。

第三级的序数用 Z_3 表示,它们是

$$\Omega, \Omega + 1, \Omega + 2, \cdots, \Omega + \Omega, \cdots,$$

这些是良序集中基数为 $\aleph_1$ 的集合的序数。而 Z_3 这个序数的集合的基数大于 $\aleph_1$,

---

[1]　*Math. Ann.*, 21,1883,545 – 586 = *Ges. Abh.*, 165 – 204.

康托尔用 $\aleph_2$ 来表示它的基数。这个序数与基数的级别可以无穷无尽地这样继续下去。

康托尔已经证明,对于给定的任一集合,总可以构造一个新的集合,即所给集合的所有子集构成的集合,使其基数大于所给集合的基数。如果给定集合的基数是 $\aleph_0$,则其全部子集构成的集合具有基数 $2^{\aleph_0}$。康托尔已经证明 $2^{\aleph_0} = c$,这个 c 就是连续统的基数。另一方面,他通过序数引进了 $\aleph_1$,并证明 $\aleph_1$ 是 $\aleph_0$ 的后继者。于是 $\aleph_1 \leqslant c$。至于 $\aleph_1 = c$ 是否成立,即连续统假设(continuum hypothesis)是否成立,康托尔不管怎样刻苦努力,也不能回答。在 1900 年的国际数学会议上,希尔伯特把这个问题列入了著名问题的名单中(第 43 章第 5 节;也可参看第 51 章第 8 节)。

对于一般的集合 M 与 N,可能有这样的情形,即 M 不能与 N 的任何一个子集构成一一对应,而 N 也不能与 M 的任何一个子集一一对应。在这种情形下,虽然 M 与 N 各有基数,设分别为 α 与 β,但不能说 $\beta = \alpha$,还是 $\alpha < \beta$ 或 $\alpha > \beta$。也就是说,这两个基数是不可比较的。对于良序集,康托尔能够证明这样的情况不可能出现。存在着基数不能比较的非良序集这件事,看来似乎近于悖理,但怎样处理这个问题,康托尔同样不能解决。

策梅洛(Ernst Zermelo,1871—1953)着手处理了非良序集的基数的比较应怎样进行的问题。他在 1904 年[①]证明每一个集合都能够良序化(在某种重新排列下),并在 1908 年[②]给出了第二个证明。在证明中,他需要用到现在大家知道的选择公理(axiom of choice)(策梅洛公理):对于给定的非空且不相交的集合的任何一个总体,总可以在每一集合中选取一个元素,从而构成一个新的集合。选择公理、良序化定理,以及任何两个集合可比较其基数的大小(即若它们的基数分别为 α 与 β,则或者 $\alpha = \beta$,或者 $\alpha < \beta$,或者 $\alpha > \beta$),这三者是等价的原理。

9. 集合论在 20 世纪初的状况

康托尔的集合论是在这样一个领域中的一个大胆的步伐,这个领域,我们已经提过,从希腊时代起就曾断断续续地被考虑过。集合论需要严格地运用纯理性的论证,需要肯定势愈来愈高的无穷集合的存在,这都不是人的直观所能掌握的。这些思想远比前人曾经引进过的想法更革命化,要它不遭到反对那倒是一个奇迹。对于这个发展的可靠性的怀疑,被康托尔自己以及其他一些人提出的问题所增强。

---

① *Math. Ann.*, 59,1904,514-516.
② *Math. Ann.*, 65,1908,107-128.

康托尔在 1899 年 7 月 28 日与 8 月 28 日给戴德金的两封信中[①],问到所有的基数全体本身是否构成一个集合,因为如果是集合,它就会有大于任何其他基数的基数。他想采取相容集合与不相容集合的办法,从否定方面来回答这个问题。然而,在 1897 年,布拉利-福尔蒂(Cesare Burali-Forti,1861—1931)指出,所有序数的序列是良序的,它具有的序数应是所有序数的最大者[②]。于是这个序数大于所有的序数(康托尔早在 1895 年已注意到这个困难)。这些以及其他一些未解决的问题,叫做悖论,是在 19 世纪末开始被注意到的。

反对的意见确实是耸人听闻的。克罗内克几乎从一开始就反对康托尔的思想,这是我们早已看到了的。克莱因对这些思想也决不表同情。庞加莱[③]评论性地指出:"但是我们遇到某些悖论,某些明显矛盾的事情已经发生了,这些将使埃利亚的芝诺与梅加拉(Megara)学派高兴……我个人,而且这不只我一人,认为重要之点在于,切勿引进一些不能用有限个文字去完全定义好的东西。"他把集合论当作一个有趣的"病理学的情形"来谈。他并且预测(在同一文章中)说:"后一代将把[康托尔的]集合论当作一种疾病,而人们已经从中恢复过来了。"外尔称康托尔关于 $\aleph$ 的等级是雾上之雾。

然而,许多卓越的数学家深为这新的理论已经起的作用所感动。1897 年在苏黎世举行的第一次国际数学家会议上,赫尔维茨(Adolf Hurwitz)与阿达马指出了超限数理论在分析中的重要应用。进一步的应用不久就在测度论(第 44 章)与拓扑学(第 50 章)方面开展起来。希尔伯特在德国传播了康托尔的思想,并在 1926 年说[④]:"没有人能把我们从康托尔为我们创造的乐园中开除出去。"他对康托尔的超限算术赞誉为"数学思想的最惊人的产物,在纯粹理性的范畴中人类活动的最美的表现之一"。[⑤] 罗素把康托尔的工作描述为"可能是这个时代所能夸耀的最伟大的工作"。

[①] *Ges. Abh.*, 445 – 448.

[②] *Rendiconti del Circolo Matematico di Palermo*, 11,1897,154 – 164 与 260.

[③] *Proceedings of the Fourth Internat. Cong. of Mathematicians*, Rome, 1908,167 – 182; *Bull. des Sci Math.*, (2),32,1908,168 – 190 *Œuvres* 中的摘录,5,19 – 23。

[④] *Math. Ann.*, 95,1926,170 = *Grundlagen der Geometrie*, 7th ed., 1930,274.

[⑤] *Math. Ann.*, 95,1926,167 = *Grundlagen der Geometrie*, 7th ed., 1930,270. 文章是"Über das Unendliche,"上述的引号句是从这里摘录的,而以法文出现的是在 *Acta Math.*, 48,1926,91 – 122。这不包含在希尔伯特的 *Gesammelte Abhandlungen* 中。

参 考 书 目

Becker, Oskar: *Grundlagen der Mathematik in geschichtlicher Entwicklung*, Verlag Karl Alber, 1954, pp. 217 – 316.

Boyer, Carl B.: *A History of Mathematics*, John Wiley and Sons, 1968,第 25 章。

Cantor, Georg: *Gesammelte Abhandlungen*, 1932, Georg Olms (reprint), 1962.

Cantor, Georg: *Contributions to the Founding of the Theory of Transfinite Numbers*, Dover (reprint),无日期。这包含康托尔的两篇决定性文章(1895 年与 1897 年)的英文翻译以及茹尔丹(P. E. B. Jourdain)的很有帮助的导言。

Gavaillès, Jean: *Philosophie mathématique*, Hermann, 1962. 并包含康托尔-戴德金通信的法文翻译。

Dedekind, R.: *Essays on the Theory of Numbers*, Dover (reprint), 1963. 包含戴德金的 "Stetigkeit und irrationale Zahlen"以及"Was sind und wes sollen die Zahlen"的英文翻译。两篇著作都在戴德金全集第 3 卷,314 – 334 与 335 – 391。

Fraenkel, Abraham A.: "Georg Cantor," *Jahres. der Deut. Math. -Verein.*, 39, 1930, 189 – 266. 这是关于康托尔工作的一个历史估价。

Helmholtz, Hermann von: *Counting and Measuring*, D. Van Nostrand, 1930. 亥姆霍兹的 *Zählen und Messen (Wissenschaftliche Abhandlungen*, 3, 356 – 391)的英文翻译。

Manheim, Jerome H.: *The Genesis of Point Set Topology*, Macmillan, 1964, pp. 76 – 110.

Meschkowski, Herbert: *Ways of Thought of Great Mathematicians*, Holden-Day, 1964, pp. 91 – 104.

Meschkowski, Herbert: *Evolution of Mathematical Thought*, Holden-Day, 1965,第 4 – 5 章。

Meschkowski, Herbert: *Probleme des Unendlichen: Werk und Leben Georg Cantors*, F. Vieweg und Sohn, 1967.

Noether, E. and J. Cavaillès: *Briefwechsel Cantor-Dedekind*, Hermann, 1937.

Peano G.: *Opere scelte*, 3 卷,Edizioni Cremonese, 1957 – 1959。

Schoenflies, Arthur M.: *Die Entwickelung der Mengenlehre und ihre Anwendungen*,两部分, B. G. Teubner, 1908, 1913。

Smith, David Eugene: *A Source Book in Mathematics*, Dover (reprint), 1959, Vol. 1, pp. 35 – 45, 99 – 106.

Stammler, Gerhard: *Der Zahlbegriff seit Gauss*, Georg Olms, 1965.

第42章

几何基础

> 假如几何不严密,那它就什么也不是……在严密这一点上,普遍都认为,欧几里得的方法是无懈可击的。
>
> 史密斯(1873)

> 每当欧几里得被考虑作为教科书,而由于他的冗长,他的晦涩,或者他的拘泥形式遭到攻击时,总是习惯于为他辩护,据以辩护的理由是:他的逻辑的优点是超群的,而且给不成熟的推理能力提供非常宝贵的训练。然而,仔细地推敲一下,上述理由就化为乌有了。他的定义并不总是下了定义的,他的公理并不总是不可证明的,他的证明需要许多他还没有完全意识到的公理。一个正确的证明,即使没有画出图形,也仍然保持其论证的力量。但在这个检验面前,欧几里得的许多早期的证明就站不住脚了……说他的著作是一部逻辑的杰作,这是过于夸大了。
>
> 罗素(1902)

1. 欧几里得中的缺陷

对于欧几里得的定义和公理的批评(第4章第10节),要追溯到最早的两位著名的注释者:帕普斯和普罗克洛斯。在文艺复兴时期,当欧几里得第一次被介绍给欧洲人时,他们也注意到了上面的瑕疵。佩莱蒂耶(Jacques Peletier ,1517—1582)在他的《欧几里得几何原本中的证明》(*In Euclidis Elementa Geometrica Demonstrationum* , 1557)一书中,批评了欧几里得使用叠合法去证明全等方面的定理。甚至哲学家叔本华(Arthur Schopenhauer)在1844年也说,他感到很奇怪的是,数学家们攻击欧几里得的平行公设,而不去攻击重合的图形是相等的这一条公理。他论述说,重合的图形自然是恒等或相等的,因而无需什么公理;或者,重合完全是一种经验性质的事情,不属于纯直觉知识(*Anschauung*),而是属于外部感官的经验。另外,这条公理预先假设了图形的可移动性;但是,在空间中能移动的是物质,因此超出了几何的范围。19 世纪时已普遍认识到,叠合法或者是建立在一些未明确说明的公理的基础上,或者必须用另一种探讨全等的方法来代替。

有些批评家不希望把所有的直角都相等这种陈述作为一条公理,并力图去证明它(当然是在别的公理的基础上去证明它)。欧几里得著作的一位编辑者克拉维于斯(Christophorus Clavius,1537—1612)注意到还缺少一条公理来保证与三个已知量成比例的第四个量的存在(第 4 章第 5 节)。莱布尼茨正确地评述道,当欧几里得断言(卷 1 命题 1)两个互相经过对方圆心的圆有公共点的时候,他是依赖于直观的。换句话说,欧几里得假定了圆是某一种连续的结构,所以在它被另一个圆分割的地方必定有一个点。

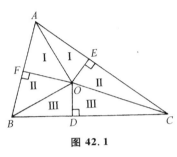

图 42.1

高斯也注意到了欧几里得几何表述中的短处。他在 1832 年 3 月 6 日给沃尔夫冈·波尔约的一封信①中指出,说到一个平面在三角形内部的一部分,这是需要适当的基础的。他还说:"在完全的阐述中,诸如'在……之间'那样的词必须建立在清晰的概念上,这是能够做到的,但我在任何地方都没有看到过。"高斯还附带批评了直线的定义②和平面的定义,其中平面定义为一种曲面,使得连接它上面任意两点的直线必定在它上面③。

众所周知,错误结论的许多"证明"是能够做出来的,因为欧几里得的公理没有强行规定某些点与另外一些点必须处于什么样的位置关系。例如,每一个三角形都是等腰的"证明"就属于这种情况。作出△*ABC* 中角 *A* 的平分线和 *BC* 边上的垂直平分线(图42.1)。如果这两条线平行,则这角平分线就垂直于 *BC*,因而这三角形就是等腰三角形。因此,我们假定这两条直线交于(比如说是)*O* 点,然而我们仍将"证明"这三角形是等腰的。我们作出垂直于 *AB* 的线 *OF* 和垂直于 *AC* 的线 *OE*。那么标着 I 的两个三角形是全等的,因而 *OF* = *OE*。标着 III 的两个三角形也全等,因而 *OB* = *OC*。从而标着 II 的两个三角形也全等,所以 *FB* = *EC*。从标着 I 的两个三角形,我们得到 *AF* = *AE*。于是 *AB* = *AC*,从而三角形就是等腰的了。

人们也许要问,点 *O* 的位置到底在哪里?而实际上可以证明,它必定在三角形

① *Werke*,8,222.

② *Werke*,8,196.

③ *Werke*,8,193 – 195 和 200。

的外部,在外接圆上。但是如果画成图 42.2,就依然能"证明"三角形 ABC 是等腰的。漏洞在于 E, F 两点,它们必须分别在三角形中各自边的内部和外部。但这就意味着在开始证明之前我们就必须能够确定相对于 A 和 B 的点 F 的正确位置,以及相对于 A 和 C 的点 E 的正确位置。当然不应该依赖于画出正确的图形来确定 E 和 F 的位置,但这恰巧是欧几里得和直到 1800 年为

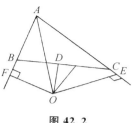

图 42.2

止的数学家们所做的事情。欧几里得几何被说成是给出了由图形直观地猜测到的定理的精确证明,其实它只是提供了精确画出的图形的直观证明。

虽然对欧几里得《原本》的逻辑结构的批评,差不多从它写成之日已开始了,但这些批评流传不广,或者其中的缺陷被认为是次要问题。《原本》被普遍认为是严密性的楷模。然而非欧几何的工作使数学家们看清了欧几里得结构中的全部缺陷,因为在做出证明的时候,他们不得不持特别的批判态度来对待他们所采用的东西。

认识到许多缺陷的存在,终于迫使数学家们着手重建欧几里得几何以及含有同样弱点的其他几何的基础。这项活动在 19 世纪的最后 30 年中变得非常广泛。

2. 对射影几何学基础的贡献

在 19 世纪 70 年代,与度量几何学有关的射影几何学方面的工作揭示出射影几何学是一门基础的几何学(第 38 章)。也许由于这个原因,几何基础的工作就和它一起开始了。然而,几乎所有的著作家都同等关心于(或者是在射影几何学的基础上,或者是独立地)建立度量几何学。因此 19 世纪后期和 20 世纪初期讨论几何基础的书和论文都不能按照不同的几何学分离开来。

非欧几里得几何方面的工作使人们认识到几何是人为的结构,它与物理空间有关,但未必就是它的确切的理想化。这件事情隐含着几个重大的变革已不能不被吸收进几何的任何一种公理化研究方法中去了。帕施(Moritz Pasch, 1843—1930)认识到并强调了这些变革,他是第一个对几何基础做出较大贡献的人。他的《新几何学讲义》[*Vorlesungen über neuere Geometrie*, 1882 年第一版, 1926 年又由德恩(Max Dehn)修订出版(第二版)]是一本开辟新方向的著作。

帕施注意到欧几里得的一些普通的概念,诸如点和线,实际上并没有定义。把一个点定义为没有结构成分的东西,并没有多大意义,因为结构成分作何解释呢?事实上,像亚里士多德以及略晚一些时候诸如皮科克和布尔那样的数学家曾经做过的那样,帕施指出,有一些概念必定是不定义的,否则,或者定义的过程无穷无尽,或者数学就会依赖于物理的概念。一旦某些不定义的概念被挑选出来之后,其

余的概念就可以通过它们定义出来。例如在几何中,点、线、平面(帕施在他的著作的第一版中还用了线段的叠合)是可以选来作为不定义的概念的。这种选取并不是唯一的。因为有不定义的概念,所以问题就产生了:这些概念的哪些性质能用来作与它们有关的一些证明呢?帕施的回答是:公理作出有关不定义概念的断言,而这些断言就是我们可以用的与它们有关的仅有的断言。正如热尔岗早在 1818 年就提出过的那样①,不定义的概念是由公理含蓄地定义着的。

谈到公理,帕施继续说,它们中的某些虽然可以通过实验猜测出来,但是只要公理集一经选定之后,就必须能够完成所有的证明而不用再参考实验或者参考概念的物理意义。此外,公理决不是不证自明的真理,而只是企图用以产生特殊的一门几何的定理的一些假定。他在《讲义》(第 2 版第 90 页)中说:

> ……如果几何学要成为一门真正演绎的科学,那么必不可少的是:作出推论的方式既要与几何概念的意义无关,又要与图形无关;需要考虑的全部东西只是由命题和定义所断言的几何概念之间的联系。在演绎过程中,把所用的几何概念的意义牢记在心里,这是既恰当而又有用的,但这决不是本质的;事实上,当这成为必要的时候,恰恰是演绎过程中出现了漏洞,因而(当不可能通过修改推理去填补缺陷时)我们被迫承认乞求来作为证明工具的命题是不够用的。

帕施的确深信概念和公理应该与经验有关,但在逻辑上这是不相干的。

在《讲义》中,帕施给出了射影几何的一些公理,但是,这些公理中的许多条以及它们的类似物对于公理化欧几里得几何和非欧几里得几何(当把它们建成独立的学科时)也是同等重要的。因此他是第一个建立直线上点的顺序的公理集(或者是在……中间的概念)的人。这样的公理还必定被吸收进任何一门度量几何学的完全的公理集中。我们在下面将会看到顺序公理究竟相当于什么。

他建立射影几何学的方法是把无穷远处的点、线和面,加到真正的点、线和面中去。然后他用冯·施陶特和克莱因的投影作图法(第 35 章第 3 节)引进了(几何基上的)坐标,最后引进了射影变换的代数表示。非欧几里得几何和欧几里得几何是通过区分克莱因那里的真假线和点,作为在几何基上的特殊情形引进的。

一个更令人满意的对射影几何的探讨是由皮亚诺给出的②。皮埃里(Mario Pieri,1860—1904)的作品《射影几何学原理》(I Principii della geometria di posiz-

---

① *Ann. de Math.*, 9,1818/1819,1.

② *I Principii di geometria*,Fratelli Bocca,Torino,1889＝*Opere scelte*,2,56-91.

ione)①继续了这种探讨。遵循这种研究方法的人还有恩里克斯(Federigo Enriques,1871—1946)[《射影几何讲义》(*Lezioni di geometria proiettiva*,1898)]、穆尔(Eliakim H. Moore,1862—1932)②、费里德里希·舒尔(1856—1932)③、怀特海(Alfred North Whitehead,1861—1947)[《射影几何的公理》(*The Axioms of Projective Geometry*)④]、维布伦(Oswald Veblen,1880—1960)和约翰·杨(John W. Young,1879—1932)⑤。最后的两个人给出了一个完全独立的公理集。维布伦和约翰·杨的《射影几何》(*Projective Geometry*,2卷本,1910和1918)是最优秀的教科书,他们在严格的公理基础上以射影几何开始,然后通过挑选不同的绝对二次曲面去得到欧几里得几何和几个非欧几里得几何(第38章第3节)来特殊化这门几何学,从而实现了几何的克莱因组织。他们的公理集广泛得足以包括具有有限个点的几何,只有有理点的几何以及有复数点的几何。

关于射影几何学的以及我们一会儿就要看到的欧几里得几何学的许多公理系统,还有一点是值得提到的。欧几里得几何的某些公理是存在公理(第4章第3节)。为了保证图形的逻辑存在,古希腊人使用尺规作图。19世纪的几何基础方面的工作修改了存在的概念,部分是因为要补充欧几里得处理这个论题时的不足,部分是因为要扩大存在的概念,使欧几里得几何能把不一定用尺规作出来的点、线和角包括进去。我们将看到新的一类存在公理在我们将要考察的体系中究竟相当于什么。

3. 欧几里得几何的基础

在《几何原理》(*I Principii di geometria*,1889)中,皮亚诺给出了欧几里得几何的一个公理集。他也强调说基本的元素是不定义的。他规定了一条原则:不定义的概念应该尽可能少,他用了点、线段和运动。鉴于欧几里得使用叠合原理而受到的批判,所以把运动包括进去,看来似乎是有些令人吃惊的;但是,根本的问题并不在于运动的概念,而是在于,如果必须用到它时,还缺乏合适的公理基础。皮亚诺的学生皮埃里给出了一个类似的公理集⑥,他把点和运动作为不定义的概念。另外一个把直线、线段和线段的叠合作为不定义的元素的公理集,是由韦罗内塞(Giuseppe Veronese,1854—1917)在他的《几何基础》(*Fondamenti di geometria*,

① *Memoric della Reale Accademia delle Scienze di Torino*,(2),48,1899,1-62.
② *Amer. Math. Soc. Trans.*,3,1902,142-158.
③ *Math. Ann.*,55,1902,265-292.
④ Cambridge University Press,1960.
⑤ *Amer. Jour. of Math.*,30,1908,347-378.
⑥ *Rivista di Matematica* 4,1894,51-90=*Opere scelte*,3,115-157.

1891)中给出的。

在欧几里得几何的所有公理系统中,概念和陈述最简单、闯出的路子最接近于欧几里得且最受人们欢迎的公理集是属于希尔伯特的,他并不知道上述意大利人的工作。在《几何基础》(*Grundlagen der Geometrie*, 1899)中,他给出了他的公理集的第一个叙述,但后来进行了很多次修改。下文引用的内容取自这本书的第七版(1930)。希尔伯特在使用不定义概念,以及这些概念的性质仅由公理来说明等方面,都追随帕施,认为无需给不定义的概念指定明晰的意义。就像希尔伯特说的那样,这些点、线、面以及其他元素,可以用桌子、椅子、啤酒杯以及别的什么东西来代替。当然,当几何同"事物"打交道时,这些公理肯定不是不证自明的真理,但必须把它们看作是任意的,即便它们事实上是由经验启示的。

希尔伯特首先列出他的不定义概念。它们是点、线、平面、位于上面(点和线之间的关系)、位于上面(点和平面之间的关系)、在……中间、一对点重合、角的重合。这个公理系统在同一个公理集中处理平面欧几里得几何及立体欧几里得几何,而这些公理又被分成几组。第一组公理包括存在性方面的公理:

I.　联系公理

I_1　　对于每两个点 A 和 B,有一条直线 a 位于它们上面。

I_2　　对于每两个点 A 和 B,只有一条直线位于它们上面。

I_3　　一条直线上至少有两个点。不位于同一条直线上的点,至少是三点。

I_4　　对于不位于一条直线上的任意三点 A, B 与 C,都有一张平面 α,位于这三点上([包含]这三点)。在每一张平面上[至少]有一个点。

I_5　　对于不位于同一条直线上的任意三点 A, B 和 C,只能有一张平面包含它们。

I_6　　如果一条直线上有两个点位于平面 α 上,那么这条直线上所有的点都位于 α 上。

I_7　　如果两张平面 α 和 β 有一个公共点 A,那么它们至少还有另外一个点 B 是公共的。

I_8　　不在同一张平面上的点,至少是四点。

第二组公理补充了欧几里得公理集中最严重的遗漏,即关于点和线的相对顺序的公理。

II.　位于……之间的公理

II_1　　如果一点 B 位于点 A 和 C 之间,那么 A、B 和 C 是同一条直线上的三个不同点,并且 B 也位于 C 和 A 之间。

II_2　　对于任意两点 A 和 C,直线 AC 上至少有一点 B,使 C 位于 A 和 B 之间。

II_3　　在一条直线上的任意三点中,只有一个点位于其他两点之间。

公理 II_2 和 II_3 的意思是使直线成为无限的。

定义　设 A 和 B 是直线 a 上的两点。点对 A, B 或者点对 B, A 就叫做线段 AB。位于 A 和 B 之间的点称为这线段的点或者这线段的内点。A 和 B 叫做这线段的端点。直线 a 上的所有其他的点都被说成是在这线段的外部。

II_4　　(帕施公理)设 A, B 和 C 是不位于同一条直线上的三个点,并设 a 是 A, B, C 所在平面上不经过(不位于)A, B 或 C(上)的任意一条直线。如果 a 经过线段 AB 上的一个点,那么它必定还经过线段 AC 上的或线段 BC 上的一个点。

III.　　**叠合公理**

III_1　　如果 A, B 是直线 a 上的两个点,A' 是 a 上或另一条直线 a' 上的一个点,那么在直线 a' 上,在 A' 的给定的一侧(预先已经规定好),可以找到一点 B',使线段 AB 和线段 $A'B'$ 叠合。记为 $AB \equiv A'B'$。

III_2　　如果 $A'B'$ 和 $A''B''$ 都与 AB 叠合,那么 $A'B' \equiv A''B''$。

这条公理把欧几里得的"与同一个东西相等的东西,彼此也相等"的公理局限于线段。

III_3　　设 AB 和 BC 是直线 a 上没有公共内点的两条线段,并设 $A'B'$ 和 $B'C'$ 是直线 a' 上没有公共内点的两条线段。如果 $AB \equiv A'B'$, $BC \equiv B'C'$,那么 $AC \equiv A'C'$。

这相当于把欧几里得公理"等量加等量,还得等量"用于线段。

III_4　　设 $\angle(h, k)$ 位于平面 α 中,并设直线 a' 位于平面 α' 中,a' 在 α' 中的确定的一侧已经给出。设 h' 是 a' 的从 O' 点出发的射线。则在 α' 中有且只有一条射线 k',使 $\angle(h, k)$ 和 $\angle(h', k')$ 叠合,且 $\angle(h', k')$ 的所有内点都位于 a' 的给定的一侧。每一个角与本身是叠合的。

III_5　　在两个三角形 ABC 和 $A'B'C'$ 中,如果 $AB \equiv A'B'$, $AC \equiv A'C'$, $\angle BAC \equiv \angle B'A'C'$,那么 $\angle ABC \equiv \angle A'B'C'$。

最后这条公理能用来证明 $\angle ACB \equiv \angle A'C'B'$。考虑同样的两个三角形和同样的一些假设。不过,首先取 $AC \equiv A'C'$,然后取 $AB \equiv A'B'$,我们就有权断言 $\angle ACB \equiv \angle A'C'B'$,因为在假设的新的次序下应用公理的词句,就产生这个新的结论。

IV.　　**平行公理**

设 a 是一条直线,A 不是 a 上的一个点。那么在 a 和 A 所在的平面上,最多只有一条经过 A 并与 a 不相交的直线。

至少存在一条经过 A 并与 a 不相交的直线是可以证明的,因此没有必要放在这条公理里。

V.　　　　连续性公理

V₁　　(阿基米德公理)如果 AB 和 CD 是任意两条线段,那么在直线 AB 上存在若干点 A_1, A_2, $\cdots$, A_n,使线段 AA_1, A_1A_2, A_2A_3, $\cdots$, $A_{n-1}A_n$ 都与 CD 叠合,并使 B 位于 A 和 A_n 之间。

V₂　　(直线完备性公理)直线上的点构成一个满足公理 I₁, I₂, II, III 和 V₁ 的点集,而且不可能再把它扩大成一个继续满足这些公理的更大的集合。

　　这条公理相当于要求直线上有足够的点,能够和实数构成一一对应。虽然这个事实自从坐标几何诞生之日起就被有意识和无意识地使用了,但是它的逻辑基础先前并没有叙述过。

　　希尔伯特用这些公理证明了欧几里得几何的一些基本定理。证明欧几里得几何的全部内容确实都能从这些公理推出来的工作是由其他一些人完成的。

　　欧几里得几何公理的随意性的特点(即它们不依赖于物理的现实性)产生了另外一个问题,即这门几何的相容性。只要欧几里得几何被认为是关于物理空间的真理,那么对它相容性的任何怀疑似乎都是没有什么意义的。但是对不定义概念和公理的新的理解要求相容性是已建立了的。这个问题至关紧要,因为非欧几里得几何的相容性已归结为欧几里得几何的相容性(第 38 章第 4 节)。1898 年庞加莱提出这件事[1],并说,一个公理式地建立起来的结构,如果我们能给它一个算术解释,就可以相信它的相容性。希尔伯特提供了这样一个解释,从而证明了欧几里得几何是相容的。

　　希尔伯特(在平面几何里)把点和一对有序实数 (a, b) 等同起来[2],把一条直线与一组联比 $(u : v : w)$(其中 u 和 v 不都为 0)等同起来。如果

$$ua + vb + w = 0,$$

则点就在直线上。通过解析几何中平移和旋转的表达式,叠合就被代数地解释了;这就是,两个图形,如果其中的一个可以由另一个通过平移、x 轴上的反射以及旋转而得到,则称它们叠合。

　　在每一个概念都被算术地解释,而且弄清楚公理是被这些解释所满足之后,希尔伯特的论点是:定理也必须适合于这些解释,因为它们是公理的逻辑的结果。假如欧几里得几何中有矛盾,那么同样的东西也会保持在它的代数解释(它是算术的一个扩充)中。因此,如果算术是相容的,则欧几里得几何也一定是相容的。但当时算术的相容性还是一个未解决的问题(见第 51 章)。

　　人们极想证明的是,在给定的公理集中,没有一条公理能由其他一条或所有公

---

[1]　*Monist*, 9, 1898, p. 38.

[2]　严格来说,他用了较有限的实数集。

理推导出来,因为,不然的话,就没有必要把它作为一条公理了。这个无关性的概念是 1894 年皮亚诺在刚才提到的那篇论文[甚至更早一些,在他的《算术原理》(*Arithmetices Principia*,1889)]中提出并加以讨论的。希尔伯特考虑了他的那些公理的无关性。但是,因为在他的公理集中,某些公理的意义依赖于前面的一些,所以不可能证明每一条公理都与其他所有的公理无关。希尔伯特成功地证明了的是,任何一组中的所有公理都不能由另外四组公理推得。他的方法是作出一个满足四组公理、但不满足第五组公理的相容的解释或模型。

无关性的证明对非欧几里得几何有特殊的意义。为了建立平行公理的无关性,希尔伯特作出了一个不满足欧几里得平行公理但满足其余四组公理的模型。其中用了在欧几里得球内部的点以及把球的边界变为自身的特殊变换。因此,平行公理就不能是其他四组公理的推论,因为如果是的话,作为欧几里得几何一部分的这个模型关于平行就会有矛盾的性质。这同一证明也表明非欧几里得几何是可能的,因为如果欧几里得平行公理独立于其他公理,那么它的否定必然也是独立于其他公理的;而假如它是一个推论,则欧几里得公理的整个体系就会包含矛盾。

希尔伯特的欧几里得几何公理系统,第一次出现于 1899 年,激起了对欧几里得几何基础的大量关注,许多人使用不同的不定义元素集或公理的变种,做出了各种说法。正如我们已经提到过的,希尔伯特本人直到他做出 1930 年的说法之前,一直在改变他的公理体系。在为数众多的各种公理体系中,我们将只提到一个。维布伦[1]的公理体系是建立在把点和序作为不定义概念的基础上的。他证明了他的每一条公理都是独立于其他公理的,而且还建立了另外一条性质:范畴性。亨廷顿(Edward V. Huntington,1874—1952)在专门讨论实数系的一篇论文[2]中第一次清楚地叙述并使用了这个概念(他把这个概念叫做充分性)。与不定义符号集 S_1,S_2,$\cdots$,S_m 相联系的公理集 P_1,P_2,$\cdots$,P_n 称为是范畴的,如果在任何两个含有不定义符号并满足公理集的成员之间,能够建立不定义概念(它们由公理所维护的关系而被保存)之间的一一对应;也就是说,这两个系统是同构的。实际上,范畴性意味着公理系统的所有解释仅仅是语言上的不同。例如,若把平行公理略去,那么这一性质就会不成立,因为这时欧几里得几何和双曲型非欧几里得几何就会是这缩减了的公理集的非同构解释。

范畴性还隐含着另外一条性质,维布伦把它叫做析取性,而今天通称为完全性。一个公理集叫做完全的,如果不可能再增加一条与给定集无关并与之相容的公理(不引入新的初始概念)。范畴性隐含着完全性,因为如果一个公理集合 A 是

---

①　*Amer. Math. Soc. Trans.*,5,1904,343-384.

②　*Amer. Math. Soc. Trans.*,3,1902,264-279.

范畴的,但不完全,那就可以引进一条公理 S,使得 S 和非 S 都与集合 A 相容。因为原来的集合 A 是范畴的,所以 A 与 S 在一起的公理集和 A 与非 S 在一起的公理集的解释是同构的。然而这是不可能的,因为对应的命题在两个解释中必须都成立,但是 S 适用于一种解释,而非 S 却适用于另一种解释。

4. 一些有关的基础工作

欧几里得几何公理的清晰的描述启发了相应的几门非欧几里得几何的研究。希尔伯特公理集的一个美妙的特点是,如果用罗巴切夫斯基-波尔约公理代替欧几里得平行公理,而其余公理保持不变,马上就可以得到双曲型非欧几里得几何的公理集。

为了得到单重的或双重的椭圆型几何,不仅必须抛弃欧几里得平行公理并吸收任意两条直线都有一个公共点(在单重椭圆型几何中)或者至少有一个公共点(在双重椭圆型几何中)的公理,而且还必须改变另外一些公理。在这些几何中,直线不是无限长的,而是具有圆的性质。因此必须用描述圆上点的序关系的序公理来代替欧几里得几何的序公理。几个这样的公理系统被作出来了。霍尔斯特德(George B. Halsted,1853—1922)在他的《有理几何》(*Rational Geometry*)中[1],以及克兰(John R. Kline,1891—1955)[2]都建立了双重椭圆型几何的公理基础;海森伯格(Gerhard Hessenberg,1874—1925)[3]作出了单重椭圆型几何的公理体系。

另一类关于几何基础的研究是考虑否定或者只略去公理集中一条或几条公理所产生的后果。希尔伯特在他的独立性证明中亲自做了这项工作,因为这种证明的实质就是构造一个模型或者一种解释,使之满足除了要建立其独立性的那条公理以外的所有公理。否定一条公理的最有意思的一个例子当然就是否定平行公理,扔掉阿基米德公理可以产生饶有兴趣的结果,这条公理可以像希尔伯特公理系统中的 V_1 那样叙述。这样获得的几何称为非阿基米德几何;在这种几何中存在这样两条线段,其中一条的任何整数倍(不管这个数有多大)都不超过另外一条线段。韦罗内塞在《几何基础》中构造了这样一种几何。他还证明了这门几何中的定理可以任意接近欧几里得几何中的定理。

德恩(1878—1952)通过略去阿基米德公理也获得了许多有趣的定理[4]。例如,存在一种几何,在其中,存在着角之和等于两个直角,相似而不叠合的三角形,

---

[1]　1904,pp. 212 – 247.

[2]　*Annals of Math.*, (2),18,1916/1917,31 – 44.

[3]　*Math. Ann.*, 61,1905,173 – 184.

[4]　*Math. Ann.*, 53,1900,404 – 439.

以及过一已知点可以画出无穷多条直线平行于一条已知直线。

希尔伯特指出,在建立平面上的面积理论时无需用到连续性公理(即 V_2)。但是在空间的情况下,德恩证明[1]存在多面体,它们虽然不能分解成相互叠合的部分(即使在建立了叠合多面体的加法之后),但仍然有相同的体积。因此在三维的情况下,连续性公理是必需的。

有一些数学家采用一种完全不同的方式探讨欧几里得几何的基础。我们知道,几何曾经失宠,因为数学家们发现他们不自觉地在直观基础上采用了一些事实,因而他们信以为真的证明便是不完全的。这种还会继续出现的危险使他们确信,几何的唯一坚固的基础是算术。建立这样一个基础的途径当时是清楚的。事实上,希尔伯特就曾经给出了欧几里得几何的一个算术解释。现在什么是必须做的事情呢? 譬如对于平面几何来说,并不是要把点解释为一个数对 (x, y),而是要**定义点就是一个数对**,定义直线就是三个数之比 $(u : v : w)$,定义点 (x, y) 在直线 (u, v, w) 上当且仅当 $ux + vy + w = 0$ 成立,定义圆就是满足方程 $(x - a)^2 + (y - b)^2 = r^2$ 的所有 (x, y) 的集合等。换句话说,就是必须把纯粹几何概念的解析几何等价物作为几何概念的定义,并用代数方法去证明定理。因为解析几何把欧几里得几何中的一切东西都以代数形式包含进去了,所以不存在能否获得算术基础的问题。事实上,涉及的技术性工作(甚至对于 n 维欧几里得几何)确实已经做过了,例如格拉斯曼在他的《扩张的计算》(*Calculus of Extension*)中就已经做过;而且他本人还提议把这项工作作为欧几里得几何的基础。

5.　一些未解决的问题

对几何的批判性研究超出了重建几何基础的范围。曲线自然是随便地使用着的。比较简单的一些曲线(比如椭圆)有牢靠的几何和分析的定义。但是很多曲线只是通过方程和函数引进的。分析的严密化不仅仅包括了函数概念的扩大,而且还包括构造一些非常特殊的函数,例如没有导数的连续函数。显而易见,这些不寻常的函数从几何观点看来是麻烦的。例如表示魏尔斯特拉斯的例子的函数曲线(它处处连续而无处可微)确实不适合于通常的函数概念,因为没有导数就意味着这条曲线在任何一点都没有切线。问题就产生了,这种函数的几何表示形式是曲线吗? 更一般地说,一条曲线究竟是什么呢?

若尔当作出了曲线的一个定义[2]。它是由连续函数 $x = f(t)$,$y = g(t)$($t_0 \leqslant$

---

[1]　*Math. Ann.*，55，1902，465 - 478.

[2]　*Cours d'analyse*，1887 年第 1 版，第 3 卷第 593 页;1893 年第 2 版,第 1 卷第 90 页。

$t \leqslant t_1$) 表示的点的集合。为了某种目的,若尔当想限制他的曲线使之没有多重点。因此他要求对于 (t_0, t_1) 中的 t 和 t', $f(t) \neq f(t')$ 或 $g(t) \neq g(t')$,或者对于每一个 (x, y),只存在一个 t。这种曲线现在称为若尔当曲线。

正是在这本书中,他增加了闭曲线的概念[①],它要求 $f(t_0) = f(t_1)$ 和 $g(t_0) = g(t_1)$,而且还叙述了闭曲线把平面分成两部分(内部和外部)的定理。同一区域上的两个点总可以用一条与这曲线不相交的折线连接起来。不在同一区域内的两个点不可能用任何一条与这简单闭曲线不相交的折线或连续曲线连接起来。这一定理的力量比乍一看所感觉到的力量要大得多,因为简单闭曲线完全可以是奇形怪状的。实际上,因为函数 $f(t)$, $g(t)$ 仅仅要求是连续的,所以复杂连续函数的所有种类都包括进去了。若尔当本人和许多杰出的数学家做出了这条定理的不正确的证明。第一个严密的证明是属于维布伦的[②]。

若尔当的曲线定义,虽然满足了许多用途,但它毕竟是太广了。1890 年,皮亚诺[③]发现符合若尔当定义的曲线能跑遍一个正方形上的所有点,每个点至少经过一次。皮亚诺对区间 $[0, 1]$ 上的点和正方形上的点的对应做出了详细的算术描述。实际上,正方形上的这些点对于 $0 \leqslant t \leqslant 1$,可规定两个单值连续函数 $x = f(t)$ 和 $y = g(t)$,使得 x 和 y 取属于单位正方形的每一个点的值。但是,(x, y) 和 t 的对应既不是单值的,又不是连续的。从 t 值到 (x, y) 值的一个一对一的连续对应是不可能有的;也就是说,$f(t)$ 和 $g(t)$ 不能都是连续的。这是由内托(Eugen E. Netto,1846—1919)证明的[④]。

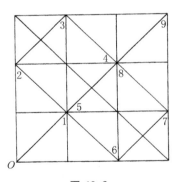

图 42.3

皮亚诺曲线的几何解释是由舍恩弗利斯(Arthur M. Schoenflies, 1853—1928)[⑤]和穆尔[⑥]做出的。先把线段 $[0, 1]$ 映射到如图 42.3 所示的九条线段,然后在每一个小正方形内把包含在内部的线段分成相同的样式,但使这种分法从一个小正方形到下一个小正方形的过渡是连续的。这个过程重复无穷遍,极限点集就覆盖了原正方形。塞萨罗(Ernesto Cesàro,1859—1906)[⑦]给出了皮亚诺

① 第 1 版第 593 页;第 2 版第 98 页。
② *Amer. Math. Soc. Trans.*, 6,1905,83 - 98,和 14,1913,65 - 72.
③ *Math. Ann.*, 36,1890, 157 - 160 = *Opere scelte*, 1,110 - 115.
④ *Jour. für Math.*, 86,1879,263 - 268.
⑤ *Jahres. der Deut. Math. -Verein.*, 8_2,1900,121 - 125.
⑥ *Amer. Math. Soc. Trans.*, 1,1900,72 - 90.
⑦ *Bull. des Sci. Math.*, (2),21,1897,257 - 266.

的 f 和 g 的解析形式。

希尔伯特[1]作出了从单位线段到正方形上的连续映射的另一个例子。把单位线段(图 42.4)和正方形都分成四个相等的部分,如图 42.4 所示。跑过每一个小正方形,使得所示的路径对应于单位线段。现在把单位正方形分成 16 个子正方形,编号如图 42.5 所示,并连接 16 个子正方形的中心,如图 42.5 所示。

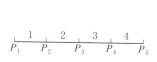
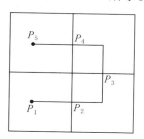

图 42.4

我们继续这个过程,把每一个子正方形再分成四部分,给它们编号,使我们能够通过一条连续的路线跑遍整个集合。所要的曲线就是在每一步上相继形成的折线的极限。因为当细分继续进行下去时,子正方形以及单位线段的部分都收缩为一个点,所以我们能直观地看到单位线段上的每一个点映射到正方形上的一个点。事实上,如果我们固定单位线段上的一个点,比如说 $t = 2/3$,那么这个点的像就是在相继形成的折线上 $t = 2/3$ 的相继的像的极限。

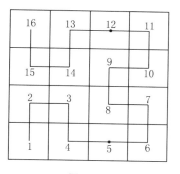

图 42.5

这些例子说明若尔当提出的曲线的定义是不令人满意的,因为按照这个定义,一条曲线能填满一个正方形。一条曲线究竟意指什么的问题依然没有解决。1898 年克莱因注意到[2],没有什么东西比曲线的定义更含糊的了。这个问题是由拓扑学家接手研究的(第 50 章第 2 节)。

除了一条曲线究竟意指什么这个问题以外,把分析扩展到没有导数的函数也产生了这样一个问题,即一条曲线的长度究竟意指什么? 通常的计算公式

$$L = \int_a^b (1 + y'^2)^{1/2} \mathrm{d}x,$$

其中 $y = f(x)$,至少需要导数存在。因此这个概念不再能用于不可微的函数。杜波依斯-雷蒙、皮亚诺、谢弗(Ludwig Scheeffer,1859—1885)和若尔当作出了各种

---

[1] *Math. Ann.*,38,1891,459 - 460 = *Ges. Abh.*,3,1 - 2.

[2] *Math. Ann.*,50,1898,586.

努力去推广曲线长度的概念,他们或者使用推广了的积分定义,或者使用推广了的几何概念。最一般的定义是用测度的概念系统地陈述的,我们将在第 44 章中考察这个概念。

对于曲面面积的概念,一个类似的困难也被注意到了。19 世纪教科书中所欣赏的概念,是在曲面上内接一个三角形面的多面体。当三角形的边长趋向于 0 时,它们的面积的和的极限就取成曲面的面积。用分析的话来说,如果曲面是由

$$x = \phi(u, v), \ y = \psi(u, v), \ z = \chi(u, v)$$

给出的,那么曲面面积的公式就是

$$\int_D \sqrt{A^2 + B^2 + C^2} \, \mathrm{d}u \mathrm{d}v,$$

其中 A, B 和 C 分别是 y 和 z,x 和 z,x 和 y 的雅可比行列式。但是问题又出现了:如果 x, y 和 z 没有导数,这个定义又应是什么样子呢? 为了把情况搞得更复杂些,施瓦茨在给埃尔米特的信中作出了一个例子①,其中甚至对于任何一个普通的圆柱面,都可以选择三角形使得曲面面积成为无穷大②。曲面面积的理论也是通过测度的概念重新进行考虑的。

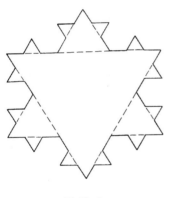

图 42.6

在 1900 年左右,还没有一个人证明用若尔当和皮亚诺的定义的每一条闭的平面曲线围住一块面积。科赫 (Helge von Koch, 1870—1924)③作出了一条连续但不可微、周长为无穷大但围住一块有限面积的曲线,使面积问题变复杂了。从边长为 $3s$ 的等边三角形 ABC 开始(图 42.6)。在每一边的居中的三分之一段上作一个边长为 s 的等边三角形,并把每一个三角形的底边抹掉。这样的三角形就有 3 个。然后在新的图形中,在长为 s 的每一条在外部的线段上,在它的居中的三分之一段上作一个边长

为 $s/3$ 的等边三角形。然后把每一个三角形的底边抹掉。这种三角形将有 12 个。然后在得到的图形的外部线段上,作一个边长为 $s/9$ 的等边三角形。这样的三角形有 48 个。依次得到的图形的周长是 $9s$, $12s$, $16s$, $\cdots$,因而这些周长变为无穷大。然而极限图形的面积却是有限的。因为,由众所周知的等边三角形的(用边长

① *Ges. Math. Abh.*, 2, pp. 309 – 311.

② 这个例子可以在皮尔庞特(James Pierpont)的 *The Theory of Functions of Real Variables* (Dover 1959 年重印,第 2 卷第 26 页)中找到。

③ *Acta Math.*, 30, 1906, 145 – 176.

表示的)面积公式,即如果边长是 b,面积就是 $(b^2/4)\sqrt{3}$,因此原三角形的面积是 $[(3s)^2/4]\sqrt{3}$。第一次得到的 3 个三角形增加的面积是 $3(s^2/4)\sqrt{3}$。因为下一次增加的三角形的边长是 $s/3$,且数目是 12 个,所以增加的面积是 $12(s/3)^2\sqrt{3}/4 = (s^2/3)\sqrt{3}$。于是面积的和等于

$$S = \frac{9s^2}{4}\sqrt{3} + \frac{3}{4}s^2\sqrt{3} + \frac{s^2}{3}\sqrt{3} + \frac{4s^2}{27}\sqrt{3} + \cdots$$

这是一个无穷的几何级数(第一项除外),公比是 4/9。所以

$$S = \frac{9s^2}{4}\sqrt{3} + \frac{(3/4)s^2\sqrt{3}}{1-4/9} = \frac{18}{5}s^2\sqrt{3}.$$

皮亚诺曲线和希尔伯特曲线也产生了这样一个问题,即我们所说的维数究竟是什么? 正方形本身是二维的,但是当它作为一条曲线的连续的像的时候,它就应该是一维的了。此外,康托尔曾经证明,一条线段上的点能够和正方形的点建立一一对应(第41章第7节)。虽然这不是连续地从线段到正方形的对应,或者其他的什么方法,但它确实证明了维数不是点的多少的事情。它也不是为了固定点的位置而需用的坐标个数(如同黎曼和亥姆霍兹曾想过的那样),因为皮亚诺曲线对每一个 t 值,指定唯一的 (x, y)。

这些困难使我们看到,几何的严密化确实还没有回答所有出现的问题。许多问题是由下一个世纪的拓扑学家和分析学家解决的。围绕着基本概念的问题不断出现,这一事实本身再一次说明,数学不是像一个逻辑结构那样发展的。步入新的领域,甚至完善化旧的领域,都揭示出一些新的不容怀疑的缺陷。除了曲线和曲面问题的解决之外,我们还需要看见,通过分析的基础工作(即实数系)以及几何的基础工作,严密性的最后阶段是否已经达到了。

参 考 书 目

Becker, Oskar: *Grundlagen der Mathematik in geschichtlicher Entwicklung*, Karl Alber, 1954, 199 – 212.

Enriques, Federigo: "Prinzipien der Geometrie," *Encyk. der Math. Wiss.*, B. G. Teubner, 1907 – 1910, Ⅲ AB1, 1 – 129.

Hilbert, David: *Grundlagen der Geometrie*, 7th ed., B. G. Teubner, 1930.

Pasch, M. and M. Dehn: *Vorlesungen über neuere Geometrie*, 2nd ed., Julius Springer, 1926, 185 – 271.

Peano, Giuseppe: *Opere scelte*, 3 vols., Edizioni Cremonese, 1957 – 1959.

Reichardt, Hans: *C. F. Gauss, Leben und Werke*, Haude und Spenersche, 1960, 111 – 150.

Schmidt, Arnold：“Zu Hilberts Grundlegung der Geometrie,”见希尔伯特的 *Gesammelte Abhan-dlungen*, 2,404－414。

Singh, A. N.：“The Theory and Construction of Non-Differentiable Functions,”见 E. W. Hobson：*Squaring the Circle and Other Monographs*, Chelsea (reprint), 1953。

第 43 章

19 世纪的数学

在 1900 年巴黎数学家大会上,我毫不犹豫地把
19 世纪称为函数论的世纪。

沃尔泰拉

1. 19 世纪发展的主要特征

和前两个世纪一样,19 世纪数学上的进展,给数学带来了较大的变化。这些
变化,在一年又一年的发展中,几乎是觉察不到的,但是对它们自身,以及对未来发
展的影响,都是极为重要的。题材的巨大膨胀、新领域的开辟,以及旧领域的扩大,
这些自然都是明显的。代数学受到伽罗瓦的全新刺激;几何学也再次活跃起来,并
由于非欧几里得几何的引入,以及射影几何的复兴,而发生了根本性的变化;数论
发展成解析数论;分析学则由于复变函数论的引进,以及常微分方程和偏微分方程
的发展,而无可估量地扩大了。从技巧性发展的观点看,复变函数论是新的创造中
最为重要的。但从智力的重要性,以及最终影响数学本性的角度来看,最重大的发
展还是非欧几里得几何。我们将要看到,它的影响带来的革命性远比我们迄今为
止所指出过的要多得多。这个世纪初期给数学研究划定的框框在一切方面都被突
破了,数学爆炸成了上百个分支。新成果的洪流,尖锐地否定了 18 世纪末占主导
地位的一种意见,认为数学的资源已经枯竭了。

19 世纪时,数学活动在其他方面也扩展了。作为学术民主化的必然结果,数
学家的人数剧增。虽然德国、法国和英国是主要的中心,但意大利也在舞台上重
现,美国则由于本杰明·皮尔斯(Benjamin Peirce)、希尔(George William Hill)及
吉布斯(Josiah Willard Gibbs)的工作而初露头角。1863 年,美国创建了国家科学
院。但它和英国皇家学会、巴黎科学院及柏林科学院都不相同,国家科学院并不是
作为提出和评论论文的科学聚会场所。它出版一种杂志:《科学院进展》(*Procee-
dings of the Academy*)。为研究人员聚会、提呈科学论文,以及保证出版刊物,许多
数学学会都组织起来了(第 26 章第 6 节)。到 19 世纪末,部分或全部登载数学研究

的刊物,增加到约 950 种。1897 年开始了每四年召开一次国际性会议的做法。

与数学活动的爆炸性扩张同时产生的,是一种不很健康的发展。许多学科变成了自封的,它们各有自己的特殊术语和研究法。任何学科的研究都承担着许多较专门的和较困难的问题,因而都要求愈来愈巧妙的思想、丰富的启发,以及较为隐晦的论证。为了取得进展,数学家们一定要有大量理论上的背景和技术上的熟练。专业化的倾向在阿贝尔、雅可比、伽罗瓦、彭赛列及其他人的一些工作中已明显可见。尽管有些人通过诸如群、线性变换和不变量之类的概念,把重点放在许多分支之间的相互联系上,但总的效果还是分离成许多不同的而且互不关联的部分。克莱因在 1893 年确实认为,各个分支的专业化和脱节现象可以用刚才说过的那些概念来克服。但是这个希望落了空。虽然庞加莱和希尔伯特几乎是通才,但柯西和高斯毕竟是了解这整个学科的最后两个人。

从 19 世纪开始,人们发现,有些数学家只是在数学的一些小角落里工作,非常自然地,每个人都认为自己的领域比别人的重要。他的论文不再面向广大的公众,而只是为着专门的同行。绝大多数文章不再包含它们与数学中较大问题之间的联系的任何象征,从而几乎不容易被许多数学家所接受,当然更谈不上适合更多人的胃口了。

除了题材方面的成就之外,19 世纪重新引进了严密的证明。不管个别的数学家对他们的结果的可靠性是怎样想的,事实是,从大约公元前 200 年起到 1870 年前后为止,几乎整个数学都建基于经验的和实用的基础之上。从明显的公理出发进行推理证明的观念早已看不见了。数学历史的惊人发现之一是,在它的内容如此广泛扩展的两千年中,这门学科的这个理想目标(严密论证)事实上是被忽视了。虽然(特别是拉格朗日)对于分析的严密化作过一些早期的努力(第 19 章第 7 节),但拉克鲁瓦却发表了更为独特的见解(第 26 章第 3 节)。傅里叶的工作使得近代分析学者对之毛骨悚然。对泊松说来,导数和积分只不过是差商与有穷和的缩写。从波尔查诺和柯西开始的建立基础的运动,毫无疑问是由于担心那些急剧膨胀的依靠在微积分松软基础上的大量数学。这场运动由于哈密顿发现了不适合交换律的四元数而得到了加速,这个发现当然是对不加批判地接受数的原则的一种挑战。但更引起骚动的还是非欧几里得几何的创立。它不但摧毁了公理的自明性和浅显可接受性这些观念本身,而且还揭露了在整个数学中一直被看成是最牢靠的证明中的不充分性。数学家们意识到了他们过去是易于受骗上当并且是依靠在直觉上。

到 1900 年,严密地建立数学的目标似乎已经达到了,数学家们几乎都为这一成就自鸣得意。在巴黎第二次国际会议上,庞加莱夸耀道①:"我们是否已最终地

---

① *Comp. Rendu du Deuxième Congrès Internat. des Math.*, 1900, pub. 1902, pp. 121 - 122.

达到了绝对的严密性了呢？在它进程的每个阶段上,我们的先驱者们都相信他们已经达到了。如果他们是受骗了,那么难道我们就不会像他们一样受骗吗？……在今天的分析中,如果我们小心翼翼地尽力严密,那么只有三段论法或诉诸纯粹数的直觉是不可能欺骗我们的,所以现在可以说,绝对的严密是已经达到了。"当人们考察数系和几何学的基础的关键性结论时,以及在此数系上建立起来的分析时,人们可以看到这种心满意足的理由。数学现在已有了几乎所有的人都乐于接受的基础了。

无理数、连续性、积分和导数,这些基本概念的确切表达方式没有受到所有数学家的热烈欢迎。许多人并不懂得 $\varepsilon\text{-}\delta$ 语言,反而认为确切的定义对于了解数学,甚至对于严密的证明,都是不必要的,只是一时的爱好。尽管出现了没有导数的连续函数,填满空间的曲线,以及没有长度的曲线这类惊人的事情,但他们仍觉得,直觉已是足够好的了。皮卡就偏微分方程中的严密性说道:"……真正的严密应该是多产的,与此相反的另一种严密则是纯粹形式的、令人厌倦的。它只不过是在它所触及的问题上投一个阴影罢了。"①

尽管几何早已被严密化了,但严密化运动的一个直接后果却是,数和分析跑到几何前头去了。在非欧几里得几何创立的当时及以后,数学家们认识到了,他们在接受欧几里得几何的证明中曾经不知不觉地依赖于直观的基础,他们害怕在所有的几何推理中还会继续这样,因而宁愿要一个建筑在数上的数学。许多人赞成继续前进,并且在数的基础上建立起整个的几何学,而按照已说过的方法,通过解析几何,这是可能办到的。于是许多数学家谈论着数学的算术化,其实比较确切地说,应是分析的算术化。关于这一点,柏拉图(Plato)说:"上帝永远在进行几何化。"直至这世纪中叶,雅可比还说:"上帝一直在进行算术化。"在第二次国际会议上,庞加莱明确地说:"今天,分析中只剩下整数以及有限的与无限的整数系统了,这些系统是用一簇等式或不等式的关系联系起来的。正如我们所说的,数学已经算术化了。"帕斯卡说过:"一切超越了几何的都超越了我们的理解力。"②1900 年时,数学家们却乐意说:"一切超越了算术的都超越了我们的理解力。"

数学的逻辑基础的建立——不管这基础是几何还是代数——进一步使数学从形而上学中脱离出来。数学的推理步骤在基础上和合法性上的含糊不清之处,在 18 世纪和 19 世纪早期,都由于引用形而上学的论点而蒙混过来了。这些论点虽然从来没有明确地说出来,却是被用来作为解释数学的依据的。实数和几何的公理化给了数学一个清晰的、独立的,而且是自足的基础。这样就不必再去求助于形

---

① *Amer. Math. Soc. Bull.*, 11,1904/1905,417;还见第 40 章第 7 节和第 41 章第 5 节与第 9 节。
② "All that transcends geometry transcends our comprehension."

而上学了。正如开尔文勋爵评价的那样:"数学是仅有的好的形而上学。"

数学的严密化可能已经满足了 19 世纪的需要,但它也教给了我们进一步发展严密化的一些事情。新建立的逻辑结构可能保证了数学的牢靠性,但是这种保证多少有点虚假。结果是,没有哪一条算术的,或代数的,或欧几里得几何的定理被改变了,而分析中的定理也只是要求更加小心地陈述罢了。实际上,这些新的公理结构和严密化所做的一切,本质上都是数学家们过去就已经知道了的。确实,与其说这些公理能推断出什么定理,倒不如说它们只能承认那些现成的定理。所有这一切都意味着:数学发展不是依靠在逻辑上,而是依靠在正确的直觉上。正如阿达马指出的,严密仅仅是批准直觉的战利品;或者像外尔说的,逻辑是指导数学家保持其思想健康和强壮的卫生学。

2. 公理化运动

数学的严密化是通过各个分支的公理化来完成的。按照我们在第 41 章和第 42 章观察过的样板来看,公理化发展的实质就是,从一些不定义的术语出发,这些术语的性质由公理规定;工作的目标是导出这些公理的推论。此外,对每个系统必须确立这些公理的独立性、相容性以及结构规定性(在前两章中我们已经考察过这些概念)。

20 世纪初期,公理化方法不仅使许多旧的和新的数学分支的逻辑基础得以建立,而且也确切地揭示出每个分支以哪些假定作为基础,并使得有可能比较和弄清各个分支间的联系。对于这个方法的价值,希尔伯特是很热情的。在讨论到由于把数学的各个分支建立在牢靠的基础之上,因而它大致已经达到了完满的状态时,希尔伯特评论道①:

> 的确,不管在哪个领域里,对于任何严正的研究精神来说,公理化方法都是并且始终是一个合适的不可缺少的助手;它在逻辑上是无懈可击的,同时也是富有成果的;因此它保证了研究的完全自由。在这个意义上,用公理化方法进行研究就等于用已掌握了的东西进行思考。早年没有公理化方法的时候,人们只能朴素地把某些关系作为信条来遵守,公理化的研究方法则可去掉这种朴素性而使信仰得到利益。

希尔伯特在他的《公理化思想》(Axiomatisches Denken)的最后一部分②中再

---

① *Abh. Math. Seminar der Hamburger Univ.*, 1,1922, 157－177 = *Ges. Abh.*, 3,157－177.

② *Math. Ann.*, 78,1918, 405－415 = *Ges. Abh.*, 3,145－156.

一次赞扬了这个方法：

> 能够成为数学的思考对象的任何事物，在一个理论的建立一旦成熟时，就开始服从于公理化方法，从而进入了数学。通过突进到公理的更深层次……我们能够获得科学思维的更深入的洞察力，并弄清楚我们的知识的统一性。特别是，得力于公理化方法，数学似乎就被请来在一切学问中起领导的作用。

许多数学家趁此机会，通过略去、否定或用一些别的方式改变所建体系的公理，来探索新问题。这个活动，以及数学各个分支的公理基础的建立，叫做公理化运动。它延续为一种时髦的活动。其所以有这样巨大的吸引力，部分是由于在几个主要分支的牢固公理基础建立之后，刚才所说的那些变化，相对来说是比较容易入门和探究的。然而，数学上任何新的发展，总是吸引着这样的人们：他们寻求大有开发余地的领域或真挚地相信，数学的未来就在那个特殊的范围之内。

3.　作为人的创造物的数学

从数学未来发展的角度看，这个世纪发生的最重要的事情是，获得了数学与自然界的关系的正确看法。对于我们评述过他们工作的许多人说来，尽管没有讨论过他们的数学观点，但是像希腊人，笛卡儿、牛顿、欧拉和许多别的人，我们却说过，他们相信数学是真实现象的准确描述，并且认为他们自己的工作揭示了天地万物的数学设计。数学确也研究抽象，但并不比物理对象(或事件)的理想形式更抽象。甚至像函数和导数这类概念，也是为真实现象所要求的，并且是为描写它们服务的。

除了已经说过的支持这种数学观点的人之外，数学家们对于几何学里空间维数的限制，更清楚地表明了数学与实际联系得何等密切。例如，在《天体》(*Heaven*)的第一卷里，亚里士多德就说："直线在一个方向上有大小，平面在 2 个方向上有大小，而立体在 3 个方向上有大小；除此以外，就没有其他的大小了，因为这个 3 已经是全部了……不同种的大小之间不能转化，譬如从长度到面积，从面积到体积都不能转化。"在另一页上他又说："……没有一种大小能超越 3，因为没有比 3 维更多的，"他还加了一句，"因为 3 是一个完全数。"沃利斯在他的《代数》里把高维空间看成是"自然界里的怪物，它比希腊神话中狮头羊身蛇尾的或半人半马的妖怪还难以想象。"他说："长、宽、厚占有了整个空间；连幻想也不能想象在这个 3 之外还有一个第 4 个局部的维数。"卡丹(Jerome Cardan)、笛卡儿、帕斯卡和莱布尼茨也都考虑到第 4 维的可能性,但都认为荒谬而排除了。事实上,只要代数被束缚于几何,则多于 3 个量的乘积就会被拒绝。奥扎南(Jacques Ozanam)指出过,一个多于 3 个字母的乘积将是"有多少字母就有多少维数"的一种度量,"但这只能是一种想象,因为在自然界里,我们并不知道任何一个多于 3 维的量"。

其至在 19 世纪初期,数学上的高于 3 维的几何学还是被拒绝的。默比乌斯在他的《重心计算》(1827)中指出,在 3 维空间中 2 个互为镜像的几何图形是不能重叠的,却能够在 4 维空间中叠合起来。但后来他又说[1]:"然而,因为这样一种空间是不能想象的,所以叠合是不可能的。"直到 19 世纪 60 年代,库默尔还嘲弄 4 维几何的思想。当然,只要把几何学与物理空间的研究等同起来,则所有这些人对于高维几何的非难就都是正当的了。

但是数学家们无意中逐渐引进了一些没有或很少有直接物理意义的概念,其中负数和复数是最令人费解的。因为这两种数在自然界中没有"实在性(reality)",所以直到 19 世纪初,虽已经常被人使用,但仍然受到怀疑。把负数当作是直线上一个定向的距离,把复数当作是平面上的点或向量,这种几何解释,虽然如高斯后来所说,给予负数和复数以直观意义并使它们成为可以接受的,但是可能因此推延了数学处理人为概念的实现。到后来,四元数、非欧几里得几何、几何中的复元素、n 维几何、稀奇古怪的函数,以及超限数的引进,则迫使人们认识到数学的人为性(artificiality)。

非欧几里得几何对这方面的冲击前已提过(第 36 章第 8 节),现在必须考察 n 维几何的影响。n 维空间的概念在达朗贝尔、欧拉和拉格朗日的分析著作中无关紧要地出现了。达朗贝尔在《百科全书》的"维数(dimension)"一条中提议把时间想象成第 4 个维数。拉格朗日在研究化二次型为标准型时无意中引进了 n 个变量的二次型。他在他的《分析力学》(1788)和《解析函数论》(1797)中,也把时间作为第 4 个维数。在后一著作中,他说:"这样,我们可以把力学看成是一种 4 维几何学,而把分析力学看成是解析几何的一种推广。"拉格朗日在他的著作中把 3 个空间坐标和表示时间的第 4 个坐标置于同等地位。更进一步,1828 年格林(George Green)在他的关于位势理论的论文里,毫不犹豫地考虑了 n 维位势问题。关于这个理论,他说:"已经不再像过去那样局限于空间的 3 个维数了。"

在 n 维数上的这些早期的瓜葛,并不是有意要作为几何学本身的研究。它们只是不再受到几何束缚的分析工作的自然推广。引入 n 维语言,部分原因只是作为分析思维的一种便利和帮助。把 $(x_1, \cdots, x_n)$ 看成一个点,而把 n 个变量的一个方程看成是 n 维空间的一张超曲面。用 3 维空间中这些术语的意义来思考,有助

---

[1] *Ges. Werke*,1,172.

于人们获得对分析工作的洞察力。事实上,柯西确实强调过,n 维空间的概念在许多分析研究中是有用的,特别是在数论中①。

严肃地研究 n 维几何在 19 世纪也进行了,虽然并不意味着有一个 n 维的物理空间。这门抽象几何的奠基人是格拉斯曼。在他 1844 年的《扩张研究》(*Ausdeh-nungslehre*)中,人们可以找到完全一般的 n 维几何的概念。格拉斯曼在 1845 年发表的一篇札记中写道:

> 我的扩张的演算建立了空间理论的抽象基础;即它脱离了一切空间的直观,成为一个纯粹数学的科学;只是在对[物理]空间作特殊应用时才构成几何学。
>
> 然而扩张演算中的定理并不单单是把几何结果翻译成抽象的语言;它们有非常一般的重要性,因为普通几何受[物理]空间的三个维数的限制,而抽象科学则不受这个限制。

格拉斯曼附带又说,通常意义的几何学不适当地被看成是纯粹数学的一个分支,其实它是应用数学的一个分支,因为它研究的课题并不是由智力创造的,而只是客观提供给它的。它研究物质。但他又说,应当能够创造出一种纯粹智力的课题,它把"扩张"当作一种概念来研究,而不是研究感官觉察到的空间。这样,格拉斯曼的工作就成为一种发展学术思想的观点的代表作,确认纯粹思维能够建立在可以有也可以没有物理应用的任意结构上。

与格拉斯曼相独立,凯莱也承担了用分析方法研究 n 维几何的任务。而且,如他所说:"无需求助于任何形而上学的概念。"在 1845 年的《剑桥数学杂志》(*Cambridge Mathematical Journal*)上,凯莱发表了"n 维解析几何的几章"②。这个著作给出了 n 个变量的分析结果,当 $n=3$ 时,叙述的是关于曲面的已知定理;尽管在 n 维几何学中他没有做出什么特别新奇的东西,但概念是完全抓住了的。

同时,黎曼在他的 1854 年的《试用讲义》中写了"奠定几何学基础的几个假设"。他毫不犹豫地研究 n 维流形,虽然他主要关心的是 3 维物理空间的几何。那些遵循这篇基本文献的人——亥姆霍兹、李、克里斯托费尔、贝尔特拉米、利普希茨、达布,及其他一些人——继续做了 n 维空间方面的工作。

n 维几何的概念即使在引进以后很长一段时期,还是受到一些数学家的顽固的抵抗。同负数、复数的情形一样,在这里,数学超越了经验提供的概念前进着,因

---

① *Comp. Rend.*, 24,1847, 885 – 887 = *Œuvres*, (1),10,292 – 295.
② 4. 119 – 127 = *Collected Math. Papers*, 1,55 – 62.

而数学家们就不得不领悟到,他们的学科要能够考虑思维创造的概念,而如果说他们的学科曾经是自然界的一种复写的话,那么今后就不再是这样了。

可是,大约到 1850 年以后,人们才接受了这样一种观点,即数学能够引进并研究一些相当任意的概念和理论,或者像四元数那样,它们没有直接的物理解释,但却是有用的;或者像 n 维几何那样,它们满足一种普遍性的要求。汉克尔在他的《复数系理论》(*Theorie der complexen Zahlensysteme*,1867,第 10 页)中为数学辩护,说它是"纯粹的智力,一种纯粹的形式理论,其对象不是量的组合或者它们的表象——数,而是那些可以对应于实际事物或实际关系的思维的东西,即使这种对应并不必要"。

康托尔为了捍卫他所创造的超限数,说它是一种存在的、真正确定的量时,主张数学和其他领域的区别在于它自由地创造自己的概念,而无需顾及是否实际存在。1883 年他说[1]:"数学在它自身的发展中完全是自由的,对它的概念的限制只在于,必须是无矛盾的并且和先前由确切定义引进的概念相协调……数学的本质就在于它的自由。"他喜欢用"自由数学"这个名词,胜过于用通常说的"纯粹数学"。

数学的新观点也蔓延到了老的以物理学为基础的分支。怀特海在他的《一般代数》(*Universal Algebra*,1898,第 11 页)中说:

> ……代数变换法则的合法性是不依赖于算术的。如果有依赖的话,那么显然可见,代数表达式一旦在算术上不可理解,则关于它们的所有法则就必定失去合法性。代数法则虽是由算术提供的,但却不依赖于它。代数法则完全依靠约定,用以表达某些把符号分组的模式必须被认为是等同的。这就给形成代数符号的记号指定了一定的性质。

代数学是与含义无关的一种逻辑发展。"显然我们可以用我们愿意用的任何符号,并按我们选定的任何法则去处理它们。"(第 4 页)怀特海指出,符号的这种任意处理可以是比较随便的,而只有那些能被赋予某种意义的或具有某种应用的解释才是重要的。

几何学也割断了它与物理实在性的联系。正如希尔伯特在他 1899 年的《基础》中指出的,几何学所说的东西,其性质是由公理规定的。虽然希尔伯特所说的只是为了考察数学的逻辑结构这个目的而必须用来探讨数学的一种战略,然而他支持并鼓励了数学是与自然界里的概念和法则全然不同的这样一种观点。

---

[1] *Math. Ann.*,21,1883,563 - 564 = *Ges. Abh.*,182.

4.　真 理 的 丧 失

那些在真实世界里没有直接对应物的概念之被引进并逐步被接受,确实迫使人们承认数学是一种人为的并且多少带有任意性的创造物,而不仅仅是从自然界里引导出来的本质上是真实事物的一种理想化。但是随着这种认识的深化,带来了更加意义深远的发现——数学并不是关于自然的一堆真理。使真理的争论得以展开的是非欧几里得几何,虽然它的冲击被几乎所有的数学家(除了少数几个之外)所特有的保守主义和封闭思想延误了。哲学家休谟(1711—1776)早就指出,自然界并不顺应固定的模式和必然的法则;但是由康德提出来的物理空间是欧几里得空间的这种观点则占统治地位。甚至勒让德在他的 1794 年的《几何原理》中依然相信欧几里得公理是自明的真理。

对几何学来说,至少在今天看来是正确的观点,首先是由高斯明确表述出来的。早在 19 世纪初,他就认为几何学是一门经验科学,应当与力学并列。而算术和分析却是先验的真理。1830 年高斯写信给贝塞尔说[①]:

> 按照我最深的信念,在我们先验的知识中间,空间理论与纯粹算术占有完全不同的位置。在我们关于空间理论的全部知识中,对作为纯粹算术的特征的必然性(即绝对真理)缺少完全的信念;我们还必须谦卑地说,如果数仅仅是我们思维的产物,那么空间在我们的思维之外有其实在性,它的法则我们不能完全先验地规定。

然而高斯似乎曾经有过相反的意见,因为他也明确表达过全部数学都是人为的这个见解。他在 1811 年 11 月 21 日写给贝塞尔的信中[②],谈到单复变函数时说道:"千万不要忘记,像一切数学结构一样,函数仅仅是我们自己的创造物,因而当定义失却意义时,人们就不应该问,它是什么? 而应该问,为了使它继续有意义,什么样的假定才是方便的?"

不管高斯对几何学持怎样的观点,绝大多数数学家还是相信,在几何学里有着基本的真理。约翰·波尔约就认为,几何学中的绝对真理就是欧几里得几何与双曲几何共有的那些公理和定理。他并不知道椭圆几何,所以在他所处的时代还不能意识到,在这些公有的公理中有许多条并不是所有几何所共有的。

黎曼在他的 1854 年的论文《论几何学基础的假设》中,仍然相信某些关于空间

---

①　*Werke*，8，201．

②　*Werke*，10，363．

的命题是先验的,虽然这些命题并不断言物理空间是真正的欧几里得空间。但是物理空间局部地是欧几里得空间。

凯莱和克莱因对欧几里得几何的实在性仍然恋恋不舍(参看第 38 章第 6 节)。凯莱在英国科学促进协会的主席致词①中说道:"……注意到欧几里得空间长期以来一直被当作是我们经验的物理空间,所以几何学的命题对于欧几里得空间不仅仅近似地是真实的,而且还是绝对真实的。"虽然凯莱和克莱因本人都曾经在非欧几里得几何方面做过研究工作,但是他们却把非欧几里得几何看成是在欧几里得几何中引进新的距离函数时得到的新奇结果。他们没有看到非欧几里得几何和欧几里得几何一样基本,一样可以应用。

罗素在 19 世纪 90 年代提出了这样一个问题:空间的哪些性质对经验是必需的,而且是由经验假定了的。也就是说,如果在这些先验的性质中任何一条被否定,那么经验就要成为没有意义的了。他在《关于几何基础的随笔》(*Essay on the Foundations of Geometry*, 1897)中,赞同欧几里得几何不是一门先验学问这种见解。他断言,就一切几何学来说,倒不如认为射影几何是先验的。这个结论在 1900 年前后,从射影几何的重要性的观点来看,是可以理解的。然后他就把欧几里得几何和一切非欧几里得几何所共有的公理,当作先验的东西添加到射影几何里去。加进去的那些东西(空间的齐次性、维数的有穷性和距离的概念)使得度量成为可能。他又把空间是 3 维的以及实际空间是欧几里得空间这些事看作是经验的。

度量几何可以由射影几何通过引进一个度量而导出,罗素认为这件事只不过是一种技术上的成就,在哲学上没有什么重要性。度量几何是一种逻辑推论,是数学中的一个独立分支,但却不是先验的。在对待欧几里得几何和几个基本的非欧几里得几何的态度上,罗素不同于凯莱和克莱因,他认为所有这些几何都处于同等的地位。因为具有上面那些性质的度量空间只有欧几里得空间,双曲空间和单、双椭圆空间这几种,于是罗素就断言,所有可能的度量空间就只有这几种,而欧几里得空间则当然是仅有的物理上可以应用的空间。其他那些空间在证明可能有别的几何学时,有其哲学上的重要性。现在我们回过头来看,可以说罗素无非是用一种射影癖代替了欧几里得癖。

虽然数学家们慢慢地才认识到高斯早就清楚地看到了的这一事实,即欧几里得几何的物理真实性是完全没有保证的。但是他们逐步来到这个观点的周围,并且接受了高斯的这一有关信念:数学的真理存在于算术中,因而也存在于分析中。例如克罗内克在他的《关于数的概念》②(Über den Zahlbegriff)中就坚持算术中的

规则的真理性,但却否定几何中的规则的真理性。至于弗雷格(我们在后面要提到他的工作),他也坚持算术的真理性。

然而,甚至算术和建立在它上面的分析,也很快地被人怀疑了。非交换代数,特别是四元数和矩阵的创立,明确地提出了这样的问题:怎么能断定普通数具有它是真实世界的真理这种特权般的性质呢?针对算术的真理性的第一个挑战来自亥姆霍兹。在一篇著名的论文里①,他坚决主张,我们关于物理空间的知识只能从经验中来,而且依赖于用来作为量尺和其他用途的刚体的存在性。后来在他的《算与量》(*Zählen und Messen*,1887)中,他还攻击了算术的真理性。他认为,把量和等同性客观地应用于经验是否有意义或有效,是算术中的主要问题。算术本身也许只不过是算术运算的结果的一本首尾一贯的账目罢了。它处理的是符号,也可以看成是一种游戏。但是这些符号却被应用于实在客体以及它们之间的联系,还给出关于自然界的真实作用的结果。为什么这样做是可能的呢?在什么条件下这些数和运算能够应用到实在客体上去呢?特别是,两个客体的等同化的客观意义是什么呢?还有,物理上的加法为了要同数学上的加法一样处理,必须具有什么样的特性呢?

亥姆霍兹指出,数的可应用性既不是数的定律的真理性的一个偶然事件,也不是它的证明。某些种经验启示数,而数又能应用于这些经验。亥姆霍兹说,当把数应用到实在客体上去的时候,这些客体必须不会自行消失,不会彼此合并,也不会分成两个。在物理上,一个雨点加上另一个雨点并不产生两个雨点。只有经验才能告诉我们,一个物理集合里的客体是否保持它们的同一性,使得这个集合里的客体有确定的个数。同样地,要想知道什么时候物理量之间的等同性可以应用也只有依靠经验。任何一个有关定量的等式论断必须满足两个条件:如果两个客体互换位置,它们必须保持相等;还有,如果客体 a 等于客体 c,而客体 b 也等于客体 c,则客体 a 就必须等于客体 b。这样,我们就能说重量的相等和时间间隔的相等,因为对于这些客体来说,等同性能够确定。就耳朵来说,两个音调都可以等于介于它们之间的一个音调,而耳朵还能分辨出原来的两个音调。在这里,等于同一个事物的事物是彼此不相等的。为了求得并联电阻的总电阻,我们不能把电阻值都加起来;我们也不能用任何一种方法把不同介质的折射率组合起来。

到 19 世纪末,盛行的看法是,数学里的一切公理都是任意的。公理只不过是导出结论的推理的基础。既然公理不再是关于包含在它里面的概念的真理,于是也就不用去管这些概念的物理意义了。当公理和实在之间产生某种联系的时候,

---

① *Nachrichten König. Ges. der Wiss. zu Gött.*, 15,1868,193 – 221 = *Wiss. Abh.*, 2,618 – 639.

这种物理意义至多只能是发现(真理)的向导。即使是从物理世界抽象出来的概念也是这样。到 1900 年,数学已经从实在性中分裂出来了;它已经明显地而且无可挽回地失去了它对自然界真理的所有权,因而变成了一些没有意义的任意公理之必然推论的随从了。

许多人把这种真理的丧失和表面上的任意性,以及数学思想与结果的主观性本质,看成是对数学的一种否定,使他们深感烦恼。于是有些人采取一种神秘的观点,企图寻求对数学的实在性和客观性的承诺。这些数学家赞成这样一种思想,即认为数学本身就是一种实在,是真理的一个独立部分,数学对象所给予我们的就和真实世界的对象所给予我们的一样. 数学家只不过是发现这些概念和它们的性质罢了。埃尔米特在给斯蒂尔切斯的信中说[1]:"我相信,数和分析中的函数不是我们精神的任意产物;它们在我们之外存在着,并且和客观实在的对象一样,具有某种必然性的特征;我们找到或发现它们、研究它们,就和物理学家、化学家及动物学家所做的事情一样。"

希尔伯特 1928 年在波洛尼亚国际会议上说[2]:"如果数学没有真理的话,那么我们知识中的真理、科学的存在和进步尤其会怎么样呢? 的确,今天在一些专门著作和公开的演讲中,经常出现一种关于知识的怀疑主义和意气消沉;这是某种我认为有破坏性的神秘主义。"

20 世纪的一位杰出的分析学家哈代(Godfrey H. Hardy,1877—1947)在 1928年说道[3]:"数学定理的真伪,它们的真实性和谬误性是独立于我们对它们的了解的。在某种意义上,数学的真理是客观实在的一部分。"他在《一位数学家的自白》(*A Mathematician's Apology*,1967 年版,第 123 页)一书中表达了同样的看法:"我相信数学的实在性是在我们之外,我们的作用只是发现它们或观察它们,而那些被夸张地描绘成为我们的'创造物'的定理,其实只是我们观察的记录。"

5. 作为研究任意结构的数学

19 世纪的数学家起先都关心自然界的研究,因而物理学就必然成为数学工作的主要启示。最伟大的人物如高斯、黎曼、傅里叶、哈密顿、雅可比和庞加莱,次一级的知名人物如克里斯托费尔、利普希茨、杜波依斯-雷蒙、贝尔特拉米,以及上百个其他人物,都直接在物理问题和由物理研究所提出的数学问题上工作着。甚至

---

[1] *C. Hermite-T. Stieltjes Correspondance*, Gauthier-Villars, 1905,2, p.398.
[2] *Atti del Congresso*, 1,1929, 141 = *Grundlagen der Geometrie*, 第 7 版, 第 323 页。
[3] *Mind*, 38,1929,1 - 25.

被公认为纯粹数学家的人,譬如魏尔斯特拉斯,也研究物理问题。事实上,在物理问题为数学研究提供意见和方向方面,这一世纪比以往任何一个世纪都多。一些高度复杂的数学,正是为了处理这些物理问题而创建出来的。菲涅耳曾说过:"大自然并不被分析的困难所阻碍。"但是数学家们也没有被它们吓倒,而且克服了它们。至少从丢番图(Diophantus)的工作以来,追求内在的美学上满足的唯一主要分支就是数论。

　　然而在 19 世纪,数学家们第一次不仅把他们的工作推进到远远超出科学技术的需要,而且还提出并解答一些与实际问题无关的问题。这种发展的理由可以说明如下:2 000 多年来关于数学是自然界真理的信念被粉碎了。但是现在被人们认为是任意的数学理论,却又在自然界的研究中被证明是有用的。虽然已有的理论,在历史上从自然界取得了许多启示;但是或许会有单纯由精神构造出来的新的理论,在表现自然界方面也将被证明是有用的。于是数学家们感到有一种创造任意结构的自由。这个思想被用来证明数学研究中新的自由是正确的。然而,到 1900 年,已经有的明显的少数几个结构,以及此后的许多这类创造物,看来都是如此之人为,甚至对于潜在的应用来说,也是如此之遥远;它们的赞助人也只好辩解说,这是为着它们自身及内在的要求。

　　数学应当包含那些并不是直接或间接地由于研究自然界的需要而产生出来的任意结构。这种观点逐渐兴起并被人们接受了,于是造成了今天的纯粹数学和应用数学的分裂。和传统决裂,当然不能不引起论战。我们可以用一些篇幅来引证双方的一些论点。

　　傅里叶在他的《热的解析理论》一书的序言中写道:"对自然界的深入研究是数学发现的最丰富的源泉。这种研究的优点不仅在于有完全明确的目的性,还在于排除含糊不清的问题和无用的计算。这是建立分析自身的一种方法,是发现至关紧要的、在科学里必须经常保存的思想的一种方法。基本的思想就是那些表现自然界发生的事件的思想。"他还强调应当把数学应用到对社会有用的问题上去。

　　虽然雅可比在力学和天文学方面都做过第一流的工作,但是他还是和傅里叶进行争论。1830 年 7 月 2 日,他写信给勒让德说[①]:"确实地,傅里叶持有这样一种意见,即认为数学的主要目标是公众的利益和对自然现象作解释;但是,像他那样的一个科学家应当知道,科学的唯一对象是人类精神的光荣,基于这点,一个数[论]问题就和一个关于行星系的问题一样有价值。"

　　在这整个世纪,当许多人被纯粹数学的倾向搅扰的时候,反对的声音也喊出来了。克罗内克写信给亥姆霍兹说:"您的合情合理的实际经验以及有兴趣的问题,

---

①　*Ges. Werke*, 1, 454 – 455.

造成的财富将给予数学以新的方向和新的刺激……片面的、内省的数学思索把人们引向不毛之地。"

克莱因在他的《陀螺的数学理论》(*Mathematical Theory of the Top*,1897,1－2 页)中提出:"纯粹科学和物理学中有纯粹科学最重要应用的那些部门,应该再一次把它们密切结合起来,在拉格朗日和高斯的工作中证明了这种结合是非常有成果的,它们是数学科学最需要的礼品。"20 世纪初,皮卡在《近代科学及其实际状况》(*La Science moderne et son état actuel*,1908)的演讲中,对抽象化的趋势和没有意义的问题提出了警告。

稍后,克莱因再次直截了当地说①,他担心创造任意结构的自由会被滥用。他强调说,任意结构就是"一切科学的死亡。几何学的公理……不是任意的,而是切合实际的陈述。一般说来,它们是由对空间的知觉归纳出来的,它们的确切内容则是由权宜的办法确定的"。为了判断非欧几里得几何公理,克莱因指出,视觉只能在一定限度内验证欧几里得平行公理。在另一场合,他指出:"有自由特权的任何人都应当承担义务。"所谓"义务",他指的是在对自然界研究中的贡献。

不顾这些告诫,抽象化的趋势、为推广而推广的趋势,以及对任意选择问题的追随,仍旧继续着。为了探讨许多有联系的具体问题而去研究一整类问题,为了求得一个问题的实质而进行抽象;所有这些合理的需要都成为在自身内并为自身而进行推广和抽象的借口。

多少也是为了反对把这种趋势推广开来,希尔伯特不但强调具体问题是数学的鲜血,而且还不辞劳苦地于 1900 年宣布了共有 23 个未解决的问题的一览表(见参考书目),在巴黎第二次国际数学家大会上,他在演讲中把它们一一罗列。希尔伯特的名望促使许多人研究这些问题。没有任何一种荣誉能够比解决由这样一位伟大人物提出来的问题更令人神往了。但是自由创造、抽象化和推广的势头还是没有被堵住。数学从自然界和科学中解脱出来,继续着它自己的行程。

6. 相容性问题

从逻辑观点来看,在 19 世纪末,数学是一堆结构,每个结构都建立在它自己的公理体系上。正如我们已指出的,任何这样一个结构所必备的性质之一是它的公理的相容性。只要数学还被看成是关于自然的真理,则出现互相矛盾的定理的可能性就不会发生;而且实际上这种思想将会被认为是荒谬的。当各种非

---

① *Elementary Mathematics from an Advanced Standpoint*,Macmillan,1939;Dover(重印),1945,第 2 卷,p. 187。

欧几里得几何被创造出来的时候,它们与客观存在在表面上的偏离,确实引起了对非欧几里得几何公理相容性的疑问。正像我们已看到的,问题是这样解决的,非欧几里得几何的相容性依赖于欧几里得几何的相容性。

到 19 世纪 80 年代,无论是算术还是几何都不是真理的实现的认识,迫使人们去研究这些分支的相容性。皮亚诺和他的学派从 19 世纪 90 年代开始考虑这个问题。他相信能够提出弄清相容性的明确的判别法。然而有几件事证明他错了。在假定算术公理相容性的基础上,希尔伯特确实成功地建立了欧几里得几何的相容性(第 42 章第 3 节)。但是算术公理的相容性还是没有建立,希尔伯特把这个问题列为他在 1900 年的第二次国际会议上提出的一览表中的第二个;在他的《公理化思想》①中,他又把这个问题强调为数学基础的基本问题。其他许多人也觉悟到这个问题的重要性。1904 年普林斯海姆(Alfred Pringsheim,1850—1941)强调过②,数学所寻求的真理正好就是相容性。有关这个问题方面的工作,我们将在第 51 章中再进行考察。

7. 向前的一瞥

从 1600 年以来,数学创造的步幅一直在加大,20 世纪肯定也是这样。在 19 世纪里所从事的许多领域,在 20 世纪进一步得到了发展。然而在这些领域里,较新工作的详细情况可能只有专家才感兴趣。所以我们把 20 世纪工作的报告只限制在一开始就在这时期占突出地位的那些领域。而且,我们将只考虑这些领域的开头部分。要想恰当地评价这世纪第二个和第三个 25 年的发展,现在未免太早了。我们注意到,在过去曾经精力旺盛地热情地从事过的许多领域,曾被它们的拥护者誉为数学的精髓所在,其实只不过是一时的爱好,或者在整个数学的征途上只留下少许的影响。上半世纪有信心的数学家们可能会认为他们的工作是最重要的,然而,他们的贡献在数学史上的地位,现在还是不能确定的。

参 考 书 目

Fang, J.: *Hilbert*, Paideia Press, 1970. Sketches of Hilbert's mathematical work.

Hardy, G. H.: *A Mathematician's Apology*, Cambridge University Press, 1940 and 1967.

Helmholtz, H. von: *Counting and Measuring*, D. Van Nostrand, 1930. *Zählen und Messen* 的

---

① *Math. Ann.*, 78, 1918, 405 – 415 = *Ges. Abh.*, 145 – 156.

② *Jahres. der Deut. Math.-Verein*, 13, 1904, 381.

译本 = *Wissenschaftliche Abhandlungen*, 3, 356 - 391。

Helmholtz, H. von: "Über den Ursprung Sinn und Bedeutung der geometrischen Sätze"; 英译: "On the Origin and Significance of Geometrical Axioms," in Helmholtz: *Popular Scientific Lectures*, Dover (reprint), 1962, pp. 223 - 249。亦见 James R. Newman: *The World of Mathematics*, Simon and Schuster, 1956, 卷 1, pp. 647 - 668。亦见亥姆霍兹的 *Wissenschaftliche Abhandlungen*, 2, 640 - 660。

Hilbert, David: "Sur les problèmes futurs des mathématiques," *Comptes Rendus du Deuxiéme Congrès International des Mathématiciens*, Gauthier-Villars, 1902, 58 - 114. 亦见德文, *Nachrichten König. Ges. der Wiss. zu Gött.*, 1900, 253 - 297, 和希尔伯特的 *Gesammelte Abhandlungen*, 3, 290 - 329。英译文见 *Amer. Math. Soc. Bull.*, 8, 1901/1902, 437 - 479。

Klein, Felix: "Über Arithmetisirung der Mathematik," *Ges. Math. Abh.*, 2, 232 - 240. 英译文见 *Amer. Math. Soc. Bull.*, 2, 1895/1896, 241 - 249。

Pierpont, James: "On the Arithmetization of Mathematics," *Amer. Math. Soc. Bull.*, 5, 1898/1899, 394 - 406.

Poincaré, Henri: *The Foundations of Science*, Science Press, 1913. 特别看 43 - 91 页。

Reid, Constance: *Hilbert*, Springer-Verlag, 1970, 是一本传记。

第 44 章

实 变 函 数 论

如果牛顿和莱布尼茨想到过连续函数不一定有
导数——而这却是一般情形——那么微分学就决不
会被创造出来。

皮卡

1. 起　　源

一元或多元实变函数论的产生,是为了理解和弄清 19 世纪的一系列奇怪的发现。连续而不可微的函数,连续函数的级数其和是不连续的,不逐段单调的连续函数,具有有界的但不是黎曼可积的导数的函数,可求长的但不符合微积分中弧长定义的曲线,以及作为可积函数序列的极限的不可积函数——这一切看来都与函数、导数和积分所期望的性态相矛盾。进一步研究函数性态的另一个动机,来自傅里叶级数的研究。由狄利克雷、黎曼、康托尔、迪尼(Ulisse Dini,1845—1918)、若尔当和 19 世纪其他数学家们建立起来的傅里叶级数理论,对于应用数学而言,当时已是一个相当令人满意的工具。但是,那时发展起来的这种级数的性质,却不能给纯粹数学家以一个满意的理论。函数和级数之间关系的统一性、对称性和完备性仍告阙如。

函数论研究的重点是积分论,因为看起来大多数不合适的地方都能够通过扩充积分的概念来解决。因此在很大程度上,函数论的研究可以看成是黎曼、达布、杜波依斯-雷蒙、康托尔和另外一些人(第 40 章第 4 节)的工作的直接继续。

2. 斯蒂尔切斯积分

实际上,积分概念的第一次扩充,是从完全不同于刚才所说的一类问题中来的。1894 年斯蒂尔切斯(1856—1894)发表了他的《连分数的研究》(Recherches sur les fractions continues)①,这是一篇很有独创性的论文,他从一个非常特殊的问题出发,并且解决得非常漂亮。在这篇文章里提出的几个问题,在解析函数论和一元实变函数论里,本质上都是全新的。尤其是为了表示一个解析函数序列的极限,斯蒂尔切斯被迫引进了一种新的积分,推广了黎曼-达布的概念。

斯蒂尔切斯把质量沿着一根直线的正的分布看成是点密度概念的推广(当然,点密度的概念是早已被应用了的)。他注意到这样一种质量分布可以用一个递增函数 $\phi(x)$ 给出,$\phi(x)$ 表示在区间 $[0, x]$ $(x > 0)$ 上的总质量,ϕ 的跳跃点对应着质量在这个点集中。对于区间 $[a, b]$ 上的这样一种分布,他明确地写出黎曼和

$$\sum_{i=0}^{n-1} f(\xi_i)[\phi(x_{i+1}) - \phi(x_i)],$$

其中 $x_0, x_1, \cdots, x_n$ 是 $[a, b]$ 的一个划分,而 ξ_i 位于 $[x_i, x_{i+1}]$ 中。然后他证明了当 f 在 $[a, b]$ 上连续,划分的最大子区间趋于零时,这个和趋于一个极限,他把这个极限记作 $\int_a^b f(x)\mathrm{d}\phi(x)$。虽然斯蒂尔切斯在自己的著作中使用了这个积分,但他除了对区间 $(0, \infty)$ 定义

$$\int_0^\infty f(x)\mathrm{d}\phi(x) = \lim_{b \to \infty}\int_0^b f(x)\mathrm{d}\phi(x)$$

以外,并没有进一步推进这个积分概念。

一直到很久以后,当斯蒂尔切斯积分确实找到了许多应用的时候(见第 47 章第 4 节),他的积分概念才被数学家们采用。

3. 有关容量和测度的早期工作

沿着完全不同的另一条思想路线,导致积分概念的不同推广的,就是勒贝格积分。因为函数不连续点的广延决定了函数的可积性,所以研究函数的不连续点集,就提出了怎样度量它的广延或"长度"的问题。容量(content)理论及后来的测度论就是为了把长度概念扩充到普通直线上非完整区间的点集而引进的。

容量概念基于下面的思想:考虑一个按某种方式分布在区间 $[a, b]$ 上的点集 E。暂时放宽些条件,假定 E 中的点都可以被 $[a, b]$ 的小子区间包围或覆盖,使得 E 的点或者是 $[a, b]$ 的子区间的内点,或者是子区间的一个端点。我们愈来愈缩小这些子区间的长度,为了继续包住 E 的点,如果必要,可以再添加些别的子区间,但总的说来,要缩小这些子区间的长度的总和。覆盖住 E 的点的那些子区间的长度总和的最大下界,就称为 E 的(外)容量。这种不严格的形式并不是最后被采用

---

① *Ann. Fac. Sci. de Toulouse*, 8,1894, J. 1 – 122,与 9,1895, A. 1 – 47 = *Œuvres complètes*, 2,402 – 559.

的确定的概念,但它可以用来指明人们想干什么。

(外)容量概念是杜波依斯-雷蒙在他的《一般函数论》(*Die allgemeine Funk-tionentheorie*,1882)中,哈纳克(Axel Harnack,1851—1888)在他的《微积分原理》(*Die Elemente der Differential-und Integralrechnung*,1881)中,以及斯托尔兹[1]和康托尔[2]给出的。斯托尔兹和康托尔还用矩形和立方体等代替区间,把容量概念扩充到 2 维和高维点集。

不幸的是,容量概念的使用,并不是在所有方面都令人满意的,然而却揭露了存在着正容量的无处稠密集(即一个区间上的集合,在该区间的任一子区间内它都不稠密),而以这样一个集合为不连续点集的函数在黎曼意义下是不可积的。同时还揭露了,具有有界但不可积的导数的函数也存在。但在 19 世纪 80 年代,数学家们都认为黎曼的积分概念是不能推广的。

为了克服上述容量理论的局限性,并为了把一个区域的面积概念严密化,皮亚诺[《无穷小计算的几何应用》(*Applicazioni geometriche del calcolo infinitesi-male*,1887)]引进了一个比较完满的并作了多次改善的容量概念。他引进了区域的内容量和外容量。假定考虑的是 2 维区域。这里的内容量是包含在区域 R 内的一切多边形区域的最小上界,而外容量是包含区域 R 的一切多边形的最大下界。如果内容量和外容量相等,这个公共值就是区域 R 的面积。对于 1 维点集,思路是类似的,只须用区间代替多边形。皮亚诺指出,如果 $f(x)$ 在 $[a,b]$ 上非负,则

$$\int_{\underline{a}}^{b} f \, \mathrm{d}x = C_i(R) \quad \text{而} \quad \overline{\int_a^b} f \, \mathrm{d}x = C_e(R),$$

其中第一个积分是 f 在 $[a,b]$ 上的下黎曼和的最小上界,而第二个积分是上黎曼和的最大下界;$C_i(R)$ 和 $C_e(R)$ 分别是由 f 的图形所围成的区域 R 的内、外容量。因此,为要 f 可积的,必须且仅须 R 具有在 $C_i(R) = C_e(R)$ 意义下的容量。

在 19 世纪的容量理论中,最先进的一步是若尔当迈出的(他把容量叫做 *étendue*)。他也引进了内容量和外容量[3],但概念陈述得更有力。他的关于 $[a,b]$ 中点集 E 的容量的定义,是从外容量出发的。用 $[a,b]$ 子区间的一个有穷集合覆盖 E,使得 E 的每一点是某个子区间的内点或端点。那些至少含有 E 的一个点的所有子区间的长度总和的最大下界便是 E 的外容量。内容量则定义为那些只含有 E 的点的 $[a,b]$ 子区间长度总和的最小上界。如果 E 的内容量和外容量相等,那么它就有容量。除了用矩形及其高维类似物代替子区间外,若尔当把同一概念运

---

[1]　*Math. Ann.*,23,1884,152-156.

[2]　*Math. Ann.*,23,1884,453-488 = *Ges. Abh.*,210-246.

[3]　*Jour. de Math.*,(4),8,1892,69-99 = *Œuvres*,4,427-457.

用到 n 维空间的点集。这时若尔当就能够证明所谓的可加性:有限多个不相交的、有容量的集合的并,其容量等于各个集合的容量之和。对于早期的容量理论,除了皮亚诺的以外,这一点都是不对的。

若尔当对容量的兴趣来源于,企图弄清楚平面区域 E 上的二重积分的理论。通常采用的定义是,把平面用平行于坐标轴的直线分成许多正方形 R_{ij}。平面的这种分划导致了 E 被分划成一些 E_{ij}。于是由定义

$$\int_E f(x, y) \mathrm{d}E = \lim_{\Delta x, \Delta y \to 0} \sum_{i, j} f(x_i, y_j) a(R_{ij}),$$

其中 $a(R_{ij})$ 表示 R_{ij} 的面积,和是对一切 R_{ij}(E 内部的 R_{ij},及含有 E 的点同时也许还含有 E 以外的点的 R_{ij})取的。为了使积分存在,必须证明那些非整个地包含在 E 内的 R_{ij} 可以忽略不计,换句话说,那些包含 E 的边界点的 R_{ij} 的面积的总和,要在 R_{ij} 的尺寸趋于 0 时趋于 0。过去,一般总是假定这是对的,而若尔当本人在他的《分析教程》的第一版(第二卷,1883)中就是这样做的。然而当皮亚诺发现了填满矩形的特殊曲线之后,数学家们就更加小心翼翼了。如果 E 具有 2 维的若尔当容量,那么包含 E 的边界点的 R_{ij} 就可以忽略不计。若尔当还能够得到用累次积分计算重积分的结果。

若尔当在《分析教程》的第二版(第一卷,1893)中,写进了他的关于容量的研究及其对积分的应用。虽然若尔当关于容量的定义比他的前人优越,但也还不完全令人满意。按照他的定义,一个有界开集不一定有容量,包含在一个有界区间里的有理点集也没有容量。

容量理论的下一步是波莱尔做出的。在处理表示复函数的级数收敛的点集时,他被引向他称之为测度的理论。波莱尔的《函数论讲义》(*Leçons sur la théorie des fonctions*, 1898)包含了他在这方面最主要的工作。他看出容量的早期理论中的缺陷并对之作了补救。

康托尔曾经证明,直线上的任一开集 U 必定是一族可数个两两不相交的开区间的并集。波莱尔利用康托尔的结果,不再用有穷个区间包围 U 去逼近 U 的方法,而是提出把一个有界开集的各个构成区间的长度总和,作为这个开集的测度。然后他定义可数个不相交可测集的并集的测度为各个测度的总和;如果 A 和 B 都是可测的,并且 B 包含在 A 内,则定义 $A-B$ 的测度为这两个测度的差。由这些定义,他就能对任何可数个不相交可测集的并集以及两个可测集 A, B 的差集(只要 A 包含 B)赋予测度。然后他考虑了零测集,并证明测度大于 0 的集合是不可数的。

波莱尔的测度论是对皮亚诺和若尔当容量理论的一个改进,但它还不是最终的形式,而且也没有被应用到积分中去。

4.　勒贝格积分

现在认为已成定形的测度和积分的推广,是由波莱尔的一个学生、法兰西学院的教授勒贝格(1875—1941)做出的。以波莱尔的思想为指导,当然也用了若尔当和皮亚诺的思想,勒贝格在他的论文《积分、长度与面积》(Intégrale, longueur, aire)里[1],第一次叙述了他关于测度和积分的思想。他的工作替代了 19 世纪的创造,特别是改进了波莱尔的测度论。

勒贝格的积分论是建立在他关于点集的测度的概念之上的,而这些概念都被应用到 n 维空间的点集上。为了说明方便起见,我们只考虑一维情形。设 E 是 $a \leqslant x \leqslant b$ 中的一个点集。E 的点可以被 $[a, b]$ 中一族有限个或可数无限个区间集 d_1, d_2, … 所包围而成为内点([a, b]的端点可以是某个 d_i 的端点)。能够证明区间集合 $\{d_i\}$ 可以被互不重叠的区间集合 δ_1, δ_2, … 所代替,使得 E 的每一个点是其中某一个区间的内点或是两个相邻区间的公共端点。令 $\sum \delta_n$ 表示长度 δ_i 之和。所有可能集合 $\{\delta_i\}$ 的 $\sum \delta_n$ 的(最大)下界称为 E 的外测度,记作 $m_e(E)$。E 的内测度 $m_i(E)$ 定义为集合 $C(E)$ 的外测度的补测度 $[b-a] - m_e C(E)$,这里集合 $C(E)$ 是 E 在 $[a, b]$ 中的补集,也就是 $a \leqslant x \leqslant b$ 中不在 E 内的点所成的集合。

现在可以证明几个辅助性的结果,包括 $m_i(E) \leqslant m_e(E)$ 这件事。如果 $m_i(E) = m_e(E)$,那么集合 E 就定义为可测的,而测度 $m(E)$ 就是这个公共值。勒贝格证明,可数个两两不相交的可测集的并集的测度,等于这些集合的测度的总和。另外,一切若尔当可测集都是勒贝格可测的,并且具有相同的测度。勒贝格的测度概念与波莱尔的测度概念的区别在于,他对波莱尔意义下的零测集作了增补。他还注意到了不可测集的存在。

勒贝格的下一个重要概念是可测函数。设 E 是 x 轴上的一个有界可测集。在 E 的一切点上定义的函数 $f(x)$ 称为在 E 上是可测的,如果对任意常数 A,E 中使得 $f(x) > A$ 的点所成的集合是可测的。

现在我们来讨论勒贝格的积分概念。设 $f(x)$ 是定义在 $[a, b]$ 中可测集 E 上的一个有界可测函数。设 A 和 B 是 $f(x)$ 在 E 上的最大下界和最小上界。把区间 $[A, B]$(在 y 轴上)分成 n 个子区间

$$[A, l_1], [l_1, l_2], \cdots, [l_{n-1}, B],$$

---

[1]　*Annali di Mat.*, (3), 7, 1902, 231 – 259.

其中 $A = l_0$，$B = l_n$。设 e_r 是 E 中满足条件 $l_{r-1} \leqslant f(x) \leqslant l_r$，$r = 1, 2, \cdots, n$ 的点集。于是 e_1，e_2，$\cdots$，e_n 都是可测集。作和 S 与 s，其中

$$S = \sum_1^n l_r m(e_r), \quad s = \sum_1^n l_{r-1} m(e_r).$$

和 S 与 s 分别有最大下界 J 与最小上界 I。勒贝格证明了对于有界可测函数永远有 $I = J$。这个公共值就是 $f(x)$ 在 E 上的勒贝格积分，记作

$$I = \int_E f(x) \mathrm{d}x.$$

如果 E 是整个区间 $a \leqslant x \leqslant b$，那么我们还可以用记号 $\int_a^b f(x) \mathrm{d}x$ 来写。不过积分要按照勒贝格的意义来理解。如果 $f(x)$ 是勒贝格可积的，积分值也是有穷的，那么用勒贝格自己引进的术语来讲，就说 $f(x)$ 是可和的(summable)。$[a, b]$ 上黎曼可积的函数 $f(x)$ 必是勒贝格可积的；但反过来不一定对。如果 $f(x)$ 在黎曼和勒贝格意义下都可积，那么这两个积分值相等。

勒贝格积分的普遍性可以从下面的事实看出来。勒贝格可积函数不一定几乎处处(即除去一个零测集外)连续。例如，在区间 $[a, b]$ 上的狄利克雷函数，在有理数 x 处取值为 1，在无理数 x 处取值为 0，处处不连续，从而不黎曼(原义和广义)可积，但却是勒贝格可积的。这时 $\int_a^b f(x) \mathrm{d}x = 0$。

勒贝格积分的概念可以推广到更普遍的函数，例如无界函数。如果 $f(x)$ 在积分区间上勒贝格可积但无界，则积分绝对收敛。无界函数可以勒贝格可积，但不黎曼可积，反之亦然。

就实用的目的来说，黎曼积分已经够用了。事实上，勒贝格证明了[《关于积分法和原函数研究的讲义》(*Leçons sur l'intégration et la recherche des fonctions primitives*，1904)]为要一个有界函数是黎曼可积的，必须且仅须它的不连续点集是一个零测集。但对理论工作来说，勒贝格积分提供了简化的便利。建立在勒贝格测度可数可加性基础上的新定理，同建立在若尔当容量有限可加性基础上的结果形成了鲜明的对照。

为了说明勒贝格积分带来的定理的简化，我们就用勒贝格本人在他的论文里的结果。设 $u_1(x)$，$u_2(x)$，$\cdots$ 是可测集 E 上的可和函数并且 $\sum_1^\infty u_n(x)$ 收敛到 $f(x)$，那么 $f(x)$ 是可测的。又若 $s_n(x) = \sum_1^n u_n(x)$ 是一致有界的(对 E 中的一切 x 和一切 n，$|s_n(x)| \leqslant B$)，则有定理：$f(x)$ 在 E 上勒贝格可积，且

$$\int_E f(x) \mathrm{d}x = \lim_{n \to \infty} \int_E s_n(x) \mathrm{d}x.$$

如果我们研究的是黎曼积分，则还要加上这个级数的和是可积的这一假设；关于黎

曼积分的这个定理是阿尔采拉(Cesare Arzelà,1847—1912)得到的[①]。勒贝格在他的《积分法讲义》里把这一定理作为阐述他的理论的基石。

勒贝格积分在傅里叶级数理论中特别有用。这方面的许多最重要的贡献是勒贝格本人做出的[②]。根据黎曼的工作,一个有界的黎曼可积的函数的傅里叶系数 a_n 和 b_n,当 n 趋于无穷时必趋于 0。勒贝格的推广说,

$$\lim_{n\to\infty}\int_a^b f(x)\begin{cases}\sin nx\\\cos nx\end{cases}\mathrm{d}x = 0,$$

其中 $f(x)$ 是一个勒贝格可积的函数,不管它是否有界。这个事实今天称之为黎曼-勒贝格引理。

在 1903 年的这同一篇文章里,勒贝格证明了如果 f 是由三角级数表示的有界函数,即

$$f(x) = \frac{a_0}{2} + \sum_1^\infty (a_n\cos nx + b_n\sin nx),$$

则 a_n 和 b_n 就是傅里叶系数。1905 年勒贝格给出了使傅里叶级数收敛到函数 $f(x)$ 的一个新的充分条件[③],这个条件蕴含了以前已知的一切条件。勒贝格还证明了[《三角级数讲义》(Leçons sur les séries trigonométriques,1906,第 102 页)]一个傅里叶级数之可以逐项积分并不依赖于这级数对 $f(x)$ 本身的一致收敛性。对任一勒贝格可积的函数 $f(x)$,不管 $f(x)$ 的原始级数是否收敛到它,都有

$$\int_{-\pi}^x f(x)\mathrm{d}x = a_0(x+\pi) + \sum_1^\infty \frac{1}{n}[a_n\sin nx + b_n(\cos n\pi - \cos nx)],$$

其中 x 是 $[-\pi,\pi]$ 内的任一点。而且这新级数在区间 $[-\pi,\pi]$ 上总是一致收敛到这等式的左边。

此外,对 $[-\pi,\pi]$ 上的任一函数 $f(x)$,只要它的平方在 $[-\pi,\pi]$ 是勒贝格可积的,就成立着帕塞瓦尔定理:

$$\frac{1}{\pi}\int_{-\pi}^\pi [f(x)]^2\mathrm{d}x = 2a_0^2 + \sum_1^\infty (a_n^2 + b_n^2)$$

(《讲义》,1906,第 100 页)。后来,对 $[-\pi,\pi]$ 上勒贝格平方可积的 $f(x)$ 及 $g(x)$,法图(Pierre Fatou,1878—1929)证明了[④]

$$\frac{1}{\pi}\int_{-\pi}^\pi f(x)g(x)\mathrm{d}x = 2a_0\alpha_0 + \sum_1^\infty (a_n\alpha_n + b_n\beta_n),$$

① *Atti della Accad. dei Lincei, Rendiconti*, (4),1,1885,321-326,532-537,566-569.
② 例如 *Ann. de l'Ecole Norm. Sup.*, (3),20,1903,453-485。
③ *Math. Ann.*, 61,1905,251-280.
④ *Acta Math.*, 30,1906,335-400.

其中 a_n, b_n 与 α_n, β_n 是 $f(x)$ 与 $g(x)$ 的傅里叶系数。尽管在傅里叶级数理论里有这么多进展,但到现在为止还不知道,在 $[-\pi, \pi]$ 上勒贝格可积的 $f(x)$ 的什么性质对它的傅里叶级数的收敛性是充分必要的。

勒贝格为建立积分概念与原函数(不定积分)概念之间的联系尽了最大的努力。在黎曼引进他的积分的推广的时候,就提出了这样一个问题:对连续函数成立的定积分和原函数之间的对应,在更为一般的情形下是否还成立。但可以举出一些在黎曼意义下可积的函数 f 的例子,使得 $\int_a^x f(t)\mathrm{d}t$ 在一些点上没有导数(甚至没有右导数或左导数)。反过来,沃尔泰拉在 1881 年证明[①]:存在函数 $F(x)$,它在一个区间 I 内有有界的但黎曼不可积的导数。勒贝格通过曲折的分析,证明了如果 f 在 $[a, b]$ 上在他的意义下可积,则 $F(x) = \int_a^x f(t)\mathrm{d}t$ 就几乎处处(即除去一个零测集外)有导数并等于 $f(x)$(《积分法讲义》)。反之,如果函数 g 在 $[a, b]$ 上可微且它的导数 $g' = f$ 是有界的,那么 f 是勒贝格可积的,并成立着公式 $g(x) - g(a) = \int_a^x f(t)\mathrm{d}t$。然而,勒贝格指出,如果 g' 无界,则情况要复杂得多。这时,g' 不一定可积,因而首要的问题是刻画那种函数 g,使 g' 几乎处处存在并且可积。勒贝格把自己限制在 g 的一个导出数(derived numbers)处处有限的情形[②],他证明了这时的 g 必定是一个有界变差函数(第 40 章第 6 节)。最后,勒贝格(在 1904 年的书中)还建立了反过来的结果。一个有界变差函数 g 一定几乎处处有导数 g',且 g' 可积。但是,并不一定就有

$$(1) \qquad\qquad g(x) - g(a) = \int_a^x g'(t)\mathrm{d}t;$$

这个方程左右两边之差是一个有界变差函数,其导数几乎处处为 0,但函数本身可以不是常数。至于使等式(1)成立的有界变差函数 g,则具有下述性质:g 在一个开集 U 上的全变差(即 g 在 U 的每一个构成区间上的全变差之和)随 U 的测度趋于 0 而趋于 0。维塔利(Giuseppe Vitali,1875—1932)把这种函数称为绝对连续的函数,并对它们进行了细致的研究。

勒贝格的工作也推进了多重积分的理论。在他的二重积分的定义下,能用累次积分来计算二重积分的函数的范围扩大了。勒贝格在他 1902 年的论文中给出了这方面的一个结果,但较好的结果是富比尼(Guido Fubini,1879—1943)

---

① *Gior. di Mat.*, 19,1881,333-372 = *Opere Mat.*, 1,16-48.

② g 的两个右导出数是两个极限

$$\limsup_{h \to 0 \atop h > 0} \frac{g(x+h) - g(x)}{h}, \quad \liminf_{h \to 0 \atop h > 0} \frac{g(x+h) - g(x)}{h}.$$

两个左导出数也类似地定义。

给出的[1]:如果 $f(x, y)$ 在可测集 G 上可和,则

(a) 对几乎所有的 y 和 x,$f(x, y)$ 分别作为 x 和 y 的函数都是可和的;

(b) 使得 $f(x, y_0)$ 或 $f(x_0, y)$ 不可和的点 (x_0, y_0) 的集合的测度为 0;

(c) $\iint\limits_{G} f(x, y)\mathrm{d}G = \int \mathrm{d}y\left[\int f(x, y)\mathrm{d}x\right] = \int \mathrm{d}x\left[\int f(x, y)\mathrm{d}y\right],$

其中外层的积分是在 x 的函数(或 y 的函数)$f(x, y)$ 是可和的那些 y(或 x)的点集上取的。

最后,在 1910 年,勒贝格把单重积分的导数的结果推广到了多重积分[2]。对 R^n 中每一个紧致区域上可积的函数 f,他规定了一个定义在 R^n 中每个可积区域 E 上的集合函数

$$F(E) = \int_E f(x)\mathrm{d}x$$

(x 表示 n 个坐标)。这是不定积分概念的推广。他注意到函数 F 具有两条性质:

(1) 它是完全可加的,即 $F\left(\sum_1^\infty E_n\right) = \sum_1^\infty F(E_n)$,其中 E_n 是两两不相交的可测集;

(2) 它是绝对连续的,意即当测度 E 趋于 0 时,$F(E)$ 趋于 0。

勒贝格的这篇文章的实质性部分是证明这个命题的反面,即定义 $F(E)$ 在 n 维空间的一点 P 处的导数。勒贝格得到了下面的定理:如果 $F(E)$ 是绝对连续并且是可加的,那么它就几乎处处具有有穷的导数,而 F 就是一个可和函数的不定积分,这个函数在 F 的导数存在且有穷的点处就等于这个导数,而在其余点上则是任意的。

证明的主要工具是维塔利覆盖定理[3],这个定理在积分的这个领域里始终是基本的。但勒贝格并没有就此止步。他又指出了推广有界变差函数概念的可能性,即考虑函数 $F(E)$,其中 E 是一个可测集,$F(E)$ 是完全可加的,并且当把 E 任意分划为可数个可测集 E_n 时,$\sum_n |F(E_n)|$ 始终是有界的。还可以举出微积分里许多被勒贝格的积分概念推广了的其他定理。

勒贝格的工作是 20 世纪的一个伟大贡献,确实赢得了公认,但和通常一样,也并不是没有遭到一定阻力的。我们提到过(第 40 章第 7 节)埃尔米特反对没有导数的函数。勒贝格写了一篇论文《关于可应用于平面的非直纹面短论》(Note on Non-Ruled Surfaces Applicable to the Plane)[4],讨论不可微曲面。埃尔米特曾企

[1] *Atti della Accad. dei Lincei, Rendiconti*, (5),16,1907,608 - 614.

[2] *Ann. de l'Ecole Norm. Sup.*, (3),27,1910,361 - 450.

[3] *Atti Accad. Torino*, 43,1908,229 - 246.

[4] *Comp. Rend.*, 128,1899,1502 - 1505.

图阻止它的发表。许多年以后,勒贝格在他的《工作介绍》(*Notice*,第 14 页,见参考书目)中写道:

> 达布在他的 1875 年的论文里,曾经致力于研究积分法和没有导数的函数;因而他并没有体验到埃尔米特的那种战栗。然而我怀疑埃尔米特终究是否完全原谅了我的《关于可应用的曲面的短论》。他必定认为,使得自己在这种研究中变得迟钝了的那些人,是在浪费他们的时间,而不是在从事有用的研究。

勒贝格还说(《工作介绍》第 13 页):

> 对许多数学家来说,我成了没有导数的函数的人,虽然我在任何时候也不曾完全让我自己去研究或思考这种函数。因为埃尔米特表现出来的恐惧和厌恶差不多每个人都会感觉到,所以任何时候,只要当我试图加入一个数学讨论时,总会有些分析学者说:"这不会使你感兴趣的,我们是在讨论有导数的函数。"或者,一位几何学家就会用他的语言说:"我们是在讨论有切平面的曲面。"

5. 推　广

我们已经指出过勒贝格积分在推广老的结果和在简洁地陈述级数定理方面的优点。在以后的几章里,我们还要遇到勒贝格思想的进一步应用。积分概念的许多推广是函数论的直接发展。在这中间,我们只准备提一下拉东(Johann Radon, 1887—1956)的积分,它包含了斯蒂尔切斯积分和勒贝格积分,实际上它被称为勒贝格-斯蒂尔切斯积分[1]。这一推广不仅使得它包括的范围扩大了,或者使得它统一了 n 维欧几里得空间点集上的不同的积分概念,而且还扩展到像函数空间那样的更普遍的空间。这种更普遍的概念现在在概率论、谱理论、各态历经理论以及调和分析(广义傅里叶分析)中,找到了应用。

---

[1] *Sitzngsber. der Akad. der Wiss. Wien*, 122, Abt. IIa, 1913, 1295 – 1438.

参 考 书 目

Borel, Emile：*Notice sur les travaux scientifiques de M. Emile Borel*，2nd ed.，Gauthier-Villars，1921.

Bourbaki, Nicolas：*Eléments d'histoire de mathématiques*，Hermann，1960，pp. 246 – 259.

Collingwood, E. F.："Emile Borel," *Jour. Lon. Math. Soc.*，34,1959,488 – 512.

Fréchet, M.："La Vie et l'œuvre d'Emile Borel," *L'Enseignement Mathématique*，(2),11,1965, 1 – 94.

Hawkins, T. W., Jr.：*Lebesgue's Theory of Integration：Its Origins and Development*，University of Wisconsin Press，1970，Chaps. 4 – 6.

Hildebrandt, T. H.："On Integrals Related to and Extensions of the Lebesgue Integral," *Amer. Math. Soc. Bull.*，24,1918,113 – 177.

Jordan, Camille：*Œuvres*，4 vols.，Gauthier-Villars，1961 – 1964.

Lebesgue, Henri：*Measure and the Integral*，Holden-Day，1966，pp. 176 – 194. 译自法文 *La Mesure des grandeurs*。

Lebesgue, Henri：*Notice sur les travaux scientifiques de M. Henri Lebesgue*，Edouard Privat，1922.

Lebesgue, Henri：*Leçons sur l'intégration et la recherche des fonctions primitives*，Gauthier-Villars，1904,2nd ed.，1928.

McShane, E. J.："Integrals Devised for Special Purposes," *Amer. Math. Soc. Bull.*，69,1963, 597 – 627.

Pesin, Ivan M.：*Classical and Modern Integration Theories*，Academic Press，1970.

Plancherel, Michel："Le Développement de la théorie des séries trigonométriques dans le dernier quart de siècle," *L'Enseignement Mathématique*，24,1924/1925,19 – 58.

Riesz, F.："L'Evolution de la notion d'intégrale depuis Lebesgue," *Annales de l'Institut Fourier*， 1,1949,29 – 42.

第45章

积 分 方 程

大自然并不被分析的困难所阻碍。

菲涅耳

1. 引 言

积分方程是未知函数出现在积分号内的方程,解方程的问题就是要确定这个函数。我们不久就会看到,数学物理中有些问题直接导致积分方程,而另一些问题则导致常微分或偏微分方程,但却可以把它们转换为积分方程而很快得到处理。起初,解积分方程被看作反积分。积分方程这个术语是属于杜波依斯-雷蒙的[①]。

在数学的其他分支中,个别的包含积分方程的问题,远在这门学科取得明显地位和研究方法以前,就已经出现了。例如,拉普拉斯在 1782 年[②]就考虑过由

$$(1) \qquad f(x) = \int_{-\infty}^{+\infty} e^{-xt} g(t) dt$$

给出的 $g(t)$ 的积分方程。方程(1)就今天的情况来说,称为 $g(t)$ 的拉普拉斯变换。泊松[③]发现了 $g(t)$ 的表达式,就是

$$g(t) = \frac{1}{2\pi i} \int_{a-i\infty}^{a+i\infty} e^{xt} f(x) dx,$$

其中 a 充分大。另一个真正属于积分方程史的值得注意的结果,来自傅里叶 1811 年关于热的理论的著名文章(第28章第3节)。在那里可以看到

$$f(x) = \int_0^\infty \cos(xt) u(t) dt,$$

以及反演公式

$$u(t) = \frac{2}{\pi} \int_0^\infty \cos(xt) f(x) dx.$$

① *Jour. für Math.*, 103,1888,228.

② *Mém de l'Acad. des Sci.*, *Paris*, 1782,1-88, pub. 1785,和1783,423-467,pub. 1786 = *Œuvres*, 10,209-291,特别是 p. 236。

③ *Jour. de l'Ecole Poly.*, 12,1823,1-144,249-403.

　　第一个自觉地直接应用并解出积分方程的人是阿贝尔。在他最早发表的两篇文章中(第一篇发表在 1823 年一个不出名的杂志上[①],第二篇发表在 *Journal für Mathematik* 上[②]),阿贝尔考虑了下面的力学问题:一质点从 P 出发沿光滑曲线(图 45.1)滑到点 O。曲线位于一铅直平面上。在 O 点的速度与曲线的形状无关,但从 P 到 O 所需的时间则不然,设 (ξ, η) 是 P 与 O 之间任一点 Q 的坐标,s 是 OQ 的弧长,则质点在 Q 点的速度由

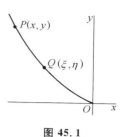

图 45.1

$$\frac{\mathrm{d}s}{\mathrm{d}t} = -\sqrt{2g(x-\xi)}$$

给出,其中 g 是重力常数。因此

$$t = \frac{-1}{\sqrt{2g}} \int_P^Q \frac{\mathrm{d}s}{\sqrt{x-\xi}}.$$

在这里 s 可以通过 ξ 表示出。设 s 为 $v(\xi)$,于是从 P 到 O 的整个下降时间 T 便是

$$T(x) = \frac{1}{\sqrt{2g}} \int_0^x \frac{v'(\xi)\mathrm{d}\xi}{\sqrt{x-\xi}}.$$

显然对任何一条曲线来说时间 T 依赖于 x。阿贝尔提出的问题是,给定了 T 作为 x 的函数,求 $v(\xi)$。如果我们引入

$$f(x) = \sqrt{2g}\, T(x),$$

问题就变成从方程

$$f(x) = \int_0^x \frac{v'(\xi)}{\sqrt{x-\xi}}\mathrm{d}\xi$$

确定 v。阿贝尔得到解

$$v(\xi) = \int_0^\xi \frac{f(x)\mathrm{d}x}{(\xi-x)^{1/2}}.$$

他的方法(他给出了两个)很特别,因而不值得注意。

　　实际上,阿贝尔着手解决的是更为一般的问题:

(2)
$$f(x) = \int_a^x \frac{u(\xi)\mathrm{d}\xi}{(x-\xi)^\lambda}, \quad 0 < \lambda < 1,$$

并且得到了解

$$u(z) = \frac{\sin\lambda\pi}{\pi} \frac{\mathrm{d}}{\mathrm{d}z} \int_a^z \frac{f(x)\mathrm{d}x}{(z-x)^{1-\lambda}}.$$

①　*Magazin for Naturuidenskaberne*, 1, 1823 = Œuvres, 1, 11 - 27.
②　*Jour. für Math.*, 1, 1826, 153 - 157 = Œuvres, 1, 97 - 101.

刘维尔独立于阿贝尔，自 1832 年起解出了一些特殊的积分方程[①]。刘维尔跨出的最有意义的一步[②]是表明某些微分方程的解怎样可以通过解积分方程得到。所要求解的微分方程是

$$(3) \qquad y'' + [\rho^2 - \sigma(x)]y = 0,$$

其中 $a \leqslant x \leqslant b$，$\rho$ 是参数。设 $u(x)$ 是满足初始条件

$$(4) \qquad u(a) = 1, \, u'(a) = 0$$

的一个特解。这个函数也一定是非齐次方程

$$y'' + \rho^2 y = \sigma(x)u(x)$$

的解。应用常微分方程的基本结果，便有

$$(5) \qquad u(x) = \cos \rho(x - a) + \frac{1}{\rho} \int_a^x \sigma(\xi) \sin \rho(x - \xi)u(\xi)\mathrm{d}\xi.$$

这样，如果我们能解这个积分方程，我们就将得到微分方程(3)的满足初始条件(4)的解。

刘维尔得到这个解，用的是被认为属于卡尔·诺伊曼（Carl Gottfried Neumann）的逐次代入法，卡尔·诺伊曼的著作《对数和牛顿位势的研究》（*Untersuchungen über das logarithmische und Newton'sche Potential*, 1877）是 30 年后发表的。我们将不叙述刘维尔的方法，因为它实际上和沃尔泰拉所给出的相同，后者是我们要简略地叙述的。

阿贝尔和刘维尔所处理的积分方程都属于基本的类型。阿贝尔的形式是

$$(6) \qquad f(x) = \int_a^x K(x, \xi)u(\xi)\mathrm{d}\xi,$$

而刘维尔的形式是

$$(7) \qquad u(x) = f(x) + \int_a^x K(x, \xi)u(\xi)\mathrm{d}\xi.$$

在两种情形中，$f(x)$ 与 $K(x, \xi)$ 是已知的，而 $u(x)$ 是待定的函数。用希尔伯特引入的今天在使用的术语来说，它们分别属于第一类和第二类方程，$K(x, \xi)$ 称为核。一般说来，它们也称为沃尔泰拉方程，而当上限是固定数 b 时，它们就称为弗雷德霍姆方程。实际上，沃尔泰拉方程是相应的弗雷德霍姆方程的特殊情形，因为人们总可以取 $K(x, \xi) = 0$ 当 $\xi > x$，而这样就把沃尔泰拉方程归结为弗雷德霍姆方程。$f(x) \equiv 0$ 这种第二类方程的特殊情形，称为齐次方程。

在 19 世纪中叶，积分方程的主要兴趣，是围绕着解与位势方程

$$(8) \qquad \Delta u = u_{xx} + u_{yy} = 0$$

---

① *Jour. de l'Ecole Poly.*, 13, 1832, 1 - 69.

② *Jour. de Math.*, 2, 1837, 16 - 35.

有关的边值问题,方程要在某条曲线 C 所围成的已知平面区域内成立。u 的边值是某一函数 $f(s)$,它作为沿曲线 C 的弧长 s 的函数给出。这时位势方程的一个解可以表示成

$$u(x,\ y) = \frac{1}{2\pi}\int_C \rho(s)\log\frac{1}{r(s;\ x,\ y)}\mathrm{d}s,$$

其中 $r(s;\ x,\ y)$ 是点 s 到区域内部或边界上任一点 $(x,\ y)$ 的距离,而 $\rho(s)$ 是一未知函数,它对 C 上的 $s = (x,\ y)$ 满足

(9)
$$f(s) = \frac{1}{2\pi}\int_C \rho(t)\log\frac{1}{r(t;\ x,\ y)}\mathrm{d}t.$$

这是 $\rho(t)$ 的一个第一类积分方程。换一种选择,如果把(8)的满足同样边界条件的一个解取作

$$v(x,\ y) = \frac{1}{2\pi}\int_C \phi(s)\frac{\partial}{\partial n}\Big[\log\frac{1}{r(s;\ x,\ y)}\Big]\mathrm{d}s,$$

其中 $\frac{\partial}{\partial n}$ 表示边界上的法向微商,那么 $\phi(s)$ 必须满足积分方程

(10)
$$f(s) = \frac{1}{2}\phi(s) + \frac{1}{2\pi}\int_C \phi(t)\frac{\partial}{\partial n}\Big[\log\frac{1}{r(t;\ x,\ y)}\Big]\mathrm{d}t,$$

这是第二类的积分方程。这些方程对于凸区域的情形,由卡尔·诺伊曼在他的《研究》以及在以后发表的论文中解出来了。

偏微分方程的另一个问题也是通过积分方程来解决的。在波动的研究中出现了方程

(11)
$$\Delta u + \lambda u = f(x,\ y),$$

当相应的双曲方程

$$\Delta u - \frac{1}{c^2}u_{tt} = f(x,\ y)$$

中出现的时间函数(通常取作 $e^{-i\omega t}$)被消去的时候就是这样。大家知道(第 28 章第 8 节),附有边界条件的相应于(11)的齐次方程,只有对 λ 值的一个离散集才有非平凡解,这些 λ 值称为特征值。庞加莱在 1894 年[①]考虑了带复 λ 值的(11)的非齐次情形。他巧妙地导出了 λ 的一个亚纯函数,当 λ 不是特征值的时候,这个函数表示方程(11)的唯一解,而这个函数的留数就引出齐次方程即 $f = 0$ 时的特征函数。

基于这些结果,庞加莱在 1896 年[②]研究了方程

$$u(x) + \lambda\int_a^b K(x,\ y)u(y)\mathrm{d}y = f(x),$$

---

① *Rendiconti del Circolo Matematico di Palermo*, 8,1894, 57 – 155 = Œuvres, 9,123 – 196.

② *Acta Math.*, 20,1896 – 1897,59 – 142 = Œuvres, 9,202 – 272. 也可以看参考书目中黑林格(E. Hellinger)和特普利茨(O. Toeplitz)的引文。

这是他从(11)导出来的,他并且断言,解是 λ 的亚纯函数。这个结果是由弗雷德霍姆(Erik Ivar Fredholm)在我们即将谈到的一篇文章中建立起来的。

上述例子说明,把微分方程转换为积分方程,变成求解常微分与偏微分方程的初值与边值问题的重要技巧,并且是研究积分方程的最强大的动力。

2. 一般理论的开始

沃尔泰拉(1860—1940),他继承贝尔特拉米而成为罗马的数学物理教授,是积分方程一般理论的第一个创立者。他对这个课题,从 1884 年起写了很多论文,主要的写于 1896 年和 1897 年[①]。沃尔泰拉提供了一个求解第二类积分方程

$$(12) \qquad f(s) = \phi(s) + \int_a^b K(s, t)\phi(t)\mathrm{d}t$$

的方法,其中 $\phi(s)$ 是未知的, $K(s, t) = 0$ 当 $t > s$。沃尔泰拉把这个方程写成

$$f(s) = \phi(s) + \int_a^s K(s, t)\phi(t)\mathrm{d}t.$$

沃尔泰拉的解法是令

$$f_1(s) = -\int_a^b K(s, t)f(t)\mathrm{d}t,$$

$$\cdots\cdots$$

$$(13) \qquad f_n(s) = -\int_a^b K(s, t)f_{n-1}(t)\mathrm{d}t,$$

$$\cdots\cdots$$

并取 $\phi(s)$ 为

$$(14) \qquad \phi(s) = f(s) + \sum_{p=1}^{\infty} f_p(s).$$

对他的核 $K(s, t)$,沃尔泰拉巧妙地证明了(14)是收敛的,而如果把(14)代入(12),就可以证明它是一个解。这个代入给出

$$\phi(s) = f(s) - \int_a^b K(s, t)f(t)\mathrm{d}t + \int_a^b\int_a^b K(s, r)K(r, t)f(t)\mathrm{d}r\mathrm{d}t + \cdots,$$

它可以写成

$$(15) \qquad \phi(s) = f(s) + \int_a^b \overline{K}(s, t)f(t)\mathrm{d}t,$$

---

① *Atti della Accad. dei Lincei*, *Rendiconti*, (5),5,1896,177 - 185,289 - 300; *Atti Accad. Torino*, 31,1896,311 - 323,400 - 408,557 - 567,693 - 708; *Annali di Mat.*, (2),25,1897,139 - 178;所有这些都包含在他的 *Opera matematiche*, 2,216 - 313。

其中 $\overline{K}$（后来希尔伯特称之为解核或预解式）是

$$\overline{K}(s,\ t) = -K(s,\ t) + \int_a^b K(s,\ r)K(r,\ t)\mathrm{d}r$$

$$-\int_a^b\int_a^b K(s,\ r)K(r,\ w)K(w,\ t)\mathrm{d}r\mathrm{d}w + \cdots.$$

等式(15)是刘维尔较早对一个特殊的积分方程得到的表达式,并归于卡尔·诺伊曼。沃尔泰拉还解出了第一类积分方程 $f(s) = \int_a^s K(x,\ s)\phi(x)\mathrm{d}x$,用的方法是把它们化成第二类方程。

1896 年沃尔泰拉观察到,第一类积分方程是含 n 个未知数的 n 个线性代数方程组当 n 变成无穷时的极限形式。弗雷德霍姆(1866—1927)是斯德哥尔摩的数学教授,很关心求解狄利克雷问题,他在 1900 年[1]吸收了上述这种看法,并把它用于解第二类积分方程,即形为(12)的方程,而且对核 $K(s,\ t)$ 不加限制。

我们将把弗雷德霍姆所处理的方程写成

$$(16) \qquad u(x) = f(x) + \lambda\int_a^b K(x,\ \xi)u(\xi)\mathrm{d}\xi,$$

虽然在他的文章中参数 λ 没有明显出现。然而,他所做的,如果我们要陈述的话,借助于他后来的工作将更易理解。为了忠实表现弗雷德霍姆的公式,我们应当令 $\lambda = 1$ 或把它看作隐含在 K 内。

弗雷德霍姆把 x 的区间$[a,\ b]$用分点

$$a,\ x_1 = a + \delta,\ x_2 = a + 2\delta,\ \cdots,\ x_n = a + n\delta = b$$

分成 n 等分,然后他把(16)中的定积分用和

$$(17) \qquad u_n(x) = f(x) + \sum_{j=1}^n \lambda K(x,\ x_j)u_n(x_j)\delta$$

去代替。现在假设方程(17)对$[a,\ b]$的所有 x 值成立,因此它必须对 $x = x_1,\ x_2,\ \cdots,\ x_n$ 成立,这就给出了 n 个方程的方程组

$$(18) \qquad -\sum_{j=1}^n \lambda K(x_i,\ x_j)u_n(x_j)\delta + u_n(x_i) = f(x_i),$$

$$i = 1,\ 2,\ \cdots,\ n.$$

这个方程组是由 n 个非齐次线性方程组成的,用以确定 n 个未知数 $u_n(x_1)$, $u_n(x_2)$, $\cdots$, $u_n(x_n)$。

在线性方程组理论中,下面的结果是熟知的:如果矩阵

---

[1] *Acta Math.*, 27,1903,365 – 390.

$$S_n = \begin{Vmatrix} 1+a_{11} & a_{12} & a_{13} & \cdots & a_{1n} \\ a_{21} & 1+a_{22} & a_{23} & \cdots & a_{2n} \\ & & \cdots\cdots & & \\ a_{n1} & a_{n2} & a_{n3} & \cdots & 1+a_{nn} \end{Vmatrix},$$

那么 S_n 的行列式 $D(n)$ 有下面的展开[①]:

$$D(n) = 1 + \frac{1}{1!}\sum_{r_1} a_{r_1 r_1} + \frac{1}{2!}\sum_{r_1,\,r_2} \begin{vmatrix} a_{r_1 r_1} & a_{r_1 r_2} \\ a_{r_2 r_1} & a_{r_2 r_2} \end{vmatrix} + \cdots$$

$$+ \frac{1}{n!}\sum_{r_1,\,r_2,\,\cdots,\,r_n} \begin{vmatrix} a_{r_1 r_1} & a_{r_1 r_2} & \cdots & a_{r_1 r_n} \\ a_{r_2 r_1} & a_{r_2 r_2} & \cdots & a_{r_2 r_n} \\ & & \cdots\cdots & \\ a_{r_n r_1} & a_{r_n r_2} & \cdots & a_{r_n r_n} \end{vmatrix},$$

其中 $r_1,\ r_2,\ \cdots,\ r_n$ 独立地跑遍 1 到 n。展开(18)中系数的行列式,然后让 n 变为无穷,弗雷德霍姆得到行列式

(19) $$D(\lambda) = 1 - \lambda \int_a^b K(\xi_1,\ \xi_1)\mathrm{d}\xi_1$$

$$+ \frac{\lambda^2}{2!}\int_a^b\int_a^b \begin{vmatrix} K(\xi_1,\ \xi_1) & K(\xi_1,\ \xi_2) \\ K(\xi_2,\ \xi_1) & K(\xi_2,\ \xi_2) \end{vmatrix} \mathrm{d}\xi_1\mathrm{d}\xi_2 - \cdots,$$

他把这称为(16)的或核 K 的行列式。类似地,考虑(18)中系数的行列式的第 ν 行第 μ 列的元素的余子式,并令 n 变成无穷,弗雷德霍姆就得到函数

(20) $$D(x,\ y,\ \lambda) = \lambda K(x,\ y) - \lambda^2\int_a^b \begin{vmatrix} K(x,\ y) & K(x,\ \xi_1) \\ K(\xi_1,\ y) & K(\xi_1,\ \xi_1) \end{vmatrix} \mathrm{d}\xi_1$$

$$+ \frac{\lambda^3}{2}\int_a^b\int_a^b \begin{vmatrix} K(x,\ y) & K(x,\ \xi_1) & K(x,\ \xi_2) \\ K(\xi_1,\ y) & K(\xi_1,\ \xi_1) & K(\xi_1,\ \xi_2) \\ K(\xi_2,\ y) & K(\xi_2,\ \xi_1) & K(\xi_2,\ \xi_2) \end{vmatrix} \mathrm{d}\xi_1\mathrm{d}\xi_2 - \cdots.$$

弗雷德霍姆称 $D(x,\ y,\ \lambda)$ 为核 K 的第一子式,因为它起着 n 个未知数 n 个线性方程的情形中第一子式的类似作用。他还把整函数 $D(\lambda)$ 的零点称为核 $K(x,\ y)$ 的根。把克莱姆法则应用到线性方程组(18),并令 n 变为无穷,弗雷德霍姆推导出了(16)的解的形式。然后通过直接代入,证明了它是正确的,因而能够断言下面的结果:如果 λ 不是 K 的根,即 $D(\lambda) \neq 0$,那么(16)有一个且只有一个(连续)解,就是

---

① 一个很好的解释可以在柯瓦列夫斯基(Gerhard Kowalewski)的 *Integralgleichungen*,Walter de Gruyter,1930,101 - 134 中找到。

(21)
$$u(x, \lambda) = f(x) + \int_a^b \frac{D(x, y, \lambda)}{D(\lambda)} f(y) \mathrm{d}y.$$

此外,如果 λ 是 $K(x, y)$ 的根,那么(16)或者没有连续解,或者有无穷多个解。

弗雷德霍姆还得到进一步的结果,其中包含着齐次方程

(22)
$$u(x) = \lambda \int_a^b K(x, \xi) u(\xi) \mathrm{d}\xi$$

和非齐次方程(16)之间的关系。从(21)几乎可以显然地看出,当 λ 不是 K 的根时,(22)只有唯一的连续解 $u \equiv 0$。因此,他考虑 λ 是 K 的根的情形。设 $\lambda = \lambda_1$ 是这样的一个根,那么(22)有无穷多个解

$$c_1 u_1(x) + c_2 u_2(x) + \cdots + c_n u_n(x).$$

其中 c_i 都是任意常数;$u_1, u_2, \cdots, u_n$ 是线性无关的,称为主解;n 依赖于 λ_1。量 n 称为 λ_1 的指标(index)[它并不是 λ_1 使 $D(\lambda)$ 为 0 的重数]。弗雷德霍姆巧妙地确定了任何一个根 λ_i 的指标,并证明指标永远不超过重数[重数永远是有限的]。$D(\lambda) = 0$ 的根称为 K 的特征值;根的集合称为谱(spectrum)。(22)的对应于特征值的解称为特征函数。

至此弗雷德霍姆就有可能来建立此后被称为弗雷德霍姆择一定理(alternative theorem)的结果了。当 λ 是 K 的特征值时,不仅积分方程(22)有了 n 个独立解,而且带有转置核的相伴或伴随(associated或 adjoint)方程

$$u(x) = \lambda \int_a^b K(\xi, x) u(\xi) \mathrm{d}\xi$$

对于同一特征值也有 n 个独立解 $\psi_1(x), \cdots, \psi_n(x)$,因而这时的非齐次方程(16)是可解的,当且仅当

(23)
$$\int_a^b f(x) \psi_i(x) \mathrm{d}x = 0, \; i = 1, 2, \cdots, n.$$

最后这些结果,极其密切地平行于齐次与非齐次的线性代数方程组的理论。

3. 希尔伯特的工作

霍姆格伦(Erik Holmgren,1872 年生)在 1901 年写的一本论述弗雷德霍姆积分方程工作的讲义(这本讲义已经在瑞典出版),引起了希尔伯特对这个课题的兴趣。希尔伯特(1862—1943),20 世纪的领头数学家,在代数数、代数不变式和几何基础方面完成了宏伟的工作,现在他把他的注意力转到积分方程上来了。他说,这个科目的研究向他表明,它对于定积分理论、任意函数展为级数(展为特殊函数级数或三角级数)、线性微分方程理论、位势理论和变分法都是重要的。从 1904 年到 1910 年,他在《格丁根自然科学皇家学会报告》(*Nachrichten von der Königlichen*

Gesellschaft der Wissenschaften zu Göttingen)上一连发表了六篇论文,并转载于他的书《线性积分方程一般理论的原理》(*Grundzüge einer allgemeinen Theorie der linearen Integralgleichungen*, 1912)中。在这个工作的较后部分,他把积分方程应用到数学物理问题。

弗雷德霍姆曾经使用积分方程和线性代数方程之间的类似之处,但是他没有对无穷多个代数方程实现极限过程,而是直截了当地写出最后的行列式,并说明这些行列式把积分方程解出来了。希尔伯特的第一步工作就是在有限的线性方程组上严密地实现极限过程。

他从积分方程

$$(24) \qquad f(s) = \phi(s) - \lambda \int_0^1 K(s, t)\phi(t)\mathrm{d}t$$

出发,其中 $K(s, t)$ 是连续的。参数 λ 是明白表示出来的,而且在后续理论中起着重要作用。像弗雷德霍姆一样,希尔伯特把区间 $[0, 1]$ 分成 n 等分,使得 $\dfrac{p}{n}$ 或 $\dfrac{q}{n}$($p, q = 1, 2, \cdots, n$)表示 $[0, 1]$ 中的点。令

$$K_{pq} = K\left(\frac{p}{n}, \frac{q}{n}\right),\ f_p = f\left(\frac{p}{n}\right),\ \phi_q = \phi\left(\frac{q}{n}\right).$$

于是由(24)得到含 n 个未知数 $\phi_1, \cdots, \phi_n$ 的 n 个方程,就是

$$f_p = \phi_p - \lambda \sum_{q=1}^n K_{pq}\phi_q,\ p = 1, 2, \cdots, n.$$

在回顾了 n 个未知数 n 个线性方程的有限线性方程组的解的理论之后,希尔伯特就着手研究方程(24)。对于(24)的核 K,特征值是用幂级数

$$\delta(\lambda) = 1 + \sum_{n=1}^\infty (-1)^n d_n \lambda^n$$

的零点来定义的,其中系数 d_n 由

$$d_n = \frac{1}{n!}\int_0^1 \cdots \int_0^1 |\{K(s_i, s_j)\}|\ \mathrm{d}s_1 \cdots \mathrm{d}s_n$$

给出。这里 $|\{K(s_i, s_j)\}|$ 是 $n \times n$ 矩阵 $\{K(s_i, s_j)\}$,$i, j = 1, 2, \cdots, n$ 的行列式,s_i 是区间 $[0, 1]$ 中 t 的值。为了简单地陈述希尔伯特的主要结果,我们需要中间量

$$\Delta_p(x, y) = \frac{1}{p!}\int_0^1 \cdots \int_0^1 \begin{vmatrix} 0 & x(s_1) & \cdots & x(s_p) \\ y(s_1) & K(s_1, s_2) & \cdots & K(s_1, s_p) \\ \vdots & \vdots & \vdots & \vdots \\ y(s_p) & K(s_p, s_1) & \cdots & K(s_p, s_p) \end{vmatrix} \mathrm{d}s_1 \cdots \mathrm{d}s_p,$$

其中 $x(r)$ 和 $y(r)$ 是 r 在 $[0, 1]$ 上的任意连续函数,此外还需要中间量

$$\Delta(\lambda; x, y) = \sum_{p=1}^{\infty} (-1)^p \Delta_p(x, y) \lambda^{p-1}.$$

希尔伯特另外还定义

$$\Delta^*(\lambda; s, t) = \lambda \Delta(\lambda; x, y) - \delta(\lambda),$$

其中 $x = x(r) = K(s, r)$，$y = y(r) = K(r, t)$。然后他证明了如果对于使 $\delta(\lambda) \neq 0$ 的那些 λ 值，$\overline{K}$ 由

$$\overline{K}(s, t) = \frac{\Delta^*(\lambda; s, t)}{-\delta(\lambda)}$$

定义，那么

$$K(s, t) = \overline{K}(s, t) - \lambda \int_0^1 \overline{K}(s, r) K(r, t) \mathrm{d}r$$

$$= \overline{K}(s, t) - \lambda \int_0^1 K(s, r) \overline{K}(r, t) \mathrm{d}r.$$

最后，若 ϕ 取作

(25)
$$\phi(r) = f(r) + \lambda \int_0^1 \overline{K}(r, t) f(t) \mathrm{d}t,$$

则 ϕ 是(24)的一个解。这个理论的各个步骤的证明，包含了一系列关于一类表达式的极限的研究，这些表达式出现在希尔伯特关于有限的线性方程组的处理方法中。

至此，希尔伯特证明了对于任何连续的(不一定是对称的)核 $K(s, t)$ 和对于任何使 $\delta(\lambda) \neq 0$ 的 λ，存在解函数(预解式) $\overline{K}(s, t)$，使得(25)是方程(24)的解。

现在，希尔伯特假设 $K(s, t)$ 是对称的，这使他有可能使用有限阶对称矩阵的事实，从而证明 $\delta(\lambda)$ 的零点即对称核的特征值是实的。然后把 $\delta(\lambda)$ 的零点按绝对值增加的顺序排列起来(绝对值相等时可先取正的零点，而且要按重数排上)。现在(24)的特征函数用

$$\phi^k(s) = \left[\frac{\lambda_k}{\Delta^*(\lambda_k; s^*, s^*)} \right]^{\frac{1}{2}} \Delta^*(\lambda_k; s, s^*)$$

定义，其中 s^* 的选取使得 $\Delta^*(\lambda_k; s^*, s^*) \neq 0$，而 λ_k 是 $K(s, t)$ 的任一特征值。

相应于各个特征值的特征函数，可以取成标准正交(正交而标准化了的[①])集，且对每个特征值 λ_k 和每个属于 λ_k 的特征函数都有

$$\phi^k(s) = \lambda_k \int_0^1 K(s, t) \phi^k(t) \mathrm{d}t.$$

有了这些结果，希尔伯特就有可能证明相应于对称二次型的所谓广义主轴定理。

---

① 标准化是指调整 $\phi^k(s)$，使得 $\int_0^1 (\phi^k)^2 \mathrm{d}s = 1$。

首先,令

$$(26) \qquad \sum_{p=1}^{n} \sum_{q=1}^{n} k_{pq} x_p x_q$$

为 n 个变量 x_1, x_2, $\cdots$, x_n 的一个 n 维二次型。这可以写成 (Kx, x),其中 K 是 k_{pq} 组成的矩阵,x 是向量 $(x_1, x_2, \cdots, x_n)$,而 (Kx, x) 是两个向量 Kx 与 x 的内积 (数量积)。设 K 有 n 个不同的特征值 λ_1, λ_2, $\cdots$, λ_n。于是对任何一个固定的 λ_k,方程组

$$(27) \qquad 0 = \phi_p - \lambda_p \sum_{q=1}^{n} k_{pq} \phi_q, \quad p = 1, 2, \cdots, n,$$

有解
$$\phi^k = (\phi_1^k, \phi_2^k, \cdots, \phi_n^k),$$

而且,若允许差一个常数倍,这解便是唯一的。因此,正如希尔伯特所证明的,可以得到

$$(28) \qquad K(x, x) = \sum_{k=1}^{n} \frac{1}{\lambda_k} \frac{(\phi^k, x)^2}{(\phi^k, \phi^k)},$$

其中括号仍然表示向量的内积。

希尔伯特的广义主轴定理可叙述如下:设 $K(s, t)$ 是 s 和 t 的连续对称函数。设 $\phi^p(s)$ 是属于积分方程 (24) 的特征值 λ_p 的特征函数,并且经过了标准化。那么对任意连续的 $x(s)$ 和 $y(s)$,下面的关系式成立:

$$(29) \qquad \int_a^b \int_a^b K(s, t) x(s) y(t) \mathrm{d}s \mathrm{d}t = \sum_{p=1}^{\alpha} \frac{1}{\lambda_p} \left[\int_a^b \phi^p(s) x(s) \mathrm{d}s \right] \left[\int_a^b \phi^p(s) y(s) \mathrm{d}s \right],$$

其中 $\alpha = n$ 或 ∞,由特征值的数目决定。而在后一情形,级数对所有满足

$$\int_a^b x^2(s) \mathrm{d}s < \infty, \quad \int_a^b y^2(s) \mathrm{d}s < \infty$$

的 $x(s)$ 与 $y(s)$ 绝对一致收敛。(29) 是 (28) 的推广是很明显的,如果我们先把 $\int_a^b u(s) v(s) \mathrm{d}s$ 定义为两个函数 $u(s)$ 与 $v(s)$ 的内积,并用 (u, v) 表示。然后用 $x(s)$ 代替 (29) 中的 $y(s)$,并且用积分来代替 (28) 左边的和式。

希尔伯特接着证明了一个有名的结果,后来称为希尔伯特-施密特定理。如果 $f(s)$ 对某个连续的 $g(s)$ 有

$$(30) \qquad f(s) = \int_a^b K(s, t) g(t) \mathrm{d}t,$$

则

$$(31) \qquad f(s) = \sum_{p=1}^{\infty} c_p \phi^p,$$

其中 ϕ^p 是 K 的标准正交特征函数,并且

(32)
$$c_p = \int_a^b \phi^p(s) f(s) \mathrm{d}s.$$

这样,一个"任意的"函数 $f(s)$,可以表示成 K 的特征函数的无穷级数,其系数 c_p 正是展开式的傅里叶系数。

在前述工作中,希尔伯特在把有限线性方程和有限二次型的结果推广到积分和积分方程时,已经施行了极限过程。他认为,无穷二次型即带无穷多个变量的二次型本身的处理,将是"有限多个变量二次型熟知理论的不可缺少的完成。"他于是着手研究可以称之为纯粹代数问题的东西。他考虑无穷的双线性形式

$$K(x, y) = \sum_{p, q=1}^{\infty} k_{pq} x_p x_q,$$

通过对 n 个变量的二次型和 $2n$ 个变量的双线性型取极限,得到了基本的结果。工作的细节是复杂的,我们只叙述某些结果。希尔伯特首先得到一个预解式 $\overline{K}(\lambda; x, x)$ 的表达式,它的样子很独特,就是写成对应于 λ 的离散集的每一个值的表达式的和,以及在一个属于连续区域的 λ 集合上的积分。λ 值的离散集属于 K 的点谱,连续集属于连续谱或带谱。这是连续谱的最早的有特殊意义的应用,连续谱是维尔丁格(Wilhelm Wirtinger,1865 年生)在 1896 年对偏微分方程已观察到了的。[①]

为了找出二次型的关键结果,希尔伯特引入有界形式的概念。符号 (x, x) 表示向量 $(x_1, x_2, \cdots, x_n, \cdots)$ 和它自己的内积(数量积),(x, y) 有类似的意义。相应地,形式 $K(x, y)$ 称为有界的,如果对所有满足 $(x, x) \leqslant 1$ 和 $(y, y) \leqslant 1$ 的 x 和 y 都有 $|K(x, y)| \leqslant M$。有界性隐含了连续性,后者是希尔伯特对无穷多个变量的函数定义的。

希尔伯特的关键结果,是把解析几何最平常的主轴定理推广到无穷多个变量的二次型。他证明,存在一个正交变换 T,使得对新变量 $x'(x' = Tx)$,K 可以化为"平方和"。也就是说,每一个有界的二次型 $K(x, x) = \sum_{p, q=1}^{\infty} k_{pq} x_p x_q$,都可以通过一个唯一的正交变换变换成

(33)
$$K(x, x) = \sum_{i=1}^{\infty} k_i x_i^2 + \int_{(S)} \frac{\mathrm{d}\sigma(\mu, \xi)}{\mu},$$

其中 k_i 是 K 的特征值倒数。这个积分(我们将不进一步讲述)是在特征值的一个连续区域或连续谱上进行的。

为了排除连续谱,希尔伯特引入全连续的概念。一个具无穷多个变量的函数 $F(x_1, x_2, \cdots)$ 称为在 $a = (a_1, a_2, \cdots)$ 是全连续的,如果

---

① *Math. Ann.*,48,1897,365-389.

$$\lim_{\substack{\varepsilon_1 \to 0 \\ \varepsilon_2 \to 0 \\ \cdots\cdots}} F(a_1 + \varepsilon_1, \ a_2 + \varepsilon_2, \ \cdots) = F(a_1, \ a_2, \ \cdots),$$

其中 ε_1, ε_2, $\cdots$ 可以取遍,使

$$\lim_{h \to \infty} \varepsilon_1^{(h)} = 0, \ \lim_{h \to \infty} \varepsilon_2^{(h)} = 0, \ \cdots$$

的任何数组 $\varepsilon_1^{(h)}$, $\varepsilon_2^{(h)}$, $\cdots$。这较希尔伯特以前引进的连续性是要求更强的。

为要二次型 $K(x, x)$ 是全连续的,只要 $\sum_{p,q=1}^{\infty} k_{pq}^2 < \infty$。有了全连续的要求,希尔伯特就能够证明,如果 K 是一个全连续的有界形式,那么通过一个正交变换,可以把它化为

(34)
$$K(x, \ x) = \sum_j k_j x_j^2,$$

其中 k_j 是特征值倒数,$(x_1, x_2, \cdots)$ 满足条件 $\sum_1^{\infty} x_i^2$ 有限。

现在,希尔伯特就把他的无限多个变量的二次型理论运用到积分方程。在许多情况下,结果并不是新的,但是用较为清楚和简单的方法得到的。希尔伯特着手积分方程的这项新的工作,是通过定义完备正交系 $\{\phi_p(s)\}$ 这一重要概念开始的。这是一列函数,都在 $[a, b]$ 上定义并且连续,还具有下列性质:

(a) 正交性:
$$\int_a^b \phi_p(s)\phi_q(s)\mathrm{d}s = \delta_{pq}, \ p, \ q = 1, \ 2, \ \cdots.$$

(b) 完备性:对每一对定义在 $[a, b]$ 上的函数 u 和 v,都有

$$\int_a^b u(s)v(s)\mathrm{d}s = \sum_{p=1}^{\infty} \int_a^b \phi_p(s)u(s)\mathrm{d}s \int_a^b \phi_p(s)v(s)\mathrm{d}s.$$

数值
$$u_p^* = \int_a^b \phi_p(s)u(s)\mathrm{d}s$$

称为 $u(s)$ 关于函数系 $\{\phi_p\}$ 的傅里叶系数。

希尔伯特证明,对于任意有穷区间 $[a, b]$,都可以(例如用多项式)定义一个完备的正交系。然后,可以证明广义的贝塞尔不等式,并且可以证明,条件

$$\int_a^b u^2(s)\mathrm{d}s = \sum_{p=1}^{\infty} u_p^{*2}$$

和完备性等价。

现在,希尔伯特转到积分方程

(35)
$$f(s) = \phi(s) + \int_a^b K(s, \ t)\phi(t)\mathrm{d}t.$$

核 $K(s, \ t)$ 不必是对称的,但利用系数

$$a_{pq} = \int_a^b \int_a^b K(s, t) \phi_p(s) \phi_q(t) \mathrm{d}s \mathrm{d}t$$

展成了二重"傅里叶"级数. 这就推出

$$\sum_{p, q=1}^{\infty} a_{pq}^2 \leqslant \int_a^b \int_a^b K^2(s, t) \mathrm{d}s \mathrm{d}t.$$

此外, 如果

$$a_p = \int_a^b \phi_p(s) f(s) \mathrm{d}s,$$

即 a_p 是 $f(s)$ 的"傅里叶"系数, 那么 $\displaystyle\sum_{p=1}^{\infty} a_p^2 < \infty$。

接着, 希尔伯特把上述积分方程化为一组带无穷多个未知量的无穷多个线性方程. 把 $\phi(s)$ 的积分方程的求解看成找 $\phi(s)$ 的"傅里叶"系数问题。用 x_1, x_2, $\cdots$ 表示尚属未知的系数, 他得到下面的线性方程组:

(36)
$$x_p + \sum_{q=1}^{\infty} a_{pq} x_q = a_p, \ p = 1, 2, \cdots.$$

他证明, 如果这个方程组有唯一解, 那么积分方程就有唯一的连续解, 并且当相应于 (36) 的齐次线性方程组有 n 个线性无关解时, 则相应于 (35) 的齐次积分方程

(37)
$$0 = \phi(s) + \int_a^b K(s, t) \phi(t) \mathrm{d}t$$

有 n 个线性无关解。这时, 原来的非齐次积分方程有解, 当且仅当 $\psi^{(h)}(s)$, $h = 1$, 2, $\cdots$, n, 满足条件

(38)
$$\int_a^b \psi^{(h)}(s) f(s) \mathrm{d}s = 0, \ h = 1, 2, \cdots, n,$$

其中 $\psi^{(h)}(s)$ 是转置齐次方程

$$\phi(s) + \int_a^b K(t, s) \phi(t) \mathrm{d}t = 0$$

的 n 个线性无关解, 当 (37) 有 n 个解时, 它们也是存在的。这样, 就得到了弗雷德霍姆择一定理: 或者方程

(39)
$$f(s) = \phi(s) + \int_a^b K(s, t) \phi(t) \mathrm{d}t$$

对一切 f 都有唯一解, 或者相应的齐次方程有 n 个线性无关解。在后一情况, (39) 有解当且仅当正交性条件 (38) 得到满足。

接着, 希尔伯特转到特征值问题

(40)
$$f(s) = \phi(s) - \lambda \int_a^b K(s, t) \phi(t) \mathrm{d}t,$$

现在 K 是对称的。K 的对称性蕴含着它的"傅里叶"系数确定一个全连续的二次型 $K(x, x)$。他证明存在一个正交变换 T 使得

$$K(x', x') = \sum_{p=1}^{\infty} \mu_p x_p'^2,$$

其中 μ_p 是二次型 $K(x, x)$ 的特征值倒数。核 $K(s, t)$ 的特征函数 $\{\phi_p(s)\}$ 现在定义为

$$L_p[K(s)] = \sum_{q=1}^{\infty} l_{pq} \int_a^b K(s, t) \Phi_q(t) \mathrm{d}t = \mu_p \phi_p(s),$$

其中 l_{pq} 是 T 的矩阵元素，$\Phi_q(t)$ 是一已知的完备标准正交集。可以证明 $\phi_p(s)$ [和 $\Phi_q(s)$ 不同] 形成一标准正交集，并且满足

$$\phi_p(s) = \lambda_p \int_a^b K(s, t) \phi_p(t) \mathrm{d}t,$$

其中 $\lambda_p = \dfrac{1}{\mu_p}$。这样，希尔伯特又重新证明了对于 (40) 的齐次情形，以及对于和 (40) 的核 $K(s, t)$ 相联系的二次型 $K(x, x)$ 的每一个有穷特征值，都存在特征函数。

现在希尔伯特再次建立了（希尔伯特-施密特定理）如果 $f(s)$ 是任一连续函数，对于它存在 g 使得

$$\int_a^b K(s, t) g(t) \mathrm{d}t = f(s),$$

那么 $f(s)$ 可以表示为 K 的特征函数的级数，这级数一致且绝对收敛 [看 (31) 式]。希尔伯特用这个结果去证明，相应于 (40) 的齐次方程除了在特征值 λ_p 之外没有非平凡解。因此，弗雷德霍姆择一定理取下述形式：对 $\lambda \neq \lambda_p$，方程 (40) 有唯一解；对 $\lambda = \lambda_p$，方程 (40) 有解当且仅当 n_p 个条件

$$\int_a^b \phi_{p+j}(s) f(s) \mathrm{d}s = 0, \; j = 1, 2, \cdots, n_p$$

被满足，其中 $\phi_{p+j}(s)$ 是相应于 λ_p 的 n_p 个特征函数。最后，他又重新证明了主轴定理的推广：

$$\int_a^b \int_a^b K(s, t) u(s) u(t) \mathrm{d}s \mathrm{d}t = \sum_{p=1}^{\infty} \frac{1}{\lambda_p} \left[\int_a^b u(t) \phi_p(t) \mathrm{d}t \right]^2,$$

其中 $u(s)$ 是任意（连续）函数，并且在这里相应于任一 λ_p 的全体 ϕ_p 都包含在求和之中。

希尔伯特的这一较晚的工作 (1906) 不用弗雷德霍姆的无穷阶行列式。在这个工作中，他直接证明了积分方程和完备正交系理论以及函数在这种正交系中的展开式之间的关系。

希尔伯特把他关于积分方程的结果应用到各种几何和物理问题。特别地，他在六篇文章的第三篇里解决了黎曼问题：构造一个在由光滑曲线围成的区域里解析的函数，它的边值的实部或者虚部是已知的，或者实部与虚部是用一线性方程联系着的。

希尔伯特的工作中最有价值的成就之一，发表在 1904 年和 1905 年的论文中，把微分方程的斯图姆-刘维尔边值问题化成了积分方程。希尔伯特的结果说，微分方程

(41)
$$\frac{\mathrm{d}}{\mathrm{d}x} \left[p(x) \frac{\mathrm{d}u}{\mathrm{d}x} \right] + q(x) u + \lambda u = 0$$

满足边界条件

$$u(a) = 0, \ u(b) = 0$$

(甚至更一般的边界条件)的特征值和特征函数,恰恰是

(42)
$$\phi(x) - \lambda \int_a^b G(x, \xi) \phi(\xi) \mathrm{d}\xi = 0$$

的特征值和特征函数,其中 $G(x, \xi)$ 是(41)的格林函数,也就是

$$\frac{\mathrm{d}}{\mathrm{d}x}\left(p \frac{\mathrm{d}u}{\mathrm{d}x}\right) + q(x)u = 0$$

的特解,它满足一定的可微性条件,并且它的一阶偏微商在 $x = \xi$ 有等于 $-1/p(\xi)$ 的奇性跳跃。类似的结果对偏微分方程也成立。这样,积分方程成了解常微分方程和偏微分方程的一种方法。

现在扼要地重述一下希尔伯特的重大成果。首先是他对于对称核 K 建立了一般的谱理论。仅仅在 20 年前,人们为了证明膜的最低振动频率的存在,还得尽很大的数学上的努力(第 28 章第 8 节)。有了积分方程,频率和真正的特征函数的整个序列的存在,在对振动介质作十分一般的假定下得到了构造性的证明。这些结果是首先由皮卡[1]运用弗雷德霍姆的理论得出来的。希尔伯特另一个值得注意的结果是,一个函数展成第二类积分方程的特征函数的展开式,取决于相应的第一类积分方程是否可解。特别地,希尔伯特发现,弗雷德霍姆方法的成功要依靠全连续的概念,而这是他引进到双线性形式并加以精深研究的。在这里他开创了双线性对称形式的谱理论。

在希尔伯特表明如何把微分方程的问题转化为积分方程之后,这个研究方法被愈来愈多地用来解决物理问题。在这里应用格林函数去实现转化成了一个重要的工具。还有,希尔伯特自己表明了[2]在空气动力学问题里,人们可以直接引出积分方程。这种直接求助于积分方程的办法是可能的,因为在某些物理问题中求和的概念证明是这样的基本,如同在另一些问题中导致微分方程的变化率概念那样。希尔伯特还强调,不仅常微分方程或偏微分方程,还有积分方程,是函数展成级数的必要和自然的出发点,而且通过微分方程得到的展开,恰好是积分方程理论中的一般定理的特殊情况。

4. 希尔伯特的直接继承者

希尔伯特在积分方程方面的工作,被施密特(Erhard Schmidt,1876—1959)简

[1] *Rendiconti del Circolo Matematico di Palermo*, 22, 1906, 241 - 259.

[2] *Math. Ann.*, 72, 1912, 562 - 577 = *Grundzüge*, Chap. 22.

化了。施密特在德国几所大学担任过教授。他用的方法是施瓦茨在位势理论中创立的。他最有意义的贡献是在 1907 年把特征函数的概念推广到带非对称核的积分方程[①]。

里斯(Friedrich Riesz,1880—1956)是匈牙利的数学教授,他在 1907 年继续了希尔伯特的工作[②]。希尔伯特曾经讨论过形如

$$f(s) = \phi(s) + \int_a^b K(s,t)\phi(t)\mathrm{d}t$$

的积分方程,其中 f 和 K 是连续的。里斯要把希尔伯特的思想推广到更一般的函数 $f(s)$。为此必须肯定,相对于给定的标准正交函数序列 $\{\phi_p\}$,能够确定 f 的"傅里叶"系数。他还有兴趣于发现,在什么情况下,一个给定的数列 $\{a_p\}$ 能够是某一个函数 f 关于已知标准正交序列 $\{\phi_p\}$ 的傅里叶系数。

里斯引进了平方是勒贝格可积的函数,并得到了下面的定理:令 $\{\phi_p\}$ 是定义在区间 $[a,b]$ 上的勒贝格平方可积的、标准正交的函数序列。如果 $\{a_p\}$ 是一实数序列,那么 $\sum_{p=1}^{\infty} a_p^2$ 收敛是存在一个函数 f 使得对于每个 ϕ_p 和 a_p,成立

$$\int_a^b f(x)\phi_p(x)\mathrm{d}x = a_p, \quad p = 1, 2, 3, \cdots$$

的充分必要条件。函数 f 实际上是勒贝格平方可积的;而且在 $\{a_p\}$ 完备的情况下,这样的 f(在几乎处处相等的两个函数不加区别的意义下)还是唯一的。这个定理,通过任一组勒贝格平方可积的完备的标准正交函数序列,在勒贝格平方可积函数集合与平方可和序列集合之间,建立起一个一一对应。

随着勒贝格可积函数的引进,里斯还有可能在很宽的条件下,证明第二类积分方程

$$f(s) = \phi(s) + \int_a^b K(s,t)\phi(t)\mathrm{d}t$$

是可解的,这条件就是 $f(s)$ 与 $K(s,t)$ 勒贝格平方可积。除了一个在 $[a,b]$ 上勒贝格积分为 0 的函数外,解是唯一的。

在里斯发表他的第一篇文章的同一年,科隆(Cologne)大学教授费希尔(Ernst Fischer,1875—1959)引进了平均收敛的概念[③]。定义在区间 $[a,b]$ 上的函数序列 $\{f_n\}$ 称为平均收敛的,如果

$$\lim_{m,n\to\infty} \int_a^b [f_n(x) - f_m(x)]^2 \mathrm{d}x = 0,$$

---

① *Math. Ann.*, 63,1907,433 – 476 和 64,1907,161 – 174.

② *Comp. Rend.*, 144,1907,615 – 619,734 – 736,1409 – 1411.

③ *Comp. Rend.*, 144,1907,1022 – 1024.

而称 $\{f_n\}$ 平均收敛到 f，如果

$$\lim_{n\to\infty}\int_a^b (f-f_n)^2\mathrm{d}x = 0.$$

这里的积分是勒贝格积分。函数 f 是唯一确定的，如果允许差一个定义在测度为 0 的集合上的函数，或者说差一个被称为零函数的 $g(x)\neq 0$，它满足条件 $\int_a^b g^2(x)\mathrm{d}x = 0$。

在区间 $[a, b]$ 上勒贝格平方可积函数的集合后来记为 $L^2(a, b)$，或简记为 L^2。费希尔的主要结果是说，$L^2(a, b)$ 在平均收敛意义下是完备的，也就是说，如果 f_n 属于 L^2，并且 $\{f_n\}$ 平均收敛，那么在 $L^2(a, b)$ 中存在一个函数 f，使得 $\{f_n\}$ 平均收敛到 f。这种完备性是平方可和函数的主要优点。由此作为一个推论，费希尔推出上述里斯定理，这个结果就是人们所熟悉的里斯-费希尔定理。在一篇后记[①]中，费希尔强调勒贝格平方可积函数的运用是本质的。没有更小的函数集合可用。

所谓矩量（moment）问题是指，确定一个函数 $f(x)$，使它关于给定的标准正交系 $\{g_n\}$ 具有给定的傅里叶系数 $\{a_n\}$，或者说，确定一个函数 f，使它满足

$$\int_a^b g_n(x)f(x)\mathrm{d}x = a_n,\ n = 1,\ 2,\ \cdots.$$

这个问题在里斯 1907 年的文章中已经提了出来（说的自然是勒贝格积分）。里斯在 1910 年[②]试图推广这个问题。因为在这个新的研究工作中，里斯用了赫尔德不等式

$$\sum_{i=1}^n |a_i b_i| \leqslant \Big(\sum_{i=1}^n |a_i|^p\Big)^{\frac{1}{p}}\Big(\sum_{i=1}^n |b_i|^q\Big)^{\frac{1}{q}}$$

和

$$\Big|\int_M f(x)g(x)\mathrm{d}x\Big| \leqslant \Big(\int_M |f|^p\mathrm{d}x\Big)^{\frac{1}{p}}\Big(\int_M |g|^q\mathrm{d}x\Big)^{\frac{1}{q}}$$

$\Big($其中 $\dfrac{1}{p}+\dfrac{1}{q}=1\Big)$，以及另外的不等式，他不得不引进在集合 M 上可测的函数 f 的集合 L^p，对于它们 $|f|^p$ 是在 M 上勒贝格可积的。他的第一个主要定理是：如果函数 $h(x)$ 对于 L^p 中的每一个 f 都使得乘积 $f(x)h(x)$ 是可积的，那么 h 是属于 L^q 的；反过来，L^p 的一个函数与 L^q 的一个函数的乘积永远是（勒贝格）可积的。在这里自然要求 $p>1$ 并且 $\dfrac{1}{p}+\dfrac{1}{q}=1$。

里斯还引入了强收敛和弱收敛的概念。函数序列 $\{f_n\}$ 称为是强收敛到 f（p 阶平均），如果

$$\lim_{n\to\infty}\int_a^b |f_n(x)-f(x)|^p\mathrm{d}x = 0.$$

①　*Comp. Rend.*，144，1907，1148 - 1150.

②　*Math. Ann.*，69，1910，449 - 497.

序列 $\{f_n\}$ 称为是弱收敛到 f，如果

$$\int_a^b |f_n(x)|^p dx < M$$

（M 与 n 无关），并且对于 $[a,b]$ 中的每一个 x 都有

$$\lim_{n\to\infty}\int_a^x [f_n(t) - f(t)]dt = 0.$$

强收敛隐含弱收敛。（弱收敛的近代定义是：如果 $\{f_n\}$ 属于 L^p，f 属于 L^p，并且

$$\lim_{n\to\infty}\int_a^b [f(x) - f_n(x)]g(x)dx = 0$$

对于 L^q 中的每一个 g 成立，就说 $\{f_n\}$ 弱收敛到 f。这是和里斯的定义等价的。）

里斯在 1910 年的同一篇文章中，把积分方程

$$\phi(x) - \lambda\int_a^b K(x,t)\phi(t)dt = f(x)$$

的理论推广到已知的 f 和未知的 ϕ 都是 L^p 函数的情形。这个积分方程特征值问题解的结果和希尔伯特的结果相类似，更加引人注意的却是，里斯为了实现这项工作，引入了算子（operator）的抽象概念，并对它明确地陈述了希尔伯特的全连续概念，而且建立了抽象的算子理论。我们将在下一章更多地谈到这种抽象的趋向。在其他的结果中，里斯证明了 L^2 中实的全连续算子的连续谱是空的。

5. 理 论 的 推 广

希尔伯特对积分方程的看重，使这门学科在相当长的一段时间内，成了一种世界性的狂热，产生了大量的文献，其中大多数都只有短暂的价值。然而，这门学科的某些推广却证明是有价值的。我们只能把它们列出来。

上面介绍的积分方程的理论，涉及的是线性积分方程；也就是说，对未知函数 $u(x)$ 来说是线性的。这个理论已推广到非线性积分方程，在那里未知函数以二次、高次或更为复杂的形式出现。

此外，我们的简略叙述没有谈到，对于已知函数 $f(x)$ 和 $K(x,y)$ 要加上什么条件才导致许多结论。如果这些函数是不连续的并且间断性没有限制，或者区间 $[a,b]$ 换成了一个无穷区间，那么许多结果就得改变或者起码需要新的证明。例如，即使是傅里叶变换

$$f(x) = \sqrt{\frac{2}{\pi}}\int_0^\infty \cos(x\xi)u(\xi)d\xi,$$

它可以看作第一类的积分方程，并且具有反变换

$$u(x) = \sqrt{\frac{2}{\pi}}\int_0^\infty \cos(x\xi)f(\xi)d\xi$$

作为它的解,但是它只有两个特征值±1,而每一个特征值都有无穷多个特征函数。这些情况现在都是在奇异积分方程这个标题下进行研究的,这样的方程不能用解沃尔泰拉和弗雷德霍姆方程的方法求解。然而,它们却显示了奇妙的性质,这就是存在 λ 值的连续区间或带谱,对于它们解是存在的。在这个课题上发表第一篇有意义文章的是外尔(1885—1955)[1]。

积分方程存在定理这一课题也已经引起了很大的注意,这项工作专注于线性和非线性积分方程。例如,关于

$$y(x) = f(x) + \int_a^x K[x, s, y(s)] \mathrm{d}s$$

的存在定理就有许多数学家给出过,这种方程包含了第二类沃尔泰拉方程

$$y(x) = f(x) + \int_a^x K(x, s) y(s) \mathrm{d}s$$

作为一种特殊情形。

历史上,下一个重大的进展乃是积分方程研究工作的一种自然产物。希尔伯特认为一个函数是由它的傅里叶系数给出。这些系数满足条件 $\sum_1^\infty a_p^2$ 有穷。他还引进了实数序列 $\{x_n\}$,使得 $\sum_{n=1}^\infty x_n^2$ 有穷。后来,里斯和费希尔证明,在勒贝格平方可和函数与它们的傅里叶系数所成的平方可和序列之间,存在一个一一对应关系(见前)。平方可和序列可以看成无穷维空间中的点的坐标,这个无穷维空间是 n 维欧几里得空间的推广。这样,函数可以看成现在称之为希尔伯特空间的一个点,积分 $\int_a^b K(x, y) u(x) \mathrm{d}x$ 可以看成是把 $u(x)$ 变换成它自己或其他函数的一个算子。这些思想为积分方程的研究提出了一种抽象的研究方法,它适应了变分法的初期抽象的研究方法。这种新的研究方法,现在作为泛函分析已为人所知,我们将在下一章叙述它。

参 考 书 目

Bernkopf, M. : "The Development of Function Spaces with Particular Reference to their Origins in Integral Equation Theory," *Archive for History of Exact Sciences* , 3,1966,1 - 96.

Bliss, G. A. : "The Scientific Work of E. H. Moore," *Amer. Math. Soc. Bull.* , 40,1934, 501 - 514.

Bocher, M. : *An Introduction to the Study of Integral Equations* , 2nd ed. , Cambridge University

---

[1]　*Math. Ann.* , 66,1908,273 - 324 = *Ges. Abh.* , 1,1 - 86.

Press, 1913.

Bourbaki, N.: *Eléments d'histoire des mathématiques*, Hermann, 1960, pp. 230 – 245.

Davis, Harold T.: *The Present State of Integral Equations*, Indiana University Press, 1926.

Hahn, H.: "Bericht über die Theorie der linearen Integralgleichungen," *Jahres. der Deut. Math. -Verein.*, 20, 1911, 69 – 117.

Hellinger, E.: *Hilberts Arbeiten über Integralgleichungen und unendliche Gleichungssysteme*, 见希尔伯特的 *Gesam. Abh.*, 3, 94 – 145, Julius Springer, 1935。

Hellinger, E.: "Begründung der Theorie quadratischer Formen von unendlichvielen Veränderlichen," *Jour. für Math.*, 136, 1909, 210 – 271.

Hellinger, E., and O. Toeplitz: "Integralgleichungen und Gleichungen mit unendlichvielen Unbekannten," *Encyk. der Math. Wiss.*, B. G. Teubner, 1923 – 1927, Vol. 2, Part 3, 2nd half, 1335 – 1597.

Hilbert, D.: *Grundzüge einer allgemeinen Theorie der linearen Integralgleichungen*, 1912, Chelsea (reprint), 1953.

Reid, Constance: *Hilbert*, Springer-Verlag, 1970.

Volterra, Vito: *Opere matematiche*, 5 vols., Accademia Nazionale dei Lincei, 1954 – 1962.

Weyl, Hermann: *Gesammelte Abhandlungen*, 4 vols, Springer-Verlag, 1968.

第46章

泛 函 分 析

人必须确信,如果他是在给科学添加许多新的术语而让读者接着研究那摆在他们面前的奇妙难尽的东西,那么他就已经使科学获得了巨大的进展。

柯西

1. 泛函分析的性质

数学中许多领域处理的是作用在函数上的变换或算子,这件事在接近 19 世纪后期已经很明显了。例如,即使是常微分运算和它的逆(反微分),也是作用在一个函数上以产生新的函数。在变分法的问题中,人们处理形如

$$J = \int_a^b F(x, y, y')\mathrm{d}x$$

的积分,这个积分可以看作是作用在一类函数 $y(x)$ 上的运算,问题是要在这类函数中找出一个使积分取最大值或最小值的函数。微分方程领域提供了另一类算子,例如,微分算子

$$L = \frac{\mathrm{d}^2}{\mathrm{d}x^2} + p(x)\,\frac{\mathrm{d}}{\mathrm{d}x} + q(x)$$

作用在一类函数 $y(x)$ 上,把它们变换为另外的函数。自然,为了解微分方程,人们要寻找特殊的 $y(x)$,使得 L 作用到这个 $y(x)$ 上得到 0,并且这个函数也许还得满足初始条件或边界条件。作为算子的最后一个例子是积分方程。方程

$$f(x) = \int_a^b K(x, y)u(y)\mathrm{d}y$$

的右边可以看作是作用在不同的 $u(x)$ 上并引出新的函数来的一个算子,虽然仍像微分方程的情形一样,方程的解 $u(x)$ 是变换成 $f(x)$ 的。

推动创立泛函分析的思想是,所有这些算子都可以在作用于一类函数上的算子的一种抽象形式下加以研究。进而,这些函数可以看作空间的元素或点。这样,算子就把点变成点;在这种意义下,算子是普通变换(例如旋转)的一种推广。上述

算子中有一些是把函数变成实数,而不是变成函数。那些变到实数或复数的算子,今天称为泛函,而算子这个名称则用来通称把函数变为函数的变换。因此,泛函分析这个名称[它是莱维(Paul P. Lévy,1886—1971)引进的,当时泛函是关键的概念],并不是十分合适的。探求一般性和统一性,是 20 世纪数学的特征之一,而泛函分析所追求的正是这些目的。

2. 泛函的理论

泛函的抽象理论是由沃尔泰拉在他关于变分法的工作中开始的,他关于线(曲线)的函数(他自己是这样称呼的)的工作,包括了好几篇论文①。对沃尔泰拉来说,一个线的函数是指一个实值函数 F,它的值取决于定义在某个区间 $[a, b]$ 上的函数 $y(x)$ 的全体函数值。这些函数本身被看作一个空间的点,而对于这空间,可以定义点的邻域和点列的极限。对于泛函 $F[y(x)]$,沃尔泰拉引进了连续、微商和微分的定义。然而,这些定义对于变分法的抽象理论是不适用的,因而被废弃了。他的定义事实上受到了阿达马的批评②。

所有定义在某个区间上的函数的全体,可以看作空间的点,这样一种概念,甚至在沃尔泰拉开始他的工作以前,就已经有人提出了。黎曼在他的学位论文中③,说到了某些函数的全体组成(空间中点的)连通闭区域。阿斯科利(Giulio Ascoli,1843—1896)④和阿尔采拉⑤探求把康托尔的点集论推广到函数集合上,从而把函数看成一个空间的点。阿尔采拉还说到线的函数。阿达马在 1897 年的第一次世界数学家大会上提出⑥,曲线可以看成一个集合的点。这时他是在考虑定义在 $[0,1]$ 上的全体连续函数所成的族,即出现在他的偏微分方程论文中的一个函数族。波莱尔为了不同的目的,也作过相同的提示⑦,这就是借助于级数来研究任意函数。

阿达马由于变分法上的原因也开创了泛函的研究⑧。泛函的名称就是属于他的。根据阿达马,泛函 $U[y(t)]$ 是线性的,如果当 $y(t) = \lambda_1 y_1(t) + \lambda_2 y_2(t)$ 时,便

① *Atti della Reale Accademia dei Lincei*, (4), 3, 1887, 97 – 105, 141 – 146, 153 – 158 = *Opere matematiche*, 1, 294 – 314, 以及同期或以后年代的其他论文。

② *Bull. Soc. Math. de France*, 30, 1902, 40 – 43 = *Œuvres*, 1, 401 – 404.

③ *Werke*, p. 30.

④ *Memorie della Reale Accademia dei Lincei*, (3), 18, 1883, 521 – 586.

⑤ *Atti della Accad. dei Lincei*, *Rendiconti*, (4), 5, 1889, 342 – 348.

⑥ *Verhandlungen des ersten internationalen Mathematiker-Kongresses*, Teubner, 1898, 201 – 202.

⑦ *Verhandlungen*, 204 – 205.

⑧ *Comp. Rend.*, 136, 1903, 351 – 354 = *Œuvres*, 1, 405 – 408.

有 $U[y(t)] = \lambda_1 U[y_1(t)] + \lambda_2 U[y_2(t)]$，其中 λ_1，λ_2 是常数。

在建立函数空间和泛函的抽象理论中，第一个卓越的成果，是由法国的领头数学教授弗雷歇（Maurice Fréchet, 1878—1973），在他 1906 年的博士论文[1]中取得的。弗雷歇在他的所谓泛函演算中，力图把康托尔、沃尔泰拉、阿尔采拉、阿达马和其他人工作中的思想，以抽象的术语统一起来。

为了使他的函数空间获得最大程度的一般性，弗雷歇采纳了由康托尔发展起来的集合论的整套基本概念，虽然对弗雷歇来说，集合中的点是函数。他还把点集的极限的概念比较一般地确切陈述出来。这个概念没有明显地定义，但是用很一般的性质刻画了出来，足以包括弗雷歇在具体理论中所出现的并力图将其统一的各种类型的极限。他引入了一类 L 空间，L 表示对这类空间的每一个，极限概念都是存在的。例如，如果 A 是类 L 中的一个空间，而 A_1，A_2，… 是从 L 中随意选出的元素，则必须有可能去确定，是否存在唯一的一个元素 A（当它存在的时候，称为序列 $\{A_n\}$ 的极限），使得

（a）如果对每个 i，$A_i = A$，则 $\lim\{A_n\} = A$。

（b）如果 A 是 $\{A_n\}$ 的极限，则 A 也是 $\{A_n\}$ 的每个无穷子序列的极限。

然后，弗雷歇对类 L 中的任何一个空间，引进了一系列的概念。例如一个集合 E 的导集 E'，由这样的点构成，它们都是 E 中的序列的极限。E 是闭的，如果 E' 包含在 E 中。E 是完全的，如果 $E' = E$。E 的一个点 A 叫做 E 的内点（狭义），如果 A 不是任何一个不在 E 中的序列的极限。集合 E 是紧的，如果或者 E 只有有限多个元素，或者 E 的每一个无穷子集至少有一个极限元素。如果 E 是闭的而且紧的，那么称 E 为极型的（extremal）（弗雷歇的紧是近代的相对列紧，而他的"极型的"是现在的列紧）。弗雷歇的第一个重要定理是闭区间套定理的推广：如果 $\{E_n\}$ 是由一个极型集的闭子集组成的单调下降序列，即 E_{n+1} 包含在 E_n 中，那么所有 E_n 的交是非空的。

弗雷歇接着就考虑泛函（他称它们为泛函运算）。这是定义在一个集合 E 上的实值函数。他这样来定义泛函的连续性：泛函 U 称为在 E 的元素 A 处连续，如果对每个包含在 E 中并收敛到 A 的序列 $\{A_n\}$ 都有 $\lim\limits_{n\to\infty} U(A_n) = U(A)$。他还引进了泛函的半连续性，这是贝尔（René Baire, 1874—1932）在 1899 年[2]对普通函数引进的一个概念。U 在 E 中是上半连续的，如果对一切上述的 $\{A_n\}$ 都有 $U(A) \geqslant \lim\sup U(A_n)$；它是下半连续的，如果 $U(A) \leqslant \lim\inf U(A_n)$ [3]。

[1] *Rendiconti del Circolo Matematico di Palermo*，22，1906，1 - 74.

[2] *Annali di Mat.*，(3)，13，1899，1 - 122.

[3] 下极限 $\lim\inf$ 是指序列 $U(A_n)$ 的最小极限点。

有了这些定义,弗雷歇就有可能证明关于泛函的许多定理。例如,每一个在极型集 E 上连续的泛函是有界的,并且在 E 上达到它的极大和极小。每一个在极型集 E 上上半连续的泛函是上有界的,而且在 E 上达到极大。

弗雷歇接着对泛函的集合和序列引进了一些概念,如一致收敛、拟一致收敛、紧致性和等度连续等。例如,泛函序列 $\{U_n\}$ 一致收敛到 U,如果给定任一正数 ε,只要 n 充分大并且与 E 中的 A 无关,就有 $|U_n(A)-U(A)|<\varepsilon$。这样他就可以证明过去对实函数得到的、现在推广到泛函的那些定理了。

研究了空间类 L 之后,弗雷歇就定义较特殊的空间(如邻域空间),重新定义对于具有极限点的空间引进过的概念,并证明一些类似于上述定理的定理,但结果往往较好,因为这些空间有更多的性质。

最后他引进距离空间。在这样一个空间里,对于每一对点 A 和 B,定义了一个函数,起着距离(écart)的作用并用 (A, B) 表示,它满足下列条件:

(a) $(A, B) = (B, A) \geqslant 0$;

(b) $(A, B) = 0$ 当且仅当 $A = B$;

(c) $(A, B) + (B, C) \geqslant (A, C)$.

条件(c)称为三角不等式。他称这样的空间是 $\mathscr{E}$ 类的。对于这类空间,弗雷歇也可以证明关于空间的以及定义在其上的泛函的许多定理,它们十分类似于过去对更一般的空间已证明了的结果。

弗雷歇给出了函数空间的某些例子。例如在同一区间 I 上连续的所有一元实变函数的全体所形成的集合,其中任意两个函数 f 和 g 的距离定义为 $\max\limits_{x\in I}|f(x)-g(x)|$,它们构成 $\mathscr{E}$ 类的一个空间。现在这个距离称为极大模。

弗雷歇提出的另一个例子是实数序列的全体所构成的集合。如果 $x = (x_1, x_2, \cdots)$ 和 $y = (y_1, y_2, \cdots)$ 是任两个序列,那么 x 和 y 的距离定义为

$$(x, y) = \sum_{p=1}^{\infty} \frac{1}{p!} \frac{|x_p - y_p|}{1+|x_p - y_p|}.$$

正如弗雷歇所说的,这是一个可数无穷维空间。

弗雷歇[①]在运用他的 $\mathscr{E}$ 类空间的过程中,成功地给出了泛函的连续性、微分和可微性的定义。虽然这些定义对变分法并不是完全适用的,但他的微分定义却值得一提,因为它在事后被证明为满意的概念中是核心。他假设存在一个线性泛函 $L[\eta(x)]$,使得

$$F[y(x) + \eta(x)] = F(y) + L(\eta) + \varepsilon M(\eta),$$

其中 $\eta(x)$ 是 $y(x)$ 的变分,$M(\eta)$ 是 $\eta(x)$ 在 $[a, b]$ 上的最大绝对值,而 ε 随 M 趋向于

① *Amer. Math. Soc. Trans.*, 15, 1914, 135 – 161.

0。这时 $L(\eta)$ 便是 $F(y)$ 的微分。他还事先假定了 $F(y)$ 的连续性,这却是在变分法的许多问题中所不能满足的。

费希尔(Charles Albert Fischer,1884—1922)[1]后来改进了沃尔泰拉关于泛函微商的定义,使之确能适用于变分法中的泛函。泛函的微分由此可以通过微商来定义。

就变分法所需要的泛函性质的基本定义而论,其最终的确切表达是由莱斯蒂容(Elizabeth Le Stourgeon,1881—1971)给出的[2]。关键的概念,即泛函的微分,是弗雷歇定义的一种修正。泛函 $F(y)$ 是说在 $y_0(x)$ 有微分,如果存在线性泛函 $L(\eta)$,使得对 y_0 的邻域中的所有弧 $y_0 + \eta$ 都有关系式

$$F(y_0 + \eta) = F(y_0) + L(\eta) + M(\eta)\varepsilon(\eta)$$

成立,其中 $M(\eta)$ 是 η 和 η' 在区间 $[a, b]$ 上的最大绝对值,$\varepsilon(\eta)$ 是和 $M(\eta)$ 一起消失的量。她还定义了二阶微分。

莱斯蒂容和费希尔两人都从他们的微分定义推证了泛函有极小值存在的若干必要条件,这种条件属于可应用到变分法问题的一种类型。例如,泛函 $F(y)$ 在 $y = y_0$ 有极小的一个必要条件是对每一 $\eta(x)$,$L(\eta)$ 趋于零,其中 η 在 $[a, b]$ 上连续且有一阶连续微商,还满足 $\eta(a) = \eta(b) = 0$。从一阶微分消失的条件可以推出欧拉方程,同时再应用泛函二阶微分的定义(这是曾经提到过的几个作者已经给出过的),就可以推出变分法的雅可比条件的必要性。

变分法所要求的泛函理论的决定性工作,至少在 1925 年以前,是由比萨和波洛尼亚大学教授托内利(Leonida Tonelli,1885—1946)完成的。他从 1911 年起就这个题目写了几篇论文,以后他发表了他的《变分法基础》(*Fondamenti di calcolo delle variazioni*,二卷,1922,1924),在其中他从泛函的观点来考虑问题。经典的理论大量依赖于微分方程的理论。托内利的目的是要用积分的极小曲线的存在定理代替微分方程的存在定理。在他的整个著作中,泛函的下半连续性的概念是一个基本的概念,因为那里的泛函是不连续的。

托内利首先处理曲线的集合,并给出保证一类曲线的极限曲线存在的诸定理。接下去的定理保证了通常的但是含参变量的积分

$$\int_{t_1}^{t_2} F[t, x(t), y(t), x', y']\mathrm{d}t$$

作为 $x(t)$ 和 $y(t)$ 的函数是下半连续的。(以后他考虑了更加基本的非参变量积分。)他为标准形式的问题导出了变分法的四个经典的必要条件。第二卷的重点是

---

[1]　*Amer. Jour. of Math.*,35,1913,369 – 394.

[2]　*Amer. Math. Soc. Trans.*,21,1920,357 – 383.

在半连续概念的基础上为一大类问题推导存在定理。这就是,给定了上述形式的一个积分,把它看成一个泛函,对它施加一些条件,并在所考虑的曲线类上也施加一些条件,他就证明了在这类曲线中存在一条曲线使积分达到极小。他的各定理涉及绝对极值和相对极值。

托内利的工作在某种程度上给微分方程带来了好处,因为他的存在定理隐含着微分方程解的存在性,这些方程在经典的方法中是用极小曲线来提供解的。然而,他的工作只限于变分法问题的基本类型。虽然这个抽象的研究途径被许多人接着做,但就泛函理论应用于变分法来说所取得的进展却是不大的。

3. 线性泛函分析

泛函分析的主要工作在于对积分方程而不是对变分法提供一个抽象的理论。变分法领域里所需泛函的性质是相当特殊的,对一般的泛函并不成立。此外,这些泛函的非线性造成了困难,而这种困难对于包含在积分方程中的泛函和算子则是无关紧要的。在施密特、费希尔、里斯为积分方程解的理论作具体推广时,他们和其他一些人也同时开始了相应的抽象理论的研究。

第一个试图建立线性泛函和算子的抽象理论的,是美国数学家穆尔,他从1906 年开始这一工作[1]。穆尔认识到,在有限多个未知数的线性方程的理论、无限多个未知数的无限多个线性方程的理论以及线性积分方程的理论之间,有许多共同的地方。他因此着手建立一种称为“一般分析”(General Analysis)的抽象理论,它包含上述具体理论作为特殊情形。他用的是公理方法。我们将不叙述其细节,因为他的影响并不广,而且也没有获得很有效的方法。另外,他的符号语言很奇怪,使以后的人理解起来很困难。

在建立线性泛函和算子的抽象理论的过程中,第一个有影响的步骤是由施密特[2]和弗雷歇[3]在 1907 年采取的。希尔伯特在他的积分方程的工作中,曾经把一个函数看成是由它相应于某标准正交函数系的傅里叶系数给定的。这些系数以及在他的无穷多个变量的二次型理论中他所赋予这些 x_i 的值,都是使 $\sum_1^\infty x_n^2$ 成为有限的序列 $\{x_n\}$。然而,希尔伯特并没有把这些序列看成空间中点的坐标,也没有用几何的语言。这一步是由施密特和弗雷歇采取的。把每一个序列 $\{x_n\}$ 看成一个

① 例如,看 *Atti del IV Congresso Internazionale dei Matematici* (1908),2,*Reale Accademia dei Lincei*,1909,98 – 114,以及 *Amer. Math. Soc. Bull.*,18,1911/1912,334 – 362。

② *Rendiconti del Circolo Matematico di Palermo*,25,1908,53 – 77.

③ *Nouvelles Annales de Mathématiques*,8,1908,97 – 116,289 – 317.

点,函数就被表现为无穷维空间的点。施密特不仅把实数而且把复数引入序列 $\{x_n\}$ 中。这样的空间从此以后被称为希尔伯特空间。我们的叙述按照施密特的工作。

施密特的函数空间的元素是复数的无穷序列 $z = \{z_n\}$,使得

$$\sum_{p=1}^{\infty} |z_p|^2 < \infty.$$

施密特引入记号 $\|z\|$ 来表示 $\left\{ \sum_{p=1}^{\infty} z_p \bar{z}_p \right\}^{\frac{1}{2}}$;$\|z\|$ 后来就称为 z 的范数(norm)。

按照希尔伯特,施密特用记号 (z, w) 表示 $\sum_{p=1}^{\infty} z_p w_p$,所以 $\|z\| = \sqrt{(z, \bar{z})}$。$\bigg[$ 现在通用的记号是把 (z, w) 定义为 $\sum_{p=1}^{\infty} z_p \overline{w}_p$。$\bigg]$空间中两个元素 z 和 w 称为正交的,当且仅当 $(z, \overline{w}) = 0$。施密特接着证明了广义的毕达哥拉斯定理:如果 z_1,z_2,$\cdots$,z_n 是空间的 n 个两两正交的元素,则由

$$w = \sum_{p=1}^{n} z_p$$

知

$$\|w\|^2 = \sum_{p=1}^{n} \|z_p\|^2.$$

由此可推出 n 个两两正交的元素是线性无关的。施密特在他的一般空间中还得到了贝塞尔不等式:如果 $\{z_n\}$ 是标准正交元素的无穷序列,即 $(z_p, \bar{z}_q) = \delta_{pq}$,而 w 是任何一个元素,那么

$$\sum_{p=1}^{\infty} |(w, \bar{z}_p)|^2 \leqslant \|w\|^2.$$

此外,还证明了范数的施瓦茨不等式和三角不等式。

元素序列 $\{z_n\}$ 称为强收敛于 z,如果 $\|z_n - z\|$ 趋向于 0,而每个强柯西序列,即每个使 $\|z_p - z_q\|$ 趋于 0(当 p,q 趋于 ∞ 时)的序列,可以证明都收敛于某一元素 z,从而序列空间是完备的。这是一条非常重要的性质。

施密特接着引进了(强)闭子空间的概念。他的空间 H 的一个子集 A 称为闭子空间,如果在刚才定义的收敛的意义下它是闭子集,并且是代数封闭的,后者意指,如果 w_1 与 w_2 是 A 的元素,那么 $a_1 w_1 + a_2 w_2$ 也是 A 的元素,其中 a_1,a_2 是任何复数。可以证明这样的闭子空间是存在的,这只需取任何一个线性无关的元素列 $\{z_n\}$,并取 $\{z_n\}$ 中元素的所有有限线性组合。全体这些元素的闭包就是一个代数封闭的子空间。

现在,设 A 是任一固定的闭子空间。施密特首先证明,如果 z 是空间的任一元素,则存在唯一的元素 w_1 和 w_2,使得 $z = w_1 + w_2$,其中 w_1 属于 A,w_2 和 A 正交,

后者是指 w_2 和 A 的每个元素正交(这个结果,今天称为投影定理;w_1 就是 z 在 A 中的投影)。进一步,$\parallel w_2 \parallel = \min \parallel y - z \parallel$,其中 y 是 A 的变动元素,而且极小值只在 $y = w_1$ 时达到。$\parallel w_2 \parallel$ 称为 z 和 A 之间的距离。

在 1907 年,施密特和弗雷歇同时注意到,平方可和(勒贝格可积)函数的空间有一种几何,完全类似于序列的希尔伯特空间。这个类似性的阐明是在几个月之后,当时里斯运用在勒贝格平方可积函数与平方可和实数列之间建立一一对应的里斯-费希尔定理(第 45 章第 4 节)指出,在平方可和函数的集合 L^2 中能够定义一种距离,用它就能建立这个函数空间的一种几何。L^2 中,定义在区间 $[a, b]$ 上的任何两个平方可积函数之间的距离这个概念,事实上也是弗雷歇定义的[1],他把它定义为

$$(1) \qquad \sqrt{\int_a^b [f(x) - g(x)]^2 \mathrm{d}x},$$

其中积分应理解为勒贝格意义下的;并且两个函数只在一个 0 测集上不同时就认为是相等的。距离的平方也称为这两个函数的平均平方偏差。f 和 g 的内积定义为 $(f, g) = \int_a^b f(x)g(x)\mathrm{d}x$。使 $(f, g) = 0$ 的两个函数 f 与 g 称为是正交的。施瓦茨不等式

$$\int_a^b f(x)g(x)\mathrm{d}x \leqslant \sqrt{\int_a^b f^2 \mathrm{d}x} \sqrt{\int_a^b g^2 \mathrm{d}x}$$

以及对平方可和序列空间成立的其他性质,都适用于函数空间。特别是,这类平方可和函数形成一个完备的空间。这样,平方可和函数的空间,同这些函数相应于某一固定的完备标准正交函数系的傅里叶系数所构成的平方可和序列的空间,可以认为是相同的。

在提到抽象函数空间时,我们应重提一下(第 45 章第 4 节)里斯引入的空间 $L^p (1 < p < \infty)$。这些空间对度量

$$d(f_1, f_2) = \left(\int_a^b |f_1 - f_2|^p \mathrm{d}x \right)^{\frac{1}{p}}$$

也是完备的。

虽然我们很快就要考察抽象空间领域中的其他成就,但下一发展涉及泛函和算子。在刚才引述的对空间 L^2 的函数引进了距离的文章(1907)中,以及在同年的其他文章中[2],弗雷歇证明了对于定义在 L^2 的每一个连续线性泛函 $U(f)$,存在 L^2 中唯一的一个 $u(x)$,使得对 L^2 的每个 f 都有

[1]　*Comp. Rend.*,444,1907,1414 - 1416.

[2]　*Amer. Math. Soc. Trans.*,8,1907,433 - 446.

$$U(f) = \int_a^b f(x)u(x)\mathrm{d}x.$$

这推广了阿达马 1903 年[1]得到的一个结果。1909 年里斯[2]推广了这个结果,用斯蒂尔切斯积分表示 $U(f)$,也就是

$$U(f) = \int_a^b f(x)\mathrm{d}u(x).$$

里斯自己还把这个结果推广到满足下面条件的线性泛函 A:对 L^p 中所有的 f,

$$A(f) \leqslant M\left[\int_a^b \mid f(x) \mid^p \mathrm{d}x\right]^{1/p},$$

其中 M 只依赖于 A。这样,存在 L^q 中的一个函数 $a(x)$,在允许相差一个积分为 0 的函数的意义下是唯一的,使得对 L^p 中所有的 f,

$$(2) \qquad U(f) = \int_a^b a(x)f(x)\mathrm{d}x.$$

这个结果称为里斯表示定理。

泛函分析的中心部分是研究在微分方程和积分方程中出现的算子的抽象理论。这个理论统一了微分方程和积分方程的特征值理论以及作用在 n 维空间中的线性变换。这样的一个算子,例如

$$g(x) = \int_a^b k(x, y)f(y)\mathrm{d}y$$

(其中 k 是给定的),把 f 变到 g 并且满足某些附加条件。在抽象算子的符号 A 和符号 $g = Af$ 的表示法之下,线性是指

$$(3) \qquad A(\lambda_1 f_1 + \lambda_2 f_2) = \lambda_1 Af_1 + \lambda_2 Af_2,$$

其中 λ_i 是任何实常数或复常数。不定积分 $g(x) = \int_a^x f(t)\mathrm{d}t$ 和微商 $f'(x) = Df(x)$,对通常的函数类来说,就是线性算子。算子 A 的连续性是指,如果函数序列 f_n 按函数空间的极限意义收敛到 f,那么 Af_n 必然趋向于 Af。

带对称核 $K(x, y)$ 的积分方程的抽象推广是算子 A 的自伴性。如果对于任何两个函数 f_1, f_2 都有

$$(Af_1, f_2) = (f_1, Af_2),$$

其中 (Af_1, f_2) 表示空间中两个函数的内积或数量积,那么称 A 为自伴的。在积分方程的情形,如果

$$Af_1 = \int_a^b k(x, y)f(y)\mathrm{d}y,$$

[1]　*Comp. Rend.*, 136, 1903, 351 − 354 = *Œuvres*, 1, 405 − 408.
[2]　*Comp. Rend.*, 149, 1909, 974 − 977, 和 *Ann. de l' Ecole Norm. Sup.*, 28, 1911, 33 ff.

则
$$(Af_1, f_2) = \int_a^b \int_a^b k(x, y) f_1(y) f_2(x) \mathrm{d}y \mathrm{d}x,$$

$$(f_1, Af_2) = \int_a^b \int_a^b k(x, y) f_2(y) f_1(x) \mathrm{d}y \mathrm{d}x,$$

因而只要核是对称的,就有 $(Af_1, f_2) = (f_1, Af_2)$。对任意的自伴算子,特征值都是实的,而且对应于不同特征值的特征函数是互相正交的。

作为泛函分析核心的抽象算子理论的一个良好开端,是由里斯 1910 年发表在《数学年刊》(*Mathematische Annalen*)的文章中做出的,文中他引进了 L^p 空间(第 45 章第 4 节)。在那里他把积分方程

$$\phi(x) - \lambda \int_a^b K(x, t) \phi(t) \mathrm{d}t = f(x)$$

的解推广到 L^p 空间中的函数。里斯把表达式

$$\int_a^b K(s, t) \phi(t) \mathrm{d}t$$

设想为作用在函数 $\phi(t)$ 上的变换。他称之为泛函变换,记为 $T[\phi(t)]$。然而,由于里斯所处理的 $\phi(t)$ 是属于 L^p 空间的,所以变换就把函数变到同一或另一空间去。特别地,一个把 L^p 中的函数变为 L^p 中的函数的变换或算子,称为在 L^p 中是线性的,如果它满足(3)并且如果 T 是有界的;这就是说,存在一个常数 M,使得对 L^p 中所有满足

$$\int_a^b | f(x) |^p \mathrm{d}x \leqslant 1$$

的函数 f 都有

$$\int_a^b | T(f(x)) |^p \mathrm{d}x \leqslant M^p.$$

后来这种 M 的最小上界称为 T 的范数(norm),用 $\| T \|$ 表示。

里斯还引进了 T 的伴随或转置算子的概念。对 L^q 中任何一个 g 和作用在 L^p 中的 T,

$$(4) \qquad \int_a^b T[f(x)] g(x) \mathrm{d}x$$

对固定的 g 与在 L^p 中变动的 f 定义了 L^p 的一个泛函。因此由里斯表示定理,存在 L^q 中的一个函数 $\psi(x)$,在差一个积分为 0 的函数外是唯一的,使得

$$(5) \qquad \int_a^b T[f(x)] g(x) \mathrm{d}x = \int_a^b f(x) \psi(x) \mathrm{d}x.$$

T 的伴随或转置算子用 T^* 表示,现在就定义为 L^q 中这样的算子:它对固定的 T 只与 g 有关,并根据等式(5)把 g 对应于 ψ,也就是说,$T^*(g) = \psi$。[用近代的记号,T^* 满足 $(Tf, g) = (f, T^*g)$。]T^* 是 L^q 中的线性变换,而且 $\| T^* \| = \| T \|$。

里斯现在考虑方程

(6) $$T[\phi(x)] = f(x)$$

的解,其中 T 是 L^p 中的线性变换,f 已知而 ϕ 是未知的。他证明
(6) 有一个解当且仅当

$$\left| \int_a^b f(x)g(x)\mathrm{d}x \right| \leqslant M\left(\int_a^b | T^*[g(x)] |^q \mathrm{d}x \right)^{1/q}$$

对 L^q 中所有的 g 都成立。他由此引入逆变换或逆算子 T^{-1} 的概念,并把完全一样的思想引到 T^{*-1}。借助于伴随算子,他证明了逆算子的存在性。

里斯在他 1910 年的文章中引进了记号

(7) $$\phi(x) - \lambda K[\phi(x)] = f(x),$$

其中 K 现在表示 $\int_a^b K(x, t) * \mathrm{d}t$,而 * 表示受 K 作用的一个函数。他的补充结果是限于 L^2 的,在其中有 $K = K^*$。为了处理积分方程的特征值问题,他引入了希尔伯特的全连续概念,但现在是对抽象算子说的。L^2 中的一个算子 K 称为是全连续的,如果 K 把每一个弱收敛的函数序列(第 45 章第 4 节)映为强收敛的序列,也就是说,$\{f_n\}$ 弱收敛蕴含 $\{K(f_n)\}$ 强收敛。他曾证明(7)的谱是离散的(这就是说,不存在对称 K 的连续谱),并证明相应于不同特征值的特征函数是正交的。

应用范数概念作为研究抽象空间的另一种方法也是由里斯开始的[①]。然而,赋范空间的一般定义却是在 1920 到 1922 年间由巴拿赫(Stefan Banach,1892—1945)、哈恩(Hans Hahn,1879—1934)、埃利(Eduard Helly,1884—1943)和维纳(Norbert Wiener,1894—1964)给出的。虽然这些人的工作有许多是重叠的,并且优先权的问题也很难弄清,但要算巴拿赫的工作影响最大。他的动力来自积分方程的普遍化。

所有这些工作,特别是巴拿赫的工作[②],主要特点是要建立具有范数的空间,但这范数却不再用内积来定义。虽然在 L^2 中 $\| f \| = (f, f)^{\frac{1}{2}}$,但是不可能这样来定义巴拿赫空间的范数,因为内积不再是可用的了。

巴拿赫从空间 E 出发,用 x,y,z,$\cdots$ 表示 E 中的元素,而用 a,b,c,$\cdots$ 表示实数。他的空间的公理分成三组。第一组包含 13 条公理,说明 E 在加法下是一个交换群,与实数进行数乘是封闭的,实数与元素的各种运算满足熟知的一组结合律和分配律。

第二组公理刻画 E 中元素(向量)的范数。范数是定义在 E 上的实值函数的,用 $\| x \|$ 表示。对于任一实数 a 和 E 中的任一元素 x,范数具有下列性质:

---

① *Acta Math.*,41,1918,71-98.

② *Fundamenta Mathematicae*,3,1922,133-181.

(a) $\parallel x \parallel \geqslant 0$;

(b) $\parallel x \parallel = 0$ 当且仅当 $x = 0$;

(c) $\parallel ax \parallel = \mid a \mid \cdot \parallel x \parallel$;

(d) $\parallel x+y \parallel \leqslant \parallel x \parallel + \parallel y \parallel$.

第三组只包含一个完备性公理,它说,如果 $\{x_n\}$ 对范数来说是一柯西序列,即如果 $\lim\limits_{n,p\to\infty} \parallel x_n - x_p \parallel = 0$,则存在 E 中一个元素 x,使得 $\lim\limits_{n\to\infty} \parallel x_n - x \parallel = 0$。

满足上述三组公理的空间称为巴拿赫空间,或完备的赋范向量空间。虽然巴拿赫空间是较希尔伯特空间更为一般的,因为在定义范数时没有事先假设两个元素的内积存在,然而作为一个必然的后果却是,在非希尔伯特空间的巴拿赫空间中失却了两个元素正交这一关键性概念。第一和第三组条件对希尔伯特空间也成立,但第二组条件却较希尔伯特空间范数的要求为弱。巴拿赫空间包括 L^p 空间,连续函数空间,有界可测函数空间,以及其他具有合适范数可用的空间。

有了范数的概念,巴拿赫能够对他的空间证明许多人们熟悉的事实。关键定理之一是:设 $\{x_n\}$ 是 E 中的一序列元素,满足条件

$$\sum_{p=1}^{\infty} \parallel x_p \parallel < \infty,$$

则 $\sum\limits_{p=1}^{\infty} x_p$ 按范数收敛到 E 的某个元素 x。

在证明了一些定理之后,巴拿赫考虑定义在一个空间上而取值在另一个巴拿赫空间 E_1 中的算子。一个算子 F 称为在 x_0 处相对于集合 A 是连续的,如果 $F(x)$ 对 A 的所有 x 有定义,并且 x_0 属于 A 和 A 的导集,而且当 $\{x_n\}$ 是 A 中以 x_0 为极限的序列时,则 $F(x_n)$ 趋向 $F(x_0)$。他还定义了 F 相对于集合 A 的一致连续性,然后把他的注意回到算子序列。算子序列 $\{F_n\}$ 称为在集合 A 上按范数收敛到 F,如果对于 A 中每一个 x 都有 $\lim\limits_{n\to\infty} F_n(x) = F(x)$。

巴拿赫引进的一类重要的算子是连续的加法算子。一个算子 F 是加法的,如果对所有的 x 和 y 都有 $F(x+y) = F(x)+F(y)$。可以证明,一个加法的连续算子具有性质:$F(ax) = aF(x)$ 对一切实数 a 都成立。如果 F 是加法的,并且在 E 的一个元素(点)处连续,那么它处处连续并且是有界的,即存在只依赖于 F 的常数 M,使 $\parallel F(x) \parallel \leqslant M \parallel x \parallel$ 对 E 中一切 x 成立。另外一个定理断言:如果 $\{F_n\}$ 是加法连续算子序列,又 F 是一个加法算子,使得对每个 x 都有 $\lim\limits_{n\to\infty} F_n(x) = F(x)$,则 F 是连续的,并且存在 M,使得 $\parallel F_n(x) \parallel \leqslant M \parallel x \parallel$ 对所有的 n 成立。

在这篇文章中,巴拿赫证明了关于积分方程抽象形式的解的定理。如果 F 是定义域和值域都在空间 E 内的连续算子,又如果存在一个数 M,$0 < M < 1$,使得

对所有 E 中的 x' 与 x'' 都有 $\| F(x') - F(x'') \| \leqslant M \| x' - x'' \|$，那么存在 E 中唯一的一个元素 x，满足 $F(x) = x$。更重要的是下述定理：考虑方程

(8)
$$x + hF(x) = y,$$

其中 y 是 E 中的一个已知函数，F 是定义域和值域都在 E 内的加法连续算子，h 是一个实数。令 M 是所有满足 $\| F(x) \| \leqslant M' \| x \|$（对所有 x）的常数 M' 的最小上界。那么对每一个 y 和每一个满足 $| hM | < 1$ 的 h 值，存在一个函数 x 满足(8)，并且

$$x = y + \sum_{n=1}^{\infty} (-1)^n h^n F^{(n)}(y),$$

其中 $F^{(n)}(y) = F[F^{(n-1)}(y)]$。这个结果是谱半径定理的一种形式，并且是沃尔泰拉解积分方程方法的推广。

　　巴拿赫在 1929 年[1]引进了泛函分析这一学科的另一个重要概念，这就是一个巴拿赫空间的对偶空间或伴随空间。这个思想也由哈恩[2]独立地引进过，但巴拿赫的工作更完全。这种对偶空间就是已知空间上的全体连续有界线性泛函组成的空间。这泛函空间的范数取为泛函的界，可以证明这空间是完备的赋范线性空间，即巴拿赫空间。实际上，这里巴拿赫的工作推广了里斯关于 L^p 与 L^q 空间的工作，其中 $q = p/(p-1)$，因为 L^q 空间等价于 L^p 空间在巴拿赫意义下的对偶空间。用里斯表示定理(2)，把巴拿赫的工作和这联系起来是很明显的。换句话说，巴拿赫空间 E 和它的对偶空间的关系，就像 L^p 和 L^q 的关系一样。

　　巴拿赫从连续线性泛函（即定义域是空间 E 的连续实值函数）的定义着手，并证明每一个这样的泛函是有界的。一个关键性的定理是今天所谓的哈恩-巴拿赫定理，这推广了哈恩的工作中的一个定理。设 p 是定义在一个完备的赋范线性空间 R 上的一个实值泛函，并且 p 对 R 中的所有 x 与 y 满足条件：

　　(a) $p(x + y) \leqslant p(x) + p(y)$；

　　(b) $p(\lambda x) = \lambda p(x)$　$(\lambda \geqslant 0)$。

这时就存在 R 上的一个加法泛函 f，使得

$$-p(-x) \leqslant f(x) \leqslant p(x)$$

对 R 中一切 x 成立。还有好几个论述 R 上的连续泛函类的定理。

　　泛函方面的工作引导到伴随算子的概念。设 R 和 S 是两个巴拿赫空间，U 是定义域在 R 内取值在 S 内的连续线性算子。用 R^* 和 S^* 分别表示定义在 R 和 S 上的全体有界线性泛函。于是 U 诱导出一个从 S^* 到 R^* 中的变换如下：如果 g 是

---

[1]　*Studia Mathematica*，1，1929，211 - 216.

[2]　*Jour. für Math.*，157，1927，214 - 229.

S^* 的一个元素,则 $g[U(x)]$ 对于 R 中的一切 x 是定义好了的。但由 U 和 g 的线性性质可知这也是定义在 R 上的线性泛函,即 $g[U(x)]$ 是 R^* 的一个元素。换个说法是,如果 $U(x) = y$,则 $g(y) = f(x)$,其中 f 是 R 上的一个泛函,即 R^* 的一个元素。这个诱导出来的从 S^* 到 R^* 的变换 U^*,称为 U 的伴随算子。

运用这个概念,巴拿赫证明,如果 U^* 有一个连续逆,则 $y = U(x)$ 对 S 中的任一 y 是可解的。而且,如果 $f = U^*(g)$ 对 R^* 的每一个 f 可解,则 U^{-1} 存在,并且在 U 的值域上是连续的,其中 U 在 S 内的值域是指所有这样的 y 的集合,对于它存在 S^* 的一个 g,使得 $g(y) = 0$ 只要 $U^*(g) = 0$。(最后这个命题是弗雷德霍姆择一定理的一个推广。)

巴拿赫把他的伴随算子理论应用到里斯算子,这种算子是里斯在他 1918 年的文章中引入的。这是形如 $U = I - \lambda V$ 的算子 U,其中 I 是恒等算子,而 V 是一个全连续算子。这时抽象理论可以应用到定义在 $[0, 1]$ 上的函数空间 L^2 和算子

$$U_\lambda(x) = x(s) - \lambda \int_0^1 K(s, t) x(t) \mathrm{d}t,$$

其中 $\int_0^1 \int_0^1 K^2(s, t) \mathrm{d}s \mathrm{d}t < \infty$。把一般理论应用到

$$(9) \qquad y(s) = x(s) - \lambda \int_0^1 K(s, t) x(t) \mathrm{d}t$$

以及与它相应的转置方程

$$(10) \qquad f(s) = g(s) - \lambda \int_0^1 K(t, s) g(t) \mathrm{d}t,$$

便知道如果 λ_0 是 (9) 的特征值,则 λ_0 是 (10) 的特征值,反之亦然。进一步,(9) 对于 λ_0 有有限多个线性无关的特征函数,并且这对 (10) 也是真的。还有,当 $\lambda = \lambda_0$ 时 (9) 对所有的 y 没有解。事实上,(9) 有解的一个必要充分条件是,这 n 个条件

$$\int_0^1 y(t) g_0^{(p)}(t) \mathrm{d}t = 0, \quad p = 1, 2, \cdots, n$$

都被满足,其中 $g_0^{(1)}, \cdots, g_0^{(n)}$ 是

$$0 = g(s) - \lambda_0 \int_0^1 K(t, s) g(t) \mathrm{d}t$$

的线性无关解的集合。

4. 希尔伯特空间的公理化

函数空间和算子理论,在 1920 年代似乎正在朝着只是为抽象而抽象的方向前进。甚至巴拿赫也没有运用过他的工作。这种情况引起外尔评论道:"从 1923 年

开始……希尔伯特空间的谱理论被发现是量子力学的合用的数学工具,但这并不是功绩而是一种幸运。"量子力学的研究表明,一个物理系统的可观测对象可以用希尔伯特空间中的线性对称算子表示,而且表示能量的特殊算子的特征值和特征向量(特征函数),正是原子中一个电子的能级,并对应于这系统的稳定量子状态。两个特征值之差给出放射光量子的频率,从而确定物质的辐射谱。1926 年薛定谔(Erwin Schrödinger)提出了他的基于微分方程的量子理论。他还证明了这理论和海森伯(Werner Heisenberg)的无穷矩阵理论(1925 年)是一致的,后者曾被应用到量子论上。但把希尔伯特的工作和微分方程特征函数论统一起来的普遍理论还是缺门。

算子在量子理论中的应用,刺激了希尔伯特空间和算子的抽象理论的研究。这首先是由冯·诺伊曼(John von Neumann,1903—1957)在 1927 年着手进行的。他的方法是同时处理平方可和序列空间和定义在某公共区间上的 L^2 函数空间。

在两篇文章中[1],冯·诺伊曼提出了希尔伯特空间以及希尔伯特空间中的算子的**公理**方法。虽然冯·诺伊曼公理的来源可以从维纳、外尔和巴拿赫的工作中看到,但冯·诺伊曼的工作更完全、更有影响。他的主要目标是对很大一类所谓埃尔米特算子阐述普遍的特征值理论。

他引入了定义在复平面的任一可测集 E 上的可测的、平方可积的复值函数所构成的空间 L^2。他还引入了类似的复序列空间,也就是,全体复数列 a_1, a_2, …所成的集合,它们具有性质 $\sum\limits_{p=1}^{\infty} |a_p|^2 < \infty$。里斯-费希尔定理表明,在函数空间的函数同序列空间的序列之间,存在一个一一对应如下:在函数空间中选取一个完全的标准正交函数系 $\{\phi_n\}$,如果 f 是函数空间的一个元素,那么 f 关于 $\{\phi_n\}$ 的展开式的傅里叶系数就是序列空间的一个序列;反过来,对于一个这样的序列,L^2 空间中存在唯一的(允许差一个积分为 0 的函数)一个函数,它以这个序列作为它关于 $\{\phi_n\}$ 的傅里叶系数。

进一步,如果定义函数空间中内积 (f, g) 为

$$(f, g) = \int_E f(z)\, \overline{g(z)}\, \mathrm{d}z,$$

其中 $\overline{g(z)}$ 是 $g(z)$ 的复共轭,而在序列空间中,序列 a 和 b 的内积定义为

$$(a, b) = \sum_{p=1}^{\infty} a_p \bar{b}_p,$$

那么,在 f 对应于 a 而 g 对应于 b 时,有 $(f, g) = (a, b)$。

---

[1]　*Math. Ann.*，102,1929/1930,49 – 131,和 370 – 427 = *Coll. Works*，2,3 – 143.

这些空间中的一个埃尔米特算子 R 定义为一个线性算子,具有这样的性质:对它定义域中的所有 f 与 g,都有 $(Rf, g) = (f, Rg)$。类似地,在序列空间中,有 $(Ra, b) = (a, Rb)$。

冯·诺伊曼的理论同时对函数空间和序列空间规定了公理方法。他提出了下列的公理基础:

(A) H 是一个线性向量空间。即在 H 上定义了加法和数乘,使得如果 f_1 和 f_2 是 H 的元素,a_1 和 a_2 是任意复数,则 $a_1 f_1 + a_2 f_2$ 也是 H 的元素。

(B) 在 H 上存在一个内积,即任两向量 f 与 g 的一个复值函数,用 (f, g) 表示,具有性质:(a) $(af, g) = a(f, g)$;   (b) $(f_1 + f_2, g) = (f_1, g) + (f_2, g)$;   (c) $(f, g) = \overline{(g, f)}$;   (d) $(f, f) \geqslant 0$;   (e) $(f, f) = 0$ 当且仅当 $f = 0$。

若 $(f, g) = 0$,则称 f 与 g 正交。f 的范数就是 $\sqrt{(f, f)}$,用 $\| f \|$ 表示。量 $\| f - g \|$ 定义了空间的一个度量。

(C) 对刚才定义的度量来说 H 是可分的,即相对于度量 $\| f - g \|$,在 H 中存在一个可数的稠密集。

(D) 对每一个正整数 n,H 内存在 n 个线性无关的元素。

(E) H 是完备的。就是说,如果 $\{f_n\}$ 使得 $\| f_n - f_m \|$ 当 m, n 趋向 ∞ 时趋向于 0,则在 H 中存在一个 f 使得 $\| f - f_n \|$ 当 n 趋向无穷时趋向于 0(这种收敛等价于强收敛)。

从这些公理可推出一系列简单性质:施瓦茨不等式 $\| (f, g) \| \leqslant \| f \| \cdot \| g \|$,$H$ 中的任一完全的标准正交集必是可数的,以及帕塞瓦尔不等式 $\sum_{p=1}^{\infty} | (f, \phi_p) |^2 \leqslant \| f \|^2$。

冯·诺伊曼接着研究了 H 的线性子空间和投影算子。若 M 和 N 是 H 的闭子空间,则 $M - N$ 定义为 M 中所有与 N 的每一元素都正交的元素所构成的集合。投影定理如下:设 M 是 H 的一个闭子空间,则 H 的任一元素 f 可以分解成 $f = g + h$,其中 g 属于 M,h 属于 $H - M$,并且这种分解是唯一的。投影算子 P_M 定义为 $P_M(f) = g$;就是说,它是定义在整个 H 上的算子,它把元素 f 投影到 f 在 M 中的分量。

在他的第二篇文章中,冯·诺伊曼在 H 中引入了两种拓扑:强的和弱的。强拓扑就是通过范数定义的度量拓扑。弱拓扑我们不严格叙述,它是由相应于弱收敛的一组邻域系提供的。

冯·诺伊曼得到了许多关于希尔伯特空间中算子的结果。算子的线性是事先假定的,积分通常都了解为勒贝格-斯蒂尔切斯积分。线性有界变换或算子是指把一个希尔伯特空间的元素变成另一个希尔伯特空间的元素的变换,它满足线性条

件(3)并且是有界的;所谓有界是说,存在一个数 M,使得这空间中受算子 R 作用的所有 f 都有

$$\| R(f) \| \leqslant M \| f \|.$$

上述 M 的最小可能值称为 R 的模。这最后一个条件等价于算子的连续性。算子在一点连续连同算子的线性,充分保证了算子在所有点都连续,从而有界。

存在一个伴随算子 R^*,对于埃尔米特算子,$R = R^*$,并称 R 为自伴的。对于任何算子 R,如果 $RR^* = R^*R$,就称 R 为正规的。如果 $RR^* = R^*R = I$,其中 I 是恒等算子,那么 R 和正交变换类似,从而称为酉算子。对于酉算子 R,有 $\| R(f) \| = \| f \|$。

冯·诺伊曼的另一个结果是,如果 R 在整个希尔伯特空间上是一个埃尔米特算子,并且满足弱闭条件,即只要 f_n 趋向于 f,$R(f_n)$ 趋向于 g,就有 $R(f) = g$,那么 R 是有界的。进一步,如果 R 是埃尔米特算子,那么对实轴上的某个区间 (m, M) 外的所有复的和实的 λ,算子 $I - \lambda R$ 有逆算子存在,其中区间 (m, M) 是这样一个区间,当 $\| f \| = 1$ 时,$[R(f), f]$ 的值在此区间内。一个更加基本的结果是,对应于每一个线性有界的埃尔米特算子 R,存在两个算子 E_- 和 E_+（*Einzeltransformationen*）,具有下列性质:

(a) $E_- E_- = E_-$, $E_+ E_+ = E_+$, $I = E_- + E_+$.

(b) E_- 和 E_+ 是可交换的,并且与任何同 R 可交换的算子是可交换的。

(c) RE_- 和 RE_+ 分别是负的与正的[所谓 RE_+ 是正的是指 $RE_+(f) \geqslant 0$ 对一切 f 成立]。

(d) 对于所有使 $Rf = 0$ 的 f,$E_-f = 0$ 而 $E_+f = f$。

冯·诺伊曼还建立了埃尔米特算子和酉算子之间的一个联系,这就是 $U = e^{iR}$,U 为酉算子,R 为埃尔米特算子。

冯·诺伊曼随后把他的理论推广到无界算子;虽然他的贡献以及其他人的这类结果是十分重要的,但是若对这些成果作叙述,就会使我们过分地深入到现代的发展。

泛函分析已经而且正在应用到广义矩量问题、统计力学、偏微分方程的存在唯一性定理以及不动点定理。泛函分析现在在变分法和连续紧群的表示论中都起着作用。它的内容还包含在代数、近似算法、拓扑和实变函数论中。尽管有这多种的应用,但用到解决经典分析的大问题上却少得可怜。这个失败使泛函分析奠基者们的希望落空了。

参 考 书 目

Bernkopf, M. : "The Development of Function Spaces with Particular Reference to their Origins in Integral Equation Theory," *Archive for History of Exact Sciences*, 3,1966,1 – 96.

Bernkopf, M. : "A History of Infinite Matrices," *Archive for History of Exact Sciences*, 4, 1968,308 – 358.

Bourbaki, N. : *Eléments d' histoire des mathématiques*, Hermann, 1960,230 – 245.

Dresden, Arnold: "Some Recent Work in the Calculus of Variations," *Amer. Math. Soc. Bull.*, 32,1926,475 – 521.

Fréchet, M. : *Notice sur les travaux scientifiques de M. Maurice Fréchet*, Hermann, 1933.

Hellinger, E. and O. Toeplitz: "Integralgleichungen und Gleichungen mit unendlichvielen Unbekannten," *Encyk. der Math. Wiss.*, B. G. Teubner, 1923 – 1927, Vol 2, Part Ⅲ, 2nd half, 1335 – 1597.

Hildebrandt, T. H. : "Linear Functional Transformations in General Spaces," *Amer. Math. Soc. Bull.*, 37,1931,185 – 212.

Lévy, Paul: "Jacques Hadamard, sa vie et son œuvre," *L' Enseignement Mathématique*, (2), 13,1967,1 – 24.

McShane, E. J. : "Recent Developments in the Calculus of Variations," *Amer. Math. Soc. Semicentennial Publications*, 2,1938,69 – 97.

Neumann, John von: *Collected Works*, Pergamon Press, 1961,Vol. 2.

Sanger, Ralph G. : "Functions of Lines and the Calculus of Variations," *University of Chicago Contributions to the Calculus of Variations for* 1931 – 1932, University of Chicago Press, 1933,193 – 293.

Tonelli, L. : "The Calculus of Variations," *Amer. Math. Soc. Bull.*, 31,1925,163 – 172.

Volterra, Vito: *Opere matematiche*, 5 vols. , Accademia Nazionale dei Lincei, 1954 – 1962.

第47章

发 散 级 数

> 在这世纪初已认为要断然从严密数学中驱逐出去的那些级数，在这世纪末竟又重敲接纳之门，这确实是我们科学的一个奇怪的变迁。
>
> 皮尔庞特(James Pierpont)
>
> 这级数是发散的；因此我们有可能用它来做些事情。
>
> 亥维赛(Oliver Heaviside)

1. 引　言

从 19 世纪后期起，像发散级数这样一个课题的认真研究表明，数学家如何从根本上重新考虑他们自己关于数学本性的观念。在 19 世纪前期，他们接受了对发散级数的禁令，理由是，数学受某些内在要求或自然支配所限制，囿于一类固定的正确概念之内；但到这世纪之末他们却认识到，他们有自由接纳已显示出有用的任何思想。

我们可以回想一下，在整个 18 世纪，发散级数在或多或少意识到它们的发散性之下一直被使用着；因为只用很少几项它们确实给出函数的有用逼近。在柯西建立严密数学之后，多数数学家遵循他的意见，把发散级数作为不可靠的东西而摒弃。然而，有少数数学家(第 40 章第 7 节)继续维护发散级数，因为不论是函数的计算，还是作为导出它们的那些函数的分析等价物，它们都由于很有用处而给人以极深的印象。还有其他一些人维护发散级数，是因为发散级数是发现新事物的一种工具。例如德摩根[1]说："我们必须承认，很多级数我们现在不能可靠地使用，除非作为发现的一种工具，它们的结果是要随后加以验证的；而最坚决地摒弃所有发散级数的人，无疑是把它们的这种用处放在他的私室里的……"

天文学家甚至在发散级数被排斥之后仍旧继续使用它们，因为由于计算目的，

---

[1] *Trans. Camb. Phil. Soc.*, 8, Part Ⅱ, 1844,182 - 203,1849 年出版。

他们的科学迫切需要它们。由于这种级数开始很少几项就给出有用的数值逼近，所以天文学家就不顾这些级数从整体看是发散的这一事实；然而数学家关心的却不是前 10 项或 20 项的性态，而是整个级数的特征，所以不能把这种级数的事情建筑在实用这一唯一的根据上。

然而，正如我们曾经指出过的(第 40 章第 7 节)，阿贝尔和柯西两人并非不关切他们在排斥发散级数时丢掉了某些有用的东西。柯西不仅继续使用它们(看下面)，还写了题为《论发散级数的合理运用》(Sur l'emploi légitime des séries divergentes)的文章[①]，其中谈到 $\log \Gamma(x)$ 或 $\log m!$ 的斯特林级数(第 20 章第 4 节)，他指出，这级数虽然对所有的 x 值发散，但当 x 是很大的正数时，可以用来计算 $\log \Gamma(x)$。事实上他证明了若固定所取的项数 n，则求和过程停在第 n 项时所产生的绝对误差小于下一项的绝对值，而且当 x 增大时误差变小。柯西试图弄明白为什么这级数所提供的逼近会这样好，但他失败了。

发散级数的用途终于使数学家们确信，一定有某种特性存在，只要加以提炼，就会显示出为什么它们会提供良好的逼近。这正如亥维赛在《电磁理论》(Electromagnetic Theory)第 2 卷(1899)中所表述的："对广义微分和发散级数这个题目，我必须说几句话……在被严密主义者的湿毛毯人为地冷却下来之后，要激起任何热情是不容易的……一定会出现发散级数的理论，或者说比现在范围要大的函数论，它把收敛级数与发散级数包括在同一个谐和的整体里。"亥维赛在作这个评论的时候，他不知道某些步骤已经开始了。

数学家们推进发散级数这门学科的意愿，无疑由于已经逐渐渗入到数学领域的其他影响而得到加强，这就是非欧几里得几何和新代数。数学家们缓慢地开始意识到数学是人为的，柯西的收敛定义不再被认为是某种神力所施的一种高度的必然。他们在 19 世纪末叶，在对那些给函数提供有用逼近的各种发散级数的本质进行提炼的过程中取得了成功。庞加莱称这些级数为渐近级数，虽然在这一世纪它们被称为半收敛级数，这后一术语是勒让德在他的《数论论文》(Essai de la théorie des nombres, 1798, p.13)中引入的，它也被用来称呼振荡级数。

发散级数理论有两个主题。第一个是已经作过简短介绍的，就是某些这种级数，在取固定项数时，能逼近一个函数，变量愈大，逼近得愈好。事实上，勒让德在他的《椭圆函数论》(Traité des fonctions elliptiques, 1825—1828)中已经用下述性质表征过这种级数：中止于任何一项所产生的误差，都与省去的第一项同阶。发散级数论的第二个主题是可和性概念。有可能用一种全新的方法定义级数的和，它为柯西意义下发散的级数给出有限的和。

---

① Comp. Rend., 17, 1843, 370 - 376 = Œuvres, (1), 8, 18 - 25.

2. 发散级数的非正式应用

我们曾经有机会叙述过 18 世纪收敛级数与发散级数两者都被应用的研究工作。在 19 世纪,在柯西摒弃发散级数以前和以后,某些数学家与物理学家仍继续使用它们。一个新的应用是用级数对积分估值。自然,作者们那时并没有意识到,他们是在寻求整个渐近级数展开,还是在寻求积分的渐近级数展开的开头几项。

积分的渐近估值至少可追溯到拉普拉斯。在他的《概率的解析理论》(*Théorie analytique des probabilités* , 1812)中[1],拉普拉斯用分部积分得到了误差函数的展开式

$$\text{Erfc}(T) = \int_T^\infty e^{-t^2}\, dt = \frac{e^{-T^2}}{2T}\left\{1 - \frac{1}{2T^2} + \frac{1\cdot 3}{(2T^2)^2} - \frac{1\cdot 3\cdot 5}{(2T^2)^3} + \cdots\right\}.$$

他注明了这个级数是发散的,但他对很大的 T 用它来计算 $\text{Erfc}(T)$。

拉普拉斯在同一书[2]中还指出,积分

$$\int \phi(x)\{u(x)\}^s dx$$

当 s 很大时依赖于 $u(x)$ 在其平稳点[使 $u'(x) = 0$ 的 x 值]附近的值。拉普拉斯用这个观察结果证明了

$$s! \sim s^{s+\frac{1}{2}} e^{-s}\sqrt{2\pi}\left(1 + \frac{1}{12s} + \frac{1}{288s^2} + \cdots\right),$$

这个结果也可以从 $\log s!$ 的斯特林逼近得到(第 20 章第 4 节)。

拉普拉斯在他的《概率的解析理论》[3]中曾有机会研究过形如

(1) $$f(x) = \int_a^b g(t) e^{xh(t)}\, dt$$

的积分,其中 g 可以是复的,h 和 t 是实的,而 x 是大的正数。他明确指出,对积分的主要贡献来自积分区域中使 $h(t)$ 达到它的绝对极大的那些点的直接邻域。拉普拉斯所说的贡献,就是我们今天所谓的积分的渐近级数估值的第一项。如果 $h(t)$ 刚好在 $t = a$ 取得一个极大值,那么拉普拉斯的结果便是,当 x 趋向于 ∞ 时,

$$f(x) \sim g(a) e^{xh(a)}\sqrt{\frac{-\pi}{2xh''(a)}}.$$

如果要估计的积分不是(1)而是

---

[1]　第三版,1820,88 – 109 = Œuvres, 7, 89 – 110。

[2]　Œuvres, 7, 128 – 131.

[3]　第三版,1820,Vol. 1, Part 2, Chap. 1 = Œuvres, 7, 89 – 110。

(2)
$$f(x) = \int_a^b g(t)\mathrm{e}^{\mathrm{i}xh(t)}\,\mathrm{d}t,$$

其中 t 和 x 是实的并且 x 很大；这时 $|\mathrm{e}^{\mathrm{i}xh(t)}|$ 是一个常数，因而拉普拉斯的方法不能用。在这种情形，可以引用柯西在他关于波的传播的主要论文[1]中所提到的方法（现在称为驻波原理）。这个原理说，对积分的最重要的贡献来自 $h(t)$ 的平稳点[使 $h'(t) = 0$ 的点]的直接邻域。这个原理直观上看是有道理的，因为被积函数可以想象为以 $|g(t)|$ 为振幅的振荡电流或波。如果 t 是时间，则波的速度正比于 $xh'(t)$；又如果 $h'(t) \neq 0$，则当 x 变为无穷时振荡的速度也无限增加。这时振荡是如此之快，使得在一个整周期里 $g(t)$ 近似于常数而 $xh(t)$ 近似于线性函数，因而在一个整周期上积分等于 0。这个理由对于使 $h'(t) = 0$ 的 t 是不成立的。因此 $h(t)$ 的平稳点很可能对 $f(x)$ 的渐近值提供主要的贡献。如果 τ 是使 $h'(t) = 0$ 的 t 的值，又 $h''(\tau) > 0$，则当 x 变为无穷时，

$$f(x) \sqrt{\frac{2\pi}{xh''(\tau)}} g(\tau)\mathrm{e}^{\mathrm{i}xh(\tau)+\mathrm{i}\pi/4}.$$

这个原理曾由斯托克斯在 1856 年的文章[2]中用来对艾里积分（看后面）进行估值，原理曾由开尔文勋爵确切地叙述过[3]。它的第一个令人满意的证明是由沃森（George N. Watson, 1886—1965）给出的[4]。

在 19 世纪最初几十年里，柯西和泊松把许多含有参数的积分化为参数的幂级数。对泊松来说，积分是在地球物理的热传导和弹性振动问题中出现的；而柯西涉及的是水波、光学和天文。例如，柯西在研究光的衍射时[5]把菲涅耳积分表示成发散级数：

$$\int_0^m \cos\left(\frac{\pi}{2}z^2\right)\mathrm{d}z = \frac{1}{2} - N\cos\frac{\pi}{2}m^2 + M\sin\frac{\pi}{2}m^2,$$

$$\int_0^m \sin\left(\frac{\pi}{2}z^2\right)\mathrm{d}z = \frac{1}{2} - M\cos\frac{\pi}{2}m^2 - N\sin\frac{\pi}{2}m^2,$$

其中
$$M = \frac{1}{m\pi} - \frac{1\cdot 3}{m^5\pi^3} + \frac{1\cdot 3\cdot 5\cdot 7}{m^9\pi^5} - \cdots$$

$$N = \frac{1}{m^3\pi^2} - \frac{1\cdot 3\cdot 5}{m^7\pi^4} + \cdots$$

在整个 19 世纪还创立了其他几种方法（例如最速下降法）来计算积分值。所

---

① *Mém. de l' Acad. des Sci.*, *Inst. France*, 1, 1827, Note 16 = *Œuvres*, (1), 1, 230.

② *Trans. Camb. Phil. Soc.*, 9, 1856, 166 – 187 = *Math. and Phys. Papers*, 2, 329 – 357.

③ *Phil. Mag.*, (5), 23, 1887, 252 – 255 = *Math. and Phys. Papers*, 4, 303 – 306.

④ *Proc. Camb. Phil. Soc.*, 19, 1918, 49 – 55.

⑤ *Comp. Rend.*, 15, 1842, 554 – 556 和 573 – 578 = *Œuvres*, (1), 7, 149 – 157.

有这些方法的完满的理论,以及很好地搞清楚逼近究竟是什么,是级数的一些单项还是整个级数,不得不有待于渐近级数理论的建立。

许多用上述方法展开的积分最早是作为微分方程的解出现的。发散级数的另一用法是直接解微分方程。这种用法至少可追溯到欧拉的著作[①],在关于解非均匀弦振动问题的研究(第 22 章第 3 节)中,他给出一个常微分方程(本质上就是 $r/2$ 阶贝塞尔方程,其中 r 是整数)的渐近级数解。

雅可比[②]对很大的 x 给出了 $\mathrm{J}_n(x)$ 的渐近形式:

$$\mathrm{J}_n(x) - \left(\frac{2}{\pi x}\right)^{\frac{1}{2}} \left[\cos\left(x - \frac{n\pi}{2} - \frac{\pi}{4}\right)\right.$$

$$\times \left\{1 - \frac{(4n^2 - 1^2)(4n^2 - 3^2)}{2!(8x)^2} + \cdots\right\} - \sin\left(x - \frac{n\pi}{2} - \frac{\pi}{4}\right)$$

$$\left.\times \left\{\frac{4n^2 - 1^2}{1!8x} - \frac{(4n^2 - 1^2)(4n^2 - 3^2)(4n^2 - 5^2)}{3!(8x)^3} + \cdots\right\}\right].$$

发散级数在解微分方程中的一个稍微不同的用法是刘维尔提出的。他寻找[③]微分方程

(3)
$$\frac{\mathrm{d}}{\mathrm{d}x}\left(p\,\frac{\mathrm{d}y}{\mathrm{d}x}\right) + (\lambda^2 q_0 + q_1)y = 0$$

的近似解,其中 p, q_0 和 q_1 是 x 的正的函数,λ 是参数;要求在 $a \leqslant x \leqslant b$ 上求解。在这里,同边值问题要找 λ 的离散值相反,他感兴趣的是对大的 λ 值得到 y 的某种近似式。为此,他引入变量

(4)
$$t = \int_{x_0}^{x} \left(\frac{q_0}{p}\right)^{\frac{1}{2}} \mathrm{d}x, \quad w = (q_0 p)^{\frac{1}{4}} y,$$

从而得到

(5)
$$\frac{\mathrm{d}^2 w}{\mathrm{d}t^2} + \lambda^2 w = rw,$$

其中

$$r = (q_0 p)^{-1/4} \frac{\mathrm{d}^2}{\mathrm{d}t^2}(q_0 p)^{1/4} - \frac{q_1}{q_0}.$$

然后他运用一系列步骤,用现代语言来说,相当于用逐次逼近法求解一个沃尔泰拉型积分方程,这就是

$$w(t) = c_1 \cos \lambda t + c_2 \sin \lambda t + \int_{t_0}^{t} \frac{\sin \lambda(t - s)}{\lambda} r(s)w(s)\mathrm{d}s.$$

① *Novi Comm. Acad. Sci. Petrop.* , 9,1762/1763,246 - 304,pub. 1764 = *Opera* , (2),10,293 - 343.

② *Astronom. Nach.* , 28,1849, 65 - 94 = *Werke* , 7,145 - 174.

③ *Jour. de Math.* , 2,1837,16 - 35.

刘维尔接着论证了对充分大的 λ 值,方程(5)的第一近似应当是

$$(6) \qquad w - c_1 \cos \lambda t + c_2 \sin \lambda t.$$

如果现在把由(4)给出的 w 与 t 的值用来求(3)的近似解,从(6)就有

$$(7) \qquad y - c_1 \frac{1}{(q_0 p)^{1/4}} \cos \left\{ \lambda \int_{x_0}^{x} \left(\frac{q_0}{p} \right)^{\frac{1}{2}} \mathrm{d}x \right\}$$

$$+ c_2 \frac{1}{(q_0 p)^{1/4}} \sin \left\{ \lambda \int_{x_0}^{x} \left(\frac{q_0}{p} \right)^{\frac{1}{2}} \mathrm{d}x \right\}.$$

不过刘维尔并没有意识到,他已经对于大的 λ 得到了(3)的一个渐近级数解的第一项。

格林[1]在研究波在管道中传播时用过同样的方法。这方法被推广到形如

$$(8) \qquad y'' + \lambda^2 q(x, \lambda) y = 0$$

的方程,其中 λ 是大的正参数,而 x 可以是实数或复数。它的解现在通常表示为

$$(9) \qquad y - q^{-1/4} \exp \left(\pm i\lambda \int^{x} q^{1/2} \mathrm{d}x \right) \left[1 + O\left(\frac{1}{\lambda} \right) \right].$$

误差项 $O(1/\lambda)$ 意味着,精确的解应当包含一项 $F(x, \lambda)/\lambda$,其中 $|F(x, \lambda)|$ 对所考虑区域中的所有 x 和 $\lambda > \lambda_0$ 是有界的。当限制在复 x 平面的一个区域内时,这误差项的形式也是对的。刘维尔和格林都没有提供这误差项或者使他们的解成立的条件。更加一般和准确的逼近,是在温策尔(Gregor Wentzel,1898—1978)[2]、克拉默斯 (Hendrick A. Kramers, 1894—1952)[3]、布里渊 (Léon Brillouin, 1889—1969)[4]以及杰弗里斯(Harold Jeffreys,1891—1989)[5]等人的文章中弄清楚的,并且成了人们熟知的 WKBJ 解。这些人都是研究量子论中的薛定谔方程的。

斯托克斯在 1850 年宣读的一篇文章中[6],考虑了艾里积分

$$(10) \qquad W = \int_0^\infty \cos \frac{\pi}{2} (w^3 - mw) \mathrm{d}w$$

当 $|m|$ 很大时的值。这个积分表示衍射光接近焦散面时的强度。艾里(Sir George Biddell Airy,1801—1892)曾经给出 W 展为 m 的幂的一个级数,虽然它对所有的 m 收敛,但在计算上当 $|m|$ 很大时却不适用。斯托克斯的方法是构造一个微分方程,使这个积分是它的一个特解,而以在计算中可用的发散级数(他称这种级数为半收敛的)来解微分方程。

---

① *Trans. Camb. Phil. Soc.*, 6,1837, 457 − 462 = *Math. Papers*, 225 − 230.

② *Zeit. für Physik*, 38,1926,518 − 529.

③ *Zeit. für Physik*, 39,1926,828 − 840.

④ *Comp. Rend.*, 183,1926,24 − 26.

⑤ *Proc. London Math. Soc.*, (2),23,1923,428 − 436.

⑥ *Trans. Camb. Phil. Soc.*, 9,1856,166 − 187 = *Math. and Phys. Papers*, 2,329 − 357.

在说明 $U = \left(\dfrac{\pi}{2}\right)^{1/3} W$ 满足艾里微分方程

$$(11) \qquad \frac{\mathrm{d}^2 U}{\mathrm{d} n^2} + \frac{n}{3} U = 0, \ n = \left(\frac{\pi}{2}\right)^{2/3} m$$

之后,斯托克斯证明,对于正的 n 有

$$(12) \qquad U = A n^{-1/4} \left(R \cos \frac{2}{3} \sqrt{\frac{n^3}{3}} + S \sin \frac{2}{3} \sqrt{\frac{n^3}{3}} \right)$$

$$+ B n^{-1/4} \left(R \sin \frac{2}{3} \sqrt{\frac{n^3}{3}} - S \cos \frac{2}{3} \sqrt{\frac{n^3}{3}} \right),$$

其中

$$(13) \qquad R = 1 - \frac{1 \cdot 5 \cdot 7 \cdot 11}{1 \cdot 2 \cdot 16^2 \cdot 3 n^3} + \frac{1 \cdot 5 \cdot 7 \cdot 11 \cdot 13 \cdot 17 \cdot 19 \cdot 23}{1 \cdot 2 \cdot 3 \cdot 4 \cdot 16^4 \cdot 3^2 n^6} \cdots,$$

$$(14) \qquad S = \frac{1 \cdot 5}{1 \cdot 16 (3 n^3)^{1/2}} - \frac{1 \cdot 5 \cdot 7 \cdot 11 \cdot 13 \cdot 17}{1 \cdot 2 \cdot 3 \cdot 16^3 (3 n^3)^{3/2}} + \cdots,$$

使 U 成为解的量 A 和 B 是用特殊的办法确定的(在这里斯托克斯使用了驻波原理)。对负的 n,他也给出了类似的结果。

级数(12)和负的 n 的级数,取其若干项,其性态很像收敛级数,但实在都是发散的。斯托克斯注意到,它们可以用于计算。给定 n 的一个值,可以用从第一项起直到对所给 n 值为最小的那一项止。他给出一种定性的论证,说明为什么级数对于数值工作是可用的。

在对正的和负的 n 求解(11)时,斯托克斯遇到了特殊的困难。他不可能通过使 n 越过 0 而从正的 n 的级数过渡到负的 n 的级数,因为这级数对 $n = 0$ 没有意义。他因此尝试通过 n 的复值从正的 n 过渡到负的 n,但这并不产生正确的级数和常数因子。

经过一番努力以后[1],斯托克斯终于发现,如果在 n 的某一辐角范围内,一个通解用两个作为特解的渐近级数的某一线性组合表示,那么在 n 的辐角范围的一个邻域内,这两个基本渐近展开式的同一个线性组合,决非必然表示同一个通解。他发现,当跨越由 n 的辐角 = 常数给出的某些直线时,这线性组合的常数突然改变了。这些直线现在称为斯托克斯线。

虽然斯托克斯本来主要关心的是积分值的计算,但是他很清楚,发散级数可以一般地用来解微分方程。欧拉、泊松和其他人,也曾用这种办法解出个别的微分方程,但他们的结果看来是给出特殊物理问题的解的一些诀窍。在 1856 年和 1857 年的文章中,斯托克斯实际上给出了几个例子。

---

[1]　*Trans. Camb. Phil. Soc.*, 10, 1857, 106－128 = *Math. and Phys. Papers*, 4, 77－109.

上面关于用发散级数计算积分与解微分方程的工作,是许多数学家和物理学家所完成的工作的一个样品。

3. 渐近级数的正式理论

在函数表示和计算中有用的那些发散级数,对它们本性的完整认识,以及这些级数的正式定义,是 1886 年由庞加莱和斯蒂尔切斯独立地完成的。庞加莱称这些级数为渐近级数,而斯蒂尔切斯则继续使用半收敛级数这个名称。庞加莱[①]研究这个课题是为了进一步研究线性微分方程的解。受发散级数在天文学上的用途所感动,他力图找出什么东西是有用的以及为什么会有用。在去伪存真与确切陈述本质方面他获得了成功。形如

$$(15) \qquad a_0 + \frac{a_1}{x} + \frac{a_2}{x^2} + \cdots$$

的级数,其中 a_i 与 x 无关,我们说它对于大的 x 值渐近地表示函数 $f(x)$,是指

$$(16) \qquad \lim_{x \to \infty} x^n \left[f(x) - \left(a_0 + \frac{a_1}{x} + \cdots + \frac{a_n}{x^n} \right) \right] = 0$$

对 $n = 0, 1, 2, 3, \cdots$ 成立。这级数一般是发散的,但在特殊情形可以是收敛的。这级数与 $f(x)$ 的关系表示为

$$f(x) - a_0 + \frac{a_1}{x} + \frac{a_2}{x^2} + \cdots,$$

这样的级数是函数在 $x = \infty$ 的邻域内的展开式。庞加莱在他 1886 年的文章中考虑了实的 x 值。然而,该定义对复的 x 也成立,只要用 $|x| \to \infty$ 代替 $x \to \infty$ 就行了;虽然表示的正确性就要被限制在复平面上的一个以原点为顶点的扇形内。

级数(15)是在 $x = \infty$ 的邻域内渐近于 $f(x)$。然而这定义已经被推广了:人们说级数

$$a_0 + a_1 x + a_2 x^2 + \cdots$$

在 $x = 0$ 渐近于 $f(x)$,如果

$$\lim_{x \to 0} \frac{1}{x^n} \left[f(x) - \sum_{i=0}^{n-1} a_i x^i \right] = a_n.$$

虽然在某些渐近级数的情形,人们知道中止于某一项将会出现什么样的误差;但对于一般的渐近级数,人们还不知道关于数值误差的这种信息。然而,渐近级数对于大的 x 可以用来给出相当精确的数值结果,只要取那样一些项,当所取的项愈来愈多时,这些项的数值大小是递减的。到任何一步,误差大小的数量级等于丢掉

---

① *Acta Math.*, 8, 1886, 295 – 344 = *Œuvres*, 1, 290 – 332.

的第一项大小的数量级。

庞加莱证明,两个函数的和、差、积、商,可用它们各自的渐近级数的和、差、积、商渐近地表示,只要作为除数的级数的常数项不为 0。还有,如果

$$f(x) - a_0 + \frac{a_1}{x} + \frac{a_2}{x^2} + \cdots,$$

那么

$$\int_{x_0}^{x} f(z)\mathrm{d}z - C + a_0 x + a_1 \log x - \frac{a_2}{x} - \frac{1}{2}\frac{a_3}{x^2} - \cdots.$$

积分的运用包含着原来定义的一个微小的推广,这就是

$$\phi(x) - f(x) + g(x)\left(a_0 + \frac{a_1}{x} + \frac{a_2}{x^2} + \cdots\right),$$

只要

$$\frac{\phi(x) - f(x)}{g(x)} - a_0 + \frac{a_1}{x} + \frac{a_2}{x^2} + \cdots,$$

即使当 $f(x)$ 与 $g(x)$ 本身没有渐近级数表示时也成立。至于微分,如果已知 $f'(x)$ 有渐近级数表示,那么它可以从 $f(x)$ 的渐近级数经逐项微分得到。

若一已知函数有一个渐近级数表示,则它是唯一的;但反过来不成立,因为例如 $(1+x)^{-1}$ 与 $(1+\mathrm{e}^{-x}) \cdot (1+x)^{-1}$ 就有相同的渐近表示。

庞加莱把他的渐近级数理论应用于微分方程,在他的天体力学著作《天体力学的新方法》(*Les Méthodes nouvelles de la mécanique céleste*)[①]中就有很多这样的应用。在他 1886 年的文章中所研究的方程类是

(17)　　　　　$P_n(x)y^{(n)} + P_{n-1}(x)y^{(n-1)} + \cdots + P_0(x)y = 0,$

其中 $P_i(x)$ 是 x 的多项式。实际上庞加莱只研究了二阶的情形,但他的方法可以用于(17)。

方程(17)的奇点只有 $P_n(x)$ 的零点和 $x = \infty$。对于正则奇点(*Stelle der Bestimmtheit*),存在由富克斯(Lazarus Fuchs)给出的积分的收敛表达式(第 29 章第 5 节)。于是考虑一个非正则奇点。用线性变换可以把这个点移到 ∞ 去,而使方程保持其形式。如果 P_n 是 p 次的,则 $x = \infty$ 是正则奇点的条件是 P_{n-1},P_{n-2},$\cdots$,P_0 的次数最多分别是 $p-1$,$p-2$,$\cdots$,$p-n$。对于非正则奇点,这些次数中的一个或多个必须大些。庞加莱证明,对于形如(17)的微分方程,只要 P_i 的次数不超过 P_n 的次数,则存在 n 个形如

$$\mathrm{e}^{ax}x^a\left(A_0 + \frac{A_1}{x} + \cdots\right)$$

的级数,它们形式地满足微分方程。他还证明,对应于每一个这样的级数,存在一

---

① Vol. 2, Chap. 8, 1893.

个表示成积分的精确解,以这级数为它的渐近表示。

庞加莱的结果包括在下述的霍恩定理[1]中。霍恩(Jakob Horn,1867—1946)处理方程

$$(18) \qquad y^{(n)} + a_1(x)y^{(n-1)} + \cdots + a_n(x)y^n = 0,$$

其中系数都是 x 的有理函数,并且假设对于充分大的正 x,可以展成形如

$$a_r(x) = x^{rk}\left[a_{r,0} + \frac{a_{r,1}}{x} + \frac{a_{r,2}}{x^2} + \cdots\right], \; r = 1, 2, \cdots, n$$

的收敛级数或渐近级数,其中 k 是正整数或 0。如果对于上面的方程(18),特征方程即代数方程

$$m^n + a_{1,0}m^{n-1} + \cdots + a_{n,0} = 0$$

的根 m_1,m_2,$\cdots$,m_n 互不相同,则方程(18)有 n 个线性无关的解 y_1,y_2,$\cdots$,y_n,对充分大的正 x,它们也可以渐近地展成形式

$$y_r - \mathrm{e}^{f_r(x)} x^{\rho_r} \sum_{j=0}^{\infty} \frac{A_{r,j}}{x^j}, \; r = 1, 2, \cdots, n,$$

其中 $f_r(x)$ 是 x 的 $k+1$ 次多项式,它的 x 的最高次幂的系数是 $m_r/(k+1)$,而 ρ_r 与 $A_{r,j}$ 是常数,但 $A_{r,0} = 1$。庞加莱和霍恩的结果已推广到许多其他类型的微分方程,并且推广到特征方程的根不一定互不相同的情形。

当(18)中的自变量允许取复值时,渐近级数解的存在、形式和范围,首先由霍恩[2]处理过。伯克霍夫(George David Birkhoff,1884—1944)给出了一个普遍的结果,他是美国早期的大数学家之一[3]。伯克霍夫在这篇文章中不是考虑方程(18),而是考虑更一般的方程组

$$(19) \qquad \frac{\mathrm{d}y_i}{\mathrm{d}x} = \sum_{j=1}^{n} a_{ij}(x)y_j, \; j = 1, 2, \cdots, n,$$

其中当 $|x| > R$ 时,对于每个 a_{ij} 都有

$$a_{ij}(x) - a_{ij}x^q + a_{ij}^{(1)}x^{q-1} + \cdots + a_{ij}^{(q)} + a_{ij}^{(q+1)}\frac{1}{x} + \cdots,$$

并且对于(19)而言,特征方程

$$|a_{ij} - \delta_{ij}\alpha| = 0$$

有互不相同的根。他给出了 y_i 的渐近级数解,它们在复平面上以 $x = 0$ 为顶点的各扇形中成立。

尽管庞加莱和其他人的上述展开式都是由自变量的幂构成的,但是微分方程

① *Acta Math.*,24,1901,289 – 308.

② *Math. Ann.*,50,1898,525 – 526.

③ *Amer. Math. Soc. Trans.*,10,1909,436 – 470 = *Coll. Math. Papers*,1,201 – 235.

渐近级数解的进一步研究却回到了刘维尔最早考虑过的含参数的问题(第 2 节)。伯克霍夫给出了这个问题的普遍结果[①]。他考虑

$$(20) \qquad \frac{\mathrm{d}^n z}{\mathrm{d} x^n} + \rho a_{n-1}(x, \rho) \frac{\mathrm{d}^{n-1} z}{\mathrm{d} x^{n-1}} + \cdots + \rho^n a_0(x, \rho) z = 0,$$

其中 $|\rho|$ 是大的,并且 $x \in [a, b]$。函数 $a_i(x, \rho)$ 假设对复参量 ρ 在 $\rho = \infty$ 处是解析的,并且对实变量 x 有各阶微商。对 $a_i(x, \rho)$ 所作的假设蕴含了

$$a_i(x, \rho) = \sum_{j=0}^{\infty} a_{ij}(x) \rho^{-j},$$

也蕴含了特征方程

$$w^n + a_{n-1, 0}(x) w^{n-1} + \cdots + a_{00}(x) = 0$$

的根 $w_1(x)$, $w_2(x)$, $\cdots$, $w_n(x)$ 对每一个 x 是互不相同的。他证明(20)有 n 个无关解

$$z_1(x, \rho), \cdots, z_n(x, \rho),$$

这些解在 ρ 平面(由 ρ 的辐角确定)的区域 S 中关于 ρ 是解析的,使得对任一整数 m 和充分大的 $|\rho|$ 都有

$$(21) \qquad z_i(x, \rho) = u_i(x, \rho) + \exp\left[\rho \int_a^z w_i(t)\mathrm{d}t\right] E_0 \rho^{-m},$$

其中

$$(22) \qquad u_i(x, \rho) = \exp\left[\rho \int_a^x w_i(t)\mathrm{d}t\right] \sum_{j=0}^{m-1} u_{ij}(x) \rho^{-j},$$

而 E_0 是 x, ρ, m 的函数,且对于所有 $[a, b]$ 中的 x 与 S 中的 ρ 有界。这些 $u_{ij}(x)$ 本身是可确定的。由于(22),结果(21)表明 z_i 是由 $1/\rho$ 直到 $1/\rho^{m-1}$ 诸项加上一个余项(即右边第二项,它包含 $1/\rho^m$)所得级数给出的。此外,由于 m 是任意的,人们可以在 $u_i(x, \rho)$ 的表达式中随意取 $1/\rho$ 的任意多少项。因 E_0 有界,余项对 $1/\rho$ 来说比 $u_i(x, \rho)$ 的阶更高。于是,令 m 变为无穷所得到的无穷级数,在庞加莱意义下渐近到 $z_i(x, \rho) \Big/ \exp\left[\rho \int_a^x w_i(t)\mathrm{d}t\right]$。

在伯克霍夫定理中,复数 ρ 的渐近级数只在复 ρ 平面的一个扇形区域 S 内成立。斯托克斯现象就出现了。也就是说,$z_i(x, \rho)$ 的越过斯托克斯线的解析开拓,并不能由 $z_i(x, \rho)$ 的渐近级数的解析开拓给出。

渐近级数的运用,或微分方程解的 WKBJ 逼近的运用,提出了另一个问题。假设我们考虑方程

$$(23) \qquad y'' + \lambda^2 q(x) y = 0,$$

---

① *Amer. Math. Soc. Trans.*, 9,1908,219 − 231 和 380 − 382 = *Coll. Math. Papers*, 1,1 − 36。

其中 x 在 $[a,b]$ 中取值。对于充分大的 λ，由于(7)，WKBJ 逼近在 $x>0$ 处给出两个解，在 $x<0$ 处也给出两个解。而在使 $q(x)=0$ 的 x 处发生了问题。这样的点称为过渡点、转折点或斯托克斯点。然而，(23)的精确解在这种点处却是有穷的。问题是要连接在转折点各侧的 WKBJ 解，使它们在微分方程的求解区间 $[a,b]$ 内表示同一个精确解。为了把问题提得明确些，假设上面的方程中 $q(x)$ 对于实的 x 是实的，并且 $x=0$ 时 $q(x)=0$，$q'(x)\neq0$。还假设 $q(x)$ 对于正的 x 是负的(或者反过来)。对 $x<0$，给定两个 WKBJ 解的一个线性组合，对 $x>0$，则给定另一个线性组合。问题在于对 $x>0$ 成立的哪个解应当与 $x<0$ 的哪个解连接起来。连接公式提供了答案。

解决越过 $q(x)$ 的零点的方案首先由瑞利(S. J. W. Rayleigh)勋爵[1]提出，并由熟悉瑞利工作的甘斯(Richard Gans, 1880—1954)[2]作了推广。他们两人都是研究光在变介质中的传播的。

连接公式的第一个系统研究是由杰弗里斯[3]独立于甘斯做出的。杰弗里斯考虑方程

$$(24) \qquad \frac{\mathrm{d}^2 y}{\mathrm{d}x^2} + \lambda^2 X(x)y = 0,$$

其中 x 是实的，λ 是充分大的实数，$X(x)$ 只有一个单零点，譬如说 $x=0$。他导出了连接(24)在 $x>0$ 和 $x<0$ 时的渐近级数解的公式，用的是(24)的一个近似方程，即

$$(25) \qquad \frac{\mathrm{d}^2 y}{\mathrm{d}x^2} + \lambda^2 xy = 0,$$

它是用 x 的一个线性函数代替(24)中的 $X(x)$。(25)的解是

$$(26) \qquad y_{\pm}(x) = x^{1/2} \mathrm{J}_{\pm 1/3}(\xi),$$

其中 $\xi = (2/3)\lambda x^{3/2}$。对充分大的 x，这些解的渐近展开式可以用来连接 $x=0$ 两边的渐近解。在连接过程中，必须考虑涉及 x 及 λ 变域的许多细节，这里不讨论。在大量文章中，连接公式的研究已推广到(24)中的 $X(x)$ 有多重零点或 n 个不同的零点，以及更复杂的二阶方程与高阶方程，或复的 x 与 λ 等各种情形。

渐近级数的理论，无论是用来计算积分或者微分方程近似解，近年来都有巨大的拓广。特别值得指出的是，数学发展表明，18,19 世纪的人，最有名的是欧拉，他们觉察到发散级数的巨大功用，并坚持认为这些级数可以用作它们所表示的函数的分析等价物，即级数的运算对应于函数的运算。他们的路子是正确的。虽然他

① *Proc. Roy. Soc.*, A 86, 1912, 207-226 = *Sci. Papers*, 6, 71-90.
② *Annalen der Phys.*, (4), 47, 1915, 709-736.
③ *Proc. London Math. Soc.*, (2), 23, 1922-1924, 428-436.

们不能提炼出本质的严密的概念,但是,基于直观和所得到的结果,他们看到了发散级数和它们所表示的函数是密切地关联着的。

4. 可 和 性

迄今谈到的发散级数的研究,都在于寻找渐近级数去表示函数,这些函数或者是有已知显式的,或者隐含在微分方程的解中。大概从 1880 年开始,数学家们研究的另一个问题,本质上是求渐近级数的反问题。给定一个在柯西意义下发散的级数,能够赋予这级数一个"和"吗? 如果级数是变项级数,这个"和"就会是一个函数,对这个函数来说,这发散级数也可能是也可能不是一个渐近展开式。但是函数仍然可以取作级数的"和",而这个"和"可以服务于某些有用的目的,即使级数肯定不收敛到这个函数,或者对于计算函数近似值来说可能用不上。

求发散级数的和的问题,在柯西引进收敛与发散的定义以前,实际上多多少少已经在做了。数学家们遇到发散级数并求出它们的和,其机会与他们对收敛级数所做的几乎一样多,因为这两类级数并没有严格区别开来。唯一的问题是,合适的和是什么? 例如,欧拉的原则是(第 20 章第 7 节),一个函数的幂级数展开,以导出这个级数的函数的值作为它的和;即使对于 x 的某些值这级数在柯西意义下是发散的,这个原则也对这级数给定一个和。同样,在他的级数变换中(第 20 章第 4 节),他把发散级数变换成收敛级数,从不怀疑实际上每一个级数都应当有一个和。然而,在柯西确实做出了收敛与发散的区别之后,求发散级数的和的问题就在一个不同的水平上开始探讨。人们不再接受 18 世纪关于所有级数各有其和的相对朴素的看法。新的定义规定了现在所谓的"可和性"(summability),把它与柯西意义下的收敛性概念区别开来。

事后人们可以看到,可和性的概念事实上就是 18 世纪和 19 世纪初期的人们所提出的。这就是与刚刚所述的欧拉求和法相当的东西。事实上,欧拉在他 1745 年 8 月 7 日致哥德巴赫(Christian Goldbach)的信中,认定幂级数的和是导出这个级数的函数的值,还认定每个级数都必须有和,但因"和"这个词隐含通常的相加过程,而在发散级数的情形,例如 $1-1!+2!-3!+\cdots$,这个过程又不导致"和",所以对于发散级数的"和",我们应当用"值"这个词。

泊松也引进了一种在今天看来就是可和性的概念。欧拉把级数由之而来的函数的值作为这级数的和。隐含在欧拉这个定义中的思想是

(27) $$\sum_{n=0}^{\infty} a_n = \lim_{x \to 1^-} \sum_{n=0}^{\infty} a_n x^n.$$

(上式中记号 1— 是指 x 从左边趋向于 1。)根据(27),$1-1+1-1+\cdots$ 的和是

$$\lim_{x \to 1-}(1 - x + x^2 - x^3 + \cdots) = \lim_{x \to 1-}(1 + x)^{-1} = \frac{1}{2}.$$

泊松[1]曾感到级数

$$\sin\theta + \sin 2\theta + \sin 3\theta + \cdots$$

难以考虑,它除了 θ 是 π 的倍数以外处处是发散的。他的想法是,就整个傅里叶级数

(28)
$$\frac{a_0}{2} + \sum_n (a_n\cos n\theta + b_n\sin n\theta)$$

来说,人们应当考虑相关的幂级数

(29)
$$\frac{a_0}{2} + \sum_n (a_n\cos n\theta + b_n\sin n\theta)r^n,$$

并且定义(28)的和就是级数(29)当 r 从左边趋向于 1 时的极限。自然,泊松并没有意识到他是提出了关于发散级数的和的一个定义,因为正如曾经说明过的,收敛和发散之间的区别在他那个时候还不是紧要的。

泊松所用的定义现在称为阿贝尔求和法,因为它还受到阿贝尔的一个定理[2]的启发,这个定理说,如果幂级数

$$f(x) = \sum_{n=0}^{\infty} a_n x^n$$

有收敛半径 r,并且在 $x = r$ 收敛,则

(30)
$$\lim_{x \to r-} f(x) = \sum_{n=0}^{\infty} a_n r^n.$$

于是由级数在 $-r < x \leqslant r$ 内所定义的函数 $f(x)$ 在 $x = r$ 左方连续。然而,如果 $\sum a_n$ 不收敛而极限(30)在 $r = 1$ 存在,那就有了发散级数和的一个定义。对于在柯西意义下发散的级数,这个可和性的正式定义,直到 19 世纪末,由于即将说明的原因,一直没有被提出。

重新考虑发散级数求和法的动力之一,除了这些级数在天文研究中继续有用之外,是解析函数论中的所谓边值(*Grenzwert*)问题。一个幂级数 $\sum a_n x^n$ 可以在以 r 为半径的圆的内部表示一个解析函数,但不包括圆周上的 x 值。问题在于能否找到一种和的概念,使得幂级数在 $|x| = r$ 时可以有和,并且使得这个和就是 $f(x)$ 当 $|x|$ 趋向 r 时的值。正是这个延拓解析函数幂级数表示范围的尝试,推动了弗罗贝尼乌斯(F. Georg Frobenius)、赫尔德(Ludwig Otto Hölder)和塞萨罗的工作。弗罗贝尼乌斯证明[3],如果幂级数 $\sum a_n x^n$ 的收敛区间是 $-1 < x < 1$,又如果

---

[1] *Jour. de l' Ecole Poly.*, 11, 1820, 417 - 489.

[2] *Jour. für Math.*, 1, 1826, 311 - 339 = *Œuvres*, 1, 219 - 250.

[3] *Jour. für Math.*, 89, 1880, 262 - 264 = *Ges. Abh.*, 2, 8 - 10.

(31) $$s_n = a_0 + a_1 + \cdots + a_n,$$

则 $$\lim_{x \to 1-} \sum_{n=0}^{\infty} a_n x^n = \lim_{n \to \infty} \frac{s_0 + s_1 + \cdots + s_n}{n+1},$$

只要右边的极限存在。因此,对 $x = 1$ 在正常意义下发散的幂级数可以有一个和。此外,如果 $f(x)$ 是这幂级数所表示的函数,则弗罗贝尼乌斯对级数在 $x = 1$ 的值的定义与 $\lim_{x \to 1-} f(x)$ 一致。

脱离与幂级数的这种联系,弗罗贝尼乌斯的工作提出了发散级数的一种可和性定义。如果 $\sum a_n$ 发散,s_n 有(31)中的意义,则可以把和取作

$$\sum_{n=0}^{\infty} a_n = \lim_{n \to \infty} S_n = \lim_{n \to \infty} \frac{s_0 + s_1 + \cdots + s_n}{n+1},$$

只要这个极限存在。例如,对于级数 $1 - 1 + 1 - 1 + \cdots$,S_n 的值是 1,$\frac{1}{2}$,$\frac{2}{3}$,$\frac{2}{4}$,$\frac{3}{5}$,$\frac{1}{2}$,$\frac{4}{7}$,$\frac{1}{2}$,$\cdots$,从而 $\lim_{n \to \infty} S_n = \frac{1}{2}$。如果 $\sum a_n$ 收敛,则弗罗贝尼乌斯的"和"就是通常的和。这种取级数部分和的平均的思想,可以在较早的文献中找到。丹尼尔·伯努利(Daniel Bernoulli)[1]与拉贝(Joseph L. Raabe, 1801—1859)[2]对特殊类型的级数就用过。

在弗罗贝尼乌斯发表他的文章之后不久,赫尔德[3]做出了一种推广。给定级数 $\sum a_n$,令

$$s_n^{(0)} = s_n,$$

$$s_n^{(1)} = \frac{1}{n+1}(s_0^{(0)} + s_1^{(0)} + \cdots + s_n^{(0)}),$$

$$s_n^{(2)} = \frac{1}{n+1}(s_0^{(1)} + s_1^{(1)} + \cdots + s_n^{(1)}),$$

$$\cdots\cdots$$

$$s_n^{(r)} = \frac{1}{n+1}(s_0^{(r-1)} + s_1^{(r-1)} + \cdots + s_n^{(r-1)}).$$

于是和为

(32) $$s = \lim_{n \to \infty} s_n^{(r)},$$

只要这极限对某个 r 存在。赫尔德的定义现在叫 (H, r) 求和法。

赫尔德给了一个例子。考虑级数

---

[1] *Comm. Acad. Sci. Petrop.*, 16, 1771, 71 - 90.

[2] *Jour. für Math.*, 15, 1836, 355 - 364.

[3] *Math. Ann.*, 20, 1882, 535 - 549.

$$-\frac{1}{(1+x)^2} = -1 + 2x - 3x^2 + 4x^3 - \cdots$$

这个级数当 $x=1$ 时发散。然而对 $x=1$ 有

$$s_0 = -1, \quad s_1 = 1, \quad s_2 = -2, \quad s_3 = 2, \quad s_4 = -3, \cdots,$$

因此

$$s_0^{(1)} = -1, \quad s_1^{(1)} = 0, \quad s_2^{(1)} = -\frac{2}{3}, \quad s_3^{(1)} = 0, \quad s_4^{(1)} = -\frac{3}{5}, \cdots,$$

$$s_0^{(2)} = -1, \quad s_1^{(2)} = -\frac{1}{2}, \quad s_2^{(2)} = -\frac{5}{9}, \quad s_3^{(2)} = -\frac{5}{12}, \quad s_4^{(2)} = -\frac{34}{75}, \cdots,$$

几乎显然地有 $\lim\limits_{n\to\infty} s_n^{(2)} = -1/4$，而这就是赫尔德和($H$, 2)。这也是欧拉根据他的原则给予这个级数的值，他的原则是，和等于导出这个级数的函数的值。

可和性的另一个在现在来说是很标准的定义，是由那不勒斯大学教授塞萨罗给出的[1]。设级数是 $\sum\limits_{i=0}^{\infty} a_i$，令 s_n 为 $\sum\limits_{i=0}^{n} a_i$。那么塞萨罗和就是

(33) $$s = \lim_{n\to\infty} \frac{S_n^{(r)}}{D_n^{(r)}} \quad (r \text{ 整数且} \geqslant 0),$$

其中

$$S_n^{(r)} = s_n + r s_{n-1} + \frac{r(r+1)}{2!} s_{n-2} + \cdots + \frac{r(r+1)\cdots(r+n-1)}{n!} s_0$$

以及

$$D_n^{(r)} = \frac{(r+1)(r+2)\cdots(r+n)}{n!}.$$

$r=1$ 的情形包含了弗罗贝尼乌斯的定义。塞萨罗的定义现在叫做(C, r)求和法。赫尔德与塞萨罗的方法给出相同的结果。赫尔德可求和隐含塞萨罗可求和，是由克诺普(Konrad Knopp, 1882—1957)在 1907 年的一篇没有发表的学位论文中证明的，逆定理则是由施内(Walter Schnee, 1885 年生)证明的[2]。

某些可和性定义的有趣特点是，当应用到收敛半径为 1 的幂级数时，它们不仅给出与 $\lim\limits_{x\to 1-} f(x)$ 一致的和[其中 $f(x)$ 是由级数给出其幂级数表示的函数]，而且还有进一步的性质，这就是他们在 $|x|>1$ 的区域内保持有意义，并且在这些区域内提供了原来幂级数的解析开拓。

求发散级数的"和"的更进一步的动力，来自一个完全不同的方向，这就是斯蒂尔切斯对连分式的研究。连分式可以变换成发散级数或者收敛级数，反过来也成立，这一事实曾经被欧拉利用过[3]。欧拉希望(第 20 章第 4,6 节)为发散级数

---

① *Bull. des Sci. Math.*，(2),14,1890,114-120.

② *Math. Ann.*，67,1909,110-125.

③ *Novi Comm. Acad. Sci. Petrop.*，5,1754/1755,205-237, pub. 1760 = *Opera*，(1),14,585-617, 和 *Nova Acta Acad. Sci. Petrop.*，2,1784;36-45, pub. 1788 = *Opera*，(1),16,34-43.

(34)
$$1 - 2! + 3! - 4! + 5! - \cdots$$

找到一个和。在他论发散级数的文章[1]以及与尼古拉·伯努利(1687—1759)的通信[2]中,欧拉首先证明级数

(35)
$$x - (1!)x^2 + (2!)x^3 - (3!)x^4 + \cdots$$

形式地满足微分方程

$$x^2 \frac{\mathrm{d}y}{\mathrm{d}x} + y = x,$$

而对这方程他得到了积分解

(36)
$$y = \int_0^\infty \frac{x\mathrm{e}^{-t}}{1 + xt} \mathrm{d}t.$$

然后应用他导出的把收敛级数变换成连分式的规则,欧拉把(35)变换成

(37)
$$\frac{x}{1+} \frac{x}{1+} \frac{x}{1+} \frac{2x}{1+} \frac{2x}{1+} \frac{3x}{1+} \frac{3x}{1+} \cdots.$$

这个工作包含两个特点。一方面,欧拉得到了一个积分,可以当作发散级数(35)的"和";后者事实上是这积分的渐近级数。另一方面他表明,如何把发散级数变换成连分式。事实上他用了 $x = 1$ 的连分式去计算级数(34)的值。

这类性质的研究,在18世纪后期偶然地有一些,而在19世纪便有了很多,其中最值得注意的是拉盖尔的工作[3]。他首先证明积分(36)可以展成连分式(37)。他还处理了发散级数

(38)
$$1 + x + 2!x^2 + 3!x^3 + \cdots,$$

因为

$$m! = \Gamma(m + 1) = \int_0^\infty \mathrm{e}^{-z}z^m \mathrm{d}z,$$

这级数可以写成

$$\int_0^\infty \mathrm{e}^{-z}\mathrm{d}z + x\int_0^\infty \mathrm{e}^{-z}z\,\mathrm{d}z + x^2\int_0^\infty \mathrm{e}^{-z}z^2\,\mathrm{d}z + \cdots,$$

如果形式地交换积分与求和的次序,就得到

$$\int_0^\infty \mathrm{e}^{-z}(1 + xz + x^2z^2 + \cdots)\mathrm{d}z,$$

或

(39)
$$f(x) = \int_0^\infty \mathrm{e}^{-z} \frac{1}{1 - zx} \mathrm{d}z.$$

这样导出来的 $f(x)$,对所有正实数之外的复的 x 是解析的,并且可以当作级数

---

[1]　*Novi Comm. Acad. Sci. Petrop.*, 5, 1754/1755, 205 – 237, pub. 1760 = *Opera*, (1), 14, 585 – 617.

[2]　欧拉的 *Opera Posthuma*, 1, 545 – 549。

[3]　*Bull. Soc. Math. de France*, 7, 1879, 72 – 81 = *Œuvres*, 1, 428 – 437.

(38)的和。

斯蒂尔切斯在他1886年的学位论文中着手研究发散级数[1]。在这里斯蒂尔切斯引进了一个级数渐近于一个函数的定义,完全与庞加莱引进的相同;然而在其他方面,他却只限于某些特殊级数的计算。

斯蒂尔切斯继续研究发散级数的连分式展开,在1894年至1895年写了两篇关于这个课题的著名文章[2]。这个工作是连分式解析理论的开端,它研究了收敛性问题以及定积分与发散级数的联系。就在这两篇文章中,他引进了后来以他的名字命名的积分。

斯蒂尔切斯从连分式

$$(40) \quad \frac{1}{a_1 z +} \frac{1}{a_2 +} \frac{1}{a_3 z +} \frac{1}{a_4 +} \frac{1}{a_5 z +} \cdots \frac{1}{a_{2n} +} \frac{1}{a_{2n+1} z + 1} \cdots$$

出发,其中 a_n 是正实数而 z 是复数。他接着证明,当级数 $\sum_{n=1}^{\infty} a_n$ 发散时,连分式(40)收敛到一个函数 $F(z)$,这函数在复平面上除去负实轴和原点以外是解析的,并且

$$(41) \quad F(z) = \int_0^{\infty} \frac{\mathrm{d}\phi(u)}{u+z}.$$

当 $\sum a_n$ 收敛时,(41)的奇部分和与偶部分和收敛到不同的极限 $F_1(z)$ 与 $F_2(z)$,这里

$$F_1(z) = \int_0^{\infty} \frac{\mathrm{d}g_1(u)}{z+u}, \; F_2(z) = \int_0^{\infty} \frac{\mathrm{d}g_2(u)}{z+u}.$$

现在,人们知道,连分式(40)能形式地展成级数

$$(42) \quad \frac{c_0}{z} - \frac{c_1}{z^2} + \frac{c_2}{z^3} - \frac{c_3}{z^4} + \cdots,$$

其中 c_i 是正的。这种对应(在一定限制下)还是可逆的。对于每一个级数(42),都对应着一个带正 a_n 的连分式(40)。斯蒂尔切斯说明了如何由 a_n 定出 c_i;他还在 $\sum a_n$ 发散的情况下证明了比值 c_n / c_{n-1} 是递增的。如果它有一个有穷的极限 λ,则级数在 $|z| > \lambda$ 时收敛;但是如果这个比递增而无极限,则级数对一切 z 发散。

级数(42)和连分式(40)之间的关系说得更为详细。虽然级数收敛时连分式就收敛,但反过来却不真。当级数(42)发散时,必须按照 $\sum a_n$ 发散还是收敛而分成

---

[1] "Recherches sur quelques séries semi-convergentes," *Ann. de l' Ecole Norm. Sup.*, (3),3,1886, 201-258 = *Œuvres complètes*, 2,2-58.

[2] *Ann. Fac. Sci. de Toulouse*, 8,1894,J. 1-122,和9,1895, A. 1-47 = *Œuvres complètes*, 2, 402-559.

两种情况。在前一种情况,正如我们已经说过的,连分式给出一个而且只有一个与之等价的函数,这可以当作发散级数(42)的和。当 $\sum a_n$ 收敛时,从连分式得到的是两个不同的函数,一个从偶部分和收敛得到,另一个从奇部分和收敛得到。但对于级数(42)(在它发散时)却有无穷多个函数与它对应,其中每一个都以这级数作为渐近展开。

斯蒂尔切斯的结果还有这样的意义:这些结果表明,发散级数至少分为两类,一类是,存在适当的单个等价函数,以这级数为它的展开,另一类则是至少存在两个等价函数以这级数作为展开。连分式只是级数与积分之间的一个中介物;也就是说,给定一个级数,通过连分式可得到积分。因此,一个发散级数总是属于一个或多个函数,这些函数可以在和的一种新的意义下当作这级数的和。

斯蒂尔切斯还提出并解决了一个反问题。为了叙述简单,我们假设 $\phi(u)$ 可微,因而积分(41)可以写成

$$\int_0^\infty \frac{f(u)}{z+u}\mathrm{d}u.$$

对应于发散级数(42)以及在 $\sum a_n$ 发散的情形,存在一个这种形式的积分。问题就是已知道级数去找 $f(u)$。积分的形式展开表明

(43)
$$c_n = \int_0^\infty f(u)u^n\mathrm{d}u, \ n = 0,\ 1,\ 2,\ \cdots$$

因此知道了 c_n 之后,必须确定 $f(u)$,使它满足无穷多个方程(43)。这就是斯蒂尔切斯所谓的"矩量问题"。它并非只有唯一解,因为斯蒂尔切斯本人就给出了函数

$$f(u) = \mathrm{e}^{-\sqrt[4]{u}}\sin\sqrt[4]{u},$$

它使得 $c_n = 0$ 对一切 n 成立。如果加上补充条件:$f(u)$ 在积分限之间是正的,则只有单独一个 $f(u)$ 是可能的。

可和性级数理论的系统发展是从波莱尔自 1895 以来的工作开始的。他首先给出塞萨罗定义的推广。然后他仿效斯蒂尔切斯的工作,给出一个积分定义[①]。如果把拉盖尔所用的过程用到任何一个形如

(44)
$$a_0 + a_1x + a_2x^2 + \cdots$$

的收敛半径有限(包括 0)的级数上,就导致积分

(45)
$$\int_0^\infty \mathrm{e}^{-z}F(zx)\mathrm{d}z,$$

其中
$$F(u) = a_0 + a_1u + \frac{a_2}{2!}u^2 + \cdots + \frac{a_n}{n!}u^n + \cdots.$$

① *Ann. de l' Ecole Norm. Sup.*, (3),16,1899,9 – 136.

这个积分就是波莱尔在其上建立他的发散级数理论的表达式。它被波莱尔当作级数(44)的和。级数 $F(u)$ 称为原来级数的关联级数(associated series)。

如果原来的级数(44)有大于 0 的收敛半径 R,则关联级数代表一个整函数。这时积分 $\int_0^\infty e^{-z}F(zx)dz$ 当 x 在收敛圆内时有意义,并且积分值和级数值相等。但是这积分也可能对收敛圆外的 x 值有意义,这时这积分就提供了原来级数的一个解析开拓。波莱尔称这个级数在 x 点(在这点积分有意义)是**可和的**(summable)(在刚才解释过的意义下)。

如果原级数(44)发散 $(R=0)$,则关联级数可以收敛也可以发散。如果它只在平面 $u=zx$ 的一部分上收敛,我们就不仅把关联级数的值,也把它的解析开拓的值看成 $F(u)$。于是积分 $\int_0^\infty e^{-z}F(zx)dz$ 可以有意义,并且正如我们看到的,就是从原来的发散级数得到的。使原来的级数可和的 x 值的区域的确定,曾由波莱尔研究过,他考虑了原来级数收敛 $(R>0)$ 与发散 $(R=0)$ 这两种情形。

波莱尔还引进了绝对可和性(absolute summability)的概念。原来级数是绝对可和的,如果

$$\int_0^\infty e^{-z}F(zx)dz$$

绝对收敛,并且后续的积分

$$\int_0^\infty e^{-z}\left|\frac{d^\lambda F(zx)}{dz^\lambda}\right|dz, \quad \lambda=1,2,\cdots$$

都有意义。接着波莱尔证明,绝对可和的发散级数可以完全像收敛级数那样进行运算。换句话说,这级数代表一个函数,并且可以代替函数进行运算。例如,两个绝对可和级数的和、差、积是绝对可和的,并且分别是每个级数所代表的函数的和、差、积。类似的事实对绝对可和级数的微商也成立。此外,对收敛级数来说,上述意义的和与通常的和是一致的,而减去前 k 项所得级数的和化为整个级数的"和"减去前 k 项的和。波莱尔强调指出,求和性的任何令人满意的定义必须具有这些性质,虽然不是所有的定义都这样。他不要求任何两种定义必须有相同的和。

这些性质有可能把波莱尔的理论直接应用到微分方程。事实上,如果微分方程

$$P(x,y,y',\cdots,y^{(n)})=0$$

对 x 来说在原点是解析的,对 y 和它的微商来说是代数的,则形式上满足微分方程的任何绝对可和的级数

$$a_0+a_1x+a_2x^2+\cdots$$

都定义一个解析函数作为这方程的解。例如,拉盖尔级数

$$1 + x + 2!\,x^2 + 3!\,x^3 + \cdots$$

形式地满足微分方程

$$x^2 \frac{\mathrm{d}^2 y}{\mathrm{d}x^2} + (x-1)y = -1,$$

因此函数 [看(39)]

$$f(x) = \int_0^\infty \frac{\mathrm{e}^{-z}}{1 - zx}\mathrm{d}z$$

必定是这方程的解。

可和性概念一经获得一定的承认,成打的数学家就引进各式各样的新的定义,它们满足波莱尔或其他人提出的部分或全部要求。许多可和性定义被推广到多重级数。另外,各种包含可和性概念的问题被提出来了,并且有许多得到了解决。例如,假设一个级数用某种方法可和,需要对级数加上什么条件,在承认它的可和性下,还使得它在柯西意义下是收敛的? 这样的定理为了纪念陶贝尔(Alfred Tauber,1866—1942?)而命名为陶贝尔型定理。例如陶贝尔证明了[①],如果 $\sum a_n$ 阿贝尔可和到 s,并且当 n 趋向无穷时 na_n 趋向于 0,则 $\sum a_n$ 收敛到 s。

可和性的概念确实容许我们对大量的发散级数给出它们的和或值。因此怎样才算完成这个问题就不可避免地提出来了。如果一个已知的级数是直接从物理现象提出来的,和的任何定义是否合适必然完全取决于这个和在物理上是否有意义,正如任何几何的物理应用取决于这几何是否描述物理空间。柯西的和的定义是经常适合的一种,因为他基本上说的是,这和是按通常意义将愈来愈多的项接连相加而得到的。然而在逻辑上没有什么理由宁愿要和的这个概念而不要介绍过的其他概念。确实地,用级数来表示函数的范围由于应用这些较新的概念而大大地扩大了。例如施瓦茨的学生费耶(Leopold Fejér,1880—1959)说明了可和性在傅里叶级数理论中的价值。费耶在 1904 年证明[②],如果在区间 $[-\pi, \pi]$ 上,$f(x)$ 是有界的而且(黎曼)可积,或者是无界的但积分 $\int_{-\pi}^{\pi} f(x)\mathrm{d}x$ 绝对收敛,那么在区间中每个使 $f(x+0)$ 与 $f(x-0)$ 存在的点上,傅里叶级数

$$\frac{a_0}{2} + \sum_{n=1}^{\infty}(a_n \cos nx + b_n \sin nx)$$

的弗罗贝尼乌斯和是 $[f(x+0)+f(x-0)]\big/2$。在这个定理中加在 $f(x)$ 上的条件弱于以前各种定理中使傅里叶级数收敛到 $f(x)$ 的条件。

---

① *Monatshefte für Mathematik und Physik*,8,1897,273 – 277.
② *Math. Ann.*,58,1904,51 – 69.

费耶的基本结果成了级数可和性的一系列广泛而富有成果的研究的开始。我们在很多场合看到了用无穷级数表示函数的需要。例如在解偏微分方程的初值问题或边值问题中为了满足初始条件,通常需要把给定的初值函数 $f(x)$ 用特征函数表示出来,这些特征函数是把边界条件用到从分离变量法得出的常微分方程去时得到的。这些特征函数可能是贝塞尔函数、勒让德函数,或者其他任何一类特殊函数。然而这样的特征函数级数在柯西意义下不一定收敛到已知的 $f(x)$,但这级数却又确实可能在这种或那种可和性的意义下可和到 $f(x)$,并且初始条件由此得到满足。可和性的这些应用显示了这个概念的巨大成功。

发散级数理论的形成与被接受,是数学成长的又一个显著的例子。首先它说明,当一个概念或技巧证明是有用的时候,即使它的逻辑含糊不清甚至不存在,但通过持续的研究仍将会揭出逻辑上的正确性。这纯粹是一种事后思考。它还证明,数学家对数学是人为的这一点认识到了何种程度。可和性的定义并不是愈来愈多的项连续相加的自然概念(这概念柯西只不过是把它严密化了而已),它们是人造的(artificial)。但它们为数学目的服务,其中甚至包括了用数学去解决物理问题;而这些现在成了承认它们属于合法数学的充分根据。

参 考 书 目

Borel, Emile: *Notice sur les travaux scientifiques de M. Emile Borel*, 2nd ed., Gauthier-Villars, 1921.

Borel, Emile: *Leçons sur les séries divergentes*, Gauthier-Villars, 1901.

Burkhardt, H.: "Trigonometrische Reihe und Integrale," *Encyk. der Math. Wiss.*, B. G. Teubner, 1904 – 1916, Ⅱ, A 12,819 – 1354.

Burkhardt, H.: "Über den Gebrauch divergenter Reihen in der Zeit von 1750 – 1860," *Math. Ann.*, 70,1911,169 – 206.

Carmichael, Robert D.: "General Aspects of the Theory of Summable Series," *Amer. Math. Soc. Bull.*, 25,1918/1919,97 – 131.

Collingwood, E. F.: "Emile Borel," *Jour. Lon. Math. Soc.*, 34,1959,488 – 512.

Ford, W. B.: "A Conspectus of the Modern Theories of Divergent Series," *Amer. Math. Soc. Bull.*, 25,1918/1919,1 – 15.

Hardy, G. H.: *Divergent Series*, Oxford University Press, 1949. 看各章末的历史说明。

Hurwitz, W. A.: "A Report on Topics in the Theory of Divergent Series," *Amer. Math. Soc. Bull.*,28,1922,17 – 36.

Knopp, K.: "Neuere Untersuchungen in der Theorie der divergenten Reihen," *Jahres. der Deut. Math. -Verein.*, 32,1923,43 – 67.

Langer, Rudolf E. : "The Asymptotic Solution of Ordinary Linear Differential Equations of the Second Order," *Amer. Math. Soc. Bull.* , 40,1934,545 – 582.

McHugh, J. A. M. : "An Historical Survey of Ordinary Linear Differential Equations with a Large Parameter and Turning Points," *Archive for History of Exact Sciences*, 7,1971, 277 – 324.

Moore, C. N. : "Applications of the Theory of Summability to Developments in Orthogonal Functions," *Amer. Math. Soc. Bull.* , 25,1918 /1919,258 – 276.

Plancherel, Michel: "Le Développement de la théorie des séries trigonométriques dans le dernier quart de siècle," *L'Enseignement Mathématique*, 24,1924 /1925,19 – 58.

Pringsheim, A. : "Irrationalzahlen und Konvergenz unendlicher Prozesse," *Encyk. der Math. Wiss.* , B. G. Teubner, 1898 – 1904, IA3, 47 – 146.

Reiff, R. : *Geschichte der unendlichen Reihen*, H. Lauppsche Buchhandlung, 1889, Martin Sandig (reprint), 1969.

Smail, L. L. : *History and Synopsis of the Theory of Summable Infinite Processes*, University of Oregon Press, 1925.

Van Vleck, E. B. : "Selected Topics in the Theory of Divergent Series and Continued Fractions," *The Boston Colloquium of the Amer. Math. Soc.* , 1903, Macmillan, 1905,75 – 187.

第 48 章

张量分析和微分几何

> 于是，或者作为空间基础的客体必须形成一个离散的流形，或者我们必须从它的外部关系中，从作用于它上面的各约束力中，去寻找其度量的根据。这就把我引到另一门科学——物理学的领域，而我工作的目的不允许我今天进入那个领域。
>
> 　　　　　　　　　　　　　　　　黎曼

1. 张量分析的起源

常常被当作一个全新的数学分支的张量分析，它的开始创建，或者是为了适应某种特殊的目的，或者只是为了适应数学家的爱好。实际上，它不过是一个老题目——主要与黎曼几何相联系的微分不变量研究——的一种变形。我们可能记得（第 37 章第 5 节），这些不变量就是这样一些表达式，它们在任何坐标变换下保持其形式和值不变，因为它们代表几何性质或物理性质。

微分不变量的研究是由黎曼、贝尔特拉米、克里斯托费尔和利普希茨开创的。新的方法是巴勒莫(Palermo)大学的数学教授里奇-库尔巴斯特洛(1853—1925)创建的。他受比安基(Luigi Bianchi)的影响，后者的工作则追随克里斯托费尔。里奇企图促进一种研究工作，为几何性质和物理规律的表示式寻找一种在坐标变换下不变的形式。关于这个课题，他的主要工作是在 1887 年至 1896 年这段时间做的，虽然在 1896 年以后他和一个意大利学派仍继续在这个课题上工作了 20 年或更多。在这段主要的时期里，里奇完成了他称之为绝对微分学(absolute differential calculus)的方法和紧凑的表示法。里奇在 1892 年发表的一篇文章[1]中，给出了他的方法的第一个系统报告，并把它应用于微分几何和物理学的某些问题中。

9 年以后，里奇和他著名的学生列维-齐维塔(1873—1941)合写了一篇总结性

---

[1] *Bull. des Sci. Math.*，(2)，16，1892，167 – 189 = *Opere*，1，288 – 310.

文章《绝对微分法及其应用》(Methods of the Absolute Differential Calculus and Their Applications)[①]。里奇和列维-齐维塔的工作,对这个算法给出了更为明确的阐述。至于这门学科变成通常所说的张量分析,那是在 1916 年爱因斯坦(Albert Einstein)给它以这个名称之后。考虑到里奇及后来的列维-齐维塔和里奇在记法上的许多变更,我们将使用现在已变成较为标准的那种记号。

2. 张 量 的 概 念

为了建立由里奇所引进的张量的概念,我们考虑函数 $A(x^1, x^2, \cdots, x^n)$。我们用 A_i 表示$\partial A /\partial x^i$。于是,表达式

(1)
$$\sum A_j \mathrm{d} x^j$$

在形如

(2)
$$x^i = f_i(y^1, y^2, \cdots, y^n)$$

的变换下是一个微分不变量。这里假定函数 f_i 具有所需要的各阶导数,并且变换是可逆的,从而有

(3)
$$y^i = g_i(x^1, x^2, \cdots, x^n).$$

在变换(2)下,表达式(1)变成

(4)
$$\sum \overline{A}_j(y^1, y^2, \cdots, y^n) \mathrm{d} y^j.$$

然而,$\overline{A}_j$ 并不等于 A_j。而是

(5)
$$\overline{A}_j = \frac{\partial \overline{A}}{\partial y^j} = A_1 \frac{\partial x^1}{\partial y^j} + A_2 \frac{\partial x^2}{\partial y^j} + \cdots + A_n \frac{\partial x^n}{\partial y^j},$$

在这里 A_i 中所有的 x^i 应当理解为要换成它们用所有 y^i 表示的式子。这样,$\overline{A}_j$ 就通过变换(5)的特殊规则同 A_j 相联系,在(5)中包含变换的一阶导数。

里奇的想法是,不把注意力集中在不变的微分形式(1)上,只要处理函数组

$$A_1, A_2, \cdots, A_n,$$

就够了,而且更为迅捷,他把这个分量组称为一个张量,只要在坐标变换下新的分量组

$$\overline{A}_1, \overline{A}_2, \cdots, \overline{A}_n$$

同原来的分量组有变换规则(5)的那种关系。正是这种明确地突出函数组(或系)与变换规则,成了里奇对微分不变量这一课题的研究方法的标志。数量函数 A 的梯度的分量 A_j 所构成的组,是 1 阶协变张量(covariant tensor)的一个例子。一个函数组(或系)表征一个不变量,这一概念本来并不新鲜,因为在里奇时代向量已经

---

① *Math. Ann.*, 54, 1901, 125 - 201 = Ricci, *Opere*, 2, 185 - 271.

为人所共知。向量用它在一个坐标系中的分量表示,并且,如果向量在坐标变换下保持不变,如像它本来应该的那样,那么这些分量也要受一个变换规则的制约。但是,里奇所引进的新的系统却更要一般得多,并且着重于变换规则这一点也是新的。

作为里奇所引进的观点的另一个例子,我们考虑距离元素的表达式。它由下式给出:

$$(6) \qquad ds^2 = \sum_{i, j=1}^n g_{ij} dx^i dx^j.$$

根据几何的理由,在坐标变换下距离 ds 的值应保持不变。然而,如果我们作变换(2)并把新的表达式写成形式

$$(7) \qquad \overline{ds^2} = \sum_{i, j=1}^n G_{ij} dy^i dy^j,$$

则 $g_{ij}(x^1, \cdots, x^n)$ 将不等于 $G_{ij}(y^1, \cdots, y^n)$(这时全体 y^i 的值和全体 x^i 的值表示同一个点),而有关系式

$$(8) \qquad G_{kl} = \sum_{i, j=1}^n g_{ij} \frac{\partial x^i}{\partial y^k} \frac{\partial x^j}{\partial y^l},$$

这时 g_{ij} 中所有的 x^i 要代以它们用所有 y^i 表示的值。为了证明(8)式成立,我们只需在(6)式中代 dx^i 以

$$dx^i = \sum_{k=1}^n \frac{\partial x^i}{\partial y^k} dy^k,$$

代 dx^j 以

$$dx^j = \sum_{l=1}^n \frac{\partial x^j}{\partial y^l} dy^l,$$

再提出 $dy^k dy^l$ 的系数。这样,虽然 G_{kl} 并不就是 g_{kl},我们却知道如何从 g_{kl} 得到 G_{kl}。基本二次形式的 n^2 个系数 g_{ik} 所形成的一组数是一个 2 阶协变张量,其变换规则由(8)给出。

里奇还引进了反变(contravariant)张量。考虑前面用过的变换的逆变换。若这个逆变换是

$$(9) \qquad y^j = g_j(x^1, x^2, \cdots, x^n),$$

则

$$(10) \qquad dy^j = \sum_{k=1}^n \frac{\partial y^j}{\partial x^k} dx^k.$$

现在,如果把所有的 dx^k 看做构成一个张量的一组量,那么我们可以看到,当然 $dy^j \neq dx^j$,但是用(10)说明的变换规则,我们能够从所有的 dx^j 得到所有的 dy^j。元素 dx^k 所成的组称为 1 阶反变张量,反变这个词是指在这个变换中出现的那些

$\partial y^j / \partial x^k$,同(8)和(5)中出现的导数$\partial x^i / \partial y^j$相反。这样,变换变量的各个微分就构成一个 1 阶反变张量。

相应地,我们能够有两个指标反变的 2 阶张量。如果在变换(9)下,函数组 $A^{kl}(x^1, x^2, \cdots, x^n)(k, l = 1, 2, \cdots, n)$ 的变换规则是

$$(11) \qquad \overline{A}^{ij} = \sum_{k, l = 1}^{n} \frac{\partial y^i}{\partial x^k} \frac{\partial y^j}{\partial x^l} A^{kl},$$

则这个组是一个 2 阶反变张量。此外,我们能够有所谓混合(mixed)张量,它的某些指标是协变的,而另一些指标是反变的。例如,数组 $A^k_{ij}(i, j, k = 1, 2, \cdots, n)$ 表示一个混合张量,其中(按照里奇的表示法)两个下标是协变的,一个上标是反变的。元素为 A^k_{ij} 的张量称为 3 阶张量。我们还能够有 r 阶的协变、反变和混合张量。一个 r 阶的 n 维张量将有 n^r 个分量。在第 37 章中的方程(21)表明黎曼的四指标记号(rk, ih)是一个 4 阶协变张量。1 阶协变张量是一个向量。对于一个向量,列维-齐维塔如下定义一个与之相关的反变向量:如果组 λ_i 是一个协变向量的分量,则组

$$\lambda^i = \sum_{k=1}^{n} g^{ik} \lambda_k$$

是一个相关的反变向量;g^{ik}是一个商,它的分子是全部 g_{ik} 所形成的行列式中元素 g_{ik} 的余子式,它的分母是行列式的值 g。

张量有运算。例如,如果我们有两个同类的张量,即有相同个数协变指标和相同个数反变指标的张量,我们就可以通过把它们具相同指标的分量相加而把这两个张量加起来。例如

$$A^j_i + B^j_i = C^j_i.$$

必须而且能够证明,C^j_i 构成一个具协变指标 i 和反变指标 j 的张量。

可以把指标遍历 1 到 n 的任意两个张量相乘。举一个例子就足以说明这个意思。例如

$$A^h_i B^k_j = C^{hk}_{ij},$$

对于具有这 n^4 个分量 C^{hk}_{ij} 的张量,能够证明,它的下标是协变的而上标是反变的。张量没有除法运算。

缩并运算(operation of contraction)可用下述例子来说明:给定张量 A^{hs}_{ir},定义量

$$B^h_i = \sum_{r=1}^{n} A^{hr}_{ir},$$

这里在右边我们把分量加起来。能够证明,数组 B^h_i 是一个具协变指标 i 和反变指标 h 的 2 阶张量。

总之,一个张量是一组函数(分量),它们相对于一个参考标架或坐标系而言是固定的,在坐标变换下它们按一定的规则变换。一个坐标系中的每一个分量,是另一个坐标系中的所有分量的线性齐次函数。如果在同一个坐标系中,一个张量的所有分量等于另一个张量的所有分量,那么它们在所有坐标系中都是相等的。特别地,如果在一个坐标系中的分量全为 0,那么在所有坐标系中也全为 0。于是,张量的相等相对于参考系的变换是不变的。一个张量在一个坐标系中所具有的物理的、几何的甚至纯数学的意义,在坐标变换下保持不变,所以在第二个坐标系中仍然具有这些意义。这个性质在相对论中有重要的意义,在相对论中每一个观测者都有他自己的坐标系。因为客观的物理规律是对所有观测者都成立的规律,所以为了反映同坐标系的这种无关性,这些规律都表示成张量。

利用掌握的张量概念,可以把黎曼几何中的许多概念重新用张量形式来表示。或许最重要的就是空间的曲率。黎曼的曲率概念(第 37 章第 3 节)可以用多种方式表示成一个张量。近代的表示法使用爱因斯坦所引进的求和约定,即如果在两个记号的乘积中有一个指标是重复的,那就理解成为求和。例如

$$g^{ij}\lambda_j = \sum_{j=1}^n g^{ij}\lambda_j.$$

用这种记号表示曲率张量(参看第 37 章的[20]),有

$$R_{\lambda\mu\rho\sigma} = \frac{\partial}{\partial x^\rho}[\mu\sigma, \lambda] - \frac{\partial}{\partial x^\sigma}[\mu\rho, \lambda]$$
$$+ \{\mu\rho, \varepsilon\}[\lambda\sigma, \varepsilon] - \{\mu\sigma, \varepsilon\}[\lambda\rho, \varepsilon],$$

或等价地

$$R^i_{jlk} = \frac{\partial}{\partial x^l}\{jk, i\} - \frac{\partial}{\partial x^k}\{jl, i\} - [\{sk, i\}\{jl, s\}$$
$$- \{sl, i\}\{jk, s\}],$$

其中,方括号表示第一类克里斯托费尔记号,大括号表示第二类克里斯托费尔记号。这两种形式中的任何一种现在都叫黎曼-克里斯托费尔曲率张量。由于在分量之间有某些关系(这些关系我们不准备叙述),这个张量的不同分量的数目是 $n^2(n^2-1)/12$。当 $n = 4$ 时(在广义相对论中就是这种情形),不同分量的数目是 20。在二维黎曼空间中,只有一个不同的分量,它可以取为 R_{1212}。这时高斯的总曲率 K 可以证明是

$$K = \frac{R_{1212}}{g},$$

其中 g 是所有 g_{ij} 的行列式或 $g_{11}g_{22} - g_{12}^2$。如果所有的分量全是零,空间便是欧几里得的。

里奇从黎曼-克里斯托费尔张量用缩并的方法得到一个张量,现在称为里奇张

量。这个张量的分量 R_{jl} 是 $\sum_{k=1}^{n} R_{jlk}^{k}$。当 $n=4$ 时,爱因斯坦[①]用这个张量表示他的空-时黎曼几何的曲率。

3. 协 变 微 分

里奇还在张量分析[②]中引进了一种运算,后来他和列维-齐维塔称之为协变微分(covariant differentiation)。这种运算早在克里斯托费尔和利普希茨的工作[③]中已经出现过。克里斯托费尔曾经给出一种方法(第 37 章第 4 节),从包含基本形式 ds^2 和函数 $\phi(x_1, x_2, \cdots, x_n)$ 的导数的微分不变量,用这种方法可以推出一个包含高阶导数的不变量。里奇认识到这个方法对于他的张量分析的重要性并采用了它。

克里斯托费尔和利普希茨处理整个形式的协变微分,而里奇根据他侧重于一个张量的全部分量的观点,对这些分量作协变微分。例如,如果 $A_i(x^1, x^2, \cdots, x^n)$ 是一个向量或 1 阶张量的协变分量,A_i 的协变导数不简单地是对 x^l 的导数,而是 2 阶张量

$$(12) \qquad A_{i,l} = \frac{\partial A_i}{\partial x^l} - \sum_{j=1}^{n} \{il, j\} A_j,$$

其中大括号表示第二类克里斯托费尔记号。同样地,如果 A_{ik} 是一个 2 阶协变张量的分量,则它关于 x^l 的协变导数是

$$(13) \qquad A_{ik,l} = \frac{\partial A_{ik}}{\partial x^l} - \sum_{j=1}^{n} \{il, j\} A_{jk} - \sum_{j=1}^{n} \{kl, j\} A_{ij}.$$

对于一个具有分量 A^i 的 1 阶反变张量,其协变导数 $A^i_{,l}$ 为

$$A^i_{,l} = \frac{\partial A^i}{\partial x^l} + \sum_{j=1}^{n} A^j \{jl, i\},$$

而这是一个 2 阶混合张量。对于具有分量 A^h_i 的混合张量,其协变导数是

$$A^h_{i,l} = \frac{\partial A^h_i}{\partial x^l} - \sum_{j=1}^{n} A^h_j \{il, j\} + \sum_{j=1}^{n} A^j_i \{jl, h\}.$$

一个纯量不变量 ϕ 的协变导数是协变向量,其分量由 $\phi_i = \partial \phi / \partial x^i$ 给出。这个向量叫做纯量不变量的梯度。

从纯数学观点来看,一个张量的协变导数乃是协变指标高一阶的张量。这个

---

① *Zeit. für Math. und Phys.*, 62, 1914, 225 – 261.

② *Atti della Accad. dei Lincei, Rendiconti*, (4), 3, 1887, 15 – 18 = *Opere*, 1, 199 – 203.

③ *Jour. für Math.*, 70, 1869, 46 – 70 和 241 – 245,以及 71 – 102。

事实是重要的,因为它使得在张量分析的范围内处理这种导数成为可能。这个事实也有几何意义。假定在平面中我们有一个常向量场,即在每点有一个向量的向量组,所有的向量有相同的大小和方向。那么任何一个向量关于一个直角坐标系表示出的所有分量也都是常数。然而,这些向量关于极坐标系的分量(一个分量沿着向径,另一个垂直于向径)却是逐点而异的,因为在这种坐标系中取分量所沿的方向是逐点而异的。如果取这些分量关于坐标 r 和 θ 的导数,则由这些导数表示的变化率,反映了由于坐标系的变化,而不是由于向量本身的任何变化所产生的分量的变化。在黎曼几何中所用的坐标系是曲线坐标系。坐标系的曲线性的影响用第二类克里斯托费尔记号(这里用大括号表示)给出。一个张量的整个协变导数,既给出由原来张量所表示的基本(underlying)物理量或几何量的实际变化率,又给出基本坐标系的变化所引起的变化率。

在欧几里得空间中 ds^2 总能化简为具有常系数的平方和,由于克里斯托费尔记号为 0,协变导数简化为通常的导数。还有,在一个黎曼度量中每个 g_{ij} 的协变导数都是 0。这后一个事实是由里奇[①]证明的,因而称为里奇引理。

协变微分的概念使我们容易把向量分析中早已知道的、而刚才在黎曼几何中可以处理的概念的张量推广表示出来。例如,如果 $A_i(x^1, x^2, \cdots, x^n)$ 是一个 n 维向量 A 的分量,则

$$(14) \qquad \theta = \sum_{i,l=1}^{n} g^{il} A_{i,l}$$

是一个微分不变量,其中 g^{il} 在上面已经说明过。当基本度量是在一直角坐标系中表示出时(在欧几里得空间中),除了 $i = l$ 的情形外常数 $g^{il} = 0$,这时协变导数和通常的导数是一致的。于是,(14)变成

$$\theta = \sum_{i=1}^{n} \frac{\partial A_i}{\partial x^i},$$

而这就是三维欧几里得空间中的所谓散度在 n 维欧几里得空间中的类似物。因此(14)也叫分量为 A_i 的张量的发散量。用(14)还能证明:如果 A 是一个数量点函数,则 A 的梯度的发散量为

$$(15) \qquad \Delta_2 A = \frac{1}{\sqrt{g}} \sum_{l=1}^{n} \frac{\partial}{\partial x^l}(\sqrt{g} A^l),$$

其中

$$A^l = \sum_{i=1}^{n} g^{il} \frac{\partial A}{\partial x^i} = \sum_{i=1}^{n} g^{il} A_i.$$

$\Delta_2 A$ 的这个表达式也就是黎曼几何中 $\Delta_2 A$ 的贝尔特拉米的表达式(第 37 章第 5 节)。

---

① *Atti della Accad. dei Lincei, Rendiconti*, (4),5,1889,112-118 = *Opere*,1,268-275.

虽然里奇和列维-齐维塔在 1901 年的文章大部分篇幅致力于建立张量分析技术,但是他们主要关心的是发现微分不变量。他们提出下述一般问题:给定一个正的二次微分形式 ϕ 和任意多个与之相关联的函数 S,要从 ϕ 的系数、函数组 S,和系数及函数的直到一定阶数 m 的导数,构造出所有的绝对微分不变量。他们给出了一个完全的解。为此,只需要求出一个系统的代数不变量,这个系统由下列元素组成:基本二次微分形式 ϕ,任意关联函数组 S 的直到 m 阶的协变导数,且当 $m > 1$ 时还有一个四线性形式 G_4,其系数是黎曼表达式 (ih, jk),以及它的直到 $m - 2$ 阶的协变导数。

在他们文章的结尾,指出了如何把某些偏微分方程及物理规律表示成张量的形式,以便使它们与坐标系无关。这是里奇所明确声明的目标。这样,在爱因斯坦为了把物理规律表成数学不变式这个目的而使用张量分析之前许多年,张量分析就已经用于这一目的了。

4. 平　行　位　移

从 1901 年到 1915 年,张量分析的研究只限于极少数的数学家。然而,爱因斯坦的工作改变了这个局面。当时,在瑞士专利局中被聘为工程师的爱因斯坦(1879—1955),以他狭义或特殊相对论[①]的报告极大地震动了科学界。1914 年,爱因斯坦接受邀请,到柏林的普鲁士科学院,作为著名的物理化学家范特荷甫(Jacobus Van't Hoff,1852—1911)的继任者。两年以后他发表了他的广义相对论[②]。

爱因斯坦关于物理现象相对性的革命性观点,在全世界的物理学家、哲学家和数学家中激起了强烈的兴趣。数学家主要是被几何的本性所激动,因为爱因斯坦发现这种本性在他理论的创建中是有用的。

涉及四维伪欧几里得流形(空-时)的性质的狭义理论,其解释最好用向量和张量来讲,而涉及四维黎曼流形(空-时)的性质的广义理论,其解释需要使用与这种流形相联系的特殊张量计算。幸而这种计算早已被发展,只是当时还没有受到物理学家的特别注意罢了。

实际上,爱因斯坦关于狭义理论的工作并没有用黎曼几何或张量分析[③]。但是,狭义理论不涉及引力的作用。于是爱因斯坦开始从事于无引力的问题的研究,

---

[①]　*Annalen der Phys.* , 17, 1905, 891 - 921;在爱因斯坦的 Dover 版 "*The Principle of Relativity*" (1951)中可以找到英译本。

[②]　*Annalen der Physik* , 49, 1916, 769 - 822.

[③]　这度量是 $ds^2 = dx^2 + dy^2 + dz^2 - c^2 dt^2$,这是一个常曲率空间。被平面 $t = $ const. 所截的任何截口是欧几里得的。

并通过在他的空-时几何中加进一种结构以说明它的效应,加进的结构使得物体自动地沿着这样一条轨道运动,这轨道与假设物体受引力作用时所运行的轨道相同。在 1911 年他发表一种理论,这种理论认为引力是这样的:它在整个空间都具有相同的方向,他当然知道这种理论是不现实的。直到这时爱因斯坦只用了一些最简单的数学工具,并且甚至怀疑应用"高等数学"的必要性,他认为"高等数学"常常会使读者惊呆。然而,在布拉格他同他的一位同事、数学家皮克(Georg Pick)的讨论,使他的问题获得了进展,皮克让他注意里奇和列维-齐维塔的数学理论。在苏黎世,爱因斯坦遇见一位朋友格罗斯曼(Marcel Grossmann,1878—1936),后者帮助他学习这种理论;并且以此为基础,他成功地用公式表示了他的广义相对论。

为了表示他的四维世界——三个空间坐标和一个表示时间的第四坐标,爱因斯坦用了黎曼度量

$$(16) \qquad \mathrm{d}s^2 = \sum_{i,\,j=1}^{4} g_{ij}\,\mathrm{d}x_i\mathrm{d}x_j,$$

其中 x_4 表示时间。这里 g_{ij} 的选取要能反映各个区域中物质的存在。并且,因为这个理论涉及长度、时间、质量和其他物理量由不同的观测者进行确定的问题,而这些观测者彼此相对地以任意的方式运动,所以空-时中的"点"要用不同的坐标系表示,一个坐标系隶属于一个观测者。一个坐标系同另一个坐标系的关系由变换

$$x_i = \phi_i(y_1,\,y_2,\,\cdots,\,y_4),\;(i=1,\,\cdots,\,4)$$

给出。自然界的规律应当是对所有的观测者都相同的那些关系或表达式。因此,它们是在数学意义下的不变量。

从数学的观点来看,爱因斯坦的工作的重要性,就像已经指出的,在于促使对张量分析和黎曼几何的兴趣的增长。从相对论之后,张量分析中的第一个革新归于列维-齐维塔。在 1917 年他改进了里奇的一个想法,引进了[1]向量的平行位移(parallel displacement)或平行转移(parallel transfer)的概念。同一年海森伯格也独立地提出了这个思想[2]。在 1906 年布劳威尔(Luitzen E. J. Brouwer)已经对常曲率曲面引进了这个概念。平行位移概念的目的是要说明一个黎曼空间中平行向量是什么意思。这样做的困难可以这样看出:考虑一球的表面,把这个曲面本身看成一个空间,曲面上的距离由大圆弧给出,这样球面就是一个黎曼空间。如果一个向量,例如起点在一个纬度圆上并指向北方(这个向量将与球面相切),让它的起点沿着圆周移动并且在欧几里得三维空间中保持与自己平行,则当它在环绕圆周的半

① *Rendiconti del Circolo Matematico di Palermo*,42,1917,173 - 205.

② *Math. Ann.*,78,1918,187 - 217.

途中时,它不再同球相切,从而它不在那个黎曼空间中。为了得到适合于黎曼空间的向量平行性概念,就要推广欧几里得的平行性概念,但是在推广的过程中要失去某些熟悉的性质。

　　列维-齐维塔用以定义平行转移或平行位移的几何概念,在曲面的情形是容易理解的。考虑曲面上的一条曲线 C,让一个一端在 C 上的向量在下述意义下作跟它自身平行的移动:在 C 的每一点有一个切平面,这族平面的包络是一个可展曲面,而当这个可展曲面在一个平面上展开时,沿着 C 平行的向量在欧几里得平面上就真的是平行的。

　　列维-齐维塔推广这个思想以适合 n 维黎曼空间。在欧几里得平面上下述事实成立:当一个向量的起点沿着一直线——平面上的测地线——作平行于它自己的移动时,这个向量同这直线总是交成相同的角。根据这一点,在一个黎曼空间中,平行性定义如下:当空间中的一个向量作平行于它自身的移动,使起点沿一条测地线运动时,这个向量同测地线(测地线的切线)必须仍然交成相同的角。特别地,测地线的一条切线沿这测地线移动时保持同它自己平行。按照定义,这平移的向量仍旧有相同的大小。这里理解为这个向量始终保持在黎曼空间中,即使这黎曼空间被嵌在一个欧几里得空间中也是这样。平行转移的定义还要求,当两个向量每一个都沿着同一条曲线 C 作平行于自己的移动时,它们之间的夹角保持不变。一般地说,沿一任意闭曲线 C 的平行转移,初始向量与最后向量通常不会有相同的(欧几里得)方向。方向的偏差将与道路 C 有关。例如,考虑一个向量,它从球的一个纬度圆上一点 P 出发,沿一子午线与球相切。当它沿着圆作**平行转移**时,它将终止于 P 点并切于曲面;但是如果 ϕ 是 P 的余纬度(co-latitude),那么这向量最后将与原向量交成一个角 $2\pi - 2\pi \cos\phi$。

　　如果用黎曼空间中沿一曲线平行位移的一般定义,就得到一个解析条件。沿一曲线平行转移的反变向量的分量 X^{α} 满足微分方程(省略了求和号)

$$(17) \qquad \frac{\mathrm{d}X^{\alpha}}{\mathrm{d}t} + \{\beta r,\ \alpha\} X^{\beta} \frac{\mathrm{d}u^{\gamma}}{\mathrm{d}t} = 0,\ \alpha = 1,\ 2,\ \cdots,\ n,$$

其中事先假定 $u^{i}(t)$, $i = 1,\ 2,\ \cdots,\ n$ 定义一条曲线。对于协变向量 X_{α},条件是

$$(18) \qquad \frac{\mathrm{d}X_{\alpha}}{\mathrm{d}t} - \{\alpha l,\ j\} X_{j} \frac{\mathrm{d}u^{l}}{\mathrm{d}t} = 0,\ \alpha = 1,\ 2,\ \cdots,\ n.$$

这些方程可以用来定义沿任何一条曲线 C 的平行转移。由一个定点 P 处的所有分量的值唯一确定的解,是在 C 的每一点有值的向量,并且由定义,它和 P 点的初始向量平行。方程(18)说明 X_{α} 的协变导数是 0。

　　一旦引进了平行位移的概念,就可以用它来描述一个空间的曲率,特别是用无穷小向量以无穷小步长作平行位移所带来的变化来描述。即使在欧几里得空间

中,平行性也是曲率概念的基础;因为一个无穷小弧的曲率依赖于走遍这弧的切向量的方向的变化。

5. 黎曼几何的推广

黎曼几何在相对论中的成功运用使数学界恢复了对这门学科的兴趣。然而,爱因斯坦的工作提出了一个甚至更为广泛的问题。他用 g_{ij} 的适当函数使空间中的质量的引力效应具体化。结果,他的空-时中的测地线经证明恰恰就是物体自由运动的轨道,例如正像地球围绕太阳运转一样。与牛顿力学中的情况不同,为了解释运动的轨道不需要引力。重力的消失提出了另一个问题,那就是用空间的度量去解释电荷的吸力和斥力。这样一种成就将会给重力和电磁学提供一种统一的理论。这个工作已经导致黎曼几何的种种推广,这些推广总称为非黎曼几何。

在黎曼几何中,ds^2 把空间中的点与点互相联系起来。它通过规定点与点之间的距离来指明空间中的点彼此是怎样联系的。在非黎曼几何中,点与点之间的联系不一定要依赖于一个度量的方式来规定。这些几何的差异是很大的,并且每一种几何都有像黎曼几何本身那样广阔的发展。因此,我们将只给出这些几何中的基本概念的某些例子。

这方面的工作主要是由外尔[①]开创的,他引进的那类几何通称为仿射联络空间的几何。在黎曼几何中,一个张量的协变导数本身是一个张量,其证明只依赖于形如

(19)
$$\overline{\{ik, h\}} = \{ab, j\} \frac{\partial x^a}{\partial y^i} \frac{\partial x^b}{\partial y^k} \frac{\partial y^h}{\partial x^j} + \frac{\partial^2 x^j}{\partial y^i \partial y^k} \frac{\partial y^h}{\partial x^j}$$

的关系,其中左边是在坐标从 x^i 到 y^i 的变换下 $\{ab, j\}$ 的变换式。这些关系被克里斯托费尔记号所满足,而这些记号本身是用基本形式的系数定义的。考虑用 x^i 的函数 L^i_{jk} 和 y^i 的函数 $\overline{L}^i_{jk}$ 来代替这些记号,这些函数满足相同的关系(19),但是只规定作为给定的函数而同基本二次形式无关。与一个空间 V_n 相联系并具有变换性质(19)的一组函数 L^i_{jk},说是构成一个仿射联络(affine connection)。这些函数称为这个仿射联络的系数,而空间 V_n 叫做仿射联络空间或仿射空间。黎曼几何是仿射联络空间几何的一种特例,在其中仿射联络的系数是第二类克里斯托费尔记号,并且是由空间的基本张量导出。给定了所有的 L -函数,可以引进类似于黎曼几何中的一些概念,诸如协变微分、曲率和其他概念等。然而,在这种新的几何里,不能说向量的大小那样的话。

---

① *Mathematische Zeitschrift*, 2,1918,384－411 = *Ges. Abh.*, 2,1－28.

在一个仿射联络空间中,一条曲线,如果它的所有切线关于这条曲线都是平行的(在该空间的平行位移的意义下),就称它为这空间的一条道路(path)。这样,道路乃是黎曼空间的测地线的一种推广。具有相同 L-函数组的所有仿射联络空间有相同的道路。这样,仿射联络空间的几何便不需要黎曼度量。外尔从空间的性质导出了麦克斯韦方程组,但是这个理论整个说来并没有与其他已经确定的事实相一致。

另一种非黎曼几何称为道路几何,将归于艾森哈特(Luther P. Eisenhart, 1876—1965)和维布伦[1],处理办法稍有不同。它从 n^3 个给定的函数 $\Gamma^i_{\lambda\mu}(x^1, \cdots, x^n)$ 出发。n 个微分方程的方程组

$$(20) \qquad \frac{\mathrm{d}^2 x^i}{\mathrm{d}s^2} + \sum_{\lambda,\mu} \Gamma^i_{\lambda\mu} \frac{\mathrm{d}x^\lambda}{\mathrm{d}s} \frac{\mathrm{d}x^\mu}{\mathrm{d}s} = 0, \quad i = 1, 2, \cdots, n,$$

确定一族称为道路的曲线,方程中的 $\Gamma^i_{\lambda\mu} = \Gamma^i_{\mu\lambda}$。这是几何的测地线。[在黎曼几何中,方程(20)正好是测地线的方程。]给定了刚才所述意义下的测地线,就能用完全类似于黎曼几何中的做法建立道路几何。

黎曼几何的另一种不同的推广,是芬斯勒(Paul Finsler, 1894—1970)1918 年在格丁根他的一篇(未发表)论文中提出来的[2]。在这种几何中,黎曼度量 $\mathrm{d}s^2$ 代之以坐标及其微分的更一般的函数 $F(x, \mathrm{d}x)$。对 F 要加一些限制以保证极小化积分 $\int F[x, (\mathrm{d}x/\mathrm{d}t)]\mathrm{d}t$ 的可能性,从而得到测地线。

推广黎曼几何的概念以便把电磁现象和引力现象结合起来的尝试,至今仍未成功。然而,数学家还是继续在抽象几何方面从事工作。

参 考 书 目

Cartan, E. : "Les récentes généralisations de la notion d'espace," *Bull. des Sci. Math.* , 48, 1924, 294 – 320.

Pierpont, James : "Some Modern Views of Space," *Amer. Math. Soc. Bull.* , 32, 1926, 225 – 258.

Ricci-Curbastro, G. : *Opere*, 2 vols. , Edizioni Cremonese, 1956 – 1957.

Ricci-Curbastro, G. , 和 T. Levi-Civita : " Méthodes de calcul différentiel absolu et leurs applications," *Math. Ann.* , 54, 1901, 125 – 201.

Thomas, T. Y. : "Recent Trends in Geometry," *Amer. Math. Soc. Semicentennial Publications* Ⅱ , 1938, 98 – 135.

---

[1]　*Proceedings of the National Academy of Sciences* , 8, 1922, 19 – 23.

[2]　Uber Kurven und Flachen in allgemeinen Raumen, Birkhauser Verlag, Basel, 1951.

Weatherburn, C. E. : *The Development of Multidimensional Differential Geometry*, Australian and New Zealand Association for the Advancement of Science, 21, 1933, 12 – 28.

Weitzenbock, R. : "Neuere Arbeiten der algebraischen Invariantentheorie. Differentialinvarianten," *Encyk. der Math. Wiss.*, B. G. Teubner, 1902 – 1927, Ⅲ, Part Ⅲ, E1, 1 – 71.

Weyl, H. : *Mathematische Analyse des Raumproblems* (1923), Chelsea (reprint), 1964.

第 49 章

抽象代数的出现

> 也许我可以并非不适当地要求获得数学上的亚当这一称号,因为我相信数学理性创造物由我命名的(已经流行通用)比起同时代其他数学家加在一起还要多。
>
> 詹姆斯·西尔维斯特

1. 19 世纪历史背景

正如在 20 世纪中发展起来的许多其他数学分支一样,抽象代数的基本概念和目标在 19 世纪就已经确定下来了。19 世纪有成打的发明创造表明了这样一个事实:代数能够处理不一定是实数或复数的对象所组成的集合。向量、四元数、矩阵、二次型如 $ax^2 + bxy + cy^2$、各种形式的超复数、变换、替换或置换等,都是这种对象的例子,这些对象在各自集合所特有的运算和运算规律下联系起来。代数数方面的工作虽然处理的是某些类型的复数,却使各种代数涌现出来,因为它证实了只有某些性质能适用于这些类型的复数而不适用于整个复数体系。

这些不同类型的对象,是按照它们的运算特性互相区别的;我们已经看到,群、环、理想和域这样一些概念,以及子群、不变子群和扩域这样一些从属的概念,它们的引进是为了识别各种集合。可是,19 世纪关于各种代数的著作,几乎全是讨论上述的具体体系的。仅在 19 世纪的最后 10 年,数学家才认识到,对许多不相联系的代数抽出它们共同的内容来进行综合的研究,可以提高效率到一个新的水平。例如,置换群,高斯研究过的二次型组成的群,加法的超复数系,以及变换群,通过如下的说法,它们就可以在统一的形式下进行探讨:即它们都是由一些元素或对象组成的集合,服从一种运算,而这种运算的特性仅仅由某些抽象性质来规定,其中最主要的一条是,运算作用在该集合的任两元素上就产生这集合的第三个元素。用这种观点去处理构成环和域的各种集合,可以获得同样的便利。这种对抽象集合行之有效的想法,虽然是走在帕施、皮亚诺、希尔伯特的公理体系之前,但是后者的发展无疑地加速了人们对代数抽象方法的承认。

因而,抽象代数产生于对所有各种类型的代数作有意识的研究之时。这些代数,就其个体讲,不仅是具体的,而且是为特殊领域服务的。例如,置换群在方程论中就是这样。通过抽象而获得可用于许多特殊领域的结果,这种好处很快就被忽视了,而抽象结构的研究和它们性质的推导却变成了它本身的目的。

抽象代数曾经是 20 世纪人们喜爱的领域之一,而到今天范围广阔。我们只讲这个课题的起源,并且指出继续深入研究几乎具有无限的机会。讨论这个领域里已有的成就,遇到的最大困难就是专门名词。不同的作者引用不同的名词,而且一个名词从一个时期到另一个时期会改变其含义,除去这些通常的困难以外,抽象代数的特征和缺陷是引进成百个新名词。概念上的每一个很小的变化,却是用一个新的而且常常是堂皇响亮的名词来显示区别的。把用过的名词编成一部完全的字典将成一大本书。

2. 抽 象 群 论

第一个要引进并加以探讨的抽象结构便是群。抽象群论的很多基本思想,至少可以回溯到 1800 年就能或隐或现地找到踪迹。既然抽象理论是存在的,历史学家喜爱的一种活动,便是去追索有多少抽象概念预伏在高斯、阿贝尔、伽罗瓦、柯西,以及成打的其他作者的具体著作中。我们不打算费篇幅去重新考察这段历史。唯一值得提及的有意义的一点是,抽象的观念一经获得,那么对于抽象群论的创始人来说,重温这些过去的著作以得到概念和定理,是相对地容易的。

在考察抽象群概念的发展之前,可以指出过去人们是朝着什么方向努力的。今天通常用的群的一个抽象定义是:一些元素(个数有限或无限)组成的集合,和一种运算,当对集合中任两元素施行这个运算时,所得结果仍然是这集合中的一个元素(封闭性)。这个运算是结合的;集合中存在一个元素,设为 e,使得对于这集合中任何一个元素 a 恒有 $ae = ea = a$;而且对集合中每一元素 a,存在一个逆元素 a',使得 $aa' = a'a = e$。若这运算是交换的,这个群就叫交换群或阿贝尔群,这时这个运算叫做加法,用"+"表示。这时元素 e 记作 0,叫做零元素。如果这运算是不交换的,则叫做乘法,并把元素 e 记作 1,叫做单位元素。

抽象群的概念及其性质是逐渐地揭示出来的。我们可以回忆一下(第 31 章第 6 节),凯莱曾经在 1849 年提出过抽象群,但这个概念的价值当时没有被认识到。远远超越时代的戴德金[①]在 1858 年给有限群下了一个抽象的定义,这个群是他从

---

① *Werke*, 3, 439 - 446.

置换群引导出来的。他又在 1877 年[1]注意到,他的代数数模(即对模中任两元素 α, β, $\alpha+\beta$ 与 $\alpha-\beta$ 仍属于这个模)可以推广到元素并不限于代数数而且运算可以普遍化,但必须要求每一元素有一个逆元素,并且这运算是可交换的。这样他就提出了一个抽象的有限交换群。戴德金对抽象的价值的了解是值得注意的。他在他的代数数理论的著作中清楚地看到了理想(ideal)和域(field)这种结构的价值。他是抽象代数的卓有成效的创始人。

克罗内克[2]从库默尔的理想数的工作出发,也给了一个相当于有限阿贝尔群的抽象定义,类似于凯莱在 1849 年的概念。他规定了抽象的元素、抽象的运算,它的封闭性、结合性、交换性,以及每一元素的逆元素的存在和唯一。接着他证明了一些定理。在任一元素 θ 的各个方幂中,存在一个方幂等于单位元素 1。如果 ν 是使 θ^ν 等于单位元素的最小正指数,则对于 ν 的每个因子 μ,就有一个元素 ϕ 使得 $\phi^\mu=1$。如果 θ^ρ 和 ϕ^σ 都等于 1 而 ρ 和 σ 分别是使这关系成立的最小正整数,而且它们互素,则 $(\theta\phi)^{\rho\sigma}=1$。克罗内克还给出了现在所谓的基定理(basis theorem)的第一个证明。存在由有限多个元素构成的基本组 θ_1, θ_2, θ_3, $\cdots$,使得乘积

$$\theta_1^{h_1}\theta_2^{h_2}\theta_3^{h_3}\cdots,\ h_i=1,\ 2,\ 3,\ \cdots,\ n_i,$$

表示群中全部元素,而且表示是唯一的。对应于 θ_1, θ_2, θ_3, $\cdots$ 的最小可能值 n_1, n_2, $\cdots$(即使 $\theta_i^{n_i}=1$),使得每个 n_{i+1} 整除 n_i,而且乘积 $n_1 n_2 n_3\cdots$ 等于群的元素个数 n。因而 n 的全部素因子都在 n_1 中出现。

1878 年凯莱又写了四篇关于有限抽象群的文章[3]。跟他 1849 年和 1854 年的文章一样,在这些文章中他强调,一个群可以看作一个普遍的概念,无须只限于置换群;虽然,他指出,每个有限群可以表示成一个置换群。凯莱的这几篇文章比他早期的文章有更大的影响,因为抽象群比置换群包含更多的东西,这种认识在当时已经成熟了。

弗罗贝尼乌斯和施蒂克贝格(Ludwig Stickelberger,1850—1936)合作的一篇文章[4]把认识又推进了一步,认为抽象群的概念应包含同余,高斯的二次型合成以及伽罗瓦的置换群。他们提到无限群。

虽然内托在他的《置换理论及其对代数的应用》(*Substitutionentheorie und ihre Anwendung auf die Algebra*, 1882)一书中只限于讨论置换群,但他的概念和定理的措词则已认识到概念的抽象性。超出他的前人所得到的结果的总和,内托探讨了同

① *Bull. des Sci. Math.*, (2),1,1877,17-41,特别 p.41. =*Werke*, 3,262-296。

② *Monatsber. Berliner Akad.*, 1870,881-889 = *Werke*, 1,271-282。

③ *Math. Ann.*, 13, 1878,561-565; *Proc. London Math. Soc.*, 9,1878,126-133; *Amer. Jour. of Math.*, 1,1878,50-52 和 174-176;全在他的 *Collected Math. Papers*, Vol. 10 中。

④ *Jour. für Math.*, 86,1879,217-262 = Frobenius, *Ges. Abh.*, 1,545-590。

构(isomorphism)和同态(homomorphism)的概念。前者意指两个群之间的一个一一对应,使得如果第一个群的三个元素 a, b, c 满足 $a \cdot b = c$,则第二个群中的对应元素 a', b', c' 满足 $a' \cdot b' = c'$。而同态则是一个多对一的对应,在其中从 $a \cdot b = c$ 仍可推出 $a' \cdot b' = c'$。

到了 1880 年间,关于群的新概念引起了人们的注意。在若尔当关于置换群的著作的影响下,克莱因在他的埃尔兰根纲领(第 38 章第 5 节)中指出,无限的变换群,即具有无限多个元素的群,可以用来对几何进行分类。而且这些群在如下意义下是连续的,即任意小的变换包含在任何群中,或者换句话说,变换中出现的参数可以取任何实数值。例如,在表示绕轴旋轴的变换群中,旋转角 θ 可以取一切实数值。克莱因和庞加莱在他们的自守函数工作中曾经用到其他类型的无限群,即离散群或不连续群(第 29 章第 6 节)。

1870 年左右,曾经同克莱因工作过的李着手研究连续变换群的概念,不过不是为了几何分类而是为了其他目的。他观察到用较老方法可积分出来的常微分方程,其大多数在某些类型的连续变换群下是不变的。因而他想到用它能够阐明微分方程的解,并将它们分类。

1874 年李引进了他的变换群的一般理论[①]。这样的一个群可表示成如下形式:

(1)　　　$x_i' = f_i(x_1, x_2, \cdots, x_n, a_1, \cdots, a_n)$, $i = 1, 2, \cdots, n$,

其中 f_i 对 x_i 和 a_i 都是解析的。x_i 是变量而 a_i 是参量,$(x_1, x_2, \cdots, x_n)$ 表示 n 维空间中的一点。变量和参量都取实数值或复数值。例如在一维的情况,下面这样一类变换就是一个连续群:

$$x' = \frac{ax+b}{cx+d},$$

其中 a, b, c, d 取实数值。用(1)表示的群叫做有限的,这里有限一词是指参数的个数有限。变换的个数当然是无限的。一维的情形是一个三参数变换群,因为变换仅仅和 a, b, c 对 d 的比值有关。在一般情形,变换

$$x_i' = f_i(x_1, x_2, \cdots, x_n, a_1, \cdots, a_n),$$
$$x_i'' = f_i(x_1', \cdots, x_n', b_1, \cdots, b_n)$$

的乘积是

$$x_i''' = f_i(x_1, \cdots, x_n, c_1, \cdots, c_n),$$

其中 c_i 是诸 a_i 和 b_i 的函数。对一个变量的情形,李把它叫做单扩充流形;对于 n 个变量的情形,他把它叫做任意扩充流形。

1883 年,李在另一篇关于连续群的文章中也引进了无限连续群,这篇文章发表在一个没有名气的挪威杂志上[②]。这种群不是由形如(1)的一组方程而是借助

①　*Nachrichten König. Ges. der Wiss. zu Gött.*, 1874, 529 – 542 = *Ges. Abh.*, 5, 1 – 8.
②　*Ges. Abh.*, 5, 314 – 360.

一组微分方程来定义的。所得的变换并不依赖于有限多个连续的参量,而是依赖于任意的函数。没有抽象群概念和这些无限连续群相当,因而,对它虽有大量的著作,我们这里就不去讨论了。

考察一下下面的事实也许是有益的。克莱因和李在他们初期的工作中,定义一个变换群为只具有封闭性的群。至于其他性质,如每个元素的逆元素的存在性,则可以根据变换的性质建立起来;或者,如像结合律的情形,则作为变换的一条自明的性质来使用。李在他的工作过程中认识到,每个元素的逆元素的存在性应该作为一条公设放在群的定义中。

到了 1880 年间,已经知道有四种主要类型的群。它们是有限阶不连续群(置换群是其典型例子)、无限不连续(或离散)群(如在自守函数理论中出现的群)、有限连续李群(克莱因的变换群以及更一般的解析变换李群是其典型例子)、由微分方程定义的无限连续李群。

群论的三个主要来源——方程式论、数论和无限变换群——由于迪克(Walther von Dyck,1856—1934)的工作而都被纳入抽象群概念之中。迪克受凯莱的影响,是克莱因的学生。在 1882 年和 1883 年[1]他发表了关于抽象群的文章,其中包含离散群和连续群。他的群的定义是:一个由元素组成的集合,一种满足封闭性的运算,结合律成立但不要求交换性,每个元素存在一个逆元素。

迪克很明确地运用了一个群的生成元(generator)这一概念,这在克罗内克的基定理中是隐晦的,而在内托关于置换群的著作中是明显的。生成元指的是群的一个固定子集,它们是独立的,使得群中每个元素可以表示成这些生成元和它们的逆的方幂的乘积。当生成元之间没有任何约束时,这个群就叫做一个自由群。如果 A_1, A_2, … 是一组生成元,则表达式

$$A_1^{\mu_1} A_2^{\mu_2} \cdots$$

叫做一个字(word),其中 μ_i 为正或负整数。在生成元之间可以存在一些关系,这种关系可以取如下的形式:

$$F_i(A_i) = 1;$$

就是说,一个字或字的组合等于群的单位元素。迪克接着指出,关系的出现意味着该自由群 G 的一个不变子群和一个商群 $\overline{G}$。在他 1883 年的文章中,他把抽象群理论应用于置换群、有限旋转群(多面体的对称)、数论中出现的群以及变换群。

一个抽象群的独立公理系统由亨廷顿[2]、穆尔[3]、迪克森(Leonard E. Dickson,

①　*Math. Ann.*, 20,1882,1-44 和 22,1883,70-118。

②　*Amer. Math. Soc. Bull.*, 8,1902,296-300 和 388-391,和 *Amer. Math. Soc. Trans.*, 6,1905,181-197。

③　*Amer. Math. Soc. Trans.*, 3,1902,485-492,和 6,1905,179-180。

1874—1954)①给出过。这几种以及其他公理系统相互间的差别并不大。

在完成群的抽象概念之后,数学家们转到求证抽象群的一些定理,他们都是从具体情形的已知结果中启发得来的。例如弗罗贝尼乌斯②证明了关于有限抽象群的西罗定理(第 31 章第 6 节)。有限群的阶是指它包含的元素的个数,如果一个有限群的阶能被一个素数 p 的方幂 p^v 整除,则它恒包含一个 p^v 阶子群。

除了寻找一些具体群,其性质对于抽象群可能成立以外,许多人给抽象群直接引进新概念。戴德金③和米勒(George A. Miller,1863—1951)④探讨了非阿贝尔群,其中每个子群都是正规(不变)子群。戴德金在他 1897 年的文章中和米勒⑤都引进了换位子(commutator)和换位子群的概念。如果 s, t 是群 G 的任何两个元素,则称元素 $s^{-1}t^{-1}st$ 为 s 和 t 的换位子。戴德金和米勒两人用这个概念证明了一些定理。例如,群 G 的元素对(有序的)全体的所有换位子集合生成 G 的一个不变子群。一个群的自同构是指群的元素到它们自身的一一对应,使得如果 $ab = c$,则 $a'b' = c'$。赫尔德⑥和穆尔⑦在一组抽象的基上研究了群的自同构。

抽象群理论的进一步发展在许多方向继续进行。其中之一是由赫尔德从置换群继承过来的,写在他的 1893 年的文章中,问题是找出具有给定阶的群的全体。这个问题凯莱在他的 1878 年的文章中⑧也曾提到过。这个问题一般还解决不了,因而只研究了一些特殊的阶,如 p^2q^2 阶,其中 p, q 都是素数。与它相关的一个问题是,各种次数的非传递群、本原群和非本原群的次数问题(一个置换群的次数是指置换群中文字的个数)。

另一研究方向是,确定复合群或可解群和单群(单群是指这样的群,它除单位群和自身外没有其他不变子群)。这个问题当然是来自伽罗瓦理论。赫尔德在引进因子群⑨的抽象概念之后,讨论了单群⑩和复合群⑪。其结果中有一个素数阶循环群是单群,n 个 ($n \geqslant 5$)文字的全部偶置换组成的交代群是单群。还发现了许多其他有限的单群。

---

① *Amer. Math. Soc. Trans.*,6,1905,198 - 204.

② *Jour. für Math.*,100,1887,179 - 181 = *Ges. Abh.*,2,301 - 303.

③ *Math. Ann.*,48,1897,548 - 561 = *Werke*,2,87 - 102.

④ *Amer. Math. Soc. Bull.*,4,1898,510 - 515 = *Coll. Works.* 1,266 - 269.

⑤ *Amer. Math. Soc. Bull.*,4,1898,135 - 139 = *Coll. Works*,1,254 - 257.

⑥ *Math. Ann.*,43,1893,301 - 412.

⑦ *Amer. Math. Soc. Bull.*,1,1895,61 - 66,和 2,1896,33 - 43。

⑧ *Coll. Math. Papers*,10,403.

⑨ *Math. Ann.*,34,1889,26 - 56.

⑩ *Math. Ann.*,40,1892,55 - 88,和 43,1893,301 - 412.

⑪ *Math. Ann.*,46,1895,321 - 422.

　　至于可解群,弗罗贝尼乌斯有几篇文章研究这问题。例如①,他发现,阶不能被一个素数的平方整除的群全都是可解的②。研究何种群是可解的,这是确定一个已知群的结构这种更广泛的问题的一部分。

　　迪克在他 1882 年和 1883 年的文章中引进了用生成元和生成元之间的关系去定义一个群的抽象观点。假设一个已知群是用有限多个生成元和关系来定义的,按照德恩③的说法,恒等或字的问题是,确定任何一个"字"或元素的乘积是否等于单位元素。可以给定任何一组关系,因为至少只有一个单位元素的平凡群就满足这组关系。要确定一个由生成元和关系给出的群是不是一个平凡群,这个问题本身却是不平凡的。事实上还没有一个有效的方法。当这种关系仅由一个定义关系组成时,威廉·马格努斯(Wilhelm Magnus,1907—1990)证明了字的问题是可解的④。但是一般问题却是不可解的⑤。

　　普通群论中另一个尚未解决的著名问题是伯恩赛德问题。任何有限群有这样的性质,即它是有限生成的而且每一个元素是有限阶的。1902 年⑥伯恩赛德(William Burnside,1852—1927)问道,是否逆定理成立;就是说,如果一个群 G 是有限生成而且每一个元素是有限阶的,G 就是有限的吗？这个问题曾经引起许多人的注意,而获得解决的却仅仅是它的一些特殊情形。还有另一个问题,即同构问题,是要确定两个由生成元和关系定义的群何时同构。

　　群论中的惊人转变之一是在群的抽象理论开创之后不久,数学家为了获得抽象群的某些结果,转而借助更具体的代数来表示群。凯莱在他 1854 年的文章中指出,任何有限抽象群能够用一个置换群来表示。我们也已经提到过(第 31 章第 6节),若尔当在 1878 年引进了置换群的线性变换表示。这些变换或它们的矩阵,业已证明是抽象群的最有效的表示法,这种表示叫做线性表示。

　　一个群 G 的矩阵表示,是 G 的元素 g 到一组固定阶的非奇异方阵 $A(g)$ 的一个同态映射,其中矩阵的元素是复数。这个同态意味着

$$A(g_i \cdot g_j) = A(g_i) \cdot A(g_j)$$

---

　　①　*Sitzungsber. Akad. Wiss. zu Berlin*, 1893,337 - 345,和 1895,1027 - 1044 ＝ *Ges. Abh.*, 2,565 - 573, 677 - 694。

　　②　近来一个重大的成果已由费特(Walter Feit,1930—2004)和约翰·汤普森(John G. Thompson,1932—)得到(*Pacific Jour. of Math.*, 13, Part 2, 1963,775 - 1029)。全部奇数阶群都是可解的。伯恩赛德在 1906 年曾把这作为一个猜想提出过。

　　③　*Math. Ann.*, 71,1911,116 - 144.

　　④　*Math. Ann.*, 106,1932,295 - 307.

　　⑤　这个已于 1955 年由诺维科夫(P. S. Novikov)加以证明,见 *American Math. Soc. Translations*,(2),9,1958,1 - 122。

　　⑥　*Quart. Jour. of Math.*, 33,230 - 238.[此结论已被柯斯特利金(Aleksei Ivanovich Kostrikin,1929—2000)所否定。——译者注]

对于 G 的所有元素 g_i, g_j 成立。一个群有许多矩阵表示,因为矩阵的阶(行数或列数)可以变更,并且即使对于一个给定的阶,对应关系也可以变更。我们还可以把两个表示加起来。如果对于 G 的每一个元素 g,A_g 是一个 n 阶表示的对应矩阵而 B_g 是另一个 n 阶表示的对应矩阵,则

$$C_g = \begin{pmatrix} A_g & 0 \\ 0 & B_g \end{pmatrix}$$

就是 G 的第三个表示,它叫做上述两个表示的和。同样,如果

$$E_g = \begin{pmatrix} B_g & C_g \\ 0 & D_g \end{pmatrix}$$

是一个表示,而且对于每一个 $g \in G$ 来说,B_g 和 D_g 分别为 m 阶和 n 阶非奇异矩阵,那么 B_g 和 D_g 也是 G 的表示,阶比 E_g 的低。E_g 叫做分级表示。分级表示以及与一个分级表示等价($F^{-1}E_g F$ 和 E_g 叫做等价的,其中 F 是与 E_g 同阶的非奇异矩阵而且与 g 无关)的表示叫做可约的。一个不与任何分级表示等价的表示叫做不可约的。由 n 个变量的一组线性变换组成的不可约表示其基本含义是,它是一个同态的或同构的表示而且不存在数目少于 n 的 m 个线性函数(是给定的 n 个变量的线性函数)使得在上述不可约表示中的每个线性变换下,这 m 个线性函数的每一个仍然变成这 m 个线性函数的线性组合。一个表示,如果它等价于一些不可约表示的和,则叫做完全可约的。

　　每一个有限群有一个特别的表示叫做正则表示。假设群的元素用脚标记作 $g_1, g_2, \cdots, g_n$。设 a 是 g_i 的任一个。我们考虑由 a 确定一个 $n \times n$ 矩阵如下。设 $ag_i = g_j$。于是在这个矩阵的 (i, j) 位置上放一个 1,对 $i = 1, 2, \cdots, n$ 和固定的 a 都这样做,然后在其他位置都放上 0。这样就得到一个由 a 确定的矩阵。于是对于群的每一个元素 g 都有这样一个矩阵与它对应,这些矩阵组成的集合就叫做这群的一个左正则表示。同样作右乘 $g_i a = g_k$,我们得到一个右正则表示。重排群的元素 g,就得到其他正则表示。正则表示的概念是由查尔斯·皮尔斯(Charles Sanders Peirce)于 1879 年引进的[1]。

　　把置换群用形如

$$x_i' = \sum_{j=1}^{n} a_{ij} x_j, \quad i = 1, 2, \cdots n$$

的线性变换来表示,是由若尔当首创的,后来在 19 世纪末和 20 世纪初由弗罗贝尼乌斯、伯恩赛德、莫利恩(Theodor Molien,1861—1941)和伊塞·舒尔(Issai Schur,1875—1941)推广到一切有限抽象群的表示的研究。弗罗贝尼乌斯[2]对有限群引

① *Amer. Jour. of Math.*, 4,1881,221-225.
② *Sitzungsber. Akad. Wiss. zu Berlin*, 1897,994-1015 = *Ges. Abh.*, 3,82-103.

进了可约和完全可约表示的概念,而且证明了一个正则表示包含所有不可约表示。他在 1897 年到 1910 年间发表的其他文章中(有些与伊塞·舒尔的工作相联系)还证明了许多其他的结果,其中有仅存在少数几个不可约表示,其他所有表示都是由它们组合成的。

伯恩赛德[1]给出了另一个主要结果,即要一个群可约,n 个变量的线性变换群的系数所应满足的一个必要充分条件。由线性变换组成的任何有限群是完全可约的,这个事实首先由马施克(Heinrich Maschke,1853—1908)证明[2]。有限群的表示理论已经引出了抽象群的一系列重要定理。在本世纪的第二个四分之一里,表示理论已经推广到连续群,但是这方面的发展不准备在这里讲。

群特征标(group character)的概念有助于群表示的研究。这个概念可以回溯到高斯、狄利克雷和海因里希·韦伯(下页注[1])的工作。戴德金在狄利克雷的著作《数论讲义》(*Vorlesungen über Zahlentheorie*,1879)第三版上对阿贝尔群的特征标作了一般的描述。一个群 G 的特征标是一个定义在群 G 的所有元素 s 上的函数 $\chi(s)$,函数值处处不为 0,并且 $\chi(ss') = \chi(s)\chi(s')$。两个特征标是互不相同的,如果至少对群的一个 s 有 $\chi(s) \neq \chi'(s)$。

这个概念由弗罗贝尼乌斯推广到一切有限群。开始的定义叙述颇为复杂[3],他后来给了一个较简单的定义[4],成为现在的标准形式。特征标函数是群的一个不可约表示的矩阵的迹(即主对角线上元素的和)。这一概念后来由弗罗贝尼乌斯和其他人应用到无限群上。

特别地,群特征标可用来确定一个已知的有限群能够用线性变换群来表示所需要的变量的最小数目。对于交换群来说,群特征标还可以确定全部子群。

显示出对时尚的通常的热忱,19 世纪末 20 世纪初的许多数学家都以为,全部值得纪念的数学终究将会包括在群论之内。特别是克莱因,他虽然不喜欢**抽象群论**的形式主义,却偏爱群这个概念,因为他认为群会把数学统一起来。庞加莱是同样的热情。他曾说过[5]:"……可以说,群论就是那摒弃其内容而化为纯粹形式的整个数学。"

3. 域的抽象理论

在伽罗瓦的著作里,由 n 个量 a_1,a_2,$\cdots$,a_n 生成的域 R,是指这些量经过加、

[1]　*Proc. London Math. Soc.*,(2),3,1905,430 – 434.

[2]　*Math. Ann.*,52,1899,363 – 368.

[3]　*Sitzungsber. Akad. Wiss. zu Berlin*,1896,985 – 1021＝*Ges. Abh.*,3,1 – 37.

[4]　*Sitzungsber. Akad. Wiss. zu Berlin*,1897,994 – 1015＝*Ges. Abh.*,3,82 – 103.

[5]　*Acta Math.*,38,1921,145.

减、乘和除(除去用 0 作除数以外)得到的一切量所构成的集合,而扩域这个概念就是添加 R 以外的一个新元素 λ 到 R 所形成的。他的域就是由一个方程的系数生成的域,他的扩张是经添加方程的一个根做成的。在戴德金和克罗内克关于代数数的著作里(第 34 章第 3 节),域这个概念有着完全不同的起源。事实上,"域(field)"(体 *Körper*)这个词是出自戴德金。

域的抽象理论是由海因里希·韦伯开始的。他已经拥护群的抽象观点。在 1893 年[1]他曾经给伽罗瓦理论以抽象的阐述,其中他引进了(交换)域作为群的派生。按照海因里希·韦伯的说明,一个域是指一个由元素组成的集合,具有两种运算,叫做加法和乘法,都满足封闭条件、结合律、交换律以及分配律。而且每一个元素在每一种运算下必有一个唯一的逆元素(除去 0 作除数以外)。海因里希·韦伯强调群和域是代数的两个主要概念。稍后,迪克森[2]和亨廷顿[3]给出了一个域的独立的公理系统。

在 19 世纪已经知道的域有有理数域、实数域、复数域、代数数域和一个或多个变数的有理函数域。亨泽尔又发现了另一类型的域即 p-进域,它在代数数方面开辟了新的工作[《代数数论》(*Theorie der algebraischen Zahlen*, 1908)]。亨泽尔首先观察到任何一个普通整数 D 能够用一种方式而且只有一种方式表示成一个素数 p 的方幂的和,即

$$D = d_0 + d_1 p + d_2 p^2 + \cdots + d_k p^k,$$

其中 d_i 是适当的整数且 $0 \leqslant d_i \leqslant p-1$。例如, $p=3$,

$$14 = 2 + 3 + 3^2,$$
$$216 = 2 \cdot 3^3 + 2 \cdot 3^4.$$

同样,任何有理数 $r(\neq 0)$能唯一地写成

$$r = \frac{a}{b} p^n,$$

其中 a, b 是不能被 p 整除的整数, n 是 0 或一个正或负的整数。亨泽尔根据这个观察推广并引进了 p-进数。 p-进数是如下形式的表达式:

$$(2) \qquad \sum_{i=-\rho}^{\infty} c_i p^i,$$

其中 p 是一个素数,系数 c_i 是普通有理数,已约简成最简分数,其分母不能被 p 整除。这种表达式一般并不一定有普通的数作为它的值。但无论如何,根据定义,它们表示数学实体。

---

① *Math. Ann.*, 43,1893,521-549. 对于群参看 *Math. Ann.*, 20,1882,301-329。
② *Amer. Math. Soc. Trans.*, 4,1903,13-20,和 6,1905,198-204。
③ *Amer. Math. Soc. Trans.*, 4,1903,31-37,和 6,1905,181-197。

亨泽尔对这种数规定了四种基本运算,并证明它们是一个域。p-进数的一个子集能够和普通的有理数成一一对应,而且事实上这个子集就是在两个域同构的完整意义下同有理数域同构的。在 p-进数的域内亨泽尔定义了 p-进整数,单位(即 p-进整数中的可逆元素)和其他类似于普通有理数中的那些概念。

亨泽尔引进了以 p-进数作系数的多项式和这种多项式的 p-进根的概念,而且把有关代数数域的所有概念推广到这些根上。这样就有 p-进整代数数,更一般地就有 p-进代数数,而且可以构成 p-进代数数域,这是由(2)定义的"有理"的 p-进数域的扩张。事实上,有关代数数的所有一般理论都可以搬到 p-进数上。也许令人惊奇的是,p-进代数数的理论引出普通代数数的一些结果。在探讨二次型的理论中已经显出它的作用,而且导致赋值域的观念。

海因里希·韦伯的著作给予施泰尼茨(Ernst Steinitz,1871—1928)非常大的影响,在域的日益增长的变化的激励下,施泰尼茨着手对抽象域进行综合的研究;他把研究的成果都写进他的基本论文《域的代数理论》(*Algebraischen Theorie der Körper*)[①]。按照施泰尼茨的观点,一切域可以分成两个主要类型。设 K 是一个域。考虑 K 的所有子域(例如,有理数域是实数域的一个子域)。所有子域的公共元素也是一个子域,叫做 K 的素域,记为 P。素域有两种可能的类型。单位元素 e 总是包含在 P 内,因而

$$e,\ 2e,\ \cdots,\ ne,\ \cdots$$

也包含在 P 内。这些元素,或者两两不相同,或者存在一个普通整数 p 使得 $pe = 0$。在第一种情况 P 必须包含所有分数 ne/me,由于这些元素形成一个域,所以 P 必须和有理数域同构。这时我们说 K 有特征 0。

另一方面,如果 $pe = 0$,容易证明,这样的 p 的最小者必是一个素数,因而域 P 必须和整数模 p 的同余类域 $\{0,1,2,\cdots,p-1\}$ 同构。这时我们说 K 是一个特征为 p 的域。K 的任何一个子域都有同一特征。于是 $pa = (pe)a = 0$;这就是说,K 中所有表达式可以按模 p 来化简。

不管素域 P 属于刚才描述过的哪一种类型,原来的域 K 可以从 P 经过添加的手续而得到。方法是:首先在 K 内取一个不在 P 内的元素 a,并作 a 的系数属于 P 的有理函数,它们全体构成一个子域 $R(a)$,然后,如有必要,再在 K 内取一个不在 $R(a)$ 内的元素 b,按照对待 a 的办法来对待 b,作出 $R(a)$ 的扩张,如此继续进行直至满足需要。

从一个任意的域 K 出发,可以作出各种类型的添加。一个单纯的添加就是添加单个元素 x。这个扩大了的域必包含所有如下形式的表达式:

① 　*Jour. für Math.*,137,1910,167－309.

(3)
$$a_0 + a_1 x + \cdots + a_n x^n,$$

其中 a_i 属于 K。如果这些表达式两两不相等，那么这个扩域就是 x 的有理函数全体构成的域 $K(x)$，其系数属于 K。这样的添加叫做一个超越添加，$K(x)$ 叫做一个超越扩张。如果(3)中表达式有某些彼此相等，可以证明，必定存在一个关系(这时用 α 代替 x)

$$f(\alpha) = \alpha^m + b_1 \alpha^{m-1} + \cdots + b_m = 0,$$

其中系数 $b_i \in K$ 而且 $f(x)$ 在 K 内不可约。这时表达式

$$C_1 \alpha^{m-1} + C_2 \alpha^{m-2} + \cdots + C_m, \quad C_i \in K$$

的全体构成一个域 $K(\alpha)$，是由添加 α 到 K 而形成的。这个域叫做 K 的一个单纯代数扩张。$f(x)$ 在 $K(\alpha)$ 内有一个根 α。反之，如果取定一个在 K 内不可约的任意多项式 $f(x)$，就可以造一个域 $K(\alpha)$ 使得 $f(x)$ 在 $K(\alpha)$ 内有一个根。

　　由施泰尼茨获得的一个基本结果是，每一个域 K 可以从它的素域出发，经过如下的添加而得到：首先作一系列(可能无限多的)超越添加得到一个超越扩张，然后对这个超越扩张又作一系列代数添加。如果一个域 K' 能够从一个域 K 经过一串单纯代数添加而得到，就说 K' 是 K 的一个代数扩张。如果添加的次数是有限的，就说 K' 是 K 的有限代数扩张。

　　并不是每一个域都可以经过代数添加而扩大。例如复数域就不能这样扩大，因为每一个次数高于 1 的复系数多项式 $f(x)$ 在复数域内是可约的。这种不能经代数添加而扩大的域叫做代数封闭的。施泰尼茨还证明：对于每一个域 K，存在一个唯一的代数封闭域 K'，而且 K' 是 K 的代数扩张。这里"唯一"的意思是，K 上(包含 K)所有其他代数封闭域恒包含一个与 K' 同构的子域。

　　施泰尼茨还考虑了这样一个问题：确定这样的域，在其中伽罗瓦的方程理论有效。我们说伽罗瓦理论在一个域中有效，意思是，一个给定域 K 上的伽罗瓦域 $\overline{K}$ 是一个代数域，而且 $K(x)$ 中每一个不可约多项式 $f(x)$ 在 $\overline{K}$ 上或者保持不可约或者完全分解成一次因式的乘积①。对每个伽罗瓦域 $\overline{K}$，都有一组自同构，每一个自同构是 $\overline{K}$ 到自身上的一个映射 $\alpha \to \alpha'$，使得 $\alpha \pm \beta$ 和 $\alpha \cdot \beta$ 分别映到 $\alpha' \pm \beta'$ 和 $\alpha' \cdot \beta'$，而且它保持 K 中每一个元素不动(即元素对应到自身)。这组自同构形成一个群 G，叫做 $\overline{K}$ 关于 K 的伽罗瓦群。伽罗瓦理论的主要定理断言：在 G 的子群与 $\overline{K}$ 的子域(包含 K)之间存在一个唯一的一一对应，使得对于 G 的每一个子群 G' 有一个子域 K' 与 G' 对应，而 K' 是由在 G' 下保持不动的元素全体组成；而且反之也对。只

----

① 这个定义确切陈述应为：称 K 的扩域 $\overline{K}$ 是域 K 上的伽罗瓦域，如果 $\overline{K}$ 是 K 上的可分代数扩张，而且 K 上的任一个不可约多项式 $f(x)$ 只要在 $\overline{K}$ 内有一个根，则它在 $\overline{K}$ 内完全分解成一次因式的乘积。——译者注

要这个定理在一个域中成立,就说伽罗瓦理论在这个域中有效。施泰尼茨的基本结果主要是说,如果一个域 $\overline{K}$ 可从一个已知域 K 经过添加一系列无重根的不可约多项式的全部根而得到,则伽罗瓦理论在 $\overline{K}$ 内有效。如果一个域 K 上的所有不可约多项式在 K 的任何扩域中都无重根,则 K 叫做完备的。

如施泰尼茨的分类所指出的,域的理论还包含特征 p 的有限域。它的一个简单的例子就是整数模素数 p 所得到的余数的全体组成的集合。有限域的概念属于伽罗瓦。1830 年他发表了一篇决定性的文章《关于数论》(Sur la théorie des nombres)[1]。伽罗瓦企望求解同余式

$$F(x) \equiv 0 (\bmod\ p),$$

其中 p 是一个素数,$F(x)$ 是一个 n 次整系数多项式。他假设 $F(x)(\bmod\ p)$ 不可约,使得这个同余式没有整根或无理根。这就迫使他去考虑其他的解。由虚数得到启示,伽罗瓦用 i 表示 $F(x)(\bmod\ p)$ 的一个根(i 并不是 $\sqrt{-1}$)。他于是考虑表达式

$$(4) \qquad a_0 + a_1 i + a_2 i^2 + \cdots + a_{n-1} i^{n-1},$$

其中 a_i 是整数。当这些系数都分别取 $(\bmod\ p)$ 的最小非负剩余时,这个表达式只能取 p^n 个值,因而只有 $p^n - 1$ 个非零的值。假设 α 是其中一个非零的值。α 的一切方幂均取(4)的形式,因而这些方幂不能全相异。于是必定最少有一个方幂 $\alpha^m = 1$。假定 m 是满足这个等式的最小正整数。于是共有 m 个不同的值:

$$(5) \qquad 1,\ \alpha,\ \alpha^2,\ \cdots,\ \alpha^{m-1}.$$

如果我们用(4)中另一个表达式 β 乘(5)中各元素,我们就得到不同于(5)的另外 m 个元素,它们彼此不同。再用上两组以外的另一表达式 γ 乘(5)中各元素,将得到更多这样的元素,直到我们得到形如(4)的全部表达式为止。因此,m 必定整除 $p^n - 1$,即 $\alpha^{p^n - 1} = 1$,因而 $\alpha^{p^n} = \alpha$。(4)中这 p^n 个元素组成一个有限域。伽罗瓦曾经就这个具体情况证明:在一个特征 p 的伽罗瓦域中,元素的个数是 p 的一个幂。

穆尔[2]曾经证明,任何一个有限抽象域都与某一个伽罗瓦域同构,后者的元素个数为 p^n,p 为某一素数。对于每一个素数 p 和每一个正整数 n,都存在 p^n 个元素的有限域。韦德伯恩(Joseph H. M. Wedderburn,1882—1948)是普林斯顿大学的教授[3],他和迪克森同时证明了任何有限域必须是交换的(意思是说,域的乘法交换律可以从域的其余的公理推证出来。参看下一节)。为确定包含在伽罗瓦域内的加法群的构造以及域本身的构造,已做了大量的工作。

---

[1]　*Bulletin des Sciences Mathématiques de Férussac*,13,1830,428 - 435 = *Œuvres*,1897,15 - 23.

[2]　*N. Y. Math. Soc. Bull.*,3,1893,73 - 78.

[3]　*Amer. Math. Soc. Trans.*,6,1905,349 - 352.

4. 环

虽然环和理想的构造是熟知的并在戴德金和克罗内克关于代数数的著作中被利用过,但抽象理论却完全是 20 世纪的产物。理想一词已经被采用(第 34 章第 4 节)。克罗内克把环叫做"序(order)",环(ring)这个词是希尔伯特引进的。

讨论历史以前,先讲清这些概念的现代意义是适宜的。一个抽象的环是一组元素组成的集合,它关于一种运算形成一个交换群,而且它还受制于可作用于任何两个元素的第二种运算;这第二种运算是封闭的并且是结合的,但可以是,也可以不是交换的;可以有,也可以没有单位元素. 它还适合分配律 $a(b+c) = ab + ac$ 和 $(b+c)a = ba + ca$。

环 R 的一个理想是这样一种子环 M:如果 a 属于 M,r 属于 R,则 ar 和 ra 都属于 M。如果只有 ar 属于 M,则 M 叫做右理想;如果只有 ra 属于 M,则 M 叫做左理想;如果一个理想既是右理想又是左理想,则它叫做双边理想。单位理想是指整个环。由一个元素 a 生成的左理想 (a) 是由下面形式的元素全体组成的:

$$ra + na,$$

其中 $r \in R$, n 为任一整数。如果 R 有一个单位元素 e,则

$$ra + na = ra + nea = (r + ne)a = r'a,$$

而 r' 则是 R 的任一元素。由一个元素生成的理想叫做主理想。仅由零元素组成的理想叫零理想,记作 0。0 和 R 以外的理想叫做真理想。类似地,如果 a_1, a_2, $\cdots$, a_n 是环 R 中给定的 m 个元素,R 有单位元素,则所有和数

$$r_1a_1 + r_2a_2 + \cdots + r_ma_m, \, r_i \in R$$

的集合是 R 的一个左理想,记作 $(a_1, a_2, \cdots, a_m)$。它是包含 a_1, a_2, $\cdots$, a_m 的最小的左理想。如果一个交换环 R 的每一个理想都可表示成如上的形式,则 R 叫做诺特环。

因为环中任何一个理想都是环的加法群的一个子群,所以环 R 可以按理想 M 分成一些剩余类。如果 R 中的两元素 a, b 满足 $(a-b) \in M$,则说 a, b 关于 M 同余,记作 $a \equiv b \pmod{M}$。如果环 R 到环 R' 的一个映射 $a \to T(a)$ 满足

$$T(a+b) = T(a) + T(b),$$

$$T(a \cdot b) = T(a) \cdot T(b), \, T(1) = 1',$$

则 T 叫做环 R 到环 R' 的一个同态。在同态 T 下,R 中对应到 R' 的零的元素全体叫做 R 的核,它是 R 的一个(双边)理想。当 T 呈满同态时,R' 同构于 R 的以核

为模的剩余类所成的环。反之,给定 R 的一个(双边)理想 L,可作 R 模 L 的剩余类环,记作 R/L,叫做 R 模 L 的商环,于是有 R 到 R/L 的同态,以 L 作为它的核。

环的定义并不要求每一元素(非零)关于乘法有逆元素存在。如果单位元素存在,而且每一个非零元素都有逆元素,则这个环叫做除环(或可除代数);实际上它是一个非交换(或斜)域。韦德伯恩的结果已经指出(1905),一个有限除环是一个交换域。直到 1905 年已知的除环仅有交换域和四元数。后来迪克森作出一串新的除环,交换的和非交换的都有。1914 年他[1]和韦德伯恩[2]给出了非交换域的第一个例子,它关于中心(与域中一切元素都交换的元素全体)的阶是 n^2[3]。

在 19 世纪晚期,已经造出了大量的各种具体的线性结合代数(第 32 章第 6 节)。这些代数,抽象地看都是环,当抽象环的理论形成之际,这些具体的代数就被吸收和推广。当韦德伯恩在他的文章《论超复数》(On Hypercomplex Numbers)[4]中继续嘉当(Elie Cartan,1869—1951)的工作[5]并推广了他的结果时,线性结合代数的理论和整个抽象代数的课题就受到新的推动。回想一下,超复数就是如下形式的数:

(6)
$$x = x_1 e_1 + x_2 e_2 + \cdots + x_n e_n,$$

其中 e_i 是量的单位,x_i 是实数或复数。韦德伯恩把 x_i 取作一个任意域 F 中的元素。他把这个推广了的线性结合代数简称为代数。处理这类广义代数,他不得不放弃他前人的方法,因为一个任意的域不都是代数封闭的。他也采取了而且完成了本杰明·皮尔斯关于幂等元素的技巧。

在韦德伯恩的著作中,一个代数便是由形如(6)的线性组合的全体所组成,组合的系数现在是域 F 中元素。这些 e_i 叫做基,个数有限,而且这个个数就叫这代数的阶。这样的两个元素的和由下式给出:
$$\sum x_i e_i + \sum y_i e_i = \sum (x_i + y_i) e_i.$$
这代数中的一个元素 x 和域 F 中的一个元素 a 的乘积 ax 定义为
$$ax = a \sum x_i e_i = \sum a x_i e_i,$$

[1]　*Amer. Math. Soc. Trans.*, 15,1914,31-46.

[2]　*Amer. Math. Soc. Trans.*, 15,1914,162-166.

[3]　1958 年克威尔(Michel Kervaire,1927—2007)在 *Proceedings of the National Academy of Sciences*, 44, 1958,280-283 和米尔诺(John Milnor,1931—　)在 *Annals of Math.*, (2),68,1958,444-449,两人都用博特 (Raoul Bott,1923—2005)的一个结果,证明了具有实系数的唯一可能的可除代数(不假定乘法结合律和交换律)只有实数、复数、四元数和凯莱数。

[4]　*Proc. London Math. Soc.*, (2),6,1907,77-118.

[5]　*Ann. Fac. Sci. de Toulouse*, 12B,1898,1-99 = *Œuvres*, Part Ⅱ, Vol. 1,7-105.

而这代数中两元素的积定义为

$$\left(\sum x_i e_i\right)\left(\sum y_i e_i\right) = \sum_{i,j} x_i y_i e_i e_j.$$

这定义的完成只需再用一个表来把每一乘积 $e_i e_j$ 表示成所有 e_i 的某一线性组合,其系数属于 F。乘法要求满足结合律。总可以添加一个单位元素(模)1 到代数中去使得对于每个 x 都有 $x \cdot 1 = 1 \cdot x = x$,于是系数域 F 就成为这代数的一部分。

设 A 为一个代数。如果 A 的一个子集 B 对于 A 的运算也构成一个代数,则 B 叫做 A 的一个子代数。此外,如果对于 A 中元素 x,B 中元素 y,还有 xy 和 yx 都在 B 中,则 B 叫做 A 的不变子代数。如果一个代数 A 可写成两个不变子代数的和,而这两个子代数除零元素外无公共元素,则 A 叫做可约的。这时 A 也叫做这两个子代数的直和。

如果一个代数除(0)和它本身外没有不变子代数,则它叫做单代数。韦德伯恩也引用而且修改了嘉当关于半单代数的概念。为此韦德伯恩利用幂零元素这一概念。一个元素 x 叫做幂零的(nilpotent),如果对于某正整数 n,有 $x^n = 0$。一个元素 x 叫做真正幂零的,如果对于代数 A 中每一元素 y 而言,xy 和 yx 都是幂零的。可以证明,一个代数 A 中真正幂零元素的全体所组成的集合是 A 的一个不变子代数(因而也是幂零不变子代数)。于是一个半单代数就是一个没有幂零不变子代数(不计仅由零元素组成的幂零不变子代数)的代数。

韦德伯恩证明了每一个半单代数可以表示成不可约代数的直和,而每一个不可约代数等价于一个矩阵代数和一个可除代数(韦德伯恩叫它为本原代数)的直积。这意思是说,这不可约代数的每一个元素可以表示成一个矩阵,其元素取在该可除代数中。因为半单代数可以分解成一些单代数的直和,这个定理等于确定了一切半单代数。还有另外一个结果用到全矩阵代数的概念,它正好就是所有 $n \times n$ 矩阵组成的代数。如果一个代数的系数域 F 是复数而且没有真正幂零元素,那么它就等于一些全矩阵代数的直和。这是由韦德伯恩得到的结果的一个样品,它可以作为广义线性结合代数工作的一个指示。

环和理想的理论由埃米·诺特(1882—1935)把它置于更为系统化和公理化的基础之上。埃米·诺特是少数几个伟大的女数学家之一,她于 1922 年成为格丁根的讲师。当她开始她的工作时,环和理想的许多结果都已经知道,但是由于适当地确切表述了抽象概念,使她能够将这些结果纳入抽象理论之中。例如,她把希尔伯特的基定理(第 39 章第 2 节)重新表述如下:一个系数环上的任何多个变量的多项式所成的环,当这系数环有一个单位元素和一组有限基时,这多项式环本身也有一组有限基。在这种重新表述下,她把不变量理论变成了抽象代数的一部分。

多项式环的理想的理论已由拉斯克(Emanuel Lasker,1868—1941)[1]发展了。他给出一种决定一个已知多项式是否属于一个理想的方法,这理想是由 r 个多项式生成的。1921 年[2]埃米·诺特证明,这种多项式理想理论能由希尔伯特基定理推出。由此,为整代数数的理想理论和整代数函数(多项式)的理想理论建立了一个共同的基础。埃米·诺特和其他人对环和理想的抽象理论作了非常深透的研究,并把它应用到微分算子环以及其他代数上去。可是这方面工作的报道过于专门,已超出本书范围了。

5. 非结合代数

近代环论,或者更恰当地说,环论的一个推广,也包含非结合代数。这里乘法运算是非结合的而且是非交换的;线性结合代数的其他性质则仍然保持。今天已有好几种重要的非结合代数。历史上最重要的一种类型是李代数。习惯上用 $[a,b]$ 表示这种代数的两个元素 a,b 的积。乘法的运算规律是

$$[a,b] = -[b,a],$$
$$[a,[b,c]] + [b,[c,a]] + [c,[a,b]] = 0.$$

两者取代了交换律和结合律。上述第二个性质叫雅可比恒等式。两个向量的向量积就满足这两个性质。

李代数 L 中的一个理想 L_1 是这样一个子代数,它使得 L 的任何一个元素 a 和 L_1 的任何一个元素 b 的积 $[a,b]$ 仍属于 L_1。一个单李代数是没有非平凡理想的李代数。如果一个李代数没有交换理想,就叫它做半单李代数。

李代数产生于李对连续变换群的结构的研究。为此,李引进无穷小变换的概念。[3] 粗略地说,一个无穷小变换是,将点移动一个无穷小距离的变换。李将它用符号表示成

(7)
$$x_i' = x_i + \delta t X_i(x_1, x_2, \cdots, x_n),$$

其中 δt 是一个无穷小量,或者表示成

(8)
$$\delta x_i = \delta t X_i(x_1, x_2, \cdots, x_n).$$

这个 δt 是对群的参数作一个小的改变所引起的结果。例如,假设一个变换群是由下式给出:

$$x_1 = \phi(x, y, a), y_1 = \psi(x, y, a).$$

① *Math. Ann.*, 60,1905,20 - 116.
② *Math. Ann.*, 83,1921,24 - 66.
③ *Archiv for Mathematik Naturvidenskab*, 1,1876,152 - 193 = *Ges. Abh.*, 5,42 - 75.

设 a_0 是参数 a 的值使得 ϕ 和 ψ 在 $a = a_0$ 时表示恒等变换:

$$x = \phi(x, y, a_0), \quad y = \psi(x, y, a_0).$$

如果 a 从 a_0 改变到 $a_0 + \delta a$,则按泰勒定理有

$$x_1 = \phi(x, y, a_0) + \frac{\partial \phi}{\partial a} \delta a + \cdots,$$

$$y_1 = \psi(x, y, a_0) + \frac{\partial \psi}{\partial a} \delta a + \cdots,$$

从而忽略 δa 的高次幂就得到

$$\delta x = x_1 - x = \frac{\partial \phi}{\partial a} \delta a, \quad \delta y = y_1 - y = \frac{\partial \psi}{\partial a} \delta a.$$

对于固定的 a_0,$\dfrac{\partial \phi}{\partial a}$ 和 $\dfrac{\partial \psi}{\partial a}$ 是 x 和 y 的函数,可写成

$$\frac{\partial \phi}{\partial a} = \xi(x, y), \quad \frac{\partial \psi}{\partial a} = \eta(x, y).$$

于是

(9) $$\delta x = \xi(x, y)\delta a, \quad \delta y = \eta(x, y)\delta a.$$

如果 δa 是 δt,就得到(7)或(8)。方程(9)表示群的一个无穷小变换。

如果 $f(x, y)$ 是 x 和 y 的解析函数,对它施以一个无穷小变换的效应是用 $f(x + \xi\delta a, y + \eta\delta a)$ 替换 $f(x, y)$,按泰勒定理,计算到一阶,

$$\delta f = \left(\xi \frac{\partial f}{\partial x} + \eta \frac{\partial f}{\partial y} \right) \delta a.$$

算子 $$\xi \frac{\partial}{\partial x} + \eta \frac{\partial}{\partial y}$$

是无穷小变换(9)的另一种表现形式,因为只要知道其中一个就可给出另一个。这样的算子在微分算子的通常意义下可以相加与相乘。

独立的无穷小变换的个数,或者对应的独立算子的个数,就是原来变换群中参数的个数。现在用 $X_1, X_2, \cdots, X_n$ 表示(独立的)无穷小变换或对应的算子,它们确定了变换的李群。但同样重要的是,它们本身是一个群的生成元。虽然乘积 $X_i X_j$ 不是线性算子,但表达式

$$X_i X_j - X_j X_i$$

是一个线性算子,称为 X_i 和 X_j 的交错子(alternant),记作 $[X_i, X_j]$。对于这个乘法运算,算子群就变成一个李代数。

李的工作是从研究具有 r 个参数的有限单(连续)群的结构开始的。他发现李代数的四种主要类型。基灵(Wilhelm K. J. Killing,1847—1923)[1]发现,就全部单

---

① *Math. Ann.*, 31, 1888, 252–290, 和 33, 34, 36 各卷中。

代数来说,不仅有这四个类型而且还有五个例外情况,它们是含 14,52,78,133 和 248 个参数的单代数。基灵的工作有缺陷,由嘉当作了弥补。

嘉当在他的博士论文《论有限和连续变换群的构造》(*Sur la structure des groupes de transformations finis et continus*)[1]中给出了变数和参变数取值在复数域中的全部单李代数的一个完全分类。像基灵一样,嘉当发现,全部单李代数分成四个类型和五个例外代数。嘉当明显地构造出这些例外代数。1914 年[2]嘉当又确定了实变数和实参变数的全部单代数。这些结果现在仍然是基本的。

很像抽象群的情形,用表示论来研究李代数已经进行得很多。嘉当在他的博士论文和 1913 年的一篇文章[3]中,发现了单李代数的不可约表示。一个关键性的结果是由外尔[4]得到的。特征为 0 的一个代数封闭域上的半单李代数的任何表示都是完全可约的。

6. 抽象代数的范围

我们对抽象代数领域内的成就所作的不多的说明,肯定不能给出哪怕是在这个世纪的头四分之一里创造出来的成果的全貌。但是不管怎样,去说明由于有意识地向抽象化转变而开辟的广阔领域,可能是有帮助的。

截至 1900 年前后,已被研究过的各种代数课题,不管是矩阵,二元、三元或 n 元二次型的代数,超数系,同余式,还是多项式方程的解的理论,都是建立在实数系和复数系之上的。无论如何,抽象代数活动的结果产生了抽象群、环、理想、可除代数和域。除了研究这些抽象结构的性质和关系如同构、同态之外,数学家现在发现,几乎对任何代数课题和出现的问题,都可能用任何一种抽象结构去代替实数系和复数系。例如,替代元素为复数的矩阵,我们去研究元素属于一个环或域的矩阵。同样,我们对待数论的问题,用一个环去代替正整数、负整数和 0,重新考虑普通整数已经证明了的每一个问题。我们甚至可以考虑系数属于任意域的函数和幂级数。

像这样一些推广确实已经作过。我们曾提到韦德伯恩在他 1907 年的著作里推广了他前人关于线性结合代数(超复数系)的工作,用任何域代替实系数或复系数。我们也可以用一个环代替域。并研究在这种替换下仍然有效的定理。甚至系数属于任意域或有限域的方程论也已经研究过了。

[1]　1894, 2nd ed., Vuibert, Paris, 1933 = *Œuvres*, Part Ⅰ, Vol. 1, 137 – 286.

[2]　*Ann. de l'Ecole Norm. Sup.*, 31, 1914, 263 – 355 = *Œuvres*, Part Ⅰ, Vol. 1, 399 – 491.

[3]　*Bull. Soc. Math. de France*, 41, 1913, 53 – 96 = *Œuvres*, Part Ⅰ, Vol. 1, 355 – 398.

[4]　*Mathematische Zeitschrift*, 23, 1925, 271 – 309, 和 24, 1926, 328 – 395 = *Ges. Abh.*, 2, 543 – 647.

作为普遍化这一现代趋势的另一例子，试考虑二次型。整系数二次型在整数表示成平方和的研究中，和实系数二次型在圆锥面和二次曲面的表示的研究中，都是重要的。20 世纪研究了系数属于任意域的二次型。由于引进了更抽象的结构，所有这些都能够用作老的代数理论的基础或系数域。而且这种推广的过程可以无限地进行下去。抽象概念的这种应用需要用到抽象代数的技巧；这样，许多表面上不同的课题都被吸取到抽象代数里来了。数论（包括代数数）的大部分就是这样的情形。

然而，抽象代数已经毁坏了它自己在数学中所起的作用。抽象代数概念的系统阐述是为了统一各种表面上千差万别的数学领域，例如群论就是这样。抽象理论一经正式形成，数学家们就离开原来的具体领域转而把注意力集中在抽象结构上。通过成百个从属概念的引进，这课题就如雨后春笋般地发展起来，形成一团混乱的细小分支，它们彼此之间，以及和原来的具体领域之间，都没有多少联系。统一性通过多样化和特殊化而取得成功。确实地，抽象代数领域里的大多数工作者都不再知道抽象结构的来源，他们也不关心他们的结果对具体领域的应用。

参 考 书 目

Artin, Emil: "The Influence of J. H. M. Wedderburn on the Development of Modern Algebra," *Amer. Math. Soc. Bull.* , 56, 1950, 65 - 72.

Bell, Eric T. : "Fifty Years of Algebra in America, 1888 - 1938," *Amer. Math. Soc. Semicentennial Publications* , Ⅱ , 1938, 1 - 34.

Bourbaki, N. : *Eléments d'histoire des mathématiques* , Hermann, 1960, pp. 110 - 128.

Cartan, Elie: "Notice sur les travaux scientifiques," *Œuvres complètes* , Gauthier-Villars, 1952 - 1955, Part Ⅰ , Vol. 1, pp. 1 - 98.

Dicke, Auguste: *Emmy Noether* , 1882 - 1935, Birkhäuser Verlag, 1970.

Dickson, L. E. : "An Elementary Exposition of Frobenius's Theory of Group-Characters and Group-Determinants," *Annals of Math.* , 4, 1902, 25 - 49.

Dickson, L. E. : *Linear Algebras* , Cambridge University Press, 1914.

Dickson, L. E. : *Algebras and Their Arithmetics* (1923), G. E. Stechert (reprint), 1938.

Frobenius, F. G. : *Gesammelte Abhandlungen* , 共 3 卷, Springer-Verlag, 1968。

Hawkins, Thomas: "The Origins of the Theory of Group Characters," *Archive for History of Exact Sciences* , 7, 1971, 142 - 170.

MacLane, Saunders: "Some Recent Advances in Algebra," *Amer. Math. Monthly* , 46, 1939, 3 - 19. 也见于阿尔伯特（A. A. Albert）主编的 *Studies in Modern Algebra* , The Math. Assn. of Amer. , 1963, pp. 9 - 34。

MacLane, Saunders：“Some Additional Advances in Algebra,” 见于阿尔伯特(A. A. Albert)主编的 *Studies in Modern Algebra*, The Math. Assn. of Amer., 1963, pp. 35 – 58。

Ore, Oystein：“Some Recent Developments in Abstract Algebra,” *Amer. Math. Soc. Bull.*, 37, 1931, 537 – 548.

Ore, Oystein：“Abstract Ideal Theory,” *Amer. Math. Soc. Bull.*, 39, 1933, 728 – 745.

Steinitz, Ernst：*Algebraische Theorie der Körper*, W. de Gruyter, 1910；修订第 2 版。1930；Chelsea (reprint), 1950. 第一版相同于论文，见 *Jour. für Math.*, 137, 1910, 167 – 309。

Wiman, A.：“Endliche Gruppen linearer Substitutionen,” *Encyk. der Math. Wiss.*, B. G. Teubner, 1898 – 1904, Ⅰ, Part 1, 522 – 554.

Wussing, H. L.：*Die Genesis des abstrakten Gruppenbegriffes*, VEB Deutscher Verlag der Wissenschaften, 1969.

第 50 章

拓 扑 的 开 始

> 我相信我们缺少另一门分析的学问,它是真正
> 几何的和线性的,它能直接地表示位置,如同代数表
> 示量一样。
>
> 莱布尼茨

1. 拓扑是什么

19 世纪的若干发展结晶成几何的一个新分支,过去一个长时期中叫做位置分析(analysis situs),现在叫做拓扑(topology)。暂且粗浅地讲,拓扑所研究的是几何图形的那样一些性质,它们在图形被弯曲、拉大、缩小或任意的变形下保持不变,只要在变形过程中既不使原来不同的点熔化为同一个点,又不使新点产生。换句话说,这种变换的条件是,在原来图形的点与变换了的图形的点之间存在一个一一对应,并且邻近的点变成邻近的点。这后一性质叫做连续性;因而要求的条件便是,这变换和它的逆两者都是连续的。这样的一个变换叫做一个同胚(homeomorphism)或拓扑变换。拓扑有一个通行的形象的外号——橡皮几何学(rubber-sheet geometry),因为如果图形都是用橡皮做成的,就能把许多图形变形成同胚的图形。例如,一个橡皮圈能变形成一个圆周或一个方圈,它们同胚;但是一个橡皮圈和阿拉伯数字 8 这个图形不同胚,因为不把圈上的两个点熔化成一个点,圈就不会变成 8。

通常习惯于把图形都看作是安放在一个包围它们的空间之中。从拓扑的目的来说,即使不能把包围一个图形的空间拓扑地变换成包围另一个图形的空间,这两个图形还能同胚。例如,取一长方形纸条,把它的两条短边连接起来,就得到柱形式圆箍。如果采用另一个办法,先把一条短边扭转 360°之后,再把它跟另一条短边连接起来,那么得到的就是一个扭转过的圆箍。这两个圆箍是同胚的。但是不能把这三维空间拓扑地变成自己,同时把第一个圆箍变成第二个圆箍。

按照 20 世纪所理解的,拓扑分裂而形成两个有些分立的部分:点集拓扑和组

合拓扑(或代数拓扑)。前者把几何图形看作是点的集合,又常把这整个集合看作是一个空间。后者把几何图形看作是由较小的构件组成的,正如墙壁是用砖砌成的一样。点集拓扑的概念,组合拓扑当然也要用,特别是在研究那些极广泛的几何结构的时候。

拓扑有很多不同的起源。跟数学的大多数分支一样,先有了许多成果,只是后来才认识到它们归属于一个新科目或被一个新科目所概括。现在就拓扑而论,克莱因在他的埃尔兰根纲领(第 38 章第 5 节)里就至少勾画出了这一新而重要的研究领域的可能性。那时候,他正在推广射影几何和代数几何里所研究的那种变换,并且通过黎曼的工作,他已经感觉到同胚的重要性了。

2. 点 集 拓 扑

从康托尔开创点集理论(第 41 章第 7 节)到若尔当、波莱尔和勒贝格扩展它(第 44 章第 3～4 节)的时候,点集理论本来并不涉及变换和拓扑性质。但是另一方面,拓扑所感兴趣的,是把点集作为一个空间看待。点集只是互不相关的一堆点,而空间则通过某种捆扎的概念使点与点之间发生关系;这是空间不同于点集的关键。例如欧几里得空间中距离这一概念就表明点与点之间有多远,尤其是使我们能定义一个点集的极限点。

我们已经谈过点集拓扑的起源(第 46 章第 2 节)。由于想要把康托尔的集合论和函数空间(即以函数作为点的空间,这在变分法中已经是习以为常的了)的研究统一起来,弗雷歇在 1906 年发动了抽象空间的研究。希尔伯特空间、巴拿赫空间的引进,泛函分析的兴起,更增加了把点集作为空间来研究的重要性。泛函分析中起作用的性质都是拓扑性质,主要因为序列的极限居重要的地位。再者,泛函分析的算子就是从一个空间到另一个空间的变换①。

弗雷歇指出,这捆扎概念不必就是欧几里得的距离函数。他引进了(第 46 章第 2 节)几种不同的概念,都能用来确定什么时候一个点是一个点序列的极限点。特别地,他推广了距离这个概念,引进了度量空间这一类空间。欧几里得平面就是一个度量空间。对于度量空间,说到一个点的邻域时,指的是离开这点不到某个量 ε 那么远的全部点。这些邻域是圆形的。我们也能用正方形的邻域。对于一个给定的点集,甚至不必引进度量,还能用一些方式来确定某些子集作为邻域。这样的空间叫做具有邻域拓扑的空间。这是度量空间的一个推广。豪斯多夫(Felix

---

①　点集的基本性质,如紧致性和可分性,不同的作者用不同的定义,还未标准化。我们采用现在所理解的意义。

Hausdorff, 1868—1942）在他的《点集论纲要》(*Grundzüge der Mengenlehre*, 1914)中使用了邻域概念(这一概念,希尔伯特在 1902 年进行欧几里得平面几何对一种特殊的公理化研究方法时已经使用过),并且根据这个概念建立了抽象空间的完整理论。

豪斯多夫把拓扑空间定义为一个集合,连带着它的每一元素 x 所联系的一族子集 U_x。这些子集叫做邻域,它们必须满足下列条件:

(a) 每个点 x 至少有一个邻域 U_x,每一个 U_x 含有这个点 x。

(b) x 的两个邻域的交含有 x 的一个邻域。

(c) 如果 y 是 U_x 的一个点,则存在一个 U_y 使得 $U_y \subseteq U_x$。

(d) 如果 $x \neq y$,则存在 U_x 与 U_y,使得 $U_x \cdot U_y = 0$。

豪斯多夫还引进了两条可数性公理:

(a) 对于每一个点 x,子集 U_x 所组成的集是可数集。

(b) 所有不同的邻域所组成的集是可数集。

点集拓扑的基础是若干基本概念的定义。邻域空间中一个点集的一个极限点是这样一个点,它的每一邻域都至少含有这集合的一个点。如果这集合的每个点都能被包围在只由这集合的一部分点所组成的一个邻域之中,这集合就是开集。如果一个集合含有它的所有极限点,它就是闭集。一个空间或一个空间的子集叫做紧致的,如果每一个无穷子集都有极限点。因此,通常的欧几里得直线上的点不成为一个紧致空间,因为相当于整数的点的无穷集没有极限点。如果一个集合不管怎样分成两个互不相交的子集,其中一个子集至少含有另一个的一个极限点,这个集合就是连通的。曲线 $y = \tan x$ 不是连通的,但是曲线 $y = \sin 1/x$ 加上 y 轴上的区间 $(-1, 1)$ 就是连通的。可分离性是弗雷歇在 1906 年的论文中引进的,这是另一个基本概念。如果一个空间就是它的一个可数子集的闭包(即子集本身加上它的极限点),它就叫做可分离的。

至此还能够引进连续变换和同胚的概念。连续变换通常有两个内容:对于一个空间的每一个点,对应着第二个空间或像空间的唯一的一个点;并且对于一个像点的任一给定的邻域,原来的点(或每一个原来的点,如果多于一点的话)有一个邻域,它的每一个点的像点都被包含在像空间的该给定的邻域里。这个概念不外是连续函数的 ε-δ 定义的一种推广,其中 ε 确定像空间中一点的邻域;而 δ 确定原来的一点的一个邻域。两个空间 S 和 T 之间的一个同胚是一个一一对应,并且两个方向(即从 S 到 T 和从 T 到 S)都连续。点集拓扑的基本任务是发现在连续变换和同胚下保持不变的性质。上面提到的所有性质都是拓扑不变性。

豪斯多夫在度量空间的理论方面增添了许多成果。特别是在关于弗雷歇在他的 1906 年论文中所引进的完全性概念这方面。考虑一个度量空间中满足下列条

件的点序列$\{a_n\}$:对于任意给定的 ε,存在一个 N,使得 $|a_n - a_m| < \varepsilon$ 对于大于 N 的所有 m 和 n 都成立。如果一个空间中的每一个满足这条件的序列都有极限点,这空间就是完全的。豪斯多夫证明了每一个度量空间能够并且只能够按一种方式扩展成一个完全的度量空间。

抽象空间的引进提出了若干问题,而这些问题发动了许多研究工作。例如,如果一个空间是用邻域定义的,这个空间是否必然是可度量的? 即是否能在这空间中引进一种度量,保持这空间的结构,使得极限点仍然是极限点? 这问题是弗雷歇提出来的。乌雷松(Paul S. Urysohn,1898—1924)的一个结果说,每一个正规的拓扑空间是可度量的[1]。一个正规空间是这样一个空间,它的任意两个不相交的闭集都可以各自被包含在一个开集之中,而这两个开集不相交。他还证明了[2]一个相当重要的有关结果:每一个可分离的度量空间,即每一个具有一个稠密的可数子集的度量空间,同胚于希尔伯特方体的一个子集;方体即是以满足 $0 \leqslant x_i \leqslant 1/i$ 的无穷序列$\{x_i\}$为点的空间,其中的距离定义为

$$d = \sqrt{\sum_{i=1}^{\infty} (x_i - y_i)^2}.$$

我们已经注意到,维数(dimension)问题已经由康托尔在直线和平面之间的一一对应(第 41 章第 7 节)和装满一个正方形的皮亚诺曲线(第 42 章第 5 节)的证明中提出来了。弗雷歇(已经在研究抽象空间)和庞加莱已经看到需要给维数下一个定义,使它既可应用于抽象空间,又可以使直线和平面具有通常的维数。通常所采用的心照不宣的定义是,维数就是确定一个点所需的坐标的个数。这个定义不适用于一般空间。

1912 年,庞加莱给出一个递归定义[3]。一个连续统(一个闭的连通集)叫做 n 维的,如果它能分成两部分,其公共边界是由 $n-1$ 维的连续统组成的。布劳威尔(1881—1966)指出这定义对于两叶的锥面不适用,因为一个点就分开这两叶。布劳威尔[4]、乌雷松[5]和门格尔(Karl Menger,1902—1985)[6]改进了庞加莱的定义。

门格尔和乌雷松的定义相似,人们都认为,现在所采用的定义是他们两人的。他们的概念是规定一个局部的维数。门格尔的提法如下:空集定义为 -1 维的。我们说一个集合 M 在一点 P 处是 n 维的,如果 n 是这么一个最小的数,使得存在

① *Math . Ann.* , 94,1925,262 - 295.
② *Math . Ann.* , 94,1925,309 - 315.
③ *Revue de Mètaphysique et de Morale* , 20,1912,483 - 504.
④ *Jour. für Math.* , 142,1913,146 - 152.
⑤ *Fundamenta Mathematicae* , 7,1925,30 - 137 和 8,1926,225 - 359.
⑥ *Monatshefte für Mathematik und Physik* , 33,1923,148 - 160 和 34,1926,137 - 161.

P 的任意小的邻域,它们在 M 中的边界的维数小于 n。集合 M 叫做 n 维的,如果它在它的所有点处至多是 n 维的,而在至少某个点处是 n 维的。

另一个广泛采用的定义是勒贝格的[1]。一个空间是 n 维的,如果 n 是这样的最小数,即直径任意短的闭集所组成的覆盖都含有属于这覆盖的闭集中 $n+1$ 个集的公共点。根据这些定义的任一个,欧几里得空间都有恰当的维数,并且任意空间的维数都是拓扑不变的。

维数论中的一个关键的结果是门格尔[《维数论》($Dimensionstheorie$),1928,第 295 页]和内贝林(A. Georg Nöbeling,1907—2008)的一个定理[2]。这个定理说,每一个紧致的度量空间同胚于 $2n+1$ 维的欧几里得空间中的某一子集。

若尔当和皮亚诺的工作所引起的另一个问题是曲线本身的定义(第 42 章第 5 节)。有了维数论方面的工作,才能够做出答案。门格尔[3]和乌雷松[4]定义曲线为一维的连续统,连续统是闭的连通集。(这个定义要求把抛物线那样的开曲线用一个无穷远点封闭起来。)这个定义排除了装满空间的曲线,并反映了曲线在同胚下不变的这一性质。

点集拓扑这一学科继续很活跃。对于各种类型的空间的公理基础,引进变种、特殊化以及推广,都是比较容易的。曾经引进了成百个概念,证明了成百个定理,虽然这些概念的最终价值大多数是可疑的。跟在别的领域中一样,数学家们毫不迟疑地投身于点集拓扑的纵深发展。

3. 组合拓扑的开始

早在 1679 年,莱布尼茨就在他的《几何特性》($Characteristica\ Geometrica$)里,试图阐述几何图形的基本几何性质,采用特别的符号来表示它们,并对它们进行运算来产生新的性质。他把他的研究叫做位置分析或位置几何学($geometria\ situs$)。1679 年,他在给惠更斯(Christian Huygens)的一封信里,说明他不满意坐标几何研究几何图形的方法,因为这方法除了不直接和不美观之外,关心的还只是量,而"我相信我们缺少另一门分析的学问,它是真正几何的和线性的,它能直接地表示位置[$situs$],如同代数表示量一样。"[5]莱布尼茨对于他所拟建立的东西给出了少

[1]　$Fundamenta\ Mathematicae$,2,1921,256-285.

[2]　$Math.\ Ann.$,104,1930,71-80.

[3]　$Monatshefte\ für\ Mathematik\ und\ Physik$,33,1923,148-160 和 $Math.\ Ann.$;95,1926,277-306.

[4]　$Fundamenta\ Mathematicae$,7,1925,30-137,特别是第 93 页。

[5]　Leibniz,$Math.\ Schriften$,1 Abt.,Vol. 2,1850,19-20 = Gerhardt,$Der\ Briefwechsel\ von\ Leibniz\ mit\ Mathematikern$,1,1899,568 = Huygens,$Œuv.\ Comp.$,8,No. 2192。

数例子。虽然他的着眼点在于那些几何算法,认为它们会给出纯几何问题的解,他的例子仍然含有度量性质。或许因为他对于所寻求的那种几何并不明确,他的想法和符号没有引起惠更斯的热忱。就莱布尼茨所达到的清楚程度来看,他是预想到了现在所称的组合拓扑。

几何图形的一个组合性质跟欧拉的名字联系在一起,虽然笛卡儿在1639年就知道这性质(通过笛卡儿的未发表的手稿),莱布尼茨在1675年也知道这性质。如果数一数任何闭的凸多面体(例如立方体)的顶点数、棱数和面数,就有 $V - E + F = 2$。欧拉在1750年发表了这个结果[①]。1751年他提出了一个证明[②]。欧拉对这一关系感兴趣是要用它来作多面体的分类。虽然欧拉发现了所有闭的凸多面体的一个性质,但他没有想到连续变换下的不变性。他也未确定出满足这关系的这类多面体。

1811年柯西[③]给了另一个证明。他挖去了一个面的内部,把剩下的图形铺在一个平面上。这给出一个多边形,它在 $V - E + F$ 这个数应该是1。他的证明是这样进行的:把这图形剖分为三角形,然后在一个个地抹掉三角形时计算这个数的改变。这个证明因为假设了任一闭的凸多面体同胚于球面,有不足之处;但19世纪的数学家都承认这个证明。

另一个著名的问题是哥尼斯堡(Koenigsberg)桥的问题。它是当时的一个游戏问题,后来才体会到它的拓扑意义。流经哥尼斯堡的普列格尔(Pregel)河湾处,有两个岛和七座桥(图50.1中用 b 标出)。老乡们为了消遣,试图在一次连续的散步中走过所有这七座桥,但不准在任何一座上通过两次。欧拉当时在圣彼得堡,听到了这个问题,在1735年找到了解答[④]。他简化了这个问题的表示法,用点代表陆地,用线段或弧代表桥,得到图50.2。欧拉于是把问题提成这样:能否一笔画出

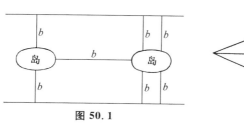

图 50.1

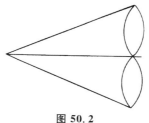

图 50.2

① *Novi Comm. Acad. Sci. Petrop.*, 4, 1752—1753, 109 – 140, pub. 1758 = *Opera*, (1), 26, 71 – 93.

② *Novi Comm. Acad. Sci. Petrop.*, 4, 1752—1753, 140 – 160, pub. 1758 = *Opera*, (1), 26, 94 – 108.

③ *Jour. de l'Ecol. Poly.*, 9, 1813, 68 – 86 和 87 – 98 = *Œuvres*, (2), 1, 7 – 38.

④ *Comm. Acad. Sci. Petrop.*, 8, 1736, 128 – 140, pub. 1741. 这篇论文的英译本见纽曼(James R. Newman): *The World of Mathematics*, Simon and Schuster, 1956, Vol. 1, 573 – 580。[中文再译文见姜伯驹《一笔画和邮递路线问题》,数学小丛书(7),人民教育出版社,1964:33 – 39。——译者注]

这个图;即用铅笔连续不断地一次画出这个图,在每一条弧都只准画一次这条件下,他证明了对于上图,一笔画是不可能的;并且对于任何一组给定的点和弧,给出了能否一笔画出的判别条件。

高斯时常谈到有必要研究图形的基本性质[1],但并未做出杰出的贡献。他的1834年的一位学生利斯廷(Johann B. Listing,1806—1882,后来任格丁根的物理教授),在1848年出版了《拓扑学的初步研究》(*Vorstudien zur Topologie*)。利斯廷在这本书中用拓扑这个术语作为他所讨论的内容的名称;其实他认为宁愿用位置的几何这个名称,但他未用,因为冯·施陶特已经把射影几何叫做位置的几何了。1858年利斯廷开始了一系列拓扑研究,用《空间复形的概述》(*Der Census raümlicher Complexe*)这个题目发表[2]。利斯廷寻求几何图形的定性规律。例如,他企图推广欧拉关系 $V - E + F = 2$。

默比乌斯是对拓扑研究的本性给出恰当提法的第一个人。他是高斯1813年的助教。他在把不同的几何性质分为射影的、仿射的、相似的和全同的之后,到1863年在他的《初等关系的理论》(Theorie der elementaren Verwandschaft)[3]里,考虑了两个图形,它们的点成一一对应,并在这对应下,邻近的点对应着邻近的点;他建议研究这样联系着的两个图形之间的关系。他从多面体的位置几何着手。他强调把一个多面体看成二维多边形的一个集合;既然多边形能剖分成三角形,这就使得多面体是三角形的一个集合。这个想法后来证明是基本的。他还表明[4]有些曲面能够被剪开,被铺开成多边形;这多边形,连带由于剪开而产生的每对边恰当地等同起来,就是原来的曲面。例如一个双环能够用一个多边形来表示(图50.3),只要把用相同字母标出的棱等同起来就行了。

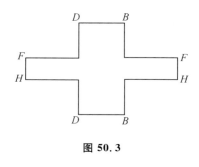

图 50.3

1858年,默比乌斯和利斯廷各自独立地发现了单侧的(one-sided)曲面,其中最闻名的是默比乌斯带(图50.4)。取一片长方纸条,把一个短边扭转180°,然后把这边跟对边粘贴起来,就形成一条默比乌斯带。利斯廷在《概述》中发表了这个图形;默比乌斯在一篇论文[5]里也描写了它。就默比乌斯带这个图形来说,它的单

[1] *Werke*, 8,270-286.

[2] *Abh. der Ges. der Wiss. zu Gött.*, 10,1861,97-180,并在1862年以书的形式出版。

[3] *Königlich Sächsischen Ges. der Wiss. zu Leipzig*, 15,1863,18-57 = *Werke*, 2,433-471.

[4] *Werke*, 2,518-559.

[5] *Königlich Sächsischen Ges. der Wiss. zu Leipzig*, 17,1865,31-68 = *Werke*, 2,473-512;也见第519页。

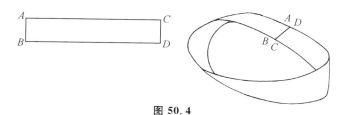

图 50.4

侧性的特征可以说明如下:用刷子油漆这个图形时,能连续不断地一次就刷遍整个曲面。如果一个没有扭转过的带子的一面刷遍了,要想把刷子挪到另一面,就必须把刷子挪动跨过带子的一条边沿。单侧性也可以利用曲面的垂线来定义。让垂线有一个确定的方向。如果这垂线能够在曲面上任意地挪动,并且在它回到原来地点时,它还必定有同一个方向,我们就说这曲面是双侧的(two-sided)。如果有一次方向颠倒了,这曲面就是单侧的。对于默比乌斯带,垂线回到"背面"的那地点时,方向就颠倒了。

还有一个问题,地图问题(map problem),后来才看出它是拓扑性质的。这问题是要证明:四种颜色就足够把所有地图涂上色,使得具有至少一条曲线公共边界的国家都被涂上了不同的颜色。一位不闻名的数学教授格思里(Francis Guthrie,?—1899)在 1852 年作出猜测:四种颜色就足够了,他的弟弟弗雷德里克(Frederick)把这个猜测转告德摩根。专论这问题的第一篇文章是凯莱的[1];他在文章里说他没有能够证明。一些数学家试图证明;有些发表了的证明当时被接受了,后来却被指出是错误的。这问题至今未解决[2]。

拓扑研究的最大推动力来自黎曼的复变函数论工作。黎曼在 1851 年他的博士论文中以及在他的阿贝尔函数的研究里[3]都强调说,要研究函数,就不可避免地需要位置分析学的一些定理。在他的这些研究里,他发现有必要引进黎曼面的连通性。他的连通性定义如下:如果在[具有边界的]曲面 F 上能画 n 条闭曲线 a_1,a_2,$\cdots$,a_n,它们各自单独地或集体地都不能包围曲面 F 的一部分,但是它们连同任意另一条闭曲线就能包围,这曲面就说是 $n+1$ 阶连通的。关于降低连通性的阶,黎曼写道:

利用一条横剖线(Querschnitt),即整个位于曲面内部并连接曲面的一个

---

[1]　*Proceedings of the Royal Geographical Society*,1,1879,259－261＝*Coll. Math. Papers*,11,7－8。

[2]　请参看阿佩尔(K. Appel)和哈肯(W. Haken)的"Every planar map is four colorable",*Bull. Amer. Math. Soc.*,82(1976),711－712。——译者注

[3]　*Jour. für Math.*,54,1857,105－110＝*Werke*,91－96;也看 *Werke*,479－482。

边界点到另一边界点的一条线,能把一个 $n+1$ 阶连通的曲面变成一个 n 阶连通的曲面 F'。由于沿着割线剪开而产生的边界部分,在尔后剪开时仍起着边界的作用,因而一条横剖线不能通过一个点多于一次,但能以它的早先的点之一作为端点……要把这些考虑应用到无边界的曲面,即闭曲面,必须先任意地指定一点,把这曲面变成有边界的,使得第一次剪开曲面时就利用这个点以及一条以这点作起点和终点的横剖线,即一条闭曲线。

黎曼给出锚环或环面(图 50.5)这个例子。它是三阶连通的[亏格 1 或一维贝蒂数 2];利用一条闭曲线 abc 和一条横剖线 $ab'c'$,就把它变成单连通的曲面。

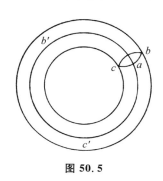

图 50.5

黎曼就这样按照曲面的连通性把曲面分类,并且认识到,他已经引进了一个拓扑性质。若用 19 世纪后期代数几何学家所使用的曲面的亏格这个术语来说,黎曼事实上已经对闭曲面按亏格分类;如果曲面是亏格 p 的,把它剪成单连通的曲面所需的纽形剖线[Rückkehrschnitte]的个数就是 $2p$,并且 $2p+1$ 条就能把这曲面剪成两片。他认为下述断言在直观上是明显的:如果两个(能定向的)闭黎曼曲面拓扑等价,它们就具有相同的亏格。他还看出,所有亏格零的闭的(代数的)曲面,即闭连通的曲面,都拓扑地(保角地并且双有理地)等价。每一个都能拓扑地映射成球面。

因为黎曼曲面的结构复杂,而拓扑等价的图形有相同的亏格,所以一些数学家寻找较简单的结构。克利福德证明了[1]具有 w 个支点的 n 值函数的黎曼曲面能够变换成具有 p 个洞的球面,这里 $p=(w/2)-n+1$ (图 50.6)。黎曼可能知道并且用了这个模型。克莱因提出具有 p 个柄的球面作为另一种拓扑模型(图 50.7)[2]。

许多人研究了闭曲面的拓扑等价问题。要想叙述这方面的主要结果,必须注意能定向的(orientable)曲面这一概念。一个能定向的曲面是这样一个曲面:它能三角剖分,并且能指定全体(弯曲的)三角形的定向,使得在作为两个三角形的一条公共边的任一边上所诱导出来的定向相反。例如球面是能定向的,但是射影平面(见下文)是不能定向的。这是克莱因发现的[3]。他在这篇论文里所澄清的主要结

① *Proc. Lon. Math. Soc.*, 8, 1877, 292 - 304 = *Math. Papers*, 241 - 254.

② *Über Riemanns Theorie der algebraischen Funktionen und ihrer Integrale*,托伊布纳(B. G. Teubner),1882;Dover 重印英译本,1963,也见克莱因的 *Ges. Math. Abh.*, 3, 499 - 573。

③ *Math. Ann.*, 7, 1874, 549 - 557 = *Ges. Math. Abh.*, 2, 63 - 77。

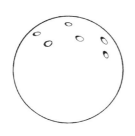

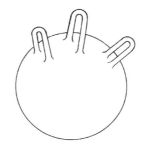

图 50.6　有 p 个洞的球面　　　　**图 50.7**　有 p 个柄的球面

果是:两个能定向的闭曲面同胚,当且仅当它们具有相同的亏格。克莱因还指出,对于具有边界的能定向的曲面,还必须加上边界曲线的条数相等这一条件。这个定理是若尔当早先证明过的[1]。

克莱因在 1882 年引进现在所谓的克莱因瓶这一曲面(图 50.8)时就强调过,即使是二维的闭图形,情况也可以很复杂。克莱因瓶的瓶颈穿进了瓶,但不跟瓶相交,然后终于跟瓶底沿着 C 光滑地粘连起来。沿着 D,曲面并未被穿破,而管子进入了曲面。克莱因瓶无边,无内并且无外;它是单侧的,它的一维连通数是 3,即亏格是 1。在三维欧几里得空间中做不出克莱因瓶。

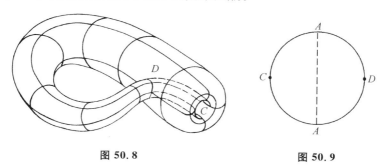

图 50.8　　　　　　　　　　**图 50.9**

射影平面是颇为复杂的闭曲面的另一例。它可以拓扑地表示成一个圆域,其每一对对径的边界点互相等同起来(图 50.9)。无穷远直线用半圆周 CAD 表示。这曲面是闭的,它的连通数是 1,即它的亏格是 0。也可以把一个圆域的圆周跟一条默比乌斯带的边界(只这一条边界)粘连起来,做成射影平面,虽然在三维欧几里得空间中还是不能做出射影平面,使得应该不同的点不重合。

拓扑研究的另一推动力来自代数几何。我们已经提到过(第 39 章第 8 节),几何学家曾经转而研究表示两复变数代数函数的定义域的四维"曲面",并且,以跟二维黎曼曲面上的代数函数和积分的理论相仿的方式,引进了四维曲面上的积分。为了研究这些四维图形,探讨了它们的连通性,并且看出这样的图形不能用一个数字来刻画,像用亏格来刻画黎曼曲面一样。皮卡在 1890 年左右的一些研究中揭露,刻画这样的图形,至少需要一个一维的和一个二维的连通数。

贝蒂(Enrico Betti,1823—1892)是比萨大学的一位数学教授,他认识到研究更高维图形的连通性的必要。他进而断定考虑 n 维同样地有意义。他曾在意大利见到过黎曼,当时黎曼因为健康的原因在意大利度过几个冬季。贝蒂从黎曼知道黎曼本人以及克莱布什的工作。贝蒂[①]引进了从 1 到 $n-1$ 维的每一维的连通数。如果在一个几何图形上能画若干条闭曲线,而不把图形分成不相连的区域,这种闭曲线的最多条数就是一维连通数(这个数加 1 就是黎曼的连通数)。如果图形上能作若干个闭曲面,而它们集体地不成为这图形的任何三维区域的**边界**,这种闭曲面的最多个数就是二维连通数。更高维的连通数有相仿的定义。这些定义中所涉及的闭曲线、闭曲面和更高维的闭图形叫做闭链(如果一个曲面有边界,曲线必须是横剖线;即从一个边界的一点到另一个边界的一点的曲线。所以,一个有限长的空心管子的一维连通数是 1,因为能作从一端到另一端的一条横剖线,而不把曲面分隔成两部分)。对于用来表示复数代数函数 $f(x, y, z) = 0$ 的四维图形,贝蒂证明了一维连通数等于三维连通数。

4. 庞加莱在组合拓扑方面的工作

19 世纪快结束时,组合拓扑中发展得颇为完善的唯一区域是闭曲面理论。贝蒂的工作只是一个更广的理论的起点。最先系统地一般地探讨几何图形的组合理论的人,公认为是组合拓扑的奠基者,即庞加莱(1854—1912)。他是巴黎大学的数学教授,被认为是 19 世纪最后四分之一和本世纪初期的领袖数学家,并且是对于数学和它的应用具有全面知识的最后一个人。他写了大量研究论文、教本和通俗论文,涉及几乎数学的所有基本领域以及理论物理、电磁理论、动力学、流体力学和天文学的主要领域。他的最杰出的著作是《天体力学的新方法》(*Les Méthodes nouvelles de la mécanique céleste*,三卷,1892—1899)。自然科学问题是他的数学研究的动机。

庞加莱在从事于我们即将说明的组合理论之前,对微分方程的定性理论这个拓扑的另一领域做出了贡献(第 29 章第 8 节)。这个理论所处理的是积分曲线的形状和奇异点的性质,所以基本上是拓扑工作。对于组合拓扑的贡献是由下述问

① *Annali di Mat.*,(2),4,1870 - 1871,140 - 158.

题激发出来的：当 x，y，z 都是复数时，确定代表代数函数 $f(x, y, z) = 0$ 的四维"曲面"的结构。他断定系统地研究一般的或 n 维的图形的位置分析是必要的。他在 1892 年和 1893 年的《周报》(*Comptes Rendus*)中发表了一些短文，然后于 1895年发表了一篇基本性的论文[1]，接着是一直到 1904 年发表在几种期刊上的五篇长的补充。他认为他在组合拓扑方面的工作与其说是拓扑不变性的一种研究，不如说是研究 n 维几何的一种系统方法。

庞加莱在他的 1895 年的论文里，企图通过用 n 维图形的解析表示来建立 n 维图形的理论。在这样的研究中他没有取得很多的进展，因而他转向流形的即黎曼曲面的推广的纯几何理论。如果一个图形的每一个点有一个邻域，同胚于 $n-1$ 维实心球的内部，这图形就是一个 n 维的闭流形。所以圆周(以及任何同胚图形)是一个一维流形。球面或环面是二维流形。闭流形之外，有带边界的流形。正方体或实心环是带边界的三维流形。每一个边界点的邻域只是二维球的内部的一部分。

庞加莱最后所采用的办法出现在他的第一个补充性的附录里[2]。他研究流形使用的是弯曲的胞腔或图形小块，但我们阐述他的思想却将使用后来布劳威尔所引进的术语：单形(simplex)和复形(complex)。一个单形只不过是一个 n 维的三角形。就是说，零维单形是一个点；一维单形是一条线段；二维单形是一个三角形；三维单形是一个四面体；n 维单形是一个具有 $n+1$ 个顶点的广义的四面体。一个单形的较低维的面还是单形。一个复形是具有下述性质的一组有限多个单形：组中任何二个单形的交，如果有的话，是一个公共的面，并且组中每一个单形的每一个面也是组中的一个单形。单形也叫胞腔(cell)。

为了组合拓扑的目的，我们对每一维数的每一个单形赋予一个定向。例如，以 a_0，a_1 和 a_2 为顶点的二维单形(一个三角形)，通过选定顶点的一个顺序，譬如说是 $a_0 a_1 a_2$，就给了它一个定向；把这样定了向的这二维单形记作 E^2。从这顺序经过偶数个置换所得到的任何顺序，都说是具有同一个定向。所以，$(a_0 a_1 a_2)$，$(a_2 a_0 a_1)$ 或 $(a_1 a_2 a_0)$ 都给出 E^2。从这个基本的顺序经过奇数个置换所得到的任何顺序，都代表相反定向的单形。所以 $-E^2$ 由 $(a_0 a_2 a_1)$ 或 $(a_1 a_0 a_2)$ 或 $(a_2 a_1 a_0)$ 给定。

一个单形的边缘由这单形所包含的低一维的单形组成。所以一个二维单形的边缘由三个一维单形组成。但是边缘必须取适当的定向。我们按照下述规律来得到定了向的边缘：单形 E^k

$$a_0 a_1 a_2 \cdots a_k$$

[1] *Jour. de l'Ecole Poly.*，(2)，1，1895，$1-121 = \text{Œuvres}$，6，$193-288$.

[2] *Rendiconti del Circolo Matematico di Palermo*，13，1899，$285-343 = \text{Œuvres}$，6，$290-337$.

在它的边缘的每一个 $k-1$ 维的单形上诱导出定向

(1)
$$(-1)^i(a_0 a_1 \cdots a_{i-1} a_{i+1} \cdots a_k).$$

以这里的 k 个点为顶点的一个定向单形 E_i^{k-1} 可以具有(1)所给出的定向;这时候,我们说 E_i^{k-1} 跟 E^k 的关联数(incidence number)是 1,以表示 E_i^{k-1} 的定向相对于 E^k 的关系。E_i^{k-1} 可以具有相反的定向,这时候关联数是 -1。不管关联数是 1 或 -1,基本的事实是,E^k 的边缘的边缘是 0。

对于一个给定的复形,可以作它的 k 维定向单形的线性组合。例如,如果 E_i^k 是一个 k 维定向单形,并且 c_i 是一个正或负的整数,

(2)
$$C^k = c_1 E_1^{k-1} + c_2 E_2^{k-1} + \cdots + c_l E_l^{k-1},$$

这样的一个线性组合叫做一个链(chain)。整数 c_i 只不过告诉我们应计算这给定的单形多少次,负数还表明这单形的定向的改变。如果我们的图形是由四个点 $(a_0 a_1 a_2 a_3)$ 确定的四面体,我们能作链 $C^3 = 5 E_1^3$。任一链的边缘是这链的所有单形的所有低一维的单形的和,每一单形都带上适当的关联数,并且带上(2)中出现的次数。链的边缘既然是链中出现的每一个单形的边缘的和,链的边缘的边缘便是零。

一个边缘为零的链叫做一个闭链(cycle)。所以,有些链是闭链。闭链之中有些是其他链的边缘。例如单形 E_1^3 的边缘是一个闭链,并且是 E_1^3 的边界。但是,如果我们原来考虑的图形不是这个三维单形,而是这个三维单形的边界曲面,我们还会有这同一个闭链,但它已不是边界。举另一例,平环(图 50.10)上的链

$$C_1^1 = (a_0 a_1) + (a_1 a_2) + (a_2 a_3) + \cdots + (a_5 a_0)$$

是一个闭链;因为 $a_1 a_2$ 的边缘是 $a_2 - a_1$ 等,整个链 C_1^1 的边缘是零。但是 C_1^1 并不是任何一个二维链的边缘。这在直观上是明显的,因为所讨论的复形是平环,因而内洞的内部不是图形的部分。

有可能两个闭链中的每一个都不是边缘,但它们的和或差却是一个区域的边界。例如,C_2^1 和 C_3^1(图 50.10)的和就是这平环的整个面积的边界。这样的两个闭链叫做相关的。一般地说,闭链 C_1^k,C_2^k,$\cdots$,C_r^k 叫做相关的,如果

$$\sum_{i=1}^r c_i C_i^k$$

是边缘,其中 c_i 不都是零。

然后庞加莱引进他称之为贝蒂数(为了归功于贝蒂)的那些量。考虑复形中某一个维数的所有可能的单形,该维数的无关的闭链的个数就叫做该维数的贝蒂数(庞加莱实际上用的数是贝蒂的连通数加 1)。例

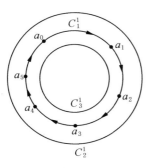

图 50.10

如,对于平环这个例子,零维贝蒂数是 1,因为任一点都是一个闭链,但两个点是连接它们的线段的边缘。一维贝蒂数是 1,因为存在不为边缘的一维闭链,但任意两个这样的闭链(它们的和或差)就是边缘。二维贝蒂数是零,因为二维单形的链中无闭链。人们可用圆域跟环作比较,来领会这些数的意义。圆域的每一个一维闭链都是边缘,从而一维贝蒂数是零。

在 1899 年的这篇论文里,庞加莱还引进了他所称的挠系数(torsion coefficient)。一个更复杂的结构,例如射影平面,可能有一个不为边缘的闭链,而 2 倍这闭链却是边缘。例如,如果把三角形都像图 50.11 所表明的那样定向,四个三角形的边界就是 BB 这条直线的 2 倍(我们必须记着 AB 和 BA 是同一条线段)。这个数 2 就叫做一个挠系数,并且这相应的边线 BB 叫做一个挠闭链。

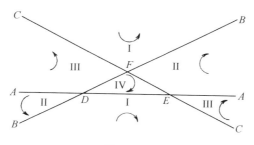

图 50.11

即使从这些极简单的例子已经清楚可见,一个几何图形的贝蒂数和挠系数确实能够以一种方式把一个图形跟另一个区别开来,例如平环不同于圆域。

庞加莱在他的第一篇(1899)和第二篇补充中[1],介绍了一个复形的贝蒂数的算法。每一个 q 维单形 E_q 的边缘上的 $q-1$ 维单形有关联数 +1 或 −1;指定不在 E_q 的边缘上的一个 $q-1$ 维单形以零为关联数。然后能作一个矩阵,它表明第 j 个 $q-1$ 维单形的,相对于第 i 个 q 维单形而说的关联数 ε_{ij}^q。对于每一个非零的维数 q,有这样的一个矩阵 T_q。T_q 的行数是复形中的 q 维单形的个数,列数是 $q-1$ 维单形的个数。据此,T_1 给出顶点相对于棱的关联数,T_2 给出一维单形相对于二维单形的关联数等。通过对矩阵作初等运算,能够使非主对角线上的元素都变成零,并使这对角线上的元素是正整数或零。设这些对角线上的元素中 γ_q 个是 1。庞加莱证明了 q 维的贝蒂数 p_q(即贝蒂的连通数加 1)是

$$p_q = \alpha_q - \gamma_{q+1} - \gamma_q + 1,$$

这里 α_q 是 q 维单形的个数。

庞加莱把具有挠系数的复形跟不具有挠系数的复形区别开来了。在后一情

① 　*Proc. Lon. Math. Soc.*, 32,1900,277 − 308 = *Œuvres*,6,338 − 370.

形,对于所有的 q,主对角线上的所有数都是零或 1。大于 1 的数表明挠系数的出现。

他还引进了 n 维复形 K^n 的示性数(characteristic) $N(K^n)$。如果复形有 α_k 个 k 维单形,按定义

$$N(K^n) = \sum_{k=0}^{n} (-1)^k \alpha_k.$$

这个量是欧拉数 $V - E + F$ 的一个推广。关于这个示性数,庞加莱的结果是,如果 p_k 是 K^n 的 k 维贝蒂数,那么[①]

$$N(K^n) = \sum_{k=0}^{n} (-1)^k p_k.$$

这个结果叫做欧拉-庞加莱公式。

庞加莱在他 1895 年的论文中介绍了一个基本定理,称为对偶定理(duality theorem)。它涉及一个闭流形的贝蒂数。我们已经说过,一个 n 维闭流形是一个复形,它的每一点有一个邻域同胚于 n 维欧几里得空间的一个区域。这定理说,在一个 n 维的能定向的闭流形中,p 维的贝蒂数等于 $n - p$ 维的贝蒂数。然而他的证明并不完全。

庞加莱在致力于区别复形时,另外引进了(1895)复形的基本群(fundamental group)这一概念,也称为庞加莱群或第一同伦群。它今天在拓扑中起着相当重要的作用。想法来自考虑单连通的平面区域与多连通的平面区域的区别。在圆域的内部,所有闭曲线都能缩成一点。但是在平环上,一条闭曲线能否缩成一点,要看它是否包围平环的内圆边界而定。

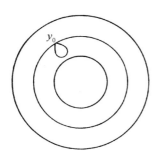

图 50.12

考虑以这复形的一点 y_0 为起点和终点的全体闭曲线,就可以得到更明确的理解。然后在这些闭曲线中,把能通过在复形空间的连续运动而从一条变成另一条的那些闭曲线说成是互相同伦的(homotopic),并把它们归于一类。这样平环中的从 y_0 开始而又回到 y_0 的(图 50.12),并且不包围内边界的闭曲线就是一类;而那些从 y_0 开始而又回到 y_0 的,确实包围内边界的,是另一类。那些从 y_0 开始而又回到 y_0 的,并且包围内边界 n 次的,又是另一类。

现在能够在类和类之间定义一种运算,几何地说,就是从 y_0 开始,描出一类中的任一曲线,然后描出第二类中的任一曲线。两条曲线选取的顺序,以及描出一条

---

① 这些 p_k 比庞加莱的小 1。这里我们使用现在习惯的说法。

曲线时所取的方向,都加以区别。于是类就形成一个群,叫做这复形 K 相对于基点 y_0 的基本群。现在把这个非交换的群记作 $\pi_1(K, y_0)$。对于道路连通的复形,这个群并不真正依赖于 y_0 这个点。换句话说,在 y_0 处的这个群和在 y_1 处的同构。平环的基本群是无穷循环群。分析学中常用的单连通区域,例如圆周和它的内部,它的基本群就只有一个元素——恒同元素。正如圆域跟平环由于它们的基本群而有区别一样,也能把更高维的复形在这方面显著地区别出来。

庞加莱遗留下了一些重要的猜测。他在他的第二篇补充里断言,如果两个闭流形有相同的贝蒂数和挠系数,它们就同胚,但是在第五篇补充[①]里,他给出了一个三维流形,它的贝蒂数和挠系数跟三维球(四维实心球的表面)的相同,但它不单连通。因此他增加单连通性作为一个条件。他然后指出存在三维流形,它们具有相同的贝蒂数和挠系数,但具有不同的基本群,从而它们不同胚。亚历山大(James W. Alexander,1888—1971)是普林斯顿大学的数学教授,后来在高等学术研究所,他证明了[②]两个三维流形可以有相同的贝蒂数、挠系数和基本群,却还是不同胚。

庞加莱在他的第五篇补充(1904)里作了一个颇加限制的猜测,即每一个单连通的、闭的、能定向的三维流形同胚于三维球。这个闻名的猜测曾经被推广成,每一个单连通的、闭的 n 维流形,如果具有 n 维球的贝蒂数和挠系数,它就同胚于 n 维球。庞加莱的猜测以及这推广了的推测都还没有证明[③]。

另一个闻名的猜测,叫做庞加莱的**主猜测**(Hauptvermutung,最重要的猜测)。这个猜测说,如果 T_1 和 T_2 是同一个三维流形的单纯(不必是平直的)剖分,那么 T_1 和 T_2 有同构的重分[④]。

5. 组合不变量

确立组合性质的不变性的问题,就是要证明:如果任一复形在**点集的意义**下同胚于一已知复形,它就和这已知复形有相同的组合性质。贝蒂数和挠系数是组合不变量,这是由亚历山大首先证明的[⑤],他的结果是,如果 K 和 K_1 是任意两个同

---

① *Rendiconti del Circolo Matematico di Palermo*,18,1904,45-110 = *Œuvres*,6,435-498.

② *Amer. Math. Soc. Trans.*,20,1919,339-342.

③ 对于 $n \geqslant 5$,这推广的猜测曾经被斯梅尔(Stephen Smale)(*Amer. Math. Soc. Bull.*,66,1960,373-375),斯托林斯(John R. Stallings)(*ibid.*,485-488)和塞曼(E. C. Zeeman)(*ibid.*,67,1961,270)证明。[后来 $n=4,3$ 时也分别为弗里德曼(M. Freedman)与佩雷尔曼(G. Perelman)证明。——译者注]

④ 已经证明:对于低于三维的有限的单纯复形广(这比流形广),**主猜测**成立,但对于不低于五维的这种流形,**主猜测**错误。对于不高于三维的流形,**主猜测**正确,但对于不低于四维的流形,**主猜测**对否是一个未解决的问题。见米尔诺,*Annals of Math.*,(2),74,1961,575-590。

⑤ *Amer. Math. Soc. Trans.*,16,1915,148-154.

胚的(作为点集的)多面体 P 和 P_1 的任意单纯剖分(不必平直的),那么 P 和 P_1 的贝蒂数相同,挠系数也相同。逆命题不成立,即两个复形的贝蒂数相同,挠系数也相同,并不保证这两个复形同胚。

布劳威尔贡献了另一个重要的不变量。通过函数论的问题,他对拓扑产生了兴趣。他寻求证明亏格 $g > 1$ 的黎曼曲面,在保角变换下,有 $3g - 3$ 个等价类,因而被引导到考虑相关的拓扑问题。他证明了[①]在下述意义下复形的维数的不变性:如果 K 是一个多面体 P 的一个 n 维的单纯剖分,那么 P 的每一个单纯剖分,以及同胚于 P 的任何多面体的每一个这种剖分,也是 n 维复形。

这个定理的证明,跟亚历山大的定理的证明一样,都运用了布劳威尔的一个方法[②],即连续变换的单纯逼近。单纯变换(单形到单形)本身只不过是连续变换的更高维的模拟,而连续变换的单纯逼近是用于连续函数的线性逼近的模拟。如果逼近的定义区域小,那么对于不变性证明的目的来说,逼近就能用来替代连续变换。

6. 不 动 点 定 理

组合的方法,除了服务于判别复形之外,还产生了不动点定理(fixed point theorems)。这些定理有重大的几何意义,又在分析学中有应用。布劳威尔通过引进从一个复形到另一个的映射类[③]和一个映射的映射度[④]这些概念(这里不详说),能够第一次处理所谓一个流形上的向量场的奇点。考虑圆周 S^1、球面 S^2 和 $n + 1$ 维欧几里得空间中的 n 维球 $\sum_{i=1}^{n+1} x_i^2 = 1$。在 S^1 上,能够在每一点处都取一个切向量,使得这些向量的长和方向绕着这圆周连续地变,而无一个向量的长是零。我们把这说成 S^1 上有一个无奇点的连续向量场。但是,S^2 上不存在这样的一个场。布劳威尔证明了[⑤] S^2 上出现的情形必也出现在每一个偶数维的球上;即偶维球上的连续向量场必定至少有一个奇点。

复形到复形的连续变换理论跟奇点理论有密切关系。特别有兴趣的是在这种变换下的不动点(fixed point)。如果用 $f(x)$ 表示一点 x 在这种变换下的像点,那么一个不动点就是满足 $f(x) = x$ 的点。可以在任一点 x 处,引进从 x 到 $f(x)$ 的

① *Math. Ann.*, 70, 1910/1911, 161 - 165, 和 71, 1911/1912, 305 - 313.

② *Math. Ann.*, 71, 1911/1912, 97 - 115.

③ *Proceedings Koninklijke Akademie von Wettenschappen te Amsterdam*, 12, 1910, 785 - 794.

④ *Math. Ann.*, 71, 1911/1912, 97 - 115.

⑤ *Math. Ann.*, 71, 1911/1912, 97 - 115.

一个向量。在一不动点处,这向量不确定,这个点是一个奇点。关于不动点的基本定理是布劳威尔的[①]。这定理适用于 n 维单形(或它的同胚像),定理说,n 维单形到它自己的连续变换至少有一个不动点。例如,一个圆盘到自己的连续变换至少有一个不动点。在同一篇论文里布劳威尔还证明了偶维球到它自己的每一个一一的连续变换,如果能形变为恒同变换,它就至少有一个不动点。

庞加莱在 1912 年逝世前不久,还论证了[②]如果某拓扑定理成立,有限制的三体问题中将会存在周期轨道。这个拓扑定理说的是,如果两个圆之间的平环到自己的一个拓扑变换,把每一个圆变成自己,把一个圆沿着一个方向转动,而把另一个圆沿着相反的方向转动,同时保持面积不变,那么在平环里至少存在两个不动点。庞加莱的这个"最后定理"是伯克霍夫证明的[③]。

伯克霍夫和凯洛格(Oliver D. Kellogg)在他们合写的一篇论文里[④],把不动点定理推广到了无穷维的函数空间,绍德尔(Jules P. Schauder,1899—1943)在一篇文章里[⑤],以及绍德尔和勒雷(Jean Leray,1906—1998)在合写的一篇论文里[⑥],应用不动点定理来证明微分方程的解的存在。这些应用所运用的一个关键定理是:如果 T 是巴拿赫空间中一个闭的、凸的紧致集到这集自身的一个连续映射,那么 T 有一个不动点。

如何运用不动点定理来证明微分方程的解的存在,最好是从一个颇为简单的例子来理解。考虑区间 $0 \leqslant x \leqslant 1$ 上的微分方程

$$\frac{\mathrm{d}y}{\mathrm{d}x} = F(x, y),$$

初始条件是 $x = 0$ 处 $y = 0$。解 $\phi(x)$ 显然满足方程

$$\phi(x) = \int_0^x F[x, \phi(x)]\mathrm{d}x.$$

我们引进一般的变换

$$g(x) = \int_0^x F[x, f(x)]\mathrm{d}x,$$

这里的 $f(x)$ 是一个任意函数。这个变换把 f 联系到 g,并且能证明它在由 $[0, 1]$ 上的连续函数所形成的空间中是连续的。我们所寻找的解 ϕ 便是这个函数空间的一个不动点。如果我们能证明这函数空间满足使一条不动点定理成立的条件,那么 ϕ 的存在就证明了。这恰恰是适用于函数空间的那些不动点定理所做的事。这

① *Math. Ann.*, 71,1911/1912,97 – 115.

② *Rendiconti del Circolo Matematico di Palermo*, 33,1912,375 – 407 = *Œuvres*, 6,499 – 538.

③ *Amer. Math. Soc. Trans.*, 14,1913,14 – 22 = *Coll. Math. Papers*, 1,673 – 681.

④ *Amer. Math. Soc. Trans.*, 23,1922,96 – 115 = Birkhoff, *Coll. Math. Papers*, 3,255 – 274.

⑤ *Studia Mathematica*, 2,1930,170 – 179.

⑥ *Ann. de l'Ecole Norm. Sup.*, 51,1934,45 – 78.

个简单的例子所说明的方法,还使我们能证明非线性的偏微分方程的解的存在,这些方程在变分学和流体动力学里是常见的。

7. 定理的推广和领域的扩展

掌握了庞加莱和布劳威尔的思想的一些人,已经把拓扑扩展到很大的范围,使得它成为今天数学的最活跃领域之一。布劳威尔自己扩展了若尔当曲线定理[①]。这一定理(第 42 章第 5 节)可叙述如下:设 S^2 为二维球(曲面),J 为 S^2 上的一条闭曲线(拓扑等价于一个 S^1),则 $S^2 - J$ 的零维贝蒂数是 2。既然这个贝蒂数是分支的个数,J 就把 S^2 分开成两个区域。布劳威尔的推广说,一个 $n-1$ 维流形把 n 维欧几里得空间分开成两个区域。亚历山大[②]推广了庞加莱的对偶定理,因而间接地推广了若尔当曲线定理。亚历山大的定理说:n 维球 S^n 上的一个复形 K 的 r 维贝蒂数等于余空间 $S^n - K$ 的 $n-r-1$ 维贝蒂数,$r \neq 0$ 和 $r \neq n-1$;而当 $r = 0$ 时,K 的零维贝蒂数等于 1 加上 $S^n - K$ 的 $n-1$ 维贝蒂数,当 $r = n-1$ 时,K 的 $n-1$ 维贝蒂数等于 $S^n - K$ 的零维贝蒂数减 1[③]。这定理推广了若尔当曲线定理,因为如果取 $n-1$ 维球 S^{n-1} 当作 K,这定理就是说,S^{n-1} 的 $n-1$ 维贝蒂数(那是 1)等于 $S^n - S^{n-1}$ 的零维贝蒂数减 1,所以 $S^n - S^{n-1}$ 的零维贝蒂数是 2,即 S^{n-1} 分开 S^n 成两个区域。

贝蒂数的定义有各种的改变和推广。维布伦和亚历山大[④]引进了模 2 链和闭链;换句话说,用不定向的单形替代定向的单形,把整数系数取模 2。链的边缘也这样算。亚历山大后来引进了[⑤]系数为整数模 m 的链和闭链。莱夫谢茨(Solomon Lefschetz,1884—1972)建议用有理数做系数[⑥]。庞特里亚金(Lev S. Pontrjagin,1908—1988)更进一步推广,用一个交换群的元素作链的系数[⑦]。这一概念包括了上述的各类系数,以及还用过的实数模 1 的另一类系数。所有这些推广,虽然确实导致了更广的定理,但并未使贝蒂数和挠系数在区别复形方面更加有效。

在基本的组合性质的确切叙述方面,从 1925 年到 1930 年一些人作了另一改变,可能是埃米·诺特建议的。这就是把链、闭链和边缘链的理论用群论的语言改

---

① *Math. Ann.*, 71,1911/1912,314 - 319.

② *Amer. Math. Soc. Trans.*, 23,1922,333 - 349.

③ 亚历山大是在链的系数是整数模 2(见下一段)这个条件下叙述他的定理的。我们的叙述中用通常的整数系数。

④ *Annals of Math.*, (2),14,1913,163 - 178.

⑤ *Amer. Math. Soc. Trans.*, 28,1926,301 - 329.

⑥ *Annals of Math.*, (2),29,1928,232 - 254.

⑦ *Annals of Math.*, (2),35,1934,904 - 914.

写一遍。同维的链可以按照明显的方式相加,即把同一个单形的系数相加;并且,既然闭链也是链,它们也能相加,而且它们的和还是闭链。所以链和闭链都组成群。在给定的复形 K 上,每一个 k 维链有一个 $k-1$ 维边缘链,并且两个链的和的边缘是这两个链各自的边缘链的和。因此,从链到边缘这种关系建立了从 k 维链的群 $C^k(K)$ 到 $k-1$ 维链的群的一个子群 $H^{k-1}(K)$ 的一个同态。所有 k 维闭链 $(k>0)$ 是 $C^k(K)$ 的一个子群 $Z^k(K)$,并且在这同态下的像就是 $C^{k-1}(K)$ 的恒同元素或 0。既然每一个边缘链是一个闭链,$H^{k-1}(K)$ 就是 $Z^{k-1}(K)$ 的一个子群。

有了这些事实,就可以作下述定义:对于任何一个 $k \geqslant 0$,k 维闭链的群 $Z^k(K)$,模边缘链的群 $H^k(K)$ 这个子群,所作成的商群,叫做 K 的第 k 个同调群(homology group),记作 $B^k(K)$。这个商群的线性无关的母元的最大个数叫做这复形的第 k 个贝蒂数,记作 $p^k(K)$。第 k 个同调群也可以含有有限循环群,这些对应着挠闭链。事实上,这些有限群的阶就是挠系数。复形的同调群有了这群论的确切叙述之后,许多旧结果都能同样地重新叙述。

20 世纪初期的最有意义的推广,是引进一般空间的同调论,例如紧致度量空间的同调群,它不同于起初研究的复形的同调论。基本的设计来自亚历山大罗夫(Paul S. Alexandroff, 1896—1982)[1]、维耶托里斯(Leopold Vietoris, 1891—2002)[2]和切赫(Eduard Čech, 1893—1960)[3]。因为它们牵涉到同调论的崭新的研究途径,这里不作介绍。但是,我们应该指出,这方面的工作标志着把点集拓扑和组合拓扑融合起来的一步。

参 考 书 目

Bouligand, Georges: *Les Définitions modernes de la dimension*, Hermann, 1935.

Dehn, M., and P. Heegard: "Analysis Situs," *Encyk. der Math. Wiss.*, B. G. Teubner, 1907–1910, Ⅲ AB3, 153–220.

Franklin, Philip: "The Four Color Problem," *Scripta Mathematica*, 6, 1939, 149–156, 197–210.

Hadamard, J.: "L'Œuvre mathématique de Poincaré," *Acta Math.*, 38, 1921, 203–287.

Manheim, J. H.: *The Genesis of Point Set Topology*, Pergamon Press, 1964.

Osgood, William F.: "Topics in the Theory of Functions of Several Complex Variables," *Madison Colloquium*, American Mathematical Society, 1914, pp. 111–230.

---

[1] *Annals of Math.*, (2), 30, 1928/1929, 101–187.
[2] *Math. Ann.*, 97, 1927, 454–472.
[3] *Fundamenta Mathematicae*, 19, 1932, 149–183.

Poincaré, Henri：*Œuvres*, Gauthier-Villars, 1916 – 1956, Vol. 6.

Smith, David E. : *A Source Book in Mathematics*, Dover (reprint), 1959, Vol. 2,404 – 410.

Tietze, H. , and L. Vietoris："Beziehungen zwischen den verschiedenen Zweigen der Topologie," *Encyk. der Math. Wiss.* , B. G. Teubner, 1914 – 1931, Ⅲ AB13,141 – 237.

Zoretti, L. , and A. Rosenthal："Die Punktmengen," *Encyk. der Math. Wiss.* , B. G. Teubner, 1923 – 1927, Ⅱ C9A,855 – 1030.

第 51 章

数 学 基 础

> 逻辑是不可战胜的,因为要反对逻辑还得使用
> 逻辑。
>
> 布特鲁(Pierre Boutroux)

> 我们知道,数学家对于逻辑不如逻辑学家对于
> 数学那样关心。数学和逻辑是精确科学的两只眼
> 睛:数学派闭上逻辑眼睛,逻辑派闭上数学眼睛,各
> 自相信一只眼睛能比两只看得更好。
>
> 德摩根

1. 引　　言

　　20 世纪数学中最为深入的活动,是关于基础的探讨。强加于数学家的问题,以及他们自愿承担的问题,不仅牵涉到数学的本性,也牵涉到演绎数学的正确性。

　　在这世纪的前期,有几种活动汇合起来把基础问题引到一个高潮。首先是矛盾的发现,委婉地被称为悖论,在集合论中尤为突出。已经提到过的布拉利-福尔蒂悖论,就是这样的一个矛盾(第 41 章第 9 节)。在 20 世纪的最初几年,还发现了一些其他的矛盾。这些矛盾的发现显然深深地扰乱了数学家。另外一个逐渐被认识到并在 20 世纪初显露出来的,是数学的相容性(consistency)问题(第 43 章第 6 节)。鉴于集合论中的悖论,在这一领域中尤其应确立相容性。

　　在 19 世纪后期,有一些人已经开始重新考虑数学的基础,特别是数学对逻辑的关系。这一方面的探讨(后面将较详细地说明)启示了某些数学家,认为数学可以建立在逻辑上。另外一些人对于逻辑原则的普遍应用,对于某些存在性证明是否有意义,甚至对于信赖逻辑证明以作为数学结果的证实,都有疑问。在 1900 年以前已经冒了烟的争论,经悖论和相容性问题加上燃料,就爆发成大火。结果,全部数学的适当基础,就成了极其严重和普遍关心的问题。

2. 集合论的悖论

紧接在康托尔和布拉利-福尔蒂发现关于序数的悖论之后,又出现了一些另外的悖论或谬论。实际上悖论一词是含糊的,因为它可能是指一个貌似的矛盾。但是数学家实际上碰到的,都是毫无疑问的矛盾。我们先来看看它们是些什么。

罗素(1872—1970)在 1918 年把一个悖论通俗化,成为"理发师"悖论。一个乡村理发师,自夸无人可与相比,宣称他当然不给自己刮脸的人刮脸,但却给所有自己不刮脸的人刮脸。一天他发生了疑问,他是否应当给自己刮脸。假如他自己刮脸的话,则按他声言的前一半,他就不应当给自己刮脸;但是假如他自己不刮脸的话,则照他自夸的,他又必须给自己刮脸。这理发师陷入了逻辑的窘境。

还有另一个悖论,是理查德(Jules Richard,1862—1956)编造的[①]。它的一种简化叙述是由贝里(G. G. Berry)和罗素给出的,并由后者发表出来[②]。这个简化了的悖论,也称为理查德悖论,它是这样说的:每一个整数都可用若干个字母的词描写出来。例如,36 这个数可以描写为 thirty-six(36)或 four times nine(4 乘 9)。第一种描写用了 9 个字母,第二种用了 13 个字母。描写任一给定的数都不止一种方法,但这是无关紧要的。现在把所有的正整数分成两组,第一组包括所有那些(至少有一种方法)可以用不多于 100 个字母描写出来的数,第二组包括所有那些不论怎样描写都需要最少是 101 个字母的数。用 100 个或更少的字母只能描写有限多个数,因为用不多于 100 个字母最多只能有 27^{100} 个表达式(而且其中有些是没有意义的)。于是在第二组中就有一个最小的整数。它可以用下列词组来描写:"the least integer not describable in one hundred or fewer letters."(不能用 100 个或更少的字母描写出来的最小的整数。)但是这一词组中的字母就少于 100 个。因此,不能用 100 个或更少的字母描写出来的最小的整数,就用少于 100 个字母描写出来了。

我们来看这个悖论的另一种形式,它最先是由格雷林(Kurt Grelling,1886—1941)和纳尔逊(Leonard Nelson,1882—1927)在 1908 年叙述的,发表在一个不著名的刊物[③]上。有些词是可以描写它们自身的。例如,"polysyllabic(多音节的)"这个词就是多音节的。另一方面,"monosyllabic(单音节的)"这个词却不是单音节的。我们称那些不能描写它们自身的词为异己的(heterological)。换句话说,词 X

---

① *Revue Générale des Sciences*, 16,1905,541.
② *Proc. Lon. Math. Soc.*, (2),4,1906,29-53.
③ *Abhandlungen der Friesschen Schule*, 2,1908,301-324.

为异己的,若 X 自身并非 X。现在我们把 X 换成"异己的"这个词。那么"异己的"这个词就是异己的,如果异己的不是异己的。

康托尔在 1899 年给戴德金的一封信中曾指出,人们要想不陷于矛盾的话,就不能谈论由一切集合所成的集合(第 41 章第 9 节)。实质上这就是罗素的悖论的内容[《数学的原理》(*The Principles of Mathematics*),1903,p. 101]。由一切人组成的类并不是一个人。但由一切概念组成的类却是一个概念;由一切图书馆组成的类是一个图书馆;由一切基数大于 1 的集合组成的类也是这样一个集合。因此,有一些类不是它们自己的元素,而有一些则是它们自己的元素。这个对于类的描述,包括了一切类,并且这两种类型是互相排斥的。我们用 M 表示一切包含自己为元素的那些类所成的类,用 N 表示一切不包含自己为元素的那些类所成的类。现在,N 本身也是一个类,我们要问它是属于 M 还是属于 N? 若 N 属于 N,则 N 就是它自己的一个元素,因而必须属于 M。另一方面,若 N 为 M 的一个元素,则因 M 和 N 是互相排斥的类,N 就不会属于 N。于是 N 不是它自己的元素,因而由于 N 的定义,它应当属于 N。

所有这些悖论的起因,如罗素和怀特海指出的,都在于一个要定义的东西是用包含着这个东西在内的一类东西来定义的。这种定义也称为说不清的(imprecative),特别发生在集合论中。策梅洛在 1908 年曾指出,一组数的下界的定义,以及分析中其他一些概念的定义,都是这种类型的定义。因此经典分析包含着悖论。

康托尔关于实数集合不可数的证明(第 41 章第 7 节)也用到了这样一个说不清的集合。假定在所有正整数组成的集合与所有实数组成的集合 M 之间有一个一一对应。而每一个实数又对应于一组整数。于是每一个整数 k 都对应着一个集合 $f(k)$。而 $f(k)$ 或是包含 k 或是不包含 k。命 N 为所有那些使 k 不属于 $f(k)$ 的 k 所组成的集合。这个集合 N(取某一顺序)为一个实数。因而,按假定的一一对应,就应有一个整数 n 对应于 N。若 n 属于 N,则按 N 的定义,它将不属于 N;若 n 不属于 N,则按 N 的定义,它又应属于 N。集合 N 的定义是说不清的,这是因为要 k 属于 N,必须且只需在 M 中有一个集合 K 使 $K = f(k)$ 并且 k 不属于 K。这样,在定义 N 时就用到了一些集合的全体 M,它包含着 N 作为元素。这就是说,要定义 N,N 必须已经包含在 M 中。

在无意中陷入了引进说不清的定义的陷阱,这是很容易的。如定义一切包含多于 5 个元素的类所组成的类,就定义了一个包含它自己的类。同样,一切能用 25 个或更少的字定义出来的集合所组成的类 S,这句话就是以说不清的方式定义了 S。

正当数学家们不但接受了集合论并且还有大部分经典分析的时候,这些矛盾动摇了他们。作为逻辑结构,数学已处于一种悲惨的境地,数学家们以向往的心情回顾这些矛盾被认识以前的美好时代。

3. 集合论的公理化

也许并不奇怪，数学家们首先是求助于把康托尔以相当随便的方式阐述的、现在所谓的朴素集合论加以公理化。几何与数学的公理化曾解决了这些领域中的逻辑问题，似乎公理化也可能澄清集合论中的困难。这项工作最先由德国数学家策梅洛所承担，他相信悖论起因于康托尔对集合的概念未加以限制。康托尔在 1895 年[1]曾把一个集合定义为人们直观或思想中的不同事物的一个堆集。这是有些含糊的，所以策梅洛希望，清楚明白的公理将会澄清集合的意义和集合应有的性质。康托尔自己并非不知道他的集合概念是有麻烦的。他在 1899 年给戴德金的一封信[2]中，曾区别相容的和不相容的集合。策梅洛认为他能够把集合限制为康托尔的相容的集合，而这对于数学就足够了。他的公理系统[3]只包含由公理本身的叙述所定义的基本概念和关系。在这些概念中有集合本身的观念和集合的属于关系。只有公理所提供的集合的性质才可以用。无穷集合的存在，以及集合的联合与子集的形成这样的运算，也由公理给出。特别是策梅洛收入了选择公理（第 41 章第 8 节）。

策梅洛的计划是，只准许那些看来不大会产生矛盾的类进入集合论。例如空类，任何一个有限类，以及自然数的类，看来是安全地给定了一个安全的类，从它所形成的一些类，诸如任何一个子类，安全类的联合，以及一个安全类的所有子类所成的类，都应是安全类。但是，他排除了求余，因为即使 x 是一个安全类，x 的余类，即在对象的某个大宇宙中所有的非 x（non-x），也未必是安全的。

弗伦克尔（Abraham A. Fraenkel，1891—1965）[4]改进了策梅洛所发展的集合论，冯·诺伊曼[5]又加以改革。在策梅洛-弗伦克尔系统中，避免悖论的希望寄托在对所容许的集合的类型加以限制，而同时又足够用来作为分析的基础。但冯·诺伊曼的想法又略为大胆些。他作了类（class）与集合（set）的区别。类是大到不能包含在别的集合或类中的集合，而集合是限于可作为类的元素的类。这样，集合就是安全的类。如冯·诺伊曼指出的，导致矛盾并非由于承认了类，而是由于把它们当作别的类的元素。

---

① *Math. Ann.*, 46,1895, 481 – 512 = *Ges. Abh.*, 282 – 356.
② *Ges. Abh.*, 443 – 448.
③ *Math. Ann.*, 65,1908,261 – 281.
④ *Math. Ann.*, 86,1921/1922,230 – 237,及后来的许多文章。
⑤ *Jour. für Math.*, 154,1925,219 – 240,及以后的文章。

策梅洛的形式集合论,经过弗伦克尔、冯·诺伊曼和他人的修改,对于开展可以说是全部经典分析所需要的集合论是适当的,而悖论也避免到这种程度,即至今在这个理论之内还未发现。然而,公理化集合论的相容性尚未证明。关于这个未解决的相容性问题,庞加莱评论说:"为了防备狼,羊群已用篱笆圈起来了,但却不知道在圈内有没有狼。"

除开相容性的问题,集合论的公理化还用了选择公理,这是建立标准分析、拓扑和抽象代数的某些部分所需要的。有些数学家认为这个公理应该反对,其中有阿达马、勒贝格、波莱尔和贝尔;而在 1904 年,当策梅洛用它去证明良序定理(第41章第8节)时,大量的反对意见涌现在刊物上[①]。提出了这个公理是不是根本的,是否与其他公理相独立等问题,并且有一段时期没有解决(见第8节)。

尽管相容性和选择公理的地位这些问题还未解决,集合论的公理化使数学家对于悖论可以放心,并且削弱了对基础的兴趣。但这时,无疑由于悖论和相容性问题所激发,关于数学基础的几派思想变得活跃而争论起来。这些哲学的提倡者不满意策梅洛等人所实行的公理方法。有些人反对它,是因为它假定了它所用的逻辑,而逻辑本身以及它与数学的关系也正处于研究的阶段中。另一些人更为彻底,反对依靠任何种类的逻辑,特别是把它用于无穷集合。要了解各派思想的论据,我们需要回顾一下过去。

4. 数理逻辑的兴起

有一种发展曾在集合论公理化中引起新的争论和不满,这种发展就是关于逻辑在数学中的地位的;它起源于 19 世纪逻辑的数学化。这个发展有它自己的历史。

在几何论证的符号化甚至机械化中显示出来的代数的威力,感动了笛卡儿和莱布尼茨一些人(第13章第8节),他们两人设想了一种比数量的代数更宽广的科学。他们设计了一种一般的或抽象的推理科学,它行使起来将有点像通常的代数,但可应用于一切领域中的推理。如莱布尼茨在他的一篇文章中所说的,"普遍的数学就好比是想象的逻辑"应能论述"在想象范围内可精密确定的一切东西"。用这样的逻辑可建立思想的任何大厦,从它的简单元素到越趋复杂的结构。这种普遍代数将是逻辑的一部分,并且是代数化了的逻辑。笛卡儿已经谨慎地开始了去建造逻辑的一种代数;这个工作的一个未完成的草稿现在还留存着。

---

① 这些人的看法表现在一次著名的交换信件中。见 *Bull. Soc. Math. de France*, 33,1905,261 - 273。还有波莱尔: *Leçons sur la théorie des fonctions*, Gauthier-Villars,第 4 版,1950,150 - 158。

莱布尼茨追索着和笛卡儿相同的宽广目标,开创了一个更雄伟的方案。他一生都很注意逻辑,并且很早就神往于中世纪神学家勒尔(Raymond Lull, 1235—1315)的图式。勒尔的书《最大最终的艺术》(*Ars Magna et Ultima*)提出了结合已有的理念去产生新理念的朴素的机械方法,但他确实有可应用于一切推理的、关于逻辑的普遍科学的概念。莱布尼茨离开了经院逻辑和勒尔,而为一种宽广演算的可能性所激动,这种演算将使人们在一切领域中能够机械地轻易地去推理。莱布尼茨对于他的普遍符号逻辑的计划说道,这样一种科学,通常的代数只是它的一小部分,它将只受到必须服从形式逻辑的规律的约束。他说,可以称它为"代数逻辑的综合"。

这种广义的科学首先需要配备一种提供适合于思维的合理的普遍语言。概念被分解成为一些原始的不相同的又不相重叠的概念,它们可以用一种几乎是机械的方式结合起来。为了防止思想失误,他还认为必须利用符号。在这里,代数符号对他思想的影响是明显的。他想得到一种能明确表示人们的思想并有助于推理的符号语言。这种符号语言正是他的"普遍的特征"。

1666年莱布尼茨写成他的《论组合的艺术》(*De Arte Combinatoria*)[①],其中包括有他对于推理的普遍系统的早期计划。后来他又写过许多片段,从未发表过,但可以在他的哲学著作的版本[①]中找到。在他的最初尝试中,他把每一个原始概念配合上一个质数;由几个原始概念所组成的任一概念就表示为相应的质数的乘积。例如,如果3代表"人"而7代表"有理性的",21就代表"有理性的人"。随后他想要把通常三段论的法则翻译成为这个样式,但没有成功。有时他还想用特殊的符号去代替质数,这时复杂的理念将表示为符号的结合。实际上莱布尼茨认为原始理念的个数很少,但这被证明是错误的。而只用合取(conjunction)这一个基本运算去结合原始理念也是不够的。

他还开始了真正逻辑代数的工作。在他的代数中,莱布尼茨已经直接间接地有了这样一些概念,即我们现在所说的逻辑加法、乘法、等同、否定和空集。他还注意到需要研究一些抽象关系,如包含、一一对应、多一对应以及等价关系等。他认识到其中有些具有对称和传递的性质。莱布尼茨没有完成这项工作;他未能超过三段论的法则,他自己也认识到这是不能包括数学所用到的全部逻辑的。莱布尼茨曾对洛必达(Guillaume F. A. l'Hospital)等人说明过他的想法,但他们未予注意。他的逻辑工作直到20世纪初都未出版,因而很少有直接的影响。在18世纪和19世纪初,有些人草拟过与莱布尼茨相似的计划,但未能比他更前进一步。

---

① 1690年出版 ＝ 莱布尼茨:*Die philosophischen Schriften*, C.I. 格哈特 主编,1875-1890, Vol. 4, 27-102。

德摩根采取了一种雄心较小却较为有效的办法。德摩根发表了《形式逻辑》(*Formal Logic*，1847)和很多文章，其中有几篇发表在《剑桥哲学会学报》(*Transactions of the Cambridge Philosophical Society*)上。他想修正并改进亚里士多德的逻辑。在他的《形式逻辑》中，对亚里士多德的逻辑增加了一条新的原则。在亚里士多德的逻辑中，前提"有些 M 是 A"和"有些 M 是 B"是没有结论的；并且事实上，这种逻辑要求中项 M 必须用作全称的，即必须出现"所有的 M"。但是德摩根指出，从"多数的 M 是 A"和"多数的 M 是 B"必定可以得出"有些 A 是 B"。德摩根把这个事实表示成定量的形式。如果有 m 个 M，而有 a 个 M 是 A 并有 b 个 M 是 B，那么至少有 $(a+b-m)$ 个 A 是 B。德摩根的意见的要点就是，词项(term)可以是定量的。从而他就能够引进更多的正确的三段论式。定量化还消去了亚里士多德逻辑中的一个缺陷。在亚里士多德的逻辑中，从"所有的 A 是 B"可以推出的结论"有些 A 是 B"，蕴含 A 的存在，但它未必存在。

德摩根还开创了关系逻辑(logic of relations)的研究。亚里士多德的逻辑主要专注于"是"的关系，并且不是肯定就是否定这个关系。德摩根指出，这种逻辑不能证明，如果马是动物，那么马尾巴是动物尾巴。它肯定不能讨论像 x 爱 y 这样的关系。德摩根引进了讨论关系的符号，但没有把这个论题进行很远。

在符号逻辑领域内，德摩根以现在所谓的德摩根法则而闻名。照他的说法[1]，一个组(aggregate)的反面(contrary)是各个组(aggregates)的反面的复合(compound)；一个复合的反面是各成分(components)的反面的组合。这些法则表示成逻辑记号便是

$$1-(x+y) = (1-x)(1-y),$$
$$1-xy = (1-x)+(1-y).$$

符号方法对于逻辑代数的功绩，重要的一步是布尔(1815—1864)做的，他基本上是由自学而成为科克(Cork)皇后学院的数学教授。布尔确信语言的符号化会使逻辑严密。他的《逻辑的数学分析》(*Mathematical Analysis of Logic*)是与德摩根的《形式逻辑》同时出版的，和他的《思维规律的研究》(*An Investigation of the Laws of Thought*，1854)这两本书包含着他的主要想法。

布尔的办法是着重于外延逻辑(extensional logic)，即类(class)的逻辑，其中类或集合用 x，y，z，$\cdots$ 表示，而符号 X，Y，Z，$\cdots$ 则代表个体元素。用 1 表示万有类，用 0 表示空类或零类。他用 xy 表示两个集合的交[他称这个运算为选拔(election)]，即 x 与 y 所有共同元素的集合；他还用 $x+y$ 表示 x 中和 y 中所有元素的集合。[严格地讲，对于布尔，加法或联合只用于不相交的集合；杰文斯

(W. S. Jevons,1835—1882)推广了这个概念。]至于 x 的补则记作 $1-x$。更一般地，$x-y$ 是由不是 y 的那些 x 所组成的类。包含关系，即 x 包含在 y 中，他写作 $xy = x$。等号表示两个类的同一性。

布尔相信，头脑会立即允许我们作一些初等的推理规程，这就是逻辑的公理。例如，矛盾律，即 A 不能既是 B 又是非 B，就是公理。它可表示为

$$x(1-x) = 0.$$

下列关系也是显然的：

$$xy = yx,$$

因而交的这个交换性是另一条公理，同样明显的是性质

$$xx = x.$$

这条公理背离了通常的代数，布尔认为可作为公理的还有

$$x + y = y + x$$

和

$$x(u + v) = xu + xv.$$

用这些公理就可把排中律说成

$$x + (1-x) = 1;$$

就是说，任何东西不是 x 就是非 x。每一个 X 都是 Y 就变成 $x(1-y) = 0$。没有 X 是 Y 可写成 $xy = 0$；有些 X 是 Y 表示成 $xy \neq 0$；而有些 X 不是 Y 表示成 $x(1-y) \neq 0$。

布尔想从这些公理用公理所许可的规程去导出推理的规律。作为平凡的结论，他有 $1 \cdot x = x$ 和 $0 \cdot x = 0$。一个稍微复杂一点的论证可说明如下。从

$$x + (1-x) = 1$$

可导出

$$z[x + (1-x)] = z \cdot 1,$$

从而有

$$zx + z(1-x) = z.$$

于是 z 这类东西就由那些在 x 中的，和那些在 $1-x$ 中的东西所组成。

布尔看到了类的演算可以解释为命题的演算。如果 x 和 y 不是类而是命题，那么 xy 就是 x 和 y 的联合肯定，而 $x+y$ 就是 x 或 y 或两者的肯定。$x=1$ 这句话的意思是命题 x 是真的，而 $x=0$ 是说 x 是假的。$1-x$ 意为 x 的否定。可是布尔在他的命题演算上并未进行很远。

德摩根和布尔，都可以看作是亚里士多德逻辑的改造者和逻辑代数的创始者。他们的工作的成效是建立一种逻辑科学，它从那以后便离开哲学而靠近数学。

查尔斯·皮尔斯推进了命题演算。查尔斯·皮尔斯把命题(proposition)与命题函数(propositional function)区别开来。一个命题(如约翰是人)只包含常量；一个命题函数(如 x 是人)包含着变量。一个命题总是真的或假的，一个命题函数却

可以对变量的某些值是真的,而对其他的值是假的。查尔斯·皮尔斯还引进了两个变量的命题函数,例如 x 知道 y。

建立符号逻辑的人们一直都对逻辑及其数学化有兴趣。由于耶拿(Jena)的数学教授弗雷格(1848—1925)的工作,数理逻辑得到一个新方向,这个方向与我们对数学基础的说明很有关系。弗雷格写了几部重要的著作,有《概念演算》(*Begriff-sschrift*, 1879)、《算术基础》(*Die Grundlagen der Arithmetik*, 1884)和《算术的基本法则》(*Grundgesetze der Arithmetik*;Vol. 1,1893;Vol. 2,1903)。他的著作以精确和过细为特点。

在纯逻辑的领域中,弗雷格扩展了变量、量词和命题函数的运用;这个工作的大部分是他独自完成的,与他的前人(包括查尔斯·皮尔斯)无关。弗雷格在他的《概念演算》中给出了逻辑的公理基础。他引进了很多区别,在后来是很重要的,例如一个命题的叙述与肯定它是真的这中间的区别。用符号⊢放在命题的前面表示肯定,他还把一个东西 x 与只包含 x 的集合 $\{x\}$,以及一个东西属于一个集合与一个集合包含在另一个中,都加以区别。像查尔斯·皮尔斯那样,他用了变量和命题函数,他还指明了他的命题函数的定量化,也就是使它们成为真的那个变量或那些变量的区域。他还引进了(1879)实性蕴涵(material implication)的概念:A 蕴涵 B 的意思是或者 A 真 B 也真,或者 A 假而 B 真,或者 A 假 B 也假。蕴涵的这种解释,对于数理逻辑更为合适。弗雷格也研究了关系逻辑;例如,a 大于 b 所说的顺序关系,在他的工作中就是重要的。

弗雷格一经把逻辑建立在明确的公理上,就在他的《算术基础》中通向他的真正目标,**作为逻辑的展延去建立数学**。他把算术概念表示成为逻辑概念。这样,数的定义和规律就从逻辑前提被推导出来。我们将联系罗素和怀特海的工作来考察这种构造。不幸,弗雷格的符号对数学家说来是太复杂而又生疏。他的工作直到被罗素发现以前,实际上人们都不大知道。很有风趣的是,正当《算术的基本法则》第二卷要付印的时候,他接到罗素的一封信,罗素把集合论的悖论告诉了他。弗雷格便在第二卷的结尾(第 253 页)说:"一个科学家不会碰到比这更难堪的事情了,即在工作完成的时候它的基础垮掉了。当这部著作只等付印的时候,罗素先生的一封信就使我处于这种境地。"

5. 逻 辑 派

关于数学基础的工作,我们已经讲到集合论的公理化提供了一个基础,它避开了已知的悖论,却仍可以作为现有数学的逻辑依据。我们曾指出,很多数学家对这种办法并不满意。大家都承认,实数系和集合论的无矛盾性是尚待证明的;相容性已不再是一件小事情了。选择公理的使用就有争论。除去这些问题,还有一个总的疑问,就是数学的妥善的基础究竟是什么。19世纪末的公理化运动中集合论的公理化,假定了数学所用的逻辑是没有问题的,是以此为根据来进行的。但是在20世纪初,就有了不再同意这个前提的几派思想。以弗雷格为首的一派,要重建逻辑,并把数学建立在逻辑上。这个计划,如已经指出的,由于矛盾的出现而受到挫折,但并未被放弃。事实上,罗素和怀特海曾独立地设想过,并且施行了这个计划。希尔伯特已感到需要确立相容性,开始阐述了他自己的有系统的数学基础。还有另一群数学家,称为直观主义者,不满意于19世纪在分析中所引进的概念和证明。这些人坚持这样一种哲学见解,不但与分析的方法论不能调和,而且对于逻辑的作用也提出疑问。这几种哲学的发展乃是数学基础中的主要事迹,其结果是揭开了关于数学本性的整个问题。这三个主要的思想派别的每一个,我们都要考察一下。

其中的第一个称为逻辑派(logistic school),其哲学称为逻辑主义。创立人是罗素和怀特海。他们与弗雷格独立无关地抱有这样的想法,即数学可以从逻辑推导出来,因而是逻辑的一种展延(extension)。其基本思想,罗素在他的《数学的原理》(1903)中作了概要的说明;而在怀特海和罗素的写得很详尽的著作《数学原理》(*Principia Mathematica*,3 vols.,1910—1913)中作了发挥。因为这部著作是权威性的论述,我们的说明将以此为本。

这个学派从逻辑本身的展开起始,由此导出数学,而不需要数学所特有的任何公理。逻辑的展开就在于提出一些逻辑的公理,由此推出定理,它们可以用于以后的推理。这样,逻辑的规律就由公理用形式的推导得出。和任何公理化的理论一样,《原理》中也有不定义的概念。因为若是不容许无限反复的定义,那就不可能把所有的词项都定义出来。在这些不定义的概念中有基本命题的概念,命题函数的概念,肯定一基本命题的真,一命题的否定,以及两个命题的析取。

罗素和怀特海解释了这些概念,虽然正如他们指出的,这种解释并不是逻辑展开的一部分。他们所谓的命题是指陈述一个事实或一个关系的语句。例如,约翰是人;苹果是红的等。一个命题函数则含有一个变量,把这个变量代换为一个值就给出一个命题。例如"X是一个整数"就是一个命题函数。一个命题的否定是指"这个命题成立不是真的",因此,如果p表示约翰是人这个命题,则p的否定,记作($\sim p$),就是指"约翰是人不真",或"约翰不是人"。两个命题p和q的析取,记作$p \vee q$,是指p或q。这里"或"的意思正如"男人或女人皆可申请"这句话中所说的。就是说,男人可以申请,女人可以申请,并且都可以申请。在"人必为男的或女的"这句话中,"或"具有更通常的意义,就是说非此即彼而不能两全。在数学中是按第一个意思来用"或"这个词的,虽然有时只有第二个意思是可能的。例如,"三角形为等腰的或四边形为平行四边形"说的是第一个意思。我们也说一个数必为正的或负的。而关于正数和负数的一些事实说明两者不能都是真的。因此,肯定 $p \vee q$ 就是指 p 并且 q,~p 并且 q,以及 p 并且~q。

在命题之间最重要的一种关系是蕴涵(implication),即一个命题的真强制着另一个的真。在《原理》中,蕴涵 $p \supset q$,定义为~$p \vee q$,它的意思是指~p 并且 q, p 并且 q,或~p 并且~q。作为说明,我们来看这个蕴涵:若 X 是人,则 X 有死。这里的情况可有

$$X \text{ 不是人并且 } X \text{ 有死};$$
$$X \text{ 是人并且 } X \text{ 有死};$$
$$X \text{ 不是人并且 } X \text{ 没有死}。$$

这些可能都是容许的。蕴涵所排除的乃是

$$X \text{ 是人并且 } X \text{ 没有死}。$$

在《原理》中有几个公设是:

(a) 一个真的基本命题所蕴涵的命题是真的。

(b) $(p \vee p) \supset p$.

(c) $q \supset (p \vee q)$.

(d) $(p \vee q) \supset (q \vee p)$.

(e) $[p \vee (q \vee r)] \supset [q \vee (p \vee r)]$.

(f) 由 p 的肯定和 $p \supset q$ 的肯定可得 q 的肯定。

这些公设的独立性和无矛盾性是不能证明的,因为通常的方法不适用。作者们从这些公设出发推导出逻辑的定理,并且终于导出算术和分析。通常的亚里士多德的三段论法则则作为定理出现。

为说明逻辑本身已经形式化,并成为演绎的,我们来看一下《原理》开头的几个定理:

2.01　　　　　　　　　　　　$(p \supset \sim p) \supset \sim p$.

这就是"归谬"原理。用话来说,若 p 这个假设蕴涵着 p 是假的,则 p 就是假的。

2.05　　　　　　　　　$[q \supset r] \supset [(p \supset q) \supset (p \supset r)]$.

这是三段论的一种形式。用话来说,如果 q 蕴涵 r,那么就有:若 p 蕴涵 q,则 p 蕴涵 r。

2.11　　　　　　　　　　　　　　$p \vee \sim p$.

这就是排中律:p 是真的或是假的。

2.12　　　　　　　　　　　　　$p \supset \sim (\sim p)$.

用话来说,p 蕴涵着非 p 是假的。

2.16 $$(p \supset q) \supset (\sim q \supset \sim p).$$

若 p 蕴涵 q，则非 q 蕴涵非 p。

命题是达到命题函数的一个步骤，命题函数是用性质来论述集合，而不用把集合中的东西指点出来。"x 是红的"这个命题函数，就表示由所有红的东西所组成的集合。

如果一个集合的元素都是单个的东西，那么适用于这些元素的命题函数就说是层次(type)为 0 的。如果一个集合的元素本身就是命题函数，那么适用于这些元素的命题函数就说是层次为 1 的。一般地，变量的层次小于和等于 n 的命题函数，其层次为 $n+1$。

层次论是想要避免这样的悖论，它的产生是由于一堆东西包含着一个元素，而这个元素只能用这个堆来定义。罗素和怀特海对这个困难的解决是要求"任何牵涉着一个集合的所有元素的东西，都不能成为这个集合的元素。"为要在《原理》中贯彻这个制约，他们申明，一个(逻辑)函数不能用由这个函数本身定义的东西作为变元。他们接着讨论了悖论，并说明层次论把悖论避开了。

但是，层次论引到一类语句，它们需要细致地按层次加以区别。要想按照层次论来建立数学，开展起来将极为复杂。例如，在《原理》中，两个东西 a 和 b 是相等的，如果对每个性质 $P(x)$，$P(a)$ 和 $P(b)$ 都是等价的命题（每一个蕴涵另一个）。按照层次论，P 可以有不同的层次，因为它可以包含不同阶数的变元以及单个的东西 a 或 b，因而相等的定义必须适用于 P 的所有层次；换句话说，相等的关系有无穷多个，对每一层次的性质都有一个。同样，由戴德金分割所定义的无理数，其层次分明比有理数要高，而有理数的层次又比自然数的高，因此连续统是由不同层次的数组成的。为了避免这种复杂性，罗素和怀特海引进了约化公理(axiom of reducibility)，它对任何层次的一个命题函数都确认存在着一个等价的层次为 0 的命题函数。

在论述了命题函数以后，两位作者就讲到类的理论。粗略地讲，一个类(class)就是由满足某个命题函数的东西所组成的集合。而关系(relation)则表现为满足二元命题函数的偶(couple)所成的类。这样，"x 审查 y"就表示一个关系。作者是准备在这个基础上来引进基数的概念的。

基数(cardinal number)的定义是很有意思的。它的根据是先前引进过的类与类之间的一一对应关系。处在一一对应中的两个类，称为相似的。相似关系分明是自反的、对称的，并且是传递的。所有相似的类都具有一个共同的性质，这就是它们的数目。可是，相似的类可能具有多个共同的性质。罗素和怀特海在这一点上所做的，正如弗雷格做过的，是把一个类的数目定义为所有与它相似的类所组成的类。这样，3 这个数目就是所有的三元类所组成的类，而三元类的

记号是 $\{x, y, z\}$，其中 $x \neq y \neq z$。因为数目的定义事先假定了一一对应的概念，看起来这个定义似乎是循环的。但是作者指出，一个关系是一一的，如果当 x 和 x' 都对 y 有这个关系时，x 与 x' 必是恒同的，而当 x 对 y 和 y' 都有这个关系时 y 与 y' 必是恒同的。因此，一一对应的概念并未牵涉到数目 1。

有了基数或自然数以后，就能建立起实数系和复数系、函数，以及全部分析。几何可以通过数来引进。虽然《原理》在细节上有所不同，但我们对数系的和几何的基础的考察（第 41 和 42 章）都表明，这样的构造在逻辑上是可能的，不需要另外的公理。

这就是逻辑派的宏大计划。他们在逻辑上的工作有很多可说的，我们在这里只是一提而过。我们必须着重指出，他们在数学上的工作，就是要把数学奠基在逻辑上。不需要任何的数学公理；数学不过是逻辑的主题和规律的自然延展。但是逻辑的公设和它们所有的推论是任意的，而且还是形式的。就是说，它们是没有内容的；它们只有形式。结果，数学也就没有内容只有形式了。我们对数和几何概念所给予的物理意义并不属于数学。正是这种思想使罗素说道：数学是这样一门学科，在其中我们永远不会知道我们所讲的是什么，也不会知道我们所说的是不是真的。实际上，当罗素在这世纪初开始这个计划的时候，他（以及弗雷格）曾以为逻辑的公理都是真的。但在《数学的原理》1937 年的版本中，他放弃了这个看法。

逻辑派的做法受到了很多批评。约化公理激起了反对，因为它太任意了。它曾经被说成是可喜的意外的，而不是逻辑所必需的。有人说，在数学中不能容许这个公理，只有用它才能证明的东西根本就不能认为是被证明了的。另外一些人说，这个公理是智力的廉价品。此外，罗素和怀特海的体系一直是未完成的，并且在很多细节上是不清楚的。后来有许多工作是去简化和澄清它。

对整个逻辑派的观点，还有一种严重的批评，就是假如逻辑派的看法是正确的，那么全部数学就是一门纯形式的、逻辑演绎的科学，它的定理可以从思维的规律得出；而思维规律的演绎的精致工作，怎么能够表现像声学、电磁学和力学这样广泛的自然现象，却没有解释。还有，在数学的创造中，必须由知觉的或想象的直观提供新概念，这是不是来自经验呢？不然的话，新的知识怎么会产生呢？但是，在《原理》中，所有的概念都化成为逻辑的了。

逻辑派设计的形式化，在任何真正的意义上都显然没有表现数学。它给我们显示外壳而不是内核。庞加莱曾讥讽地说过［见《科学的基础》（*Foundations of Science*），第 483 页］："逻辑派的理论并非不毛之地；它生长矛盾。"若是承认了层次论，就不能这样讲了，但是这种层次论，正如已指出过的，是人为的。外尔也攻击过逻辑主义；他说，这个复杂的结构"对我们信仰力量的压制，不下于早期教会神父和中世纪经院哲学家的教条"。

尽管有这些批评,逻辑派的哲学还是被不少数学家承认了。这个罗素-怀特海构造在另一方面也做出了贡献,它以完全符号的形式实现了逻辑的彻底的公理化,从而大大地推进了数理逻辑这门学科。

6. 直 观 派

一群被称为直观主义也有译作"直觉主义"者(intuitionist)的数学家,对数学采取了根本不同的研究途径。与逻辑主义的情况一样,直观主义哲学是在 19 世纪末创立的,当时的主要活动是数系和几何的严密化。悖论的发现刺激了它的进一步发展。

第一个直观主义者是克罗内克,他在 19 世纪 70 年代和 80 年代中发表了他的看法。克罗内克认为,魏尔斯特拉斯的严密性含有不能接受的概念,而康托尔关于超限数和集合论的工作不是数学而是神秘主义。克罗内克情愿接受整数,因为它们在直观上是清楚的。它们"是神造的",其他的东西都是人造的,是可疑的。他在 1887 年的文章《论数的概念》(Über den Zahlbegriff)①中,表明了某种类型的数,如分数,可以用整数定义出来。这样定义的分数被认为是一种方便的写法。他想砍掉无理数和连续函数的理论。他的理想是,分析中的每个定理都应当可以解释为,它们给出只限于整数中间的关系。

克罗内克对数学很多部分的另一个反对意见是,它们没有给出构造方法或判断准则,可用有限步骤去确定它们所研究的对象。定义应当包括由有限步骤所定义的对象的计算方法,而存在性的证明对于要确立其存在的那个量,应当许可计算到任意的精确度。代数学家愿意说,一个多项式 $f(x)$ 若有有理因子,就是可约的;在相反的情形,就是不可约的。在他的纪念文章《代数量的一种算术理论之基础》(Grundzüge einer arithmetischen Theorie der algebraischen Grössen)②中,克罗内克说道:"可约的定义是没有可靠的基础的,除非给定了一个**方法**,用它可以断定一个函数是否可约的。"

还有,虽然无理数的几种理论都对两个实数 a 和 b 相等,或 $a > b$,或 $b > a$ 给出了定义,但它们都未给出在已知情况中去确定哪一个成立的判别法。因此,克罗内克反对这样的定义,认为它们仅仅是表面上的定义。他对无理数的整个理论都不满意。林德曼证明了 π 是超越数,有一天他对林德曼说:"你对于 π 的美丽的研讨有什么用处? 无理数是不存在的,为什么要研究这种问题呢?"

---

① *Jour. für Math.*, 101,1887, 337 - 355 = *Werke*, 3,251 - 274.
② *Jour. für Math.*, 92,1882, 1 - 122 = *Werke*, 2,237 - 387.

除去批评对于仅仅确立了存在的那些量还缺少确定它们的构造程序以外,克罗内克本人很少去开展直观主义哲学。他曾尝试重建代数,但未致力于重造分析。克罗内克在算术和代数上做了美好的工作,但并不符合他自己的要求,正如庞加莱所说的[①]:他一时忘记了他自己的哲学。

在克罗内克那个时代,没有人支持他的哲学,将近 25 年中没有人探索他的思想。可是,在发现了悖论以后,直观主义却复活了,并且成了广泛的认真的运动。第二个强有力的倡导者是庞加莱。已经提到过,他因为集合论产生了悖论就反对集合论。他也不承认逻辑派挽救数学的计划。他嘲笑把数学奠基在逻辑上的企图,理由是数学将化为无限的同义反复。他还挖苦(在他看来是)高度人为的数的推导。例如《原理》中把 1 定义为 $\hat{\alpha}\{\exists x\cdot\alpha=i'x\}$,庞加莱嘲讽地说,这对于从未听说过数目 1 的人来说,是一个令人赞叹的定义。

庞加莱在他的《科学与方法》(*Science and Method*,见《科学的基础》,第 480 页)中宣称:

> 逻辑主义必须加以修正,而人们一点也不知道还有什么东西可以保留下来。无须多说,这指的是康托尔主义和逻辑主义;真正的数学,总有它实用的目的,它会按照它自己的原则不断地发展,而不理会外面狂烈的风暴,并且它将一步一步地去追寻它惯常的胜利,这是一定的,并且永远不会停止。

庞加莱反对那种不能用有限个词来定义的概念。例如,按选择公理选出来的一个集合,如果是从超限数个集合的每一个都需要作选取的话,那它就不是真正被定义了的。他还争辩说,算术是不能由公理基础来判明它是正确的。我们的直观是先于这样一个结构的。尤其是数学归纳法,它是一种基本的直观,不只是公理系统中的一条有用的公理。与克罗内克一样,他坚持所有的定义和证明都必须是构造性的。

他同意罗素的这种看法,即矛盾的来源是在一个东西的定义,这个东西是一些堆或集合,其中就包含所要定义的那个东西。如所有的集合所组成的集合 A,就包括 A。但 A 是不能定义的,除非 A 的每个元素都已有了定义;而若 A 也是一个元素,则定义就成为循环的了。这种说不清的定义的另一个例子,是把定义在一个闭区间上的连续函数的极大值(maximum value),定义为函数在这个区间上的最大值(greatest value)。这样的定义在分析中是常见的,尤其是在集合论中。

---

① *Acta Math*.,22,1899,17.

在波莱尔、贝尔、阿达马和勒贝格中间往来的信件中①,展开并讨论了对现时数学的逻辑状况的进一步批评。波莱尔支持庞加莱关于整数不能以公理为基础的论断。他也批评选择公理,因为它需要作不可数的无穷个选择,这对于直观讲来是不可理解的。阿达马和勒贝格走得更远,宣称即使是可数无穷个相继的选择,也并不更直观一些,因为它需要无穷个运算,而这不可能被认为是确实可行的。勒贝格认为困难全在于,当人们说到某个数学对象存在的时候,要知道它的含义是什么。在选择公理的情形,他争论说,如果人们仅仅是"设想"了一个选择的方法,那么在推理的过程中这个选择法就不会改变吗?即使是在一个集合中选出一个东西来,勒贝格坚持说,也有同样的困难。因为我们必须知道这个东西是"存在"的;这就是说,我们必须把选取的东西明确地指出来。这样,勒贝格就驳斥了康托尔关于超越数存在的证明。阿达马指出,勒贝格的反对意见将导致否定所有实数组成的集合的存在,而波莱尔也得出完全相同的结论。

上述直观主义者所持的反对意见,都是零散的、片断的。近代直观主义的系统的创立者是布劳威尔。和克罗内克一样,他的许多数学工作,尤其是在拓扑方面,并不符合他的哲学,但是毫无疑问,他的见解是重要的。布劳威尔从他的博士论文《论数学的基础》(*On the Foundations of Mathematics*, 1907)起,就开始建立直观的哲学。自从 1918 年以后,他就在各种期刊上写文章来申张论述他的看法,包括1925 年和 1926 年的数学年刊(*Mathematische Annalen*)。

布劳威尔的直观主义观点起源于一种广泛的哲学。布劳威尔认为,基本的直观是按时间顺序出现的感觉。"当时间进程所造成的二重性(twoness)的本体(subject),从所有的特殊现象中抽象出来的时候,就产生了数学。所有这些二重性的共同内容所留下来的空洞形式[n 到 n + 1 的关系]就变成数学的原始直观,并且由无限反复而造成新的数学对象。"例如,由无限反复,头脑就形成了一个接一个的自然数的概念。康德、哈密顿[在他的《作为时间科学的代数》(*Algebra as a Science of Time*)中]及哲学家叔本华都曾经主张整数导源于时间的直观这种思想。

布劳威尔把数学思维理解为一种构造性的程序,它建造自己的世界,与我们经验的世界无关,有点像是自由设计,只受到应以基本数学直观为基础的限制。这个基本直观的概念,不能设想为像公设理论中那种不定义的概念,而应设想为某种东西,用它就可以对于出现在各种数学系统中的不定义的概念,作直观上的理解,只要它们在数学思维中是确实有用的。

布劳威尔坚持认为:"数学的基础只可能建立在这个构造性的程序上,它必须细心地注意有哪些论点是直观所容许的,哪些不是。"数学概念嵌进人们的头脑是

---

① 看 p. 333 注①。

先于语言、逻辑和经验的。决定概念的正确性和可接受性的,是直观而不是经验和逻辑。当然必须记住,这些关于经验的作用的言论,是在哲学的意义上,而不是在历史的意义上来讲的。

对于布劳威尔,数学的对象是从理智的构造得来的,其中基本的数目1, 2, 3, …提供了这种构造的原型。从 n 到 $n+1$ 这一步骤的空洞形式的无限反复的可能性,导致无穷集合。但是,布劳威尔的无穷是亚里士多德的潜无穷;而近代数学,如康托尔所奠定的,则广泛地运用实无穷的集合,它们的元素是"一下子"就都出现了。

属于直观派(intuitionist school)的外尔,在联系到无穷集合的直观主义的概念时,说道:

> ……数目的序列,它会增长超过任何一个已经达到的阶段……它是一簇开向无穷的可能性;它永远是处于创造的状态中,并不是一个本来就存在着的封闭王国。我们盲目地把一个转换成另一个,这才是我们的困难(包括那些矛盾)的真正根源——这是比罗素的恶性循环原理所指出的更为基本的根源。布劳威尔启开了我们的眼睛,使我们看到,在信仰超越一切人类所能实现的可能性的绝对中,培育起来的经典数学走过头了,它的言论离开以显然性为基础的真实意义和真理有多么远。

数学直观的世界与因果感觉的世界是对立的。用以理解日常事物的语言,是属于因果世界的,而不属于数学。词或词语的连接是用来交流真理的。语言用符号和声音来引起人们头脑中思想的摹本。但是思维永远不可能完全符号化。这些话对于数学语言,包括符号语言在内,也是对的。数学思想是独立于它的语言外衣的,而事实上要比它丰富得多。

逻辑是属于语言的。它提供一套法则,用以导出更多的词语连接,这也是为了交流真理的。但是,这些真理在它们还没有被经验时并不是真理,也不能保证它们是能够被经验到的。逻辑并不是揭露真理的可靠工具,用别的方法不能得到的真理,逻辑也一样地不能推导出来。逻辑的原则是在语言中归纳地观察到的规律性。它们是运用语言的一种手段,或者说,它们是语言的表现理论。数学中最重要的进展都不是由于要把逻辑形式完美化而得到的,而是由于基本理论本身的变革。是逻辑依靠数学,而不是数学依靠逻辑。

因为布劳威尔不承认任何先验的不可违反的逻辑原则,他就不承认从公理推出结论的这种数学工作。数学并不是非遵从逻辑的规律不可,由于这个原因,悖论并不要紧,纵然是我们接受了这些悖论所纠缠着的数学概念和构造也不要紧。当然,如我们将要看到的,直观主义者是不会全部接受这些概念和证明的。

外尔①这样阐述逻辑的作用：

> 按照他的[布劳威尔的]看法和历史的研究，经典逻辑是从有限集合和它
> 们的子集的数学抽象出来的……人们忘记了这个有限的来源，后来就错
> 误地把逻辑看作是高于并且先于全部数学的某种东西，而终于没有根据
> 地把它应用到无穷集合的数学上去了。这就是集合论的堕落和原罪，它
> 正因此而受到自相矛盾的惩罚。使人惊奇的并不是这种矛盾的暴露，而
> 是它在事情发展到这样晚的阶段才暴露出来。

在逻辑领域里有些事是清楚的，直观上可以接受的逻辑原则或程序，可以用来
从旧的定理去断定新的定理。这些原则是基本数学直观的一部分。可是，并非所
有的逻辑原则对于基本直观都是可接受的，对于自从亚里士多德以来就一直被承
认了的东西，必须持批判的态度。因为数学家们把这些亚里士多德的规律用得很
随便，他们就招致自相矛盾。所以，直观主义者就去分析，有哪些逻辑原则是可以
容许的，以使通常的逻辑符合于正确的直观，并且把它恰当地表示出来。

作为逻辑原则被用得太随便了的一个独特的例子，布劳威尔举出了排中律。
这条原则是，它肯定每一句有意义的话不是真的就是假的，它是间接证明方法的
根本。在历史上它起源于推理在有穷集合的子集上的应用，并且是由此抽象出
来的。后来它就被认为是一条独立的先验的原则，并且没有根据地应用到无穷
集合上去了。对于有穷集合，可以用逐个检查的办法来断定，是否所有的元素都
具有某一性质 P，但是这个办法对于无穷集合就不再是可能的了。人们可能碰
巧知道无穷集合的某个元素没有这个性质，也可能由集合的构造就能知道，或能
够证明，它的每一个元素都具有这个性质。无论如何，总不能用排中律来证明这
个性质是成立的。

因此，如果有人证明了在某个无穷集合中，并不是所有的元素都具有某一性
质，那么布劳威尔就反对要由此作结论说，至少有一个元素没有这个性质。这样，
从否定 $a^b = b^a$ 对所有的数都成立，直观主义者就不作这样的结论，说存在 a 和 b 使
$a^b \neq b^a$。结果，很多存在性的证明都不为直观主义者所接受。排中律可以用于这样
的情形，其中的结论可以经过有限个步骤达到。例如，来断定一本书是否包含印刷
错误的问题。在另外一些情形，直观主义者否认断定的可能性。

对排中律的否认，产生了新的可能性——不可断定的命题。对于**无穷集合**，直
观主义者主张还有第三种状况，即可以有这样的命题，既不是可以证明的，也不是
不可以证明的。作为这种命题的一个例子，我们定义 π 在十进位展开中的第 k 个

---

① *Amer. Math. Monthly*, 53,1946, 2-13 = *Ges. Abh.*, 4,268-279.

位置为第一个零的位置,在它的后面跟着 1, ⋯, 9 这些数。亚里士多德的逻辑说, k 或者存在或者不存在,而数学家就跟着亚里士多德在这两种可能性的基础上去进行论证。布劳威尔就反对所有这样的论证,因为我们并不知道我们是否能够证明,它或者存在或者不存在。因而所有关于数目 k 的推理都为直观主义者所排斥。这样就有了明明白白的数学问题,它们在数学公理条文的基础上,是永远得不到解决的。这种问题对于我们来说,似乎是可以断定的;但是我们所以期望它们必能断定的根据,实际上只不过是它们牵涉着数学的概念。

　　对于直观主义者认为在数学探讨中是合法的概念,他们坚持要有构造性的定义。对于布劳威尔以及所有的直观主义者,说无穷是存在的,它的意思就是说,人们总可以找到一个有穷的集合大于给定的一个。要讨论任何其他类型的无穷,直观主义者就要求给出构造的方法或有限个步骤的定义。这样,布劳威尔就排斥了集合论中的集合 (aggregates)。

　　可构造性的要求是另一个根据,用以排斥任何这样的概念,其存在是由间接推理来确立的,即其论证是由不存在导出矛盾。即使不考虑这种存在性的证明要用到应该反对的排中律这一点,直观主义者对于这种证明还是不能满意,因为他们对于要确立其存在的那个对象要求一个构造性的定义。这个构造性的定义必须由有限个步骤可以确定到任何需要的精确度。欧几里得关于存在无限多个质数的证明(第 4 章第 7 节)就不是构造性的;它没有提供确定第 n 个质数的方法。因而是不能接受的。还有,如果人们只是证明了满足 $x^n + y^n = z^n$ 的整数 x, y, z 和 n 的存在,直观主义者就不会接受这个证明。另一方面,质数的定义是构造性的,因为它可以用来以有限个步骤去确定一个数是否为质数。坚持构造性的定义,尤其适用于无穷集合。由选择公理用于无穷多个集合而造成的集合,是不能接受的。

　　外尔曾对于非构造性的存在证明说过(《数学与自然科学的哲学》,*Philosophy of Mathematics and Natural Science*, p. 51),他们对世人宣称,有某一个珍宝是存在的,但是没有泄露它在什么地方。通过公设法做出的证明,不能代替构造而不失掉它的意义和价值。他还指出,主张直观主义哲学,就意味着要放弃经典分析的存在性定理,例如魏尔斯特拉斯-波尔查诺定理。一个有界的单调的实数集合不必有一个极限。对于直观主义者,如果一个实变函数按照他们的意思是存在的,那么**根据这个事实**它就是连续的。超限归纳法及其在分析上的应用,以及康托尔理论的大部分,都被彻底地谴责了。分析,外尔说,是建立在沙滩上。

　　布劳威尔和他的学派并不局限于批判,他们曾力图在他们所接受的构造的基础上去建立一种新的数学。他们已经成功地把微积分带着它的极限程序拯救出来了,但是他们的构造是很复杂的。他们还重新构造了代数和几何的初等部分。和克罗内克不同,外尔和布劳威尔承认几种无理数。显然,直观主义者的数学根本不同于数学家们在 1900 年以前几乎普遍接受的数学。

7. 形 式 派

数学的第三种主要的哲学,称为形式派(formalist school),它的领导人是希尔伯特。他从 1904 年开始从事于这种哲学工作。他在那时的动机是,给数系提供一个不用集合论的基础,并且确立算术的相容性。因为他自己对于几何的相容性的证明已约化成算术的相容性,算术的相容性就成了一个没有解决的关键性问题。他还曾企图去战胜克罗内克的必须抛掉无理数的论点。希尔伯特接受了实无穷并且称赞了康托尔的工作(第 41 章第 9 节)。他想要保住无穷,保住纯粹存在性的证明,以及像最小上界这样一些概念,其定义似乎是循环的。

在 1904 年的国际数学会议上[①],希尔伯特提出一篇文章论述他的观点。有 15 年他都没有再做这个题目;后来,由于要回答直观主义者对经典分析的批评,他才开始研究基础问题,并且在他后来的科学事业中一直继续这方面的工作。他在 20 世纪 20 年代发表了几篇关键性的文章。他的观点逐渐地获得一些人的支持。

他们成熟的哲学包含着很多学说。与这种新倾向一致,即数学的任何基础都必须注意到逻辑的作用,形式派主张逻辑必须和数学同时加以研究。数学有好些个部门,每一部门都有它自己的公理基础。它必定包含着逻辑的和数学的概念与原则。逻辑是一种记号语言,它把数学的语句表达成公式,并且用形式的程序表示推理。公理仅仅表示从公式得到公式的法则。所有的记号和运算符号在内容上都与它们的意义无关。这样,所有的含义都从数学符号上消除了。希尔伯特在他的 1926 年的文章[②]中说,数学思维的对象就是符号本身。符号就是本质;它们并不代表理想的物理对象。公式可能蕴涵着直观上有意义的叙述,但是这些涵义并不属于数学。

希尔伯特把排中律保留下来,因为分析需要它。他说[③]:"禁止数学家用排中律,就像禁止天文学家用望远镜或拳师用拳一样。"因为数学只讨论符号的表达式,全部亚里士多德逻辑的法则都可以用在这些形式表达式上。在这个新的意义上,无穷集合的数学是可能的。还有,希尔伯特希望,避免公开使用"一切(all)"这个词就可以避免悖论。

要用公式去表示逻辑的公理,希尔伯特引进了一组符号,来代表这样一些概念

---

① *Proc. Third Internat. Congress of Math.*, *Heidelberg*, 1904, 174-185 = *Grundlagen der Geom.*, 第 7 版,247-261;英译文在 *Monist*, 15,1905,338-352。

② *Math. Ann.*, 95,1926,161-190 = *Grundlagen der Geometrie*, 第 7 版,262-288。看 p.350 注①。

③ Weyl, *Amer. Math. Soc. Bull.*, 50,1944,637 = *Ges. Abh.*, 4,157。

和关系,如"并且(and)"、"或者(or)"、"否定(negation)"、"存在(there exists)"等。碰巧逻辑演算(符号逻辑)已经被发展了(为了别的目的),因而希尔伯特说,他手头上已经有了他需要的东西。所有上述的符号都是构造理想表达式(即公式)的砖块。

为了处理无穷,除了通常的没有争议的公理外,希尔伯特用到超限公理

$$A(\tau A) \rightarrow A(a).$$

他说它的意思是,若谓词 A 适合于标准对象 τA,它就适合于每一个对象 a。例如,假使 A 代表腐败,如果"阿青天"[古希腊大政治家阿里斯蒂德(Aristides),被尊称为 the Just]是标准的并且是腐败的,那么每个人都是腐败的。

数学证明是由这样的程序组成的:肯定一个公式;肯定这个公式蕴涵着另一个公式;肯定这第二个公式。一系列这样的步骤,其中所肯定的公式或蕴涵关系都是前面的公理或结论,这就构成了一个定理的证明。还有一个许可的运算,就是用一个符号去替换另一个或一组符号。这样,公式的推导就是,把操作符号的法则运用于以前已经建立了的公式上去。

一个命题是真的,必须且只须它是这样一串命题的最后一个,其中每一个命题,或者是形式系统的一条公理,或者是由一条推导法则所导出的命题。每个人都可以验证,一个给定的命题是不是可以由一串适当的命题得出来。这样,按照形式主义的观点,真理和严密就是确定的和客观的。

于是对于形式主义者来说,数学本身就是一堆形式系统,各自建立自己的逻辑,同时建立自己的数学;各有自己的概念,自己的公理,自己的推导定理的法则(如关于相等和替代的法则),以及自己的定理。把这些演绎系统的每一个都开展起来,就是数学的任务。数学就不成为关于什么东西的一门学科,而是一堆形式系统,在每一个系统中,形式表达式都是用形式变换从另一些表达式得到的。希尔伯特的方案中,关于数学本身的部分,就是这些。

然而我们现在必须问,这些推导是不是就没有矛盾呢? 这是未必能在直观上看出来的。但是要证明没有矛盾,只须证明我们永远不会得出 $1 = 2$ 这个形式的语句。(因为由逻辑的一个定理,任何别的假命题都蕴涵着这个命题,我们只考虑这一个就够了。)

希尔伯特和他的学生阿克曼(Wilhelm Ackermann,1896—1962)、贝尔奈斯(Paul Bernays,1888—1977)和冯·诺伊曼在 1920 年至 1930 年间逐步地开展了所谓的希尔伯特的 *Beweistheorie*[证明论]或元数学(meta-mathematics),这是确立任何形式系统的相容性的一个方法。希尔伯特提议,在元数学中要用一种特殊的逻辑,它应该是基本的,并且是没有异议的。它使用一种普遍承认的具体而有限的推理,很接近于直观主义的原则。不使用那些有争议的原则,诸如由矛盾去证明存在,超限归纳,以及选择公理。存在性证明必须是构造性的。因为一个形式系统可

以是没有尽头的,元数学必须接纳这样一些概念和问题,它们牵连着至少是潜无穷的系统。但是,只能使用有限性的证明方法。不能涉及公式的无穷多个结构性质或无穷多个公式操作。

现在大部分经典数学的相容性,都能够化归到自然数的算术(数论)的无矛盾性,犹如这个理论大多概括在皮亚诺公理中;或者化归到一种相当丰富的集合论,足以给出皮亚诺公理。因此,自然数的算术的无矛盾性就成了注意的中心。

希尔伯特和他的学派,确实证明了一些简单形式系统的无矛盾性,并且他们相信他们就将实现证明算术和集合论的无矛盾性这个目标了。他在《论无限》(*Über das Unendliche*)一文①中说道:

> 在几何学和物理理论中,无矛盾性的证明是通过把它化归到算术的无矛盾性来完成的。这个方法明显地不能用于对算术本身的证明。因为我们的证明论……使得这最后一步成为可能,它就构成数学结构的不可缺少的基石。而尤其值得注意的是,我们已经受过两次事件——首先是在微积分的悖论中,后来是在集合论的悖论中——在数学的领域中不会再发生了。

但是随后哥德尔(Kurt Gödel, 1906—1978)上场了。哥德尔的第一篇主要文章是《论数学原理(*Principia Mathematica*)一书中的形式上不可判定的命题以及有关系统Ⅰ》(Über formal unentscheidbare Sätze der *Principia Mathematica* und verwandter Systeme Ⅰ)②。在这里哥德尔证明了包含着通常逻辑和数论的一个系统的无矛盾性是不可能确立的,如果人们只限于运用在数论系统中可以形式表示出的概念和方法。实际这就是说,数论的相容性用元数学所容许的狭义逻辑是不可能确立的。对于这个结果,外尔说道:上帝是存在的,因为数学没有矛盾;魔鬼也是存在的,因为我们不能证明这无矛盾性。

上述哥德尔的结果,是他的更为惊人的结果的一个推论。这个主要结果[哥德尔的不完备性定理(incompleteness theorem)]说的是,如果一个足以容纳数论的形式理论 T 是无矛盾的,并且算术的形式系统的公理都是 T 的公理或定理,那么 T 就是不完备的。这就是说,有这样一个数论的语句 S,使 S 和非 S 都不是这个理论的一个定理。因为 S 或非 S 总有一个是真的;于是就有了一个数论的语句,它是真的又是不可证明的。这个结果适用于罗素-怀特海系统、策梅洛-弗伦克尔系统,

---

① *Math*, *Ann*., 95, 1926, 161-190 = *Grundlagen der Geometrie*, 第 7 版, 262-288。英译文见于贝纳塞拉夫(Paul Benacerraf)与普特南(Hilary Putnam): *Philosophy of Mathematics*, 134-181, Prentice-Hall, 1964。

② *Monatshefte für Mathematik und Physik*, 38, 1931, 173-198;看参考书目。

以及希尔伯特的数论公理化。这是有点讽刺意味的,希尔伯特在 1928 年波洛尼亚国际数学会议上的讲话中(看下文的第 1 个注①)曾批评过先前通过范畴性做出的完备性的证明,而他很确信自己的系统是完备的。实际上这些先前的证明牵涉到包含着自然数的系统,它们被承认为正确的,仅仅是因为集合论还没有被公理化,是在朴素的基础上使用的。

不完备性的不足之处就在于,形式系统还不足以用来证明所有在系统中可以做出的判断。损伤更兼屈辱,系统中存在着这样的判断,它们是不可判定的,但在直观上又是真的。不完备性是不能由添加 S 或 $\sim S$ 作为公理来补救的,因为哥德尔证明了包括数论的任何系统都必定含有不可判定的命题。这样,尽管布劳威尔已经弄清楚了直观上明确的东西不及数学上证明了的东西多,哥德尔却证明了直观的正确会超过数学的证明。

哥德尔定理的一个涵义是,不仅是数学的全部,甚至是任何一个有意义的分支也不能用一个公理系统概括起来,因为任何这样的公理系统都是不完备的。存在着这样的语句,它的概念属于这个系统,它不能在系统之内证明出来,但是却可以用非形式的论证来证明它是真的,事实上是用元数学的逻辑。公理化的成就是有限度的,这个涵义与 19 世纪末的这种看法形成了尖锐的对比,即数学,与公理化了的各分支的总和具有相同的广度。哥德尔的结果给了内涵公理化(comprehensive axiomatization)一个致命的打击。公理方法的这个缺陷本身并不是一个矛盾,但却是可惊的,因为数学家曾经期望任何一个真的语句一定会在某个公理系统的框架中确立起来。当然,上述的论点并不排除新的证明方法的可能性,这种新方法将超出希尔伯特元数学所容许的范围。

希尔伯特并不信服这些打击摧毁了他的计划。他争辩说,即使要用到形式系统以外的一些概念,它们仍可以是有限的,并且在直观上是具体的,因而是可以接受的。希尔伯特是一个乐观主义者,他对人类的推理和理解的能力有无限的信心,他在 1928 年国际会议①上所作的讲话中曾经断言:"……对于数学的理解是没有界限的,……在数学中没有 Ignorabimus[不可知];更确切地说,我们总是能够回答有意义的问题的,……我们的理智并不具有任何秘密的技术,它只是按照十分确定的并且是可以说明白的法则行事,这些法则就是它的判断的绝对客观性的保证。"每个数学家,他说,都会同样深信,任何确定的数学问题总是可以解决的。这种乐观主义给他以勇气和力量,但却阻止他去了解可能有不可判定的数学问题。

形式主义的计划,不管成功与否,对于直观主义者都是不能接受的。布劳威尔

---

① *Atti Del Congresso Internazionale Dei Matematici*,Ⅰ,135 - 141 = *Grundlagen der Geometrie*,第 7 版,313 - 323。

在 1925 年冲击了形式主义者①。他说,公理化的办法、形式主义的办法,当然都会避免矛盾,但是用这种办法不会得到有数学价值的东西。一个错误的理论,即使没有因矛盾而告终,也仍然是错误的,正如一种罪行,不论法庭是否禁止都是有罪的。他还讽刺地说:"数学的严密在哪里,对这个问题,这两派给出不同的回答。直观主义者说,是在人类的理智中;形式主义者说,是在纸上。"外尔也攻击过希尔伯特的计划:"希尔伯特的数学或许是一种美妙的公式游戏,甚至比下棋更好玩;但是它与认识毫无关系,因为那是公认的,它的公式并不具有可借以表示直观真理的那种实在意义。"为保卫形式主义哲学,可以指出,把数学化成没有意义的公式,其目的只在于要证明相容性、完备性,以及其他的性质。至于数学作为一个整体,即使形式主义者也反对说它仅仅是一种游戏的这种思想;他们认为它是一种客观的科学。

希尔伯特也反过来攻击布劳威尔和外尔,说他们想要扔掉他们所不喜欢的每一件东西,并且专横傲慢地颁布一道禁令②。他称直观主义是对科学的一种背叛。(可是在他的元数学中,他却把自己局限于直观上明确的逻辑原则。)

8. 一些新近的发展

对基础的根本问题所提出的解答——集合论的公理化、逻辑主义、直观主义或形式主义——都没有达到目的,没有对数学提供一个可以普遍接受的途径。在哥德尔 1931 年的工作以后的发展,也没有在实质上改变这种状况。可是,有些动态和结果是值得一提的。有些人对数学建立了妥协的途径,兼备两个根本学派的特色。另一些人,特别是根岑(Gerhard Gentzen,1909—1945),希尔伯特学派的一员,放松了希尔伯特元数学中对证明方法的限制,例如,设法用超限归纳(对超限数进行归纳)去确立数论和分析的一些受到限制的部分的相容性③。

在其他有意义的结果中,有两个特别值得提到。在《选择公理和广义连续统假设二者与集合论公理的相容性》(*The Consistency of the Axiom of Choice and of the Generalized Continuum Hypothesis with the Axioms of Set Theory*,1940,修订版,1951)中,哥德尔证明了如果策梅洛-弗伦克尔公理系统在除去选择公理后是相容的,那么加上这条公理以后这个系统也是相容的;这就是说,这条公理是不能反证的。同样,连续统假设(它说的是没有基数存在于 $\aleph_0$ 与 $2^{\aleph_0}$ 之间)与策梅洛-弗伦克尔系统(除去选择公理)合在一起也是相容的。1963 年,斯坦福大学的数学

① *Jour. für Math.*,154,1925,1.
② *Abh. Math. Seminar der Hamburger Univ.*,1,1922,157-177 = *Ges. Abh.*,3,157-177.
③ *Math. Ann.*,112,1936,493-565.

教授科恩(Paul J. Cohen,1934—2007)证明了①所说的这两条公理对于策梅洛-弗伦克尔系统是独立的;就是说,它们是不能以这个系统为基础去证明的。还有,即使把选择公理保留在策梅洛-弗伦克尔系统中,连续统假设也还是不能证明的。这些结果意味着,我们可以随意去构造数学的新系统,在其中这两条有争议的公理有一个或者两个全都被否定了。

1930年以后的全部发展还留下来两个没有解决的大问题:去证明不加限制的经典分析与集合论的相容性,以及在严格直观的根基上去建立数学,或者去确定这种途径的限度。在这两个问题中,困难的根源都在于无穷集合和无限程序中所用到的无限(infinity)。这个概念,即使对于希腊人也已经在无理数上造成了问题,而且他们在穷竭法中躲开它。从那以后,无限这个概念一直是争论的题目,并使外尔说道,数学是无限的科学。

关于数学的适当逻辑基础的问题,特别是直观主义的兴起,在某种较广的意义上,显示出数学走了一个圆圈。这门学科是在直观的和经验的基础上起始的。严密性在希腊时代就变成了一个目标,虽说直到19世纪以前在受到冲击时仍更加受到尊重,它似乎就要达到了。但是,过分追求严密性,将引入绝境而失去它的真正意义。数学仍然是活跃而富有生命力的,但是它只能建立在实用的基础上。

有些人看到了从当前的绝境中解脱出来的希望。以布尔巴基(Nicolas Bourbaki)为笔名的一群法国数学家,提出了这种令人鼓舞的看法②:"经过了25个世纪,数学家们已经有了改正错误的锻炼,从而看到他们的科学是更加丰富了,而不是更贫困了;这就使他们有权去安详地展望未来。"

不管乐观主义有没有根据,外尔对数学的现状作了恰当的描述③:"关于数学最终基础和最终意义的问题还是没有解决;我们不知道向哪里去找它的最后解答,或者根本就不能期望会有一个最后的客观回答。'数学化'(Mathematizing)很可能是人的一种创造性活动,像语言或音乐一样,具有原始的独创性,它的历史性决定不容许完全的客观的有理化(rationalization)。"

参 考 书 目

Becker, Oskar: *Grundlagen der Mathematik in geschichtlicher Entwicklung*, Verlag Karl Alber, 1956,317 – 401.

---

① *Proceedings of the National Academy of Sciences*, 50,1963,1143 – 1148;51,1964,105 – 110.

② *Journal of Symbolic Logic*, 14,1949,2 – 8.

③ *Obituary Notices of Fellows of the Royal Soc.*, 4,1944,547 – 553 = *Ges. Abh.*, 4,121 – 129,特别是 p.126。

Beth, E. W.：*Mathematical Thought：An Introduction to the Philosophy of Mathematics*, Gordon and Breach, 1965.

Bochenski, I. M.：*A History of Formal Logic*, University of Notre Dame Press, 1962；Chelsea (reprint), 1970.

Boole, George：*An Investigation of the Laws of Thought* (1854), Dover (reprint), 1951.

Boole, George：*The Mathematical Analysis of Logic* (1847), Basil Blackwell (reprint), 1948.

Boole, George：*Collected Logical Works*, Open Court, 1952.

Bourbaki, N.：*Eléments d'histoire des mathématiques*, 2nd ed., Hermann, 1969, 11 - 64.

Brouwer, L. E. J.："Intuitionism and Formalism," *Amer. Math. Soc. Bull.*, 20, 1913/1914, 81 - 96. 这是布劳威尔接受阿姆斯特丹数学教授职位的就职演说的英译文。

Church, Alonzo："The Richard Paradox," *Amer. Math. Monthly*, 41, 1934, 356 - 361.

Cohen, Paul J., and Reuben Hersh："Non-Cantorian Set Theory," *Scientific American*, Dec. 1967, 104 - 116.

Couturat, L.：*La Logique de Leibniz d'après des documents inédits*, Alcan, 1901.

De Morgan, Augustus：*On the Syllogism and Other Logical Writings*, Yale University Press, 1966. 这是由希恩(Peter Heath)编辑的德摩根的论文集。

Dresden, Arnold："Brouwer's Contribution to the Foundations of Mathematics," *Amer. Math. Soc. Bull.*, 30, 1924, 31 - 40.

Enriques, Federigo：*The Historic Development of Logic*, Henry Holt, 1929.

Fraenkel, A. A.："The Recent Controversies About the Foundations of Mathematics," *Scripta Mathematica*, 13, 1947, 17 - 36.

Fraenkel, A. A., and Y. Bar-Hillel：*Foundations of Set Theory*, North-Holland, 1958.

Frege, Gottlob：*The Foundations of Arithmetic*, Blackwell, 1953, 英文和德文；也有只是英译的, Harper and Bros., 1960。

Frege, Gottlob：*The Basic Laws of Arithmetic*, University of California Press, 1965.

Gerhardt, C. I., ed.：*Die philosophischen Schriften von G. W. Leibniz*, 1875 - 1880, Vol. 7.

Gödel, Kurt：*On Formally Undecidable Propositions of* Principia Mathematica *and Related Systems*, Basic Books, 1965.

Gödel, Kurt："What Is Cantor's Continuum Problem?", *Amer. Math. Monthly*, 54, 1947, 515 - 525.

Gödel, Kurt：*The Consistency of the Axiom of Choice and of the Generalized Continuum Hypothesis with the Axioms of Set Theory*, Princeton University Press, 1940; rev. ed., 1951.

Kneale, William and Martha：*The Development of Logic*, Oxford University Press, 1962.

Kneebone, G. T.：*Mathematical Logic and the Foundations of Mathematics*, D. Van Nostrand, 1963. 特别参看关于 1939 年以来的发展的附录。

Leibniz, G. W.：*Logical Papers*, 由帕金森(G. A. R. Parkinson)编辑和翻译, Oxford University

Press, 1966。

Lewis, C. I.: *A Survey of Symbolic Logic*, Dover (reprint), 1960, pp. 1 – 117.

Meschkowski, Herbert: *Probleme des Unendlichen*, *Werk und Leben Georg Cantors*, F. Vieweg und Sohn, 1967.

Mostowski, Andrzej: *Thirty Years of Foundational Studies*, Barnes and Noble, 1966.

Nagel, E., and J. R. Newman: *Gödel's Proof*, New York University Press, 1958.

Poincaré, Henri: *The Foundations of Science*, Science Press, 1946, 448 – 485. 这是三本书 *Science and Hypothesis*, *The Value of Science*, 和 *Science and Method* 的合订本的重印本。

Rosser, J. Barkley: "An Informal Exposition of Proofs of Gödel's Theorems and Church's Theorem," *Journal of Symbolic Logic*, 4, 1939, 53 – 60.

Russell, Bertrand: *The Principles of Mathematics*, George Allen and Unwin, 1903; 2nd ed., 1937.

Scholz, Heinrich: *Concise History of Logic*, Philosophical Library, 1961.

Styazhkin, N. I.: *History of Mathematical Logic from Leibniz to Peano*, Massachusetts Institute of Technology Press, 1969.

Van Heijenoort, Jean: *From Frege to Gödel*, Harvard University Press, 1967. 这是论数学基础和逻辑的重要论文的翻译。

Weyl, Hermann: "Mathematics and Logic," *Amer. Math. Monthly*, 53, 1946, 2 – 13 = *Ges. Abh.*, 4, 268 – 279.

Weyl, Hermann: *Philosophy of Mathematics and Natural Science*, Princeton University Press, 1949.

Wilder, R. L.: "The Role of the Axiomatic Method," *Amer. Math. Monthly*, 74, 1967, 115 – 127.

杂志名称缩写一览表

Abh. der Bayer. Akad. der Wiss. Abhandlungen der Königlich Bayerischen Akademie der Wissenschaften (München)

Abh. der Ges. der Wiss. zu Gött. Abhandlungen der Königlichen Gesellschaft der Wissenschaften zu Göttingen

Abh. König. Akad. der Wiss., Berlin Abhandlungen der Königlich Preussischen Akademie der Wissenschaften zu Berlin

Abh. Königlich Böhm. Ges. der Wiss. Abhandlungen der Königlichen Böhmischen Gesellschaft der Wissenschaften

Abh. Math. Seminar der Hamburger Univ. Abhandlungen aus dem Mathematischen Seminar Hamburgischen Universität

Acta Acad. Sci. Petrop. Acta Academiae Scientiarum Petropolitanae

Acta Erud. Acta Eruditorum

Acta Math. Acta Mathematica

Acta Soc. Fennicae Acta Societatis Scientiarum Fennicae

Amer. Jour. of Math. American Journal of Mathematics

Amer. Math. Monthly. American Mathematical Monthly

Amer. Math. Soc. Bull. American Mathematical Society, Bulletin

Amer. Math. Soc. Trans. American Mathematical Society, Transactions

Ann. de l'Ecole Norm. Sup. Annales Scientifiques de l'Ecole Normale Supérieure

Ann. de Math. Annales de Mathématiques Pures et Appliquées

Ann. Fac. Sci. de Toulouse Annales de la Faculté des Sciences de Toulouse

Ann. Soc. Sci. Bruxelles Annales de la Société Scientifique de Bruxelles

Annali di Mat. Annali di Matematica Pura ed Applicata

Annals of Math. Annals of Mathematics

Astronom. Nach. Astronomische Nachrichten

Atti Accad. Torino Atti della Reale Accademia delle Scienze di Torino

Atti della Accad. dei Lincei, Rendiconti Atti della Reale Accademia dei Lincei, Rendiconti

Brit. Assn. for Adv. of Sci. British Association for the Advancement of Science

Bull. des Sci. Math. Bulletin des Sciences Mathématiques

Bull. Soc. Math. de France Bulletin de la Société Mathématique de France

Cambridge and Dublin Math. Jour. Cambridge and Dublin Mathematical Journal

Comm. Acad. Sci. Petrop. Commentarii Academiae Scientiarum Petropolitanae

Comm. Soc. Gott. Commentationes Societatis Regiae Scientiarum Gottingensis Recentiores

Comp. Rend. Comptes Rendus

Corresp. sur l'Ecole Poly. Correspondance sur l'Ecole Polytechnique

Encyk. der Math. Wiss. Encyklopädie der Mathematischen Wissenschaften

Gior. di Mat. Giornale di Matematiche

Hist. de l'Acad. de Berlin Histoire de l'Académie Royale des Sciences et des Belles-Lettres de Berlin

Hist. de l'Acad. des Sci., Paris Histoire de l'Académie Royale des Sciences avec les Mémoires de Mathématique et de Physique

Jahres. der Deut. Math. -Verein. Jahresbericht der Deutschen Mathematiker-Vereinigung

Jour. de l'Ecole Poly. Journal de l'Ecole Polytechnique

Jour. de Math. Journal de Mathématiques Pures et Appliquées

Jour. des Sçavans Journal des Sçavans

Jour. für Math. Journal für die Reine und Angewandte Mathematik

Jour. Lon. Math. Soc. Journal of the London Mathematical Society

Königlich Sächsischen Ges. der Wiss. zu Leipzig Berichte über die Verhandlungen der Königlich Sächsischen Gesellschaft der Wissenschaften zu Leipzig

Math. Ann. Mathematische Annalen

Mém. de l'Acad. de Berlin 见 *Hist. de l'Acad. de Berlin*

Mém. de l'Acad. des Sci., Paris 见 *Hist. de l'Acad. des Sci., Paris*；after 1795，Mémoires de l'Académie des Sciences de l'Institut de France

Mém. de l'Acad. Sci. de St. Peters. Mémoires de l'Académie Impériale des Sciences de Saint-Petersbourg

Mém. des sav. étrangers Mémoires de Mathématique et de Physique Présentés à l'Académie Royal des Sciences, par Divers Sçavans, et Lus dans ses Assemblées

Mém. divers Savans 见 *Mém. des sav. étrangers*

Misc. Berolin. Miscellanea Berolinensia；亦作 *Hist. de l'Acad. de Berlin* (q. v.)

Misc. Taur. Miscellanea Philosophica-Mathematica Societatis Privatae Taurinensis（由 Accademia delle Scienze di Torino 出版）

Monatsber. Berliner Akad. Monatsberichte der Königlich Preussischen Akademie der Wissenschaften zu Berlin

N. Y. Math. Soc. Bull. New York Mathematical Society, Bulletin

Nachrichten König. Ges. der Wiss. zu Gött. Nachrichten von der Königlichen Gesellschaft der Wissenschaften zu Göttingen

Nou. Mém. de l'Acad. Roy. des Sci., Bruxelles Nouveaux Mémoires de l'Académie Royale des Sciences, des Lettres, et des Beaux-Arts de Belgique

Nouv. Bull. de la Soc. Philo. Nouveau Bulletin de la Société Philomatique de Paris

Nouv. Mém. de l'Acad. de Berlin Nouveaux Mémoires de l'Académie Royale des Sciences et des Belles-Lettres de Berlin

Nova Acta Acad. Sci. Petrop. Nova Acta Academiae Scientiarum Petropolitanae

Nova Acta Erud. Nova Acta Eruditorum

Novi Comm. Acad. Sci. Petrop. Novi Commentarii Academiae Scientiarum Petropolitanae

Phil. Mag. The Philosophical Magazine

Philo. Trans. Philosophical Transactions of the Royal Society of London

Proc. Camb. Phil. Soc. Cambridge Philosophical Society, Proceedings

Proc. Edinburgh Math. Soc. Edinburgh Mathematical Society, Proceedings

Proc. London Math. Soc. Proceedings of the London Mathematical Society

Proc. Roy. Soc. Proceedings of the Royal Society of London

Proc. Royal Irish Academy Proceedings of the Royal Irish Academy

Quart. Jour. of Math. Quarterly Journal of Mathematics

Scripta Math. Scripta Mathematica

Sitzungsber. Akad. Wiss zu Berlin Sitzungsberichte der Königlich Preussischen Aka-demie der Wissenschaften zu Berlin

Sitzungsber. der Akad. der Wiss., Wien Sitzungsberichte der Kaiserlichen Akademie der Wissenschaften zu Wien. Mathematisch-Naturwissenschaftlichen Klasse

Trans. Camb. Phil. Soc. Cambridge Philosophical Society, Transactions

Trans. Royal Irish Academy Transactions of the Royal Irish Academy

Zeit. für Math. und Phys. Zeitschrift für Mathematik und Physik

Zeit. für Physik Zeitschrift für Physik

人 名 索 引

阿巴提 (Abbati, Pietro)①,
　Ⅱ 323
阿贝尔 (Abel, Niels Henrik),
　Ⅰ 176,Ⅲ 140—41,186,213—14,252,264,
288；
　～传记,Ⅱ 219—20;～积分,Ⅲ 140—41;
～椭圆函数,Ⅱ 220—30;分析的严密化,Ⅲ
117—18, 132—33, 140—41;方程论,Ⅱ
314—17
阿波罗尼斯 (Apollonius),
　Ⅰ 21,23,35,47,63,72,249
阿达马 (Hadamard, Jacques),
　Ⅱ 205,269,Ⅲ 167,188,234—35,240,333,
343—44;代数,Ⅱ 356;数论,Ⅲ 17
阿尔卡西 (Al Kashî),
　Ⅰ 210
阿尔巴塔尼 (Al-Battânî),
　Ⅰ 158
阿尔比鲁尼 (Al-Bîrûni),
　Ⅰ 154,159,197
阿尔布加尼 (Albuzjani),
　见阿布尔韦法(Abû'l-Wefâ)　Ⅰ 158
阿尔采拉 (Arzelà, Cesare),
　Ⅲ 207,234—35
阿尔方 (Halphen, Georges-Henri),
　Ⅱ 142,Ⅲ 111—12
阿尔冈 (Argand, Jean-Robert),
　Ⅱ 208—9,333
阿尔哈森 (Alhazen),
　Ⅰ 157,159
阿尔花拉子米 (Al-Khowârizmî),
　Ⅰ 155—56,168
阿尔卡克西 (Al-Karkhî),
　Ⅰ 156
阿尔诺 (Arnauld, Antoine),
　Ⅰ 208
阿格里帕·冯·内特海姆 (Agrippa von

Nettesheim),
　Ⅰ 238
阿基米德 (Archimedes),
　Ⅰ 31,86—94,108—9,132—35,238,Ⅱ 4
阿基塔斯 (Archytas),
　Ⅰ 22—24,35,38,40,41
阿克曼 (Ackermann, Wilhelm),
　Ⅲ 349
阿里亚伯哈塔 (Āryabhata),
　Ⅰ 149,153,210
阿利斯塔克 (Aristarchus),
　Ⅰ 99,126—28,198,201
阿龙霍尔德 (Aronhold, Siegfried Heinrich),
　Ⅲ 101
阿梅斯 (Ahmes),
　Ⅰ 13—17
阿那克萨哥拉 (Anaxagoras),
　Ⅰ 23,32,119
阿那克西曼德 (Anaximander),
　Ⅰ 23,130
阿那克西米尼 (Anaximenes),
　Ⅰ 23
阿帕斯塔姆巴 (Āpastamba),
　Ⅰ 149
阿斯科利 (Ascoli, Giulio),
　Ⅲ 234
阿谢特 (Hachette, Jean-Nicolas Pierre),
　Ⅱ 136,354
埃尔米特 (Hermite, Charles),
　Ⅱ 225,227,279,286,321,360—61,Ⅲ 100,
140,148,182,196,209—10,247—49
埃拉托斯特尼 (Eratosthenes),
　Ⅰ 32,39,40,56,85,130—31
埃利 (Helly, Eduard),

────────

　① 为便于查阅,这里给出中文译名。"240—
3"表示第 240 至 243 页,其他同。——译者注

名 词 索 引